21世纪应用型本科院校规划教材

微积分

主　编　方　芬　毛陵陵

副主编　汪　平　路体超　吴祝慧

南京大学出版社

图书在版编目(CIP)数据

微积分 / 方芬,毛陵陵主编. --南京:南京大学
出版社,2018.2(2024.7重印)
(21世纪应用型本科院校规划教材)
ISBN 978-7-305-19857-1

Ⅰ. ①微…　Ⅱ. ①方…　②毛…　Ⅲ. ①微积分一高等
学校一教材　Ⅳ. ①O172

中国版本图书馆CIP数据核字(2018)第012735号

出版发行　南京大学出版社
社　　址　南京市汉口路22号　　　邮　　编　210093
丛 书 名　21世纪应用型本科院校规划教材
书　　名　**微积分**
　　　　　WEIJIFEN
主　　编　方　芬　毛陵陵
责任编辑　刘　琦　　　　　　　　编辑热线　025-83592146
照　　排　南京开卷文化传媒有限公司
印　　刷　南京鸿图印务有限公司
开　　本　787×1092　1/16　印张 18.75　字数 419 千
版　　次　2024年7月第1版第2次印刷
ISBN　978-7-305-19857-1
定　　价　42.00元

网　　址:http://www.njupco.com
官方微博:http://weibo.com/njupco
官方微信号:njupress
销售咨询热线:(025)83594756

前　言

这本书为大学微积分课程而编写。本书按照 2013 年—2017 年教育部高等学校大学数学课程教学指导委员会修订的《大学数学课程教学基本要求》,并依据我们多年来教授微积分的经验,系统地介绍了函数的微分、积分以及有关概念的理论知识和应用。本书可作为普通高等院校应用型本科文科类教材。

本书编写注重理论联系实际。我们通过实际例子引入理论知识,使学生对微积分的概念有直观性的把握,进而再推广和抽象化,最后将这些理论相应地应用于实际问题尤其是经济类的问题中,且注重实际问题的时效性。

本书每一章节配备的课后习题都做了详尽的分层设计:(1) 基础题,目的是夯实理论基础;(2) 延伸拓展有一定难度的习题,用以拓展学生的视野;(3) 结合当今实际的应用题,以培养学生使用所学理论知识解决实际问题的能力。

本书第一章和第二章由汪平编写,第三章和第四章由毛陵陵编写,第五章和第六章由吴祝慧编写,第七章和第八章由方芬编写,第九章和第十章由路体超编写。本书编写过程中参考了大量优秀的国内外教材。南京大学出版社对此书的出版给予了极大的支持和帮助,在此表示衷心的感谢。

由于编者水平有限,时间仓促,教材中必定存在不妥之处,恳请专家、同行和读者批评指正。

编　者

2017 年 8 月于南京

参考答案
学习资料

微信扫一扫

目 录

第一章 函 数

大学之前所学习过的数学,习惯上被我们称为初等数学,而这些初等数学知识早在 17 世纪之前已经被人们进行了广泛而深入地研究,研究的对象通常是常数或者常量与规则的、不变的几何形体之间的关系,研究方法主要采用孤立的、静止的方法. 到了 17 世纪,人们开始通过联系的、动态的研究方法,将变数或者变量与不规则的、变化的几何形体联系起来进行研究. 在这个年代,史上最杰出的英国科学家艾萨克·牛顿(Isaac Newton)和德国数学家戈特弗里德·威廉·莱布尼茨(Gottfried Wilhelm Leibniz)独立地创立了微积分(Calculus),也正是由于微积分的创立,数学学科迎来了人类历史上重大的转折点,开始实现学科发展的重大飞跃. 本书以微积分为主要内容,通过极限的方法,对函数进行广泛的、深入的研究. 本章首先给出集合的概念和运算,这也是学习微积分的必备基本知识,然后给出函数的定义以及讨论函数的一些简单性质,最后通过几个实际问题来建立变量与变量之间的函数关系,并介绍极坐标的相关知识.

第一节 集 合

一、集合的概念

集合是数学中的一个基本概念,所谓**集合**指的是具有某种特定性质的事物的全体,组成这个集合的每一个事物个体称为该集合的**元素**.

通常用大写字母 $A,B,M,N,\cdots$ 来表示集合,而用小写字母 $a,b,x,y,\cdots$ 表示元素. 如果元素 x 是集合 A 中的元素,就称 x **属于** A ,记为 $x\in A$;如果元素 x 不是集合 A 中的元素,就称 x **不属于** A ,记作 $x\notin A$ 或 $x\bar{\in}A$.

集合的表示方式一般有两种:一种是列举法,就是把集合中的所有元素一一列举出来表示. 例如,由元素 $x_1,x_2,\cdots,x_n$ 组成的集合 X,记作

$$X = \{x_1,x_2,\cdots,x_n\};$$

另一种是描述法,若具有某种特定的性质 P 的元素 x 的全体构成了集合 Y,则记作

$$Y = \{x \mid x \text{ 具有某种特定的性质 } P\}.$$

通常**数集**表示元素都是数的集合. 常用的数集有如下几种:

(1) 全体**自然数**(即非负整数)**的**集合, 记作 **N**;

(2) 全体**整数**的集合, 记作 **Z**;

(3) 全体**有理数**的集合, 记作 **Q**;

(4) 全体**实数**的集合, 记作 **R**;

(5) 全体**复数**的集合, 记作 **C**.

如果没有特别声明, 本书提到的数全部都是实数.

若集合 A 中的元素都是集合 B 中的元素, 则称 A 是 B 的**子集合**(简称**子集**), 记作 $A \subset B$(读作: A 包含于 B)或 $B \supset A$(读作: B 包含 A). 例如 $\mathbf{N} \subset \mathbf{Z} \subset \mathbf{Q} \subset \mathbf{R} \subset \mathbf{C}$. 若 $A \subset B$ 且 $B \subset A$, 则称 A 与 B **相等**, 记作 $A = B$. 例如: $\mathbf{N}^+ = \mathbf{Z}^+$.

不包含任何元素的集合称为**空集**, 记作 $\varnothing$. 我们规定: 空集为任意集合的子集. 即对于任意的集合 A, 有 $\varnothing \subset A$.

二、集合的运算

集合间常见的基本运算方式有三种: 并"+"、交"·"、差"-".

定义 假设 A, B 是两个集合, 则

$$A + B = A \bigcup B = \{x \mid x \in A \text{ 或 } x \in B\}$$

$$A \cdot B = A \bigcap B = \{x \mid x \in A \text{ 且 } x \in B\}$$

$$A - B = A \backslash B = \{x \mid x \in A \text{ 且 } x \notin B\}$$

分别称为集合 A 和 B 的**并集**、**交集**和**差集**.

在研究某些问题的时候, 我们会将特定的研究对象的全体称为**全集**, 用 Ω 来表示, 并把差集 $\Omega - A$ 称为 A 的**补集**或**余集**, 记作 $\overline{A}$. 例如集合 $A = \{x \mid x \geqslant 2\}$, 则它的补集 $\overline{A} = \{x \mid x < 2\}$.

集合间的并、交、差满足下列的运算法则.

定理 1 设 A, B, C 为三个任意的集合, 则下列运算法则成立:

(1) **交换律** $A + B = B + A$

(2) **结合律** $(A + B) + C = A + (B + C)$ $(A \cdot B) \cdot C = A \cdot (B \cdot C)$

(3) **分配律** $A \cdot (B + C) = (A \cdot B) + (A \cdot C)$ $A + (B \cdot C) = (A + B) \cdot (A + C)$

(4) **对偶律** $\overline{A + B} = \overline{A} \cdot \overline{B}$ $\overline{A \cdot B} = \overline{A} + \overline{B}$

三、区间

区间是较为常用的一类数集. 假设 a 和 b 都是实数, 且 $a < b$, 则数集

$$(a,b) = \{x \mid a < x < b\}$$

称为**开区间**. 数集

$$[a,b] = \{x \mid a \leqslant x \leqslant b\}$$

称为**闭区间**. 同理可以定义以 a、b 为端点的**半开半闭区间**：

$$[a,b) = \{x \mid a \leqslant x < b\},$$

$$(a,b] = \{x \mid a < x \leqslant b\}.$$

上述这些区间都统称为**有限区间**, 其中 a,b 称为这些**区间的端点**, $b-a$ 称为这些区间的**区间长**. 此外, 我们还可以定义如下**无限区间**：

$$[a, +\infty) = \{x \mid x \geqslant a\},$$

$$(a, +\infty) = \{x \mid x > a\},$$

$$(-\infty, b] = \{x \mid x \leqslant b\},$$

$$(-\infty, b) = \{x \mid x < b\},$$

$$(-\infty, +\infty) = \{x \mid -\infty < x < +\infty\} = \mathbf{R}.$$

开区间、闭区间、半开半闭区间统称为区间, 记作 I.

四、邻域

邻域也是微积分的重要的概念之一. 设 a,δ 是两个实数, 且 $\delta>0$, 则数集 $\{x \mid |x-a| < \delta\}$（即开区间 $(a-\delta, a+\delta)$）称为**点 a 的 δ 邻域**, 记作 $U(a,\delta)$, 即

$$U(a,\delta) = \{x \mid |x-a| < \delta\} = (a-\delta, a+\delta).$$

其中, a 称为邻域 $U(a,\delta)$ 的**中心**, δ 叫作邻域 $U(a,\delta)$ 的**半径**. 从几何意义上来看, $U(a,\delta)$ 就是一维数轴上, 与点 a 的距离小于 δ 的所有点 x 的集合. 另外, 我们称集合

$$\{x \mid a-\delta < x < a\} = (a-\delta, a)$$

为点 a 的左 δ 邻域, 称集合

$$\{x \mid a < x < a+\delta\} = (a, a+\delta)$$

为点 a 的右 δ 邻域.

假若 $U(a,\delta)$ 去掉中心, 我们称为**点 a 的去心 δ 邻域**, 记作 $\mathring{U}(a,\delta)$, 即

$$\mathring{U}(a,\delta) = \{x \mid 0 < |x-a| < \delta\} = (a-\delta, a) \bigcup (a, a+\delta).$$

在谈及邻域概念时, 若不在意邻域半径的大小, 可用 $U(a)$ 和 $\mathring{U}(a)$ 分别表示以点 a 为中心的邻

域和点 a 为中心的去心邻域.

第二节　函　数

一、常量与变量

在各种自然现象或人类社会实践活动中,人们常常会遇到很多量,而这些量有的会发生变化,有的不发生任何变化.若当一个量或一些量不断发生变化的时候,另一个量也随之发生变化.这些量与量之间的关系就是我们数学研究中所说的函数关系.

定义 1　在自然界的某一变化过程中,取值始终保持不变的量称为常量,而取值会发生变化的量称为变量.

一般的,常量用字母 $a,b,c,\cdots$ 来表示,变量用字母 $x,y,z,t,\cdots$ 来表示.

例 1　在使用某打车软件打出租车过程中,出租车行驶的里程为 s 公里,司机通过某手机支付系统接收到的服务性收费为 P 元,政府规定的出租车每公里的运营收费标准为 a 元,则 P 和 s 之间的对应关系就是 $P=as$.其中,P 和 s 是变量,而 a 是常量,实际上,当 s 在闭区间 $[0,S]$ 任意取一个数值时,按照上式,P 就有唯一确定的数值与之对应.

例 2　深圳某科技公司每年最多生产 5 万台平衡车,固定成本为 200 万元,每生产 1 台平衡车,成本增加 1 000 元,则每年生产平衡车的总成本 C 万元与年产量 x 台之间的关系为

$$C = 200 + 0.1x, 0 \leqslant x \leqslant 50\ 000.$$

其中,C 和 x 为变量,固定成本为常量.当 x 取 0 到 50 000 之间的任何一个数值时,上式 C 同样有唯一确定的数值与 x 对应.

当然,一个量到底是常量还是变量,这是相对的,不是绝对的,主要取决于变化过程中的具体情况.例如:商品的价格,在计划经济时代是常量;而在市场经济时代则是变量.

二、函数的定义

函数是大学数学最基本的概念之一,从本质上来说,函数其实就是研究各变量之间确定性依赖关系的数学模型.德国数学家狄利克雷(Dirichlet,1805—1859)曾经提出了如下传统的函数概念.

定义 2　设 x 与 y 是两个变量,D 是一个非空的实数集合.若对于任意的 $x \in D$,按照一定的对应法则 f,变量 y 总有唯一确定的数值与之对应,则称变量 y 是 x 的函数,记作

$$y = f(x), x \in D,$$

其中,x 称为自变量,y 称为因变量,集合 D 则称为函数的定义域.

当自变量每取一个数 $x_0 \in D$ 时,其所对应的因变量 y_0 称为函数 $y = f(x)$ 在 $x = x_0$ 处的函数值,记为 $f(x_0)$ 或 $y\big|_{x=x_0}$. 当自变量 x 取遍定义域 D 中所有数值的时候,对应的全体函数值构成的集合,称为函数 $y = f(x)$ 的**值域**,记作 $W(f)$ 或 $f(D)$,即

$$W(f) = f(D) = \{y \mid y = f(x), x \in D\}.$$

注 函数最重要的**两个要素**是函数的**定义域 D** 与**对应法则 f**,而不是自变量和因变量选取的字母. 即两个函数只要定义域相同、对应法则也相同,它们就是同一个函数.

例 3 判断下列每组函数是否是同一函数.

(1) $f(x) = x + 1, x \in \mathbf{R}, g(t) = t + 1, t \in \mathbf{R}$;

(2) $f(x) = \sin^2 x + \cos^2 x, g(x) = \sec^2 x - \tan^2 x$.

解 (1) 两个函数定义域相同,对应法则相同,是同一函数.

(2) $f(x) = \sin^2 x + \cos^2 x$ 的定义域为 $(-\infty, +\infty)$,而 $g(x) = \sec^2 x - \tan^2 x$ 的定义域为 $\left\{x \mid x \in \mathbf{R}, \text{且} x \neq k\pi \pm \dfrac{\pi}{2}, k \in \mathbf{Z}\right\}$,即两个函数的定义域不同,不是同一函数.

函数的定义域的确定主要分为两种情形:一,在各类现实问题中,函数的定义域应根据具体问题中自变量 x 的实际意义来确定. 二,对于抽象地用算式表达的函数,它的定义域就是使得整个算式有意义的自变量 x 的取值范围.

需要注意的是,在上述函数定义中,一般都要求对于每一个自变量 $x \in D$,按照对应法则 f,与之对应的 y 是唯一确定的,这种函数即所谓的"**单值函数**". 但我们也会经常遇到这样的情况,对每一个 $x \in D$,按照对应法则 f,变量 y 有两个或者两个以上的数值与之对应,这时不符合函数的定义,应该不属于函数的范畴,但很多时候,由于科学研究的需要,我们也会把一个自变量 $x \in D$,对应多个 y 值的关系称为函数,即**多值函数**. 例如:$y^2 = x$ 就是一个多值函数. 一般关于多值函数,只要对它的因变量附加一些条件,就可以将其化为单值函数. 例如:多值函数 $y^2 = x$,若 $y > 0$,则可确定一个单值函数 $y = \sqrt{x}$;又若 $y < 0$,则可以确定另一个单值函数 $y = -\sqrt{x}$. 在本书中,若无特别声明,所有函数指的都是单值函数.

一般来说,我们会把二维平面上的点集 $M = \{(x, y) \mid y = f(x), x \in D\}$ 称为函数 $y = f(x)$,$x \in D$ 的**几何图形**,其在平面上显示的为一条曲线.

中学里我们曾经学习了函数常见的三种表示方式,即**解析法**、**列表法**和**图像法**,本书将不再复述.

在表示函数的时候,一般以解析法居多,其他两种方法结合使用.

下面举一些函数的例子:

例 4 函数 $y = \dfrac{1}{x}$,定义域为 $(-\infty, 0) \bigcup (0, +\infty)$,值域为 $(-\infty, 0) \bigcup (0, +\infty)$,它的图形如图 1-1 所示.

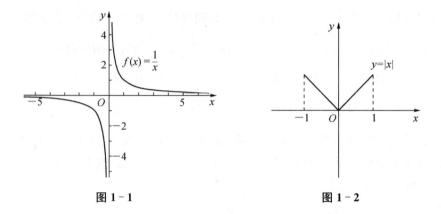

图 1-1   图 1-2

例 5   函数 $y=|x|=\begin{cases}-x, & x<0, \\ x, & x\geqslant 0,\end{cases}$ 定义域为 $(-\infty,+\infty)$，值域为 $[0,+\infty)$，它的图形如图 1-2 所示，该函数被称为**绝对值函数**.

例 6   函数 $y=\operatorname{sgn}x=\begin{cases}-1, & x<0, \\ 0, & x=0, \\ 1, & x>0,\end{cases}$ 定义域为 $(-\infty,+\infty)$，值域为 $\{-1,0,1\}$，它的图形如图 1-3 所示，该函数被称为**符号函数**.

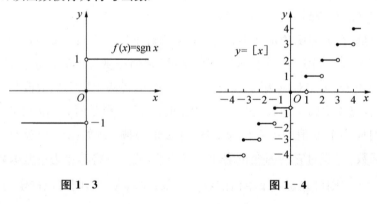

图 1-3   图 1-4

例 7   函数 $y=[x]$，$[x]$ 表示的是不超过 x 的最大整数，则它的定义域为 $(-\infty,+\infty)$，值域为 **Z**，它的图形如图 1-4 所示，该函数被称为**取整函数**.

例 8   函数 $y=D(x)=\begin{cases}1, & x\text{ 是有理数}, \\ 0, & x\text{ 是无理数},\end{cases}$ 定义域为 $(-\infty,+\infty)$，值域为 $\{0,1\}$，这个函数把定义域全体实数分为两类，有理数的函数值为 1，无理数的函数值为 0，但是无法画出它的图形，该函数被称为**狄利克雷(Dirichlet)函数**.

例 9   设函数 $y=\ln\dfrac{x-1}{x}+\sqrt{x-2}$，求函数的定义域.

解   要让函数有意义，需要满足

$$\begin{cases} \dfrac{x-1}{x}>0, \\ x-2\geqslant 0, \end{cases} \quad 即 \begin{cases} x>1 \text{ 或 } x<0, \\ x\geqslant 2, \end{cases}$$

故函数的定义域为 $[2,+\infty)$.

由上述例 5、例 6、例 7、例 8 可知,有些函数在其不同的定义域部分,对应法则的表达式有所不同,这类函数称为**分段函数**. 在日常生活中,我们也会经常会遇到分段函数,下面的快递资费函数就是一个典型的例子.

例 10 泰国某快递公司公布的寄往中国的国际快递的资费标准中,由曼谷快递货物到中国南京,当质量在 5 kg 以下,每次收费 1 000 泰铢;超过 5 kg,低于 10 kg,每增加 1 kg(不足 1 kg 按照 1 kg 计算)收费为 200 泰铢;超过 10 kg,低于 40 kg,每增加 1 kg(不足 1 kg 按照 1 kg 计算)收费为 100 泰铢;超过 40 kg,每增加 1 kg(不足 1 kg 按照 1 kg 计算)收费为 50 泰铢. 这段话就确定了快递资费与货物重量之间的函数关系.

以 $P=P(x)$ 表示这个函数,其中 x 表示货物的质量(单位:kg),$x\in \mathbf{N}^+$,P 表示资费(单位:元),则 $P=P(x)$ 可表示如下:

$$P=P(x)=\begin{cases} 1\,000, & 0<x\leqslant 5, \\ 1\,000+200(k+1), & 5+k<x\leqslant 6+k\,(k=0,1,2,3,4), \\ 2\,000+100(k+1), & 10+k<x\leqslant 11+k\,(k=0,1,\cdots,29), \\ 5\,000+50(k+1), & 40+k<x\leqslant 41+k\,(k=0,1,\cdots). \end{cases}$$

三、函数的几种特性

1. 奇偶性

设 $y=f(x)$ 的定义域 D 关于原点对称,若对任意的 $x\in D$,均有 $f(-x)=f(x)$,则称函数 $f(x)$ 称为**偶函数**;若对任意的 $x\in D$,均有 $f(-x)=-f(x)$,则称函数 $f(x)$ 为**奇函数**. 既不是偶函数也不是奇函数的函数,称为非奇非偶函数. 在平面直角坐标系中,偶函数的图形关于 y 轴对称,奇函数的图形关于原点对称.

例 11 判断函数 $f(x)=\ln(x+\sqrt{1+x^2})$ 的奇偶性.

解 $f(x)$ 的定义域为 $(-\infty,+\infty)$,故定义域关于原点对称,又

$$f(-x)=\ln[-x+\sqrt{1+(-x)^2}]=\ln(\sqrt{1+x^2}-x)$$

$$=\ln\frac{1}{\sqrt{1+x^2}+x}$$

$$=-\ln(\sqrt{1+x^2}+x)=-f(x),$$

故 $f(x)$ 为奇函数.

例 12 判断函数 $f(x)=\ln\dfrac{x-1}{x+1}$ 的奇偶性.

解 $f(x)$ 的定义域为 $(-\infty,-1)\bigcup(1,+\infty)$,故定义域关于原点对称,又

$$f(-x)=\ln\frac{-x-1}{-x+1}=\ln\frac{x+1}{x-1}=-\ln\frac{x-1}{x+1}=-f(x),$$

故 $f(x)$ 为奇函数.

2. 周期性

设函数 $f(x)$ 的定义域是 D,若存在非零常数 T,使得对任意 $x\in D$,有 $x\pm T\in D$,且 $f(x+T)=f(x)$,则函数 $f(x)$ 称为**周期函数**,T 称为 $f(x)$ 的**周期**,通常我们所说的周期函数的周期是指最小正周期.

例 13 判断 $y=D(x)=\begin{cases}1, & x\text{ 是有理数},\\ 0, & x\text{ 是无理数}\end{cases}$ 的周期.

解 这是一个周期函数,任何不等于零的有理数 l 都是它的周期,但它不存在所谓的最小正周期(因为不存在最小的正有理数).

3. 单调性

设函数 $f(x)$ 的定义域是 D,且区间 $I\subseteq D$. 对任意的两点 $x_1,x_2\in I$,且 $x_1<x_2$,若 $f(x_1)<f(x_2)(f(x_1)>f(x_2))$,则函数 $f(x)$ 在 I 上**单调增加**(**单调减少**),如图 1-5、图 1-6 所示.

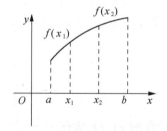

图 1-5

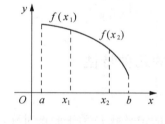

图 1-6

例如,函数 $y=\tan x$ 在 $\left(-\dfrac{\pi}{2},\dfrac{\pi}{2}\right)$ 上单调递增,$y=\dfrac{1}{x}$ 在 $(-\infty,0)$ 和 $(0,+\infty)$ 上均为单调递减.

4. 有界性

设函数 $f(x)$ 的定义域是 D,且区间 $I\subseteq D$. 若对于任意的 $x\in I$,存在正数 M,使 $|f(x)|\leqslant M$ 成立,则称函数 $f(x)$ 在 I 上**有界**,如图 1-7 所示.

若不存在这样的正数 M,则称函数 $f(x)$ 在 I 上**无界**. 特别地,当函数 $f(x)$ 在定义域 D 上有界时,称函数 $f(x)$ 是**有界函数**,否则,称为**无界函数**. 例如,函数 $y=\sin x$ 和 $y=\cos x$ 在

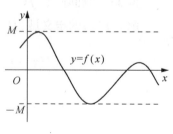

图 1-7

$(-\infty,+\infty)$ 上均为有界函数,而 $y=\tan x$ 在 $\left(-\dfrac{\pi}{2},\dfrac{\pi}{2}\right)$ 上则为无界函数.

第三节　反函数与复合函数　初等函数

一、反函数

定义1　设函数 $y=f(x)$,定义域为 D,值域为 W,若对于任意的 $y\in W$,都有唯一确定的数值 $x\in D$,使得 $y=f(x)$,则变量 x 就是 y 的函数,称此函数为 $y=f(x)$ 的反函数,记作 $x=f^{-1}(y),y\in W$.而函数 $y=f(x)$ 称为直接函数.

由于习惯上用 x 表示自变量,用 y 表示因变量,于是一般将 $y=f(x)$ 的反函数记作 $y=f^{-1}(x)$.图像上来看,函数 $y=f(x)$ 与其反函数 $y=f^{-1}(x)$ 的图形关于直线 $y=x$ 对称.

定理1　若单调函数 $y=f(x)$ 的定义域是 D,值域是 W,则它存在反函数,且函数 $y=f(x),x\in D$ 与它的反函数 $y=f^{-1}(x),x\in W$ 具有完全相同的单调性.

例1　求函数 $y=\cos x$ 在 $[\pi,2\pi]$ 上的反函数.

解　已知函数 $y=\cos x$ 在 $[0,\pi]$ 上的反函数为 $y=\arccos x,x\in[-1,1]$,而 $\forall x\in[\pi,2\pi]$,有 $2\pi-x\in[0,\pi]$,又因为 $\cos(2\pi-x)=\cos x$,故 $y=\cos(2\pi-x)$,从而 $2\pi-x=\arccos y,x=2\pi-\arccos y$,因此 $y=\cos x$ 在 $[\pi,2\pi]$ 上的反函数为 $y=2\pi-\arccos x$.

二、复合函数

在考察江苏卫视某综艺节目收视率时,一般来说,收视率 P 是收视人数 Q 的函数,而收视人数 Q 又是收视时段 t 的函数,这样一来收视时段 t 就间接通过收视人数 Q 影响到综艺节目收视率 P 的变化,因此收视率 P 可以看作是收视时段 t 的函数.

定义2　设函数 $y=f(u),u\in D_1$ 和函数 $u=g(x),x\in D$ 且 $g(D)\bigcap D_1\neq\varnothing$,则 y 可以通过中间变量 u 成为 x 的函数,称此函数为 $y=f(u)$ 和 $u=g(x)$ 的复合函数,记作 $y=f\circ g(x)=f[g(x)]$,其中 u 被称为中间变量,而 $u=g(x)$ 称为里层函数,$y=f(u)$ 称为外层函数.

例2　下列函数由哪些基本初等函数复合而成:

(1) $y=\mathrm{e}^{x^2}$　　　　　(2) $y=\ln(1-x^2)$

解　(1) 函数 $y=\mathrm{e}^u$ 的定义域为 $(-\infty,+\infty)$,而当 $x\in(-\infty,+\infty)$ 时,函数 $u=x^2$ 的值域为 $[0,+\infty)$,这也是 $y=\mathrm{e}^u$ 的定义域的子集,因此,$y=\mathrm{e}^{x^2}$ 是由 $y=\mathrm{e}^u$ 和 $u=x^2$ 复合而成.

(2) 函数 $y=\ln u$ 的定义域为 $u>0$,这也是 $u=1-x^2$ 的值域,即应满足 $u=1-x^2>0$,由此得 $-1<x<1$.因此,$y=\ln(1-x^2)$ 由函数 $y=\ln u$ 和函数 $u=1-x^2,-1<x<1$ 复合而成.

注　两个函数构成复合函数是有条件的,即外层函数的定义域和里层函数的值域交集不能为空集. 例如, $y=\sqrt{u}$ 和函数 $u=-1-x^2$ 不能构成复合函数, 这是因为对任意的 $x\in\mathbf{R}, u=-1-x^2$ 均不在 $y=\sqrt{u}$ 的定义域内. 同理 $y=\arccos u$ 和 $u=2+x^2$ 也不能构成复合函数.

三、函数的四则运算

设函数 $f(x), g(x)$ 的定义域依次为 D_1, D_2, 若 $D=D_1\bigcap D_2\neq\varnothing$, 则我们可以定义函数的**代数运算**.

(1) 和(差) $f\pm g$：　　　　　$(f\pm g)(x)=f(x)\pm g(x), x\in D$；

(2) 积 $f\cdot g$：　　　　　　$(f\cdot g)(x)=f(x)\cdot g(x), x\in D$；

(3) 商 $\dfrac{f}{g}$：　　　　　　$\dfrac{f}{g}(x)=\dfrac{f(x)}{g(x)}, x\in(D-\{x|g(x)=0\})$.

例 3　若函数 $f(x)$ 的定义域为 $(-l, l)$, 证明：在 $(-l, l)$ 上, 函数 $f(x)$ 一定可以表示为奇函数和偶函数之和.

解　令 $g(x)=\dfrac{1}{2}[f(x)+f(-x)], h(x)=\dfrac{1}{2}[f(x)-f(-x)]$.

显然, $g(-x)=\dfrac{1}{2}[f(-x)+f(x)]=g(x), g(x)$ 为偶函数,

$h(-x)=\dfrac{1}{2}[f(-x)-f(x)]=-h(x), h(x)$ 为奇函数,

$f(x)=g(x)+h(x)$, 故函数 $f(x)$ 可表示为奇函数和偶函数之和.

四、初等函数

下列五类函数, 我们均称为**基本初等函数**.

(1) 幂函数：　　　　　　$y=x^{\mu}$ (μ 是常数)；

(2) 指数函数：　　　　　$y=a^x$ ($a>0$ 且 $a\neq1$)；

(3) 对数函数：　　　　　$y=\log_a x$ ($a>0$ 且 $a\neq1$)；

特别当 $a=e$ 时, $y=\ln x$. 这里 e 为无理数且 $e=2.718\,281\,828\,459\,045\cdots$.

(4) 三角函数：　　　　　$y=\sin x, y=\cos x, y=\tan x, y=\cot x, y=\sec x, y=\csc x$；

(5) 反三角函数：　　　　$y=\arcsin x, y=\arccos x, y=\arctan x, y=\operatorname{arccot} x$.

定义 3　由常数和基本初等函数经过有限次四则运算和有限次复合运算所构成的、可以用一个解析式表示的函数统称为初等函数.

例如, $y=\ln(1+x^2), y=\arccos(x^2-1), y=x^2\cdot 2^{\sin x}+\ln(x+e^{x^2})$ 都是初等函数, 而分段函数、取整函数则不是初等函数.

五、双曲函数

应用以 e 为底的指数函数 $y=e^x$ 与 $y=e^{-x}$ 可以生成工程学中常用的一类初等函数：**双曲**

函数和反双曲函数.

（1）**双曲正弦**：$\mathrm{sh}x=\dfrac{\mathrm{e}^x-\mathrm{e}^{-x}}{2}$，定义域为$(-\infty,+\infty)$，在$(-\infty,+\infty)$上是单调增加的奇函数，如图 1-8 所示.

（2）**双曲余弦**：$\mathrm{ch}x=\dfrac{\mathrm{e}^x+\mathrm{e}^{-x}}{2}$，定义域为$(-\infty,+\infty)$，在$(-\infty,0)$上单调减少，在$(0,+\infty)$上单调增加，整个函数是偶函数，如图 1-9 所示.

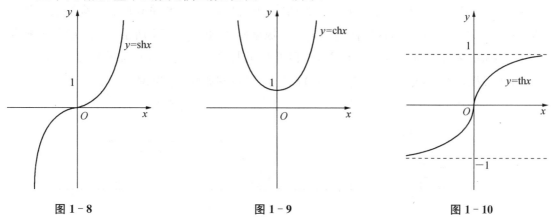

图 1-8 　　　　　　图 1-9 　　　　　　图 1-10

（3）**双曲正切**：$\mathrm{th}x=\dfrac{\mathrm{e}^x-\mathrm{e}^{-x}}{\mathrm{e}^x+\mathrm{e}^{-x}}$，定义域为$(-\infty,+\infty)$，在$(-\infty,+\infty)$上是单调增加的奇函数，如图 1-10 所示.

双曲函数 $y=\mathrm{sh}x,y=\mathrm{ch}x(x\geqslant0),y=\mathrm{th}x$ 的反函数表述如下.

（4）**反双曲正弦**：$y=\mathrm{arsh}x=\ln(x+\sqrt{x^2+1})$，定义域为$(-\infty,+\infty)$，在$(-\infty,+\infty)$上是单调增加的奇函数.

（5）**反双曲余弦**：$y=\mathrm{arch}x=\ln(x+\sqrt{x^2-1})$，定义域为$[1,+\infty)$，在$[1,+\infty)$上单调增加.

（6）**反双曲正切**：$y=\mathrm{arth}x=\dfrac{1}{2}\ln\dfrac{1+x}{1-x}$，定义域为$(-1,1)$，在$(-1,1)$上是单调增加的奇函数.

根据双曲函数的定义，可得如下恒等式.

（1）$\mathrm{ch}^2x-\mathrm{sh}^2x=1$；

（2）$\mathrm{sh}2x=2\mathrm{sh}x\mathrm{ch}x$；

（3）$\mathrm{ch}2x=\mathrm{ch}^2x+\mathrm{sh}^2x$.

第四节　极坐标

一、极坐标系

在平面上任取一点 O，水平向右引一条射线 Ox，再选定一个**单位长度**和**角度的正方向**（通常取逆时针方向为正方向），这样便构建了一个**极坐标系**，如图 $1-11$ 所示，其中，O 称为**极点**，Ox 称为**极轴**。对于平面上任意一点 M，线段 OM 的长度用 r 表示，Ox 到 OM 的角度用 θ 表示，r 称为**极径**，θ 称为**极角**，有序数对 (r,θ) 称为点 M 的**极坐标**，记为 $M(r,\theta)$。

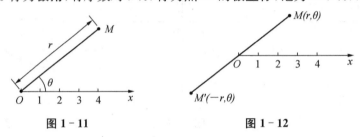

图 $1-11$　　　　　　　　　　　　　　　　　图 $1-12$

注　任意有序数对 (r,θ)，都可以唯一确定点 M 在极坐标系中的位置，但是对于极坐标系中的任意一点 M，它的**极坐标表示并不唯一**。显然 (r,θ) 与 $(r,\theta+2n\pi)(n\in\mathbf{N})$ 表示的是极坐标系中的同一个点。

在极坐标系的定义中，极径通常是一个非负值。但是，为了研究问题的需要，我们也会定义极径为负值的情况。一般地，若点 M 的极坐标为 (r,θ)，在 OM 的反向延长线上找到点 M'，使得 $OM'=OM$，则我们可以规定点 M' 的坐标是 $(-r,\theta)$，如图 $1-12$ 所示。

二、曲线的极坐标方程

在平面极坐标系中，已知曲线 L 和方程 $l(r,\theta)=0$。若满足方程 $l(r,\theta)=0$ 的所有点 (r,θ) 均在曲线 L 上；曲线 L 上的每一点的无穷多个极坐标中，至少有一个满足方程 $l(r,\theta)=0$，则称此方程 $l(r,\theta)=0$ 为曲线 L 的**极坐标方程**。显然，$\theta=\theta_0$ 表示为过极点 $O(0,0)$，且倾角是 θ_0 的直线，如图 $1-13$ 所示。而 $r=r_0$ 则表示以极点 $O(0,0)$ 为圆心、r_0 为半径的圆，如图 $1-14$ 所示，特别地，$r=0$ 仅仅表示极点 $O(0,0)$。

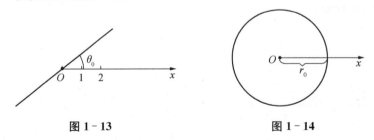

图 $1-13$　　　　　　　　　　　　　　　　　图 $1-14$

例 1 求过圆心为 $C(a,0)(a>0)$、半径是 a 的圆的极坐标方程.

解 如图 1-15,

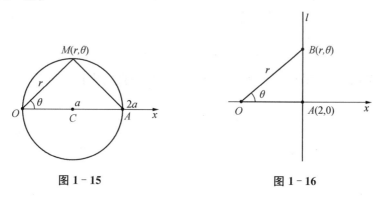

图 1-15   图 1-16

在圆上任取一点 $M(r,\theta)$,则 $\triangle OAM$ 是直角三角形. 因此 $OM=OA\cos\theta$,即圆的极坐标方程为 $r=2a\cos\theta$.

例 2 求过点 $A(2,0)$、垂直极轴 Ox 的直线 l 的极坐标方程.

解 如图 1-16,

在 l 上任取一点 $B(r,\theta)$,连接 OB,则 OB 和 OA 之间的夹角为 θ,因此 $OA=OB\cos\theta$,即直线 l 的极坐标方程为 $r=2\sec\theta$.

例 3 求过点 $M(1,0)$、与极轴 Ox 夹角成 $\dfrac{\pi}{4}$ 的直线 l 的极坐标方程.

解 如图 1-17,

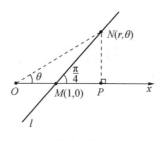

图 1-17

在 l 上任取一点 $N(r,\theta)$,过点 N 作垂线垂直极轴 Ox 于点 P,则 OP 和 ON 之间的夹角为 θ,MP 和 MN 之间的夹角为 $\dfrac{\pi}{4}$,且 $|PN|=|PM|$,$|OM|=1$,由已知条件 $|OP|-|OM|=|MP|$ $=|PN|$,即直线 l 的极坐标方程为 $r\cos\theta-1=r\sin\theta$.

三、极坐标与平面直角坐标之间的互换

将平面直角坐标系的坐标原点 O 作为极点,取 x 轴的正半轴作为极轴的正方向,且在两种坐标系中取相同的单位长度. 设点 M 的直角坐标是 (x,y),点 M 的极坐标是 (r,θ),过点 M

作垂线,垂直 x 轴于点 N,则△OMN 为直角三角形(见图 1-18).

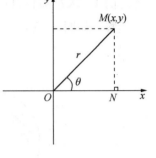

图 1-18

因此可得平面上任一点的直角坐标到极坐标的转化公式:

$$\begin{cases} x = r\cos\theta, \\ y = r\sin\theta; \end{cases} \qquad (1)$$

类似地,也可由关系式(1)得到平面上任一点的极坐标到直角坐标的转化公式:

$$\begin{cases} r^2 = x^2 + y^2, \\ \tan\theta = \dfrac{y}{x}. \end{cases} \qquad (2)$$

例 4　(1) 将 $x^2 + y^2 - 4x = 0$ 化为极坐标方程;

(2) 将 $r = 3\sin\theta - 4\cos\theta$ 化为直角坐标方程.

解　(1) 将 $x = r\cos\theta$, $y = r\sin\theta$ 代入 $x^2 + y^2 - 4x = 0$,

得　　　　　　　　　　　$r^2\cos^2\theta + r^2\sin^2\theta - 4r\cos\theta = 0,$

因此,极坐标方程:　　　　　　　$r = 4\cos\theta.$

(2) 把 $r^2 = x^2 + y^2$, $\sin\theta = \dfrac{y}{r}$, $\cos\theta = \dfrac{x}{r}$ 代入 $r = 3\sin\theta - 4\cos\theta$ 整理得

$$x^2 + y^2 - 3y + 4x = 0.$$

复习题一

1. 求下列函数的定义域:

(1) $y = \sqrt{3x + 2}$;

(2) $y = \dfrac{1}{1 - x^3}$;

(3) $y = \dfrac{1}{x - 2} - \sqrt{1 - x^2}$;

(4) $y = \ln(3 - x) + \arcsin\dfrac{x - 1}{5}$;

(5) $y = \sin\sqrt{x - 1}$;

(6) $y = \dfrac{1}{\sqrt{(x - 2)(x + 3)}} + \lg[(x + 1)(4 - x)]$.

2. 下列各题中,函数 $f(x)$ 与 $g(x)$ 是否相同? 为什么?

(1) $f(x) = x + 2$, $g(x) = \dfrac{x^2 - 4}{x - 2}$;

(2) $f(t) = \sqrt{t^2}$, $g(x) = |x|$;

(3) $f(x) = 1$, $g(x) = \sec^2 x - \tan^2 x$;

(4) $f(x) = \dfrac{\pi}{2}$, $g(x) = \arcsin x + \arccos x$.

3. 设 $f(x)=\begin{cases}2+x, & x<0, \\ 0, & x=0, \\ x^2-2, & 0<x\leqslant 3.\end{cases}$ 求函数 $f(x)$ 的定义域及 $f(-1),f(2)$ 的值,并作出它的图形.

4. 判断下列函数中哪些是奇函数,哪些是偶函数,哪些是非奇非偶函数.

(1) $f(x)=2+3\cos x$；

(2) $f(x)=x+x^5-2x^7$；

(3) $f(x)=e^x$；

(4) $f(x)=\dfrac{e^x+e^{-x}}{2}$；

(5) $f(x)=x\cos\dfrac{1}{x}$；

(6) $f(x)=\ln\dfrac{1+x}{1-x}$.

5. 下列函数中哪些是周期函数? 对周期函数,指出其最小正周期.

(1) $y=|\sin x|$；

(2) $y=\cos 3x$；

(3) $y=x\sin x$；

(4) $y=\cos^2 x$.

6. 设函数 $y=f(x)$ 的定义域为 $(0,1)$,求 $f(x^2)$, $f(\tan x)$, $f\left(\dfrac{x}{1+x}\right)$ 的定义域.

7. 下列函数是由哪些简单函数复合而成?

(1) $y=(2x+3)^3$；

(2) $y=e^{\sin(1+2x)}$；

(3) $y=\sin^5(x^3+2)$；

(4) $y=\ln\dfrac{1+\sqrt{x}}{1-\sqrt{x}}$；

(5) $y=\arcsin\sqrt{1-x^2}$.

8. 设函数 $f(x)=e^{1-x^2}$, $g(x)=\sin x$,求复合函数 $g[f(x)]$,并确定定义域.

9. 设函数 $f(x)=\begin{cases}0, & x\leqslant 0, \\ x, & x>0,\end{cases}$ $g(x)=\begin{cases}0, & x\leqslant 0, \\ -x, & x>0.\end{cases}$ 求复合函数 $f[f(x)]$ 和 $f[g(x)]$.

10. 要造一个底面为正方形、容积为 500 立方米的长方形无盖蓄水池,设水池四壁和底面每平方米造价均为 a 元,试将蓄水池的造价 y 元表示为底边长 x 米的函数.

11. 某种产品的日产量为 1 500 吨,每吨定价为 150 元,销售量不超过 1 000 吨部分按原价出售,超过 1 000 吨部分按 9 折出售. 若将销售总收入看成销售量的函数,试写出函数的表达式.

12. 把下列方程化为极坐标方程:

(1) $y=2$；

(2) $3x+y=0$；

(3) $2x-y+1=0$；

(4) $x^2+y^2=9$.

13. 把下列极坐标方程化为直角坐标方程:

(1) $r=2$；

(2) $r=4\sin\theta+2\cos\theta$；

(3) $r^2\cos 2\theta=16$；

(4) $r=2\sin\theta$.

第二章　极限和连续

要深入研究函数,这就需要了解一个重要的概念——极限.它不仅成功地解决了现实世界所出现的诸多问题,也积极促进了后续各种理论的发展.如今极限已经成为微积分和工程数学领域最重要的思想方法之一.

第一节　数列的极限

一、数列概念与数学归纳法

1. 数列

定义 1　数列可以看作一种特殊的函数,即 $u_n = f(n)$, $n = 1, 2, \cdots$. 当自变量取正整数的时候,函数值按照自变量从小到大的的顺序,逐个排列出来

$$u_1, u_2, u_3, \cdots, u_n, \cdots$$

这样的一组数,称为**数列**,也称为**整标函数**,记作 $\{u_n\}$. 数列中的每一个数称为数列的**项**,第 n 项 u_n 称为数列的**一般项**(或**通项**).例如:

(1) $\{2n\}$: $2, 4, 6, \cdots, 2n, \cdots$;

(2) $\left\{\dfrac{1}{n}\right\}$: $1, \dfrac{1}{2}, \dfrac{1}{3}, \cdots, \dfrac{1}{n}, \cdots$;

(3) $\left\{\dfrac{n}{n+1}\right\}$: $\dfrac{1}{2}, \dfrac{2}{3}, \dfrac{3}{4}, \cdots, \dfrac{n}{n+1}, \cdots$;

(4) $\left\{\dfrac{1+(-1)^{n+1}}{n}\right\}$: $2, 0, \dfrac{2}{3}, 0, \cdots, \dfrac{1+(-1)^{n+1}}{n}, \cdots$;

(5) $\{1+p+p^2+\cdots+p^{n-1}\}$: $1, 1+p, 1+p+p^2, \cdots, 1+p+\cdots+p^{n-1}, \cdots$;

若存在正数 $M > 0$,使得数列中的所有的项 u_n 都满足 $-M \leqslant u_n \leqslant M$,则称 $\{u_n\}$ 为**有界数列**,否则称为**无界数列**.如上述数列例子中,数列(2),(3),(4)均为有界数列,数列(1)则为无界数列,至于数列(5),当 $|p| < 1$ 或 $p = -1$ 时,为有界数列,$|p| > 1$ 或 $p = 1$ 时,为无界数列.

若数列 $\{u_n\}$ 满足 $u_n \leqslant u_{n+1}(n=1,2,3,\cdots)$，则称数列 $\{u_n\}$ 是**单调增数列**；若数列 $\{u_n\}$ 满足 $u_n \geqslant u_{n+1}(n=1,2,3,\cdots)$，则称数列 $\{u_n\}$ 是**单调减数列**；单调增数列与单调减数列通称为**单调数列**．如上述数列例子中，数列(1)，(3)都是单调增数列，数列(2)是单调减数列．

2. 数学归纳法

对于某类事物，由它的一些特殊事例或其全部可能的情况，归纳出一般结论的推理方法，叫作**归纳法**．而遇到某些**与正整数 n 有关的数学命题 P**，我们常常会运用下面的方法来证明命题的正确性：

第一步：证明当 n 取第一个值 n_0 时(例如 $n_0=1$)，命题 P 成立；

第二步：假设当 $n=k$ 时(或假设当 $n \leqslant k$ 时)($k \in \mathbf{N}^+$ 且 $k \geqslant n_0$)，命题 P 成立，由此可以推导证明当 $n=k+1$ 时命题 P 也成立．最后由第一步和第二步得出全体自然数都成立的结论，我们将这种证明方法称为**数学归纳法**．

例 1 证明：$1^2+2^2+3^2+\cdots+n^2=\dfrac{n(n+1)(2n+1)}{6}$．

证明 （Ⅰ）当 $n=1$ 时，等式左边是 1，等式右边是 $\dfrac{1 \times 2 \times 3}{6}=1$，等式成立；

（Ⅱ）假设当 $n=k$ 时，不等式也成立，即

$$1^2+2^2+3^2+\cdots+k^2=\frac{k(k+1)(2k+1)}{6};$$

则当 $n=k+1$ 时， $1^2+2^2+3^2+\cdots+k^2+(k+1)^2$

$$=\frac{k(k+1)(2k+1)}{6}+(k+1)^2$$

$$=\frac{k(k+1)(2k+1)+6(k+1)^2}{6}$$

$$=\frac{(k+1)(k+2)\big[2(k+1)+1\big]}{6}.$$

因此，等式也成立．

根据（Ⅰ）和（Ⅱ）可知，等式对任意 $n \in \mathbf{N}^+$ 都成立．

例 2 已知 $n \in \mathbf{N}^+$，证明不等式：$1+\dfrac{1}{\sqrt{2}}+\dfrac{1}{\sqrt{3}}+\cdots+\dfrac{1}{\sqrt{n}}<2\sqrt{n}$．

证明 （Ⅰ）当 $n=1$ 时，$1<2$，不等式显然成立；

（Ⅱ）假设当 $n=k$ 时，不等式也成立，即

$$1+\frac{1}{\sqrt{2}}+\frac{1}{\sqrt{3}}+\cdots+\frac{1}{\sqrt{k}}<2\sqrt{k},$$

则当 $n=k+1$ 时，$1+\dfrac{1}{\sqrt{2}}+\dfrac{1}{\sqrt{3}}+\cdots+\dfrac{1}{\sqrt{k}}+\dfrac{1}{\sqrt{k+1}}<2\sqrt{k}+\dfrac{1}{\sqrt{k+1}},$

而 $\qquad 2\sqrt{k+1}-\left(2\sqrt{k}+\dfrac{1}{\sqrt{k+1}}\right)$

$$=2(\sqrt{k+1}-\sqrt{k})-\dfrac{1}{\sqrt{k+1}}$$

$$=\dfrac{2}{\sqrt{k+1}+\sqrt{k}}-\dfrac{2}{\sqrt{k+1}+\sqrt{k+1}}>0,$$

从而 $1+\dfrac{1}{\sqrt{2}}+\dfrac{1}{\sqrt{3}}+\cdots+\dfrac{1}{\sqrt{k}}+\dfrac{1}{\sqrt{k+1}}<2\sqrt{k+1}$,

因此,不等式也成立.

根据(Ⅰ)和(Ⅱ)可知,对任意 $n\in\mathbf{N}^{+}$, $1+\dfrac{1}{\sqrt{2}}+\dfrac{1}{\sqrt{3}}+\cdots+\dfrac{1}{\sqrt{n}}<2\sqrt{n}$.

二、数列的极限

1. 数列极限的定义

极限概念是微积分中最基本、最抽象,同时也是最重要的概念之一,它从头到尾贯穿于本书之中. 微积分的主体内容就是微分学和积分学,当中的许多重要的概念和计算方法,都以极限的理论和方法为基础.

本节先讨论数列的极限,下一节再继续介绍函数的极限及其相关内容.

给出一个数列 $\{u_n\}$,我们有这样一个问题:当下标 n 无限增大时(即 $n\to\infty$ 时),对应的 $u_n=f(n)$ 是否能够无限地趋近于某一个确定的常数 A 呢? 为了弄清这样的疑问,先研究下面的例子.

例 3　公元前 4 世纪,我国春秋战国时期的哲学家庄子(约公元前 369 年—前 286 年),在《庄子·天下篇》中说:"一尺之棰,日取其半,万世不竭". 试分析这句古话.

解　我们来考察每日截取后剩下的木棍长度随着天数变化之间的关系:

第一天截取后剩下的木棍长度为 $u_1=\dfrac{1}{2}$,

第二天截取后剩下的木棍长度为 $u_2=\dfrac{1}{4}$,

第三天截取后剩下的木棍长度为 $u_3=\dfrac{1}{8}$,

$\qquad\qquad\qquad\cdots$

依次类推,到第 n 天截取后剩下的木棍长度为 $u_n=\dfrac{1}{2^n}$,古语这句话,本质上来说,就是一个非常典型的数列极限问题. 显然,当天数 n 无限增大时,被截取剩下的木棍长度 $u_n=\dfrac{1}{2^n}$ 无限地趋近于唯一确定的常数 0(见图 2-1),但是永远也达不到 0.

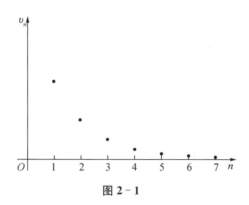

图 2-1

这时我们会说,当天数 n 趋近于无穷大时,被截下的木棍的总长度 $u_n = 1 - \dfrac{1}{2^n}$ 极限为 1,记作 $\lim\limits_{n \to \infty} u_n = \lim\limits_{n \to \infty} \left(1 - \dfrac{1}{2^n}\right) = 1$.

例 4 考察数列 $\left\{\dfrac{1}{n}\right\}$：$1, \dfrac{1}{2}, \dfrac{1}{3}, \dfrac{1}{4}, \dfrac{1}{5}, \cdots, \dfrac{1}{n}, \cdots$ 的变化趋势.

解 显然,当 n 无限增大时,其通项 $\dfrac{1}{n}$ 无限趋近于唯一确定的常数 0,因此,我们可以认为,当 n 趋于无穷大时,数列 $\left\{\dfrac{1}{n}\right\}$ 的极限为 0,记作 $\lim\limits_{n \to \infty} \dfrac{1}{n} = 0$.

例 5 考察数列 $\{(-1)^n\}$ 的变化趋势.

解 当 n 无限增大时,$\{(-1)^n\}$ 的对应项的值交替在"-1"和"1"之间来回变动,不能无限地趋近于某一个确定的常数值,因此,我们认为,当 n 无限增大时,数列 $\{(-1)^n\}$ 没有极限.

通过上述的例子,我们可以得到数列极限的描述性定义如下：

定义 2 设有数列 $\{u_n\}$ 和常数 A,当 n 无限增大时,数列 $\{u_n\}$ 的通项 u_n 的数值无限地趋近于唯一确定的常数值 A,则称数列 $\{u_n\}$ 当 n 无限增大时,以 A 为极限(或数列 $\{u_n\}$ 收敛于 A).记作 $\lim\limits_{n \to \infty} u_n = A$ 或 $u_n \to A$(当 $n \to \infty$ 时);否则,就称数列 $\{u_n\}$ 当 n 无限增大时的极限不存在(或数列 $\{u_n\}$ 发散).我们把数列收敛和发散的特性,通称为数列的敛散性.

例 6 观察下列数列的极限：

(1) $u_n = 1 - \dfrac{1}{n^3}$；

(2) $u_n = (-1)^n \dfrac{1}{n}$；

(3) $u_n = \dfrac{n-1}{n+1}$；

(4) $u_n = \cos \dfrac{1}{n}$；

(5) $u_n = 2^{-n}$；

(6) $u_n = C$.

解 由观察可知：

(1) $\lim\limits_{n \to \infty} \left(1 - \dfrac{1}{n^3}\right) = 1$；

(2) $\lim\limits_{n\to\infty}(-1)^n \dfrac{1}{n}=0$;

(3) $\lim\limits_{n\to\infty}\dfrac{n-1}{n+1}=1$;

(4) $\lim\limits_{n\to\infty}\cos\dfrac{1}{n}=1$;

(5) $\lim\limits_{n\to\infty}2^{-n}=0$;

(6) $\lim\limits_{n\to\infty}C=C$.

2. 数列极限的性质

性质 1（数列极限的唯一性）　若数列 $\{u_n\}$ 的极限存在,则极限值是唯一的.

性质 2（数列极限的局部有界性）　若数列 $\{u_n\}$ 有极限,则 $\{u_n\}$ 必有界.

性质 3（数列极限的局部保号性）　若 $\lim\limits_{n\to\infty}u_n=A$, $\lim\limits_{n\to\infty}v_n=B$,且 $A>B$,则当 n 足够大时,

$u_n>v_n$.

习题 2 - 1

1. 用数学归纳法证明:

(1) $\dfrac{1}{1\times 3}+\dfrac{1}{3\times 5}+\dfrac{1}{5\times 7}+\cdots+\dfrac{1}{(2n-1)\times(2n+1)}=\dfrac{n}{2n+1}$;

(2) $1+\dfrac{1}{\sqrt{2}}+\dfrac{1}{\sqrt{3}}+\cdots+\dfrac{1}{\sqrt{n}}<2\sqrt{n}(n\in\mathbf{N})$;

(3) $1^3+2^3+3^3+\cdots+n^3=\dfrac{1}{4}\cdot n^2\cdot(n+1)^2$;

(4) $(3n+1)\cdot 7^n-1$ 能被 9 整除 $(n\in\mathbf{N}^+)$.

2. 观察下列数列一般项的变化趋势,若极限存在,写出其极限:

(1) $x_n=(-1)\dfrac{1}{n^2}$;　　　　　　　　　　(2) $x_n=2+\left(\dfrac{2}{\mathrm{e}}\right)^n$;

(3) $x_n=0.\overset{n\text{个}}{\overbrace{999\cdots 9}}$;　　　　　　　　　　(4) $x_n=\dfrac{n}{n+3}$;

(5) $x_n=(-1)^{n+1}n$;　　　　　　　　　　(6) $x_n=\cos\dfrac{n\pi}{2}$.

第二节　函数的极限

　　上一节,我们讨论了数列的极限,本质上来说,数列 $\{x_n\}$ 可以被看作自变量取正整数的函数 $x_n=f(n)$,因此数列的极限就是一种特殊的函数极限. 本节我们将进一步讨论更一般的情

况,即自变量取实数时函数 $y=f(x)$ 的极限问题.

一、函数的极限

1. $x \to \infty$ 时函数 $f(x)$ 的极限

先看一个具体例子.

例 1　观察函数 $f(x)=1+\dfrac{1}{x}$ 当 $x \to \infty$ 时的变化趋势.

如图 2-2,当 $|x|$ 无限增大时,相应的函数值 y 无限地接近于 1,因此,我们可以称函数 $f(x)=1+\dfrac{1}{x}$ 当 $x \to \infty$(即 $x \to +\infty$ 且 $x \to -\infty$)时的极限为 1.

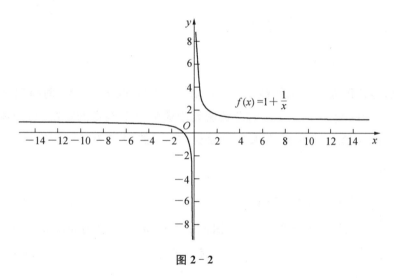

图 2-2

一般地,我们会给出下列定义.

定义 1　若存在正数 $M>0$,函数 $y=f(x)$ 对于所有 $|x|>M$ 时有定义,当自变量 x 的绝对值无限增大时,$f(x)$ 的函数值无限趋近唯一确定的常数 A,则我们称当 x 趋近于无穷大时,函数 $f(x)$ 的极限为 A(或 $f(x)$ 收敛于 A),记作 $\lim\limits_{x \to \infty} f(x)=A$ 或 $f(x) \to A$(当 $x \to \alpha$ 时).

由定义 1 可知:例 1 中的极限 $\lim\limits_{x \to \infty}\left(1+\dfrac{1}{x}\right)=1$.

从图形上来看(见图 2-3),$\lim\limits_{x \to \infty} f(x)=A$ 表示:当自变量 x 从中间向左、右两个方向的无穷远处进行运动时,函数 $y=f(x)$ 的曲线上的点 $(x,f(x))$ 沿着曲线 $y=f(x)$ 的轨迹在两个方向上都与直线 $y=A$ 的距离无限地逼近 0.

而对于函数 $y=2^x$ 和 $y=\left(\dfrac{1}{2}\right)^x$(见图 2-4),当自

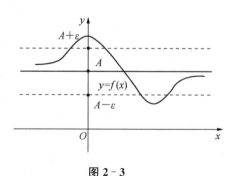

图 2-3

变量 x 向左、右两个方向的无穷远处进行运动时,它的曲线只在一个方向上与直线 $y=0$ 无限地逼近,而在另一个方向上,则无限地远离 $y=0$,这时,$y=2^x$ 和 $y=\left(\dfrac{1}{2}\right)^x$ 的极限都不存在,由此,我们分别给出 $x\to+\infty$ 和 $x\to-\infty$ 时函数 $f(x)$ 的极限的定义.

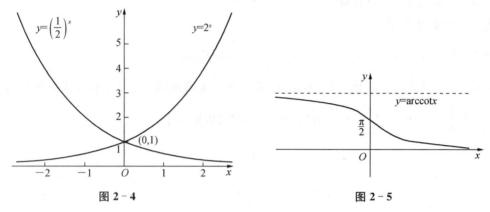

图 2-4　　　　　　　　　　　　　图 2-5

定义 2　若存在正数 $M>0$,函数 $y=f(x)$ 对于 $x>M$(或 $x<-M$)时有定义,当自变量 x 无限增大(或 $-x$ 无限增大)时,$f(x)$ 的函数值无限逼近一个确定的常数 A,则我们称当 x 趋近于正无穷大(或 x 趋近于负无穷大)时,函数 $f(x)$ 的极限为 A,记作 $\lim\limits_{x\to+\infty}f(x)=A$(或 $\lim\limits_{x\to-\infty}f(x)=A$).

由定义 2 可知,$\lim\limits_{x\to-\infty}2^x=0$,$\lim\limits_{x\to+\infty}\left(\dfrac{1}{2}\right)^x=0$.

观察 $y=\operatorname{arccot}x$ 的图形,由图 2-5 可知,$\lim\limits_{x\to-\infty}\operatorname{arccot}x=\pi$,$\lim\limits_{x\to+\infty}\operatorname{arccot}x=0$,当 $x\to+\infty$ 和 $x\to-\infty$ 时,函数 $y=\operatorname{arccot}x$ 不是无限地逼近同一个确定的常数,因此,$\lim\limits_{x\to\infty}\operatorname{arccot}x$ 并不存在.从而我们得到以下结论:

定理 1　$\lim\limits_{x\to\infty}f(x)=A$ 的充要条件是 $\lim\limits_{x\to+\infty}f(x)=\lim\limits_{x\to-\infty}f(x)=A$.

2. $x\to x_0$ 时函数的极限

就函数 $y=f(x)$ 来说,除了前面研究的 $x\to\infty$ 时的极限外,还需要研究另外一种情况,那就是 $x\to x_0$ 时,$y=f(x)$ 的变化趋势,例如:

例 2　函数 $f(x)=\dfrac{x^2-1}{x-1}$,定义域为 $(-\infty,+\infty)$,如图 2-6 所示,当 x 无限趋近于 1 时,函数 $y=\dfrac{x^2-1}{x-1}$ 的变化趋势是否趋近于某一确定的实数呢? 计算可得:

x	2	1.1	1.01	1.001	→	1	←	0.999	0.99	0.9	0.5
$\dfrac{x^2-1}{x-1}$	3	2.1	2.01	2.001	→	?	←	1.999	1.99	1.9	1.5

显然,当 x 无限趋近于 1 时,函数值 $f(x)=\dfrac{x^2-1}{x-1}=x+1(x\neq1)$ 趋近于实数 2.

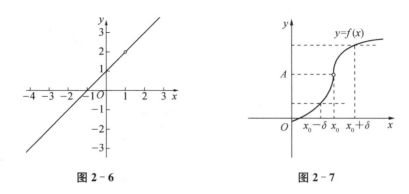

图 2-6   图 2-7

一般地,我们有如下定义:

定义 3 函数 $f(x)$ 在点 x_0 的某去心邻域 $\mathring{U}(x_0,\delta)(\delta>0)$ 内有定义.若当 x 无限地趋近于 $x_0(x\neq x_0)$ 时,$y=f(x)$ 的函数值无限地逼近一个确定的常数 A,则我们称当 $x\to x_0$ 时,函数 $f(x)$ 的极限为 A(或 $f(x)$ **收敛于** A),记作 $\lim\limits_{x\to x_0}f(x)=A$(或 $f(x)\to A(x\to x_0)$).

由定义 3 可知:例 2 中的极限 $\lim\limits_{x\to1}\dfrac{x^2-1}{x-1}=2$.

从图形上来看(如图 2-7),$\lim\limits_{x\to x_0}f(x)=A$ 表示:当自变量 x 从 x_0 左、右两侧向中间的点 x_0 无限趋近时,函数 $y=f(x)$ 的曲线上的点 $(x,f(x))$ 沿着曲线 $y=f(x)$ 的轨迹从两个方向上与点 (x_0,A) 的距离无限地逼近 0.

例 3 观察并写出下列函数的极限:

(1) $\lim\limits_{x\to1}(3x+2)$;

(2) $\lim\limits_{x\to1}\dfrac{x^2+x-2}{x-1}$;

(3) $\lim\limits_{x\to4}\dfrac{x-4}{\sqrt{x}-2}$;

(4) $\lim\limits_{x\to0}\sin x$.

解 (1) 如图 2-8 所示,当 x 趋近于 1 的时候,$3x+2$ 趋近于 5,因此 $\lim\limits_{x\to1}(3x+2)=5$.

(2) 需要注意的是,函数 $\lim\limits_{x\to1}\dfrac{x^2+x-2}{x-1}$ 在 $x=1$ 处没有定义,因此考虑 $x\to1$ 时函数的极限,$x\neq1$,函数可以化简为 $\dfrac{x^2+x-2}{x-1}=\dfrac{(x-1)(x+2)}{x-1}=x+2$,如图 2-9 所示,从而有:

$$\lim\limits_{x\to1}\dfrac{x^2+x-2}{x-1}=\lim\limits_{x\to1}(x+2)=3.$$

(3) 函数 $y=\dfrac{x-4}{\sqrt{x}-2}$ 在 $x=4$ 点没有定义,如图 2-10 所示,因而在考虑 $x\to4$ 的极限时,$x\neq4$,从而可得:

$$\lim\limits_{x\to4}\dfrac{x-4}{\sqrt{x}-2}=\lim\limits_{x\to4}\dfrac{(\sqrt{x}-2)(\sqrt{x}+2)}{\sqrt{x}-2}=\lim\limits_{x\to4}(\sqrt{x}+2)=4.$$

(4) 如图 2-11 所示,当 x 无限趋于 0 时,$\sin x$ 的函数值无限趋近于 0,因而:$\lim\limits_{x\to0}\sin x=0$.

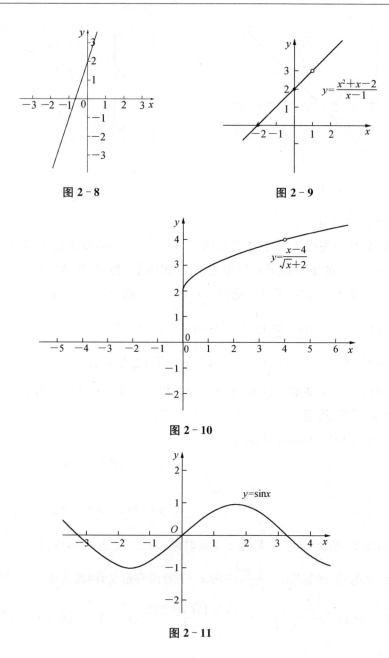

图 2 - 8　　　　　　　　　　　图 2 - 9

图 2 - 10

图 2 - 11

例 4　考察极限：$\lim\limits_{x\to 0}\cos\dfrac{1}{x}$ 是否存在.

解　显然，函数 $y=\cos\dfrac{1}{x}$ 在 $x=0$ 处没有定义，而它在某些点的函数值计算如下：

x	$\dfrac{2}{\pi}$	$\dfrac{2}{2\pi}$	$\dfrac{2}{3\pi}$	$\dfrac{2}{4\pi}$	$\dfrac{2}{5\pi}$	$\dfrac{2}{6\pi}$	$\dfrac{2}{7\pi}$	$\dfrac{2}{8\pi}$	$\dfrac{2}{9\pi}$	$\dfrac{2}{10\pi}$	$\dfrac{2}{11\pi}$	$\dfrac{2}{12\pi}$	$\to$	0
$\cos\dfrac{1}{x}$	0	-1	0	1	0	-1	0	1	0	-1	0	1	$\to$	?

此函数的图形如图 2－12 所示.

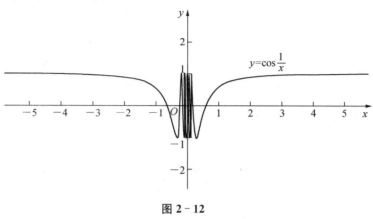

图 2－12

由 $f(x)=\cos\dfrac{1}{x}$ 的图形可知：当 $x\to 0$ 时，函数 $\cos\dfrac{1}{x}$ 的函数值 $\cos\dfrac{1}{x}$ 不停地在 1 与 －1 之间进行摆动，不趋近于任何一个确定的常数值，并且距离坐标原点越近，图形越密集，距离原点越远，图形越稀疏，因此极限不存在.

3. 单侧极限

前面我们介绍了 $x\to x_0$ 时函数 $f(x)$ 的极限，也就是 x 是从一维数轴的两侧同时趋于 x_0 时，函数 $f(x)$ 的数值变化趋势. 然而有时候，我们还需要研究自变量 x 仅从 x_0 的右侧（$x>x_0$）或者仅从 x_0 的左侧（$x<x_0$）趋于 x_0 时，$f(x)$ 的变化趋势，因此，我们引入右极限和左极限的概念.

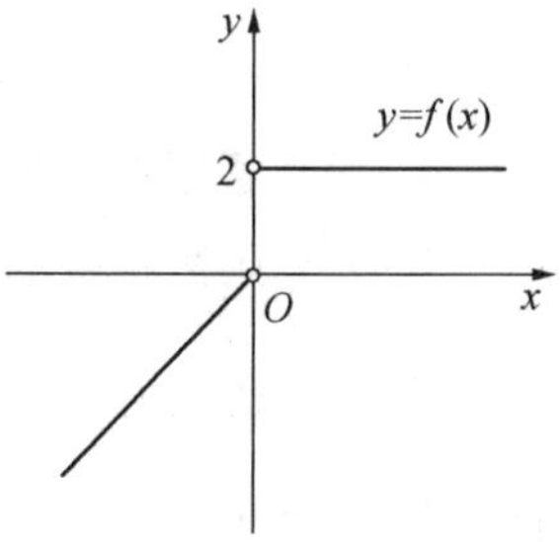

考察函数 $f(x)=\begin{cases} x, & x<0, \\ 2, & x>0 \end{cases}$（见图 2－13），容易看出，当 x 从 0 的右侧趋于 0 时，$f(x)$ 趋于 2，当 x 从 0 的左侧趋于 0 时，$f(x)$ 趋于 0. 我们分别将它们称为 x 趋于 0 时 $f(x)$ 的右极限和左极限. 由此，我们得到下面的定义：

图 2－13

定义 4 函数 $f(x)$ 在 x_0 的去心邻域 $\overset{\circ}{U}(x_0,\delta)$ 有定义，当 x 从点 x_0 的右侧（$x>x_0$）趋于 x_0 时，函数值 $f(x)$ 无限地趋近于一个确定的常数 A，则称 A 为函数 $f(x)$ 当 $x\to x_0^+$ 时的右极限，记作

$$\lim_{x\to x_0^+} f(x)=A \text{ 或 } f(x_0+0)=A;$$

若当 x 从点 x_0 的左侧（$x<x_0$）趋于 x_0 时，函数值 $f(x)$ 无限的趋近于一个确定的常数 A，则称 A 为函数 $f(x)$ 当 $x\to x_0^-$ 时的左极限，记作

$$\lim_{x\to x_0^-} f(x)=A \text{ 或 } f(x_0-0)=A.$$

一般来说，函数的左、右极限通称为**单侧极限**.

例5 讨论函数 $f(x)=\begin{cases} x-2, & x<0, \\ 0, & x=0, \\ x+2, & x>0, \end{cases}$ 当 $x\to 0$ 时的极限.

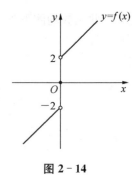

图 2 - 14

解 如图 2-14 所示,当 $x\to 0$ 时,函数 $f(x)$ 没有极限. 因为当 $x\to 0^+$ 时,其对应的函数值 $f(x)$ 趋近于 2,即 $\lim\limits_{x\to 0^+} f(x)=\lim\limits_{x\to 0^+}(x+2)=2$.

而当 $x\to 0^-$ 时,其函数值 $f(x)$ 趋近于 -2,即 $\lim\limits_{x\to 0^-} f(x)=\lim\limits_{x\to 0^-}(x-2)=-2$.

从而,当 $x\to 0$ 时,$f(x)$ 并不趋近于唯一确定的常数值. $\lim\limits_{x\to 0} f(x)$ 不存在.

根据前面介绍的左、右极限的定义,会有如下的结论:

定理 2 $\lim\limits_{x\to x_0} f(x)=A$ 成立的充要条件是 $\lim\limits_{x\to x_0^+} f(x)=\lim\limits_{x\to x_0^-} f(x)=A$.

上述定理也是我们今后判别一个函数 $f(x)$ 在点 x_0 处极限存在与否的重要判定依据.

例6 讨论函数 $f(x)=|x-1|$,当 $x\to 1$ 时的极限.

解 $f(x)=\begin{cases} x-1, & x\geqslant 1, \\ 1-x, & x<1, \end{cases}$ $\lim\limits_{x\to 1^+}(x-1)=0$, $\lim\limits_{x\to 1^-}(1-x)=0$.

从而由定理 2 可知,$\lim\limits_{x\to 1}|x-1|=0$.

4. 函数极限的性质

定理 3(函数极限的唯一性) 若 $\lim\limits_{x\to x_0} f(x)$ 存在,则极限必唯一.

定理 4(函数极限的局部有界性) 若 $\lim\limits_{x\to x_0} f(x)=A$,则存在正数 $M>0$ 和 $\delta>0$,使得对于任意的 $x\in \overset{\circ}{U}(x_0,\delta)$ 时,均有 $|f(x)|\leqslant M$.

定理 5(函数极限的局部保号性) 若 $\lim\limits_{x\to x_0} f(x)=A$ 且 $f(x)\geqslant 0$(或 $f(x)\leqslant 0$),则 $A\geqslant 0$(或 $A\leqslant 0$).

习题 2 - 2

1. 通过观察下列函数的图形,若极限存在,写出其极限.

(1) $\lim\limits_{x\to 1} x^3$;

(2) $\lim\limits_{x\to \frac{\pi}{4}} \tan x$;

(3) $\lim\limits_{x\to \frac{1}{2}} \arcsin x$;

(4) $\lim\limits_{x\to -\infty} 3^x$;

(5) $\lim\limits_{x\to +\infty} e^{-x}$;

(6) $\lim\limits_{x\to \infty} \frac{1}{x^2}$;

(7) $\lim\limits_{x\to \infty} \arctan x$;

(8) $\lim\limits_{x\to \infty} \sin x$.

2. 讨论下列函数在 $x=1$ 处的左、右极限,并指出当 $x\to 1$ 时,函数的极限是否存在. 为什么?

(1) $f(x)=\begin{cases} 2x-1, & x<1, \\ 2^{x-1}, & x\geqslant 1. \end{cases}$　　　(2) $f(x)=\dfrac{|x-1|}{x-1}$.

3. 设函数 $f(x)=\begin{cases} \dfrac{1}{x}, & x>0, \\ 2^x, & x\leqslant 0, \end{cases}$ 求 $\lim\limits_{x\to-\infty}f(x)$ 和 $\lim\limits_{x\to+\infty}f(x)$,并说明 $\lim\limits_{x\to\infty}f(x)$ 是否存在.

4. 设函数 $f(x)=\begin{cases} 3x, & -2<x<0, \\ -x, & 0\leqslant x<1, \\ x+1, & 1\leqslant x<2, \end{cases}$ 求:

(1) $\lim\limits_{x\to-2^+}f(x)$;　(2) $\lim\limits_{x\to-1}f(x)$;　(3) $\lim\limits_{x\to 0}f(x)$;　(4) $\lim\limits_{x\to 1}f(x)$;　(5) $\lim\limits_{x\to 2^-}f(x)$.

5. 若函数 $D(x)=\begin{cases} 1, & x\ \text{为有理数}, \\ 0, & x\ \text{为无理数}, \end{cases}$ 且 $\forall x_0\in\mathbf{Q}$,则 $\lim\limits_{x\to x_0}D(x)$ 是否存在?

第三节　无穷小与无穷大

一、无穷小

1. 无穷小

定义 1　若当 $x\to x_0$(或 $x\to\infty$)时,函数 $f(x)$ 以零为极限,即

$$\lim\limits_{x\to x_0}f(x)=0(\text{或}\lim\limits_{x\to\infty}f(x)=0).$$

则称函数 $f(x)$ 当 $x\to x_0$(或 $x\to\infty$)时为无穷小量,简称为无穷小.

简单来说,**无穷小就是以 0 为极限的变量.**

例 1　因为 $\lim\limits_{x\to 2}(x-2)=0$,故函数 $x-2$ 是 $x\to 2$ 时的无穷小.

例 2　因为 $\lim\limits_{x\to 0}\sin x=0$,故函数 $\sin x$ 是 $x\to 0$ 时的无穷小.

例 3　因为 $\lim\limits_{x\to+\infty}\dfrac{1}{\ln x}=0$,故函数 $\dfrac{1}{\ln x}$ 是 $x\to+\infty$ 时的无穷小.

注　(1) 无穷小是相对于自变量的某一变化过程而言的. 例如,当 $x\to 2$ 时,$x-2$ 是无穷小,而当 $x\to 1$ 时,$x-2$ 则不是无穷小. (2) 无穷小不是很小的常数. 例如 10^{-20},e^{-100} 都不是无穷小,因为它们的极限不为 0. (3) 零是唯一一个可看作无穷小的常数.

函数极限可用无穷小量的形式表述如下:

定理 1　在自变量的同一变化过程 $x\to x_0$ 中,函数 $f(x)$ 的极限是 A 的充要条件为 $f(x)$ 能

表示为常数 A 与一个无穷小 α 的和. 即

$$\lim_{x \to x_0} f(x) = A \Leftrightarrow f(x) = A + \alpha,$$

其中 α 为 $x \to x_0$ 时的无穷小.

证明　必要性：若 $\lim\limits_{x \to x_0} f(x) = A$，便有 $\lim\limits_{x \to x_0} (f(x) - A) = 0$，故 $f(x) - A$ 是 $x \to x_0$ 时的一个无穷小量，从而 $f(x) - A = \alpha$，即 $f(x) = A + \alpha$.

充分性：若 $f(x) = A + \alpha$，则 $\lim\limits_{x \to x_0} f(x) = \lim\limits_{x \to x_0} (A + \alpha)$，而函数值 $A + \alpha$ 趋于 $A + 0$，也就是 A，从而 $\lim\limits_{x \to x_0} f(x) = A$.

注　该定理的结论对其他自变量 x 的变化趋势，如：$x \to \infty, x \to x_0^+, x \to x_0^-, x \to +\infty, x \to -\infty$ 时，同样适用.

例 4　当 $x \to 1$ 时，$2(x-1)$ 是无穷小，而 $\lim\limits_{x \to 1}(2x + 1) = 3$，显然 $f(x) = 2x + 1$ 可以表示为 $A = 3$ 与 $\alpha = 2(x-1)$ 的和.

2. 无穷小的性质

性质 1　有限个无穷小的和、差、积是无穷小.

性质 2　有界函数与无穷小的乘积仍是无穷小.

例 5　求下列函数的极限：

(1) $\lim\limits_{x \to 0}(x^3 + \sin x)$；　　　　　　　　　　(2) $\lim\limits_{x \to 0} x \sin \dfrac{1}{x}$.

解　(1) 因为当 $x \to 0$ 时，根据性质 3.1 可知，$x^3 = x \cdot x \cdot x$ 是三个无穷小的乘积，仍是无穷小，而 $\sin x$ 也是无穷小，从而 $x^3 + \sin x$ 是两个无穷小的和，$\lim\limits_{x \to 0}(x^3 + \sin x) = 0$.

(2) 因为当 $x \to 0$ 时，x 是无穷小量，$\left| \sin \dfrac{1}{x} \right| \leqslant 1$，所以 $\sin \dfrac{1}{x}$ 是有界函数，根据性质 2 可知，$\lim\limits_{x \to 0} x \sin \dfrac{1}{x} = 0$.

推论 1　常数与无穷小的乘积仍是无穷小.

推论 2　无穷小的绝对值还是无穷小.

二、无穷大

定义 2　若当 $x \to x_0$（或 $x \to \infty$）时，函数 $f(x)$ 的绝对值无限增大，即

$$\lim_{\substack{x \to x_0 \\ (x \to \infty)}} |f(x)| \to +\infty,$$

则称函数 $f(x)$ 当 $x \to x_0$（或 $x \to \infty$）时为无穷大量，简称为无穷大.

根据极限的定义，若一个函数 $f(x)$ 当 $x \to x_0$（或 $x \to \infty$）时为无穷大量，则其函数值就没有无限地趋近于一个确定的常数值，因此它的极限是不存在的. 但为了便于描述函数的这种变化

趋势,我们会称"函数 $f(x)$ 的极限为无穷大",记作

$$\lim_{x \to x_0} f(x) = \infty (或 \lim_{x \to \infty} f(x) = \infty).$$

如若进一步细化的话,我们还会把函数 $f(x)$ 当 $x \to x_0$(或 $x \to \infty$)时趋于 $+\infty$ 的叫作**正无穷大**,记作

$$\lim_{\substack{x \to x_0 \\ (x \to \infty)}} f(x) = +\infty,$$

而把函数 $f(x)$ 当 $x \to x_0$(或 $x \to \infty$)时趋于 $-\infty$ 的叫作**负无穷大**,记作

$$\lim_{\substack{x \to x_0 \\ (x \to \infty)}} f(x) = -\infty.$$

例 6 当 $x \to 1$ 时,$\dfrac{1}{x-1}$ 为无穷大,即 $\lim\limits_{x \to 1} \dfrac{1}{x-1} = \infty$,如图 $2-15$ 所示:

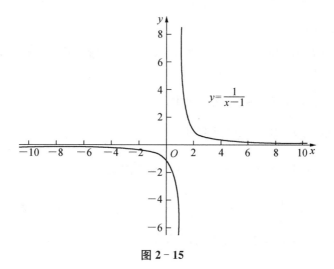

图 $2-15$

例 7 当 $x \to +\infty$ 时,e^x 为正无穷大,即 $\lim\limits_{x \to +\infty} e^x = +\infty$;同理,当 $x \to -\infty$ 时,e^{-x} 为正无穷大,如图 $2-16$ 所示:

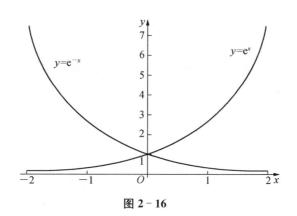

图 $2-16$

例 8 当 $x \to 0^{+}$ 时，$\ln x$ 为负无穷大，即 $\lim\limits_{x \to 0^{+}} \ln x = -\infty$，如图 2-17 所示：

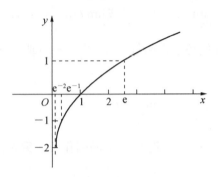

图 2-17

注 （1）与无穷小类似，无穷大也是相对于自变量的某一变化过程而言的．例如，当 $x \to 1$ 时，$\dfrac{1}{x-1}$ 是无穷大，而当 $x \to \infty$ 时，$\dfrac{1}{x-1}$ 则变成了无穷小．（2）无穷大不是很大的常数．如 10 000，e^{50} 都不是无穷大．

从图 2-16 可以看出：$\lim\limits_{x \to +\infty} e^{x} = +\infty$ 而 $\lim\limits_{x \to +\infty} e^{-x} = 0$；因此，我们可以得出无穷小与无穷大之间的某种关系：

定理 2 在自变量某个相同的变化过程中，

（1）若 $f(x)$ 是无穷大，则 $\dfrac{1}{f(x)}$ 是无穷小；

（2）若 $f(x)$ 是无穷小，且 $f(x) \neq 0$，则 $\dfrac{1}{f(x)}$ 是无穷大．

因此，通过证明函数 $\dfrac{1}{f(x)}$ 当 $x \to x_0$（或 $x \to \infty$）时为无穷小量，来说明 $f(x)$ 当 $x \to x_0$（或 $x \to \infty$）时为无穷大量是函数极限计算中常用的方法．

例 9 求 $\lim\limits_{x \to 0} \dfrac{1}{e^{x}-1}$．

解 因为 $\lim\limits_{x \to 0} (e^{x}-1) = 0$，因此由定理 2，得 $\lim\limits_{x \to 0} \dfrac{1}{e^{x}-1} = \infty$．

习题 2-3

1. 观察下列函数或数列在自变量的指定变化过程中，哪些是无穷小，哪些是无穷大，哪些既不是无穷小，也不是无穷大．

（1）$y = x^{2} + x$（当 $x \to 0$）；　　　　　　（2）$y = x^{2} + x$（当 $x \to \infty$）；

（3）$y = \dfrac{x+1}{x^{2}}$（当 $x \to 0$）；　　　　　　（4）$y = \dfrac{x+1}{x^{2}}$（当 $x \to \infty$）；

（5）数列 $\left\{ \dfrac{\sin n}{n} \right\}$（当 $n \to \infty$）；　　　（6）$y = \tan x \left(\text{当} \ x \to \dfrac{\pi}{2} \right)$；

(7) $y=\cos x$(当 $x\to\infty$);　　　　　　　(8) $y=2^{\frac{1}{x}}$(当 $x\to 0^-$).

2. 利用无穷小的性质求下列极限:

(1) $\lim\limits_{x\to\infty}\dfrac{1+\cos x}{x}$;　　　　　　　　(2) $\lim\limits_{x\to\infty}\dfrac{\arctan x}{x}$;

(3) $\lim\limits_{x\to 0}x\cos\dfrac{2}{x}$;　　　　　　　　　(4) $\lim\limits_{n\to\infty}\dfrac{\sin n}{2^n}$;

(5) $\lim\limits_{x\to 0}(2x+\sin x+x^2)$.

3. 求下列函数的极限,并用极限与无穷小之和将它们表示出来.

(1) $f(x)=\dfrac{x+1}{2x}$ ($x\to\infty$时);　　　　　(2) $f(x)=3x+1$ ($x\to 1$ 时).

4. 函数 $y=\mathrm{e}^{\frac{1}{x}}$ 当 $x\to 0$ 时极限存在吗? 为什么? 何时是无穷大? 何时是无穷小?

5. 试观察函数 $y=x\sin x$ 在$(-\infty,+\infty)$上是否有界. 又当 $x\to+\infty$时,这个函数是否为无穷大?

第四节　极限的运算法则

本节将着重讨论极限的计算方法,主要介绍极限的四则运算法则、复合函数的极限运算法则. 在一些函数极限的相关定理、性质的陈述中,我们约定:根据需要,用"lim"就表示:$x\to x_0$、$x\to x_0^+$、$x\to x_0^-$、$x\to\infty$、$x\to+\infty$、$x\to-\infty$时的极限的任意一种形式.

一、函数极限运算

定理 1(函数极限的四则运算法则)　若 $\lim f(x)=A$,$\lim g(x)=B$,且 A,B 是常数,则

(1) $\lim[f(x)\pm g(x)]=\lim f(x)\pm\lim g(x)=A\pm B$;

(2) $\lim[f(x)\cdot g(x)]=\lim f(x)\cdot\lim g(x)=A\cdot B$;

(3) 若 $B\neq 0$,$\lim\dfrac{f(x)}{g(x)}=\dfrac{\lim f(x)}{\lim g(x)}=\dfrac{A}{B}$.

证明　(1)和(2):因为 $\lim f(x)=A$,$\lim g(x)=B$,由第三节定理 3.1 得 $f(x)=A+\alpha$,$g(x)=B+\beta$,其中 α,β 是同一自变量变化过程中的无穷小,于是

$$f(x)\pm g(x)=(A+\alpha)\pm(B+\beta)=(A\pm B)+(\alpha\pm\beta),$$

$$f(x)\cdot g(x)=(A+\alpha)\cdot(B+\beta)=A\cdot B+(B\alpha+A\beta+\alpha\beta).$$

由第三节性质 1 和性质 2 知,$\alpha\pm\beta$ 和 $B\alpha+A\beta+\alpha\beta$ 是无穷小;因此

$$\lim[f(x)\pm g(x)]=A\pm B=\lim f(x)\pm\lim g(x),$$

$$\lim[f(x) \cdot g(x)] = A \cdot B = \lim f(x) \cdot \lim g(x).$$

(3) $\dfrac{f(x)}{g(x)} - \dfrac{A}{B} = \dfrac{A+\alpha}{B+\beta} - \dfrac{A}{B} = \dfrac{\alpha B - \beta A}{B(B+\beta)} = (\alpha B - \beta A)\dfrac{1}{B(B+\beta)}.$

显然，$\alpha B - \beta A$ 为无穷小，$B \neq 0$ 时，由极限保号性知 $\left|\dfrac{1}{B(B+\beta)}\right| < \dfrac{1}{|B|} \cdot \dfrac{2}{|B|}$，因此 $(\alpha B - \beta A)\dfrac{1}{B(B+\beta)}$ 为无穷小，因此

$$\lim\frac{f(x)}{g(x)} = \frac{A}{B} = \frac{\lim f(x)}{\lim g(x)}.$$

此定理可以简单地理解为：**若两个函数的极限存在，则这两个函数和、差、积、商的极限等于这两个函数极限的和、差、积、商.**

注　定理中的(1)、(2)可推广到有限多个函数的情形.例如，若 $\lim f(x)$，$\lim g(x)$，$\lim h(x)$，$\lim w(x)$ 都存在，则

$$\lim[f(x) + g(x) + h(x) + w(x)] = \lim f(x) + \lim g(x) + \lim h(x) + \lim w(x);$$

$$\lim[f(x) \cdot g(x) \cdot h(x) \cdot w(x)] = \lim f(x) \cdot \lim g(x) \cdot \lim h(x) \cdot \lim w(x).$$

推论 1　若 $\lim f(x) = A$，而 C 为常数，则 $\lim[Cf(x)] = CA = C\lim f(x)$.

推论 2　若 $\lim f(x) = A$，且 $n \in \mathbf{Z}^{+}$，则 $\lim[f(x)]^{n} = A^{n} = [\lim f(x)]^{n}$.

对于数列而言，也有类似的极限四则运算法则：

定理 2　设存在两个数列 $\{x_n\}$ 和 $\{y_n\}$，若 $\lim\limits_{n \to \infty} x_n = A$，$\lim\limits_{n \to \infty} y_n = B$，则

(1) $\lim\limits_{n \to \infty}(x_n \pm y_n) = A \pm B = \lim\limits_{n \to \infty} x_n \pm \lim\limits_{n \to \infty} y_n$；

(2) $\lim\limits_{n \to \infty}(x_n \cdot y_n) = A \cdot B = \lim\limits_{n \to \infty} x_n \cdot \lim\limits_{n \to \infty} y_n$；

(3) 若 $y_n \neq 0 (n = 1, 2, 3, \cdots)$ 且 $B \neq 0$，$\lim\limits_{n \to \infty}\dfrac{x_n}{y_n} = \dfrac{A}{B} = \dfrac{\lim\limits_{n \to \infty} x_n}{\lim\limits_{n \to \infty} y_n}$.

证明从略.

定理 3　若函数 $f(x) \geqslant g(x)$，且 $\lim f(x) = A$，$\lim g(x) = B$，则 $A \geqslant B$.

证明从略.

例 1　求 $\lim\limits_{x \to 1}(3x^2 - 2x + 1)$.

解　$\lim\limits_{x \to 1}(3x^2 - 2x + 1) = \lim\limits_{x \to 1} 3x^2 - \lim\limits_{x \to 1} 2x + \lim\limits_{x \to 1} 1$

$\qquad\qquad = 3\lim\limits_{x \to 1} x^2 - 2\lim\limits_{x \to 1} x + 1$

$\qquad\qquad = 3(\lim\limits_{x \to 1} x)^2 - 2 + 1 = 3 - 2 + 1 = 2.$

例 2　求 $\lim\limits_{x \to 1}\dfrac{x^2 + 3x - 1}{2x - 1}$.

解　因为 $\lim\limits_{x \to 1}(2x-1)=2\lim\limits_{x \to 1}x-\lim\limits_{x \to 1}1=2-1=1 \neq 0$,

所以 $\lim\limits_{x \to 1}\dfrac{x^2+3x-1}{2x-1}=\dfrac{\lim\limits_{x \to 1}(x^2+3x-1)}{\lim\limits_{x \to 1}(2x-1)}=\dfrac{(\lim\limits_{x \to 1}x)^2+3\lim\limits_{x \to 1}x-\lim\limits_{x \to 1}1}{1}=3.$

从例1、例2可以看出,对于多项式函数 $f(x)=a_n+a_{n-1}x+a_{n-2}x^2+\cdots+a_0x^n$ 和分式函数 $f(x)=\dfrac{P(x)}{Q(x)}$,我们有下列结论:

若函数 $f(x)$ 是多项式函数或是 $x \to x_0$ 分母的极限不为零的分式函数,则

$$\lim_{x \to x_0}f(x)=f(x_0).$$

例3　求 $\lim\limits_{x \to 2}\dfrac{3x^3-x^2-2x+5}{2x^2-x+1}.$

解　$\lim\limits_{x \to 2}\dfrac{3x^3-x^2-2x+5}{2x^2-x+1}=\dfrac{3 \cdot 2^3-2^2-2 \cdot 2+5}{2 \cdot 2^2-2+1}=\dfrac{21}{7}=3.$

但需要注意的是,若 $Q(x_0)=0$,则上述的方法是不能使用的.

例4　求 $\lim\limits_{x \to 3}\dfrac{x^2-5x+6}{x^2-x-6}.$

解　当 $x \to 3$ 时,该分式函数的分子和分母的极限都是0,并不满足定理1中的商的极限运算法则的条件,对于这类两个无穷小的比值的极限,通常记为"$\dfrac{0}{0}$". 由于这种形式的极限存在与否不能确定,因此我们通常将这种极限称为**未定式**. 求解这种极限,一般需要对分子、分母进行因式分解,分解出相同的极限为0的零因子 $x-x_0$,然后约去零因子,再计算函数极限的结果.

$$\lim_{x \to 3}\frac{x^2-5x+6}{x^2-x-6}=\lim_{x \to 3}\frac{(x-2)(x-3)}{(x+2)(x-3)}=\lim_{x \to 3}\frac{x-2}{x+2}=\frac{1}{5}.$$

例5　求 $\lim\limits_{x \to 1}\dfrac{x^m-1}{x^n-1}$($m,n$ 均为正整数).

解　$\lim\limits_{x \to 1}\dfrac{x^m-1}{x^n-1}=\lim\limits_{x \to 1}\dfrac{(x-1)(x^{m-1}+x^{m-2}+\cdots+1)}{(x-1)(x^{n-1}+x^{n-2}+\cdots+1)}=\lim\limits_{x \to 1}\dfrac{x^{m-1}+x^{m-2}+\cdots+1}{x^{n-1}+x^{n-2}+\cdots+1}=\dfrac{m}{n}.$

例6　求 $\lim\limits_{x \to 2}\dfrac{x^2+2x+1}{x^2-x-2}.$

解　因为 $\lim\limits_{x \to 2}(x^2-x-2)=2^2-2-2=0$,同样也不能使用定理1的商的极限运算法则,但是

$$\lim_{x \to 2}\frac{x^2-x-2}{x^2+2x+1}=\lim_{x \to 2}\frac{x-2}{x+1}=0(x \neq 2),$$

所以根据无穷小与无穷大的关系可得 $\lim\limits_{x \to 2}\dfrac{x^2+2x+1}{x^2-x-2}=\infty.$

例 7 求 $\lim\limits_{x\to\infty}(x^2-4x+3)$.

解 因为 $\lim\limits_{x\to\infty}\dfrac{1}{x^2-4x+3}=\lim\limits_{x\to\infty}\dfrac{\dfrac{1}{x^2}}{1-\dfrac{4}{x}+\dfrac{3}{x^2}}=\dfrac{0}{1}=0$,

所以根据无穷小与无穷大的关系可得 $\lim\limits_{x\to\infty}(x^2-4x+3)=\infty$.

例 8 求 $\lim\limits_{x\to\infty}\dfrac{x^2-x+1}{3x^2+5x-2}$.

解 分子和分母同时除以多项式的最高次项 x^2,然后取极限:

显然 $\lim\limits_{x\to\infty}\dfrac{c}{x^n}=c\lim\limits_{x\to\infty}\dfrac{1}{x^n}=c\left(\lim\limits_{x\to\infty}\dfrac{1}{x}\right)^n=0$,

因此 $\lim\limits_{x\to\infty}\dfrac{x^2-x+1}{3x^2+5x-2}=\lim\limits_{x\to\infty}\dfrac{1-\dfrac{1}{x}+\dfrac{1}{x^2}}{3+\dfrac{5}{x}-\dfrac{2}{x^2}}=\dfrac{1}{3}$.

例 9 求 $\lim\limits_{x\to\infty}\dfrac{x^2-x+1}{3x^3+5x-2}$.

解 分子和分母同时除以多项式的最高次项 x^3,然后取极限:

$$\lim\limits_{x\to\infty}\dfrac{x^2-x+1}{3x^3+5x-2}=\lim\limits_{x\to\infty}\dfrac{\dfrac{1}{x}-\dfrac{1}{x^2}+\dfrac{1}{x^3}}{3+\dfrac{5}{x^2}-\dfrac{2}{x^3}}=\dfrac{0}{3}=0.$$

例 10 求 $\lim\limits_{x\to\infty}\dfrac{3x^3+5x-2}{x^2-x+1}$.

解 由例 9 的结果,并根据无穷大和无穷小的关系,可得

$$\lim\limits_{x\to\infty}\dfrac{3x^3+5x-2}{x^2-x+1}=\infty.$$

总结上述的例 8、例 9、例 10 的极限计算结果,我们可以得到如下规律:

$$\lim\limits_{x\to\infty}\dfrac{a_0x^m+a_1x^{m-1}+\cdots+a_{m-1}x+a_m}{b_0x^n+b_1x^{n-1}+\cdots+b_{n-1}x+b_n}=\begin{cases}\dfrac{a_0}{b_0}, & m=n,\\ 0, & m<n,\\ \infty, & m>n.\end{cases}$$

其中,$a_i(i=0,1,2,\cdots,m),b_j(j=0,1,2,\cdots,n)$ 均为常数,且 $a_0\neq0,b_0\neq0,m,n$ 均为正整数.

例 11 求 $\lim\limits_{x\to1}\left(\dfrac{1}{1-x}+\dfrac{1-3x}{1-x^2}\right)$.

解 由于 $\lim\limits_{x\to1}\dfrac{1}{1-x}=\infty,\lim\limits_{x\to1}\dfrac{1-3x}{1-x^2}=\infty$,所求函数极限是两个无穷大的差"$\infty-\infty$",极限

存在与否不能确定,因此也是未定式,此时,定理 1 的前提条件并不满足,极限的和的运算法则

是不能直接使用的. 一般地, 对于这种类型的极限, 我们往往采用通分的方式, 将其恒等变形成
"$\frac{\infty}{\infty}$"或者"$\frac{0}{0}$"的极限, 再继续计算.

$$\lim_{x \to 1}\left(\frac{1}{1-x}+\frac{1-3x}{1-x^2}\right)=\lim_{x \to 1}\frac{1+x+1-3x}{1-x^2}=\lim_{x \to 1}\frac{2(1-x)}{(1-x)(1+x)}=\lim_{x \to 1}\frac{2}{1+x}=1.$$

例 12　求 $\lim\limits_{n \to \infty}\left(\frac{1^2}{n^3}+\frac{2^2}{n^3}+\cdots+\frac{n^2}{n^3}\right)$.

解　当 $n \to \infty$ 时, $\frac{1^2}{n^3}, \frac{2^2}{n^3}, \cdots, \frac{n^2}{n^3}$ 的极限均为 0, 此时的极限是无限多个无穷小的和, 故不能应用极限的和的运算法则.

$$\begin{aligned}\lim_{n \to \infty}\left(\frac{1^2}{n^3}+\frac{2^2}{n^3}+\cdots+\frac{n^2}{n^3}\right)&=\lim_{n \to \infty}\frac{1^2+2^2+\cdots+n^2}{n^3}\\&=\lim_{n \to \infty}\frac{\frac{1}{6}n(n+1)(2n+1)}{n^3}\\&=\lim_{n \to \infty}\frac{(n+1)(2n+1)}{6n^2}=\frac{1}{3}.\end{aligned}$$

例 13　若函数 $f(x)=\begin{cases}\dfrac{1}{x+1}, & x<1, \\ \dfrac{\sqrt{x}-1}{x-1}, & x>1,\end{cases}$　求 $\lim\limits_{x \to 1}f(x)$.

解　先考察函数 $f(x)$ 在 $x=1$ 处的左极限,

$$\lim_{x \to 1^-}f(x)=\lim_{x \to 1^-}\frac{1}{1+x}=\frac{1}{2},$$

再考察函数 $f(x)$ 在 $x=1$ 处的右极限, 显然, 极限是"$\frac{0}{0}$"的未定式, 分式中又出现了根号, 通常我们会选择有理化的方法求解极限.

$$\lim_{x \to 1^+}f(x)=\lim_{x \to 1^+}\frac{\sqrt{x}-1}{x-1}=\lim_{x \to 1^+}\frac{(\sqrt{x}-1)(\sqrt{x}+1)}{(x-1)(\sqrt{x}+1)}=\lim_{x \to 1^+}\frac{1}{\sqrt{x}+1}=\frac{1}{2},$$

由定理 2.2 可知, $\lim\limits_{x \to 1}f(x)=\frac{1}{2}$.

定理 4（复合函数的极限运算法则）　设函数 $y=f[\varphi(x)]$ 由函数 $y=f(u)$ 和函数 $u=\varphi(x)$ 复合而成, 若 $\lim\limits_{x \to x_0}\varphi(x)=u_0$, 而 $y=f(u)$ 在点 $u=u_0$ 处有定义且 $\lim\limits_{u \to u_0}f(u)=C$, 则复合函数 $y=f[\varphi(x)]$ 当 $x \to x_0$ 时的极限也存在且等于 C, 即 $\lim\limits_{x \to x_0}f[\varphi(x)]=C.$

证明从略.

例 14 求 $\lim\limits_{x\to 1}\sqrt{\dfrac{x-1}{x^2-1}}$.

解 由定理 4,有

$$\lim_{x\to 1}\sqrt{\frac{x-1}{x^2-1}}=\sqrt{\lim_{x\to 1}\frac{x-1}{x^2-1}}=\sqrt{\lim_{x\to 1}\frac{1}{x+1}}=\sqrt{\frac{1}{2}}=\frac{\sqrt{2}}{2}.$$

习题 2 - 4

1. 求下列极限:

(1) $\lim\limits_{x\to 2}(3x^2-x+1)$;

(2) $\lim\limits_{x\to 1}\dfrac{x^2+2x}{2x^2-x}$;

(3) $\lim\limits_{x\to -1}\dfrac{x^2+x+1}{x^2+2x+1}$;

(4) $\lim\limits_{x\to 3}\dfrac{x^2-2x-3}{x^2-9}$;

(5) $\lim\limits_{x\to 2}\left(\dfrac{1}{x-2}-\dfrac{4}{x^2-4}\right)$;

(6) $\lim\limits_{x\to 1}\left(\dfrac{3}{1-x^3}-\dfrac{1}{1-x}\right)$;

(7) $\lim\limits_{x\to 0}\dfrac{1-\sqrt{1+x^2}}{x^2}$;

(8) $\lim\limits_{x\to 5}\dfrac{\sqrt{2x-1}-3}{\sqrt{x-4}-1}$;

(9) $\lim\limits_{h\to 0}\dfrac{(x+h)^2-x^2}{h}$;

(10) $\lim\limits_{x\to 0}\dfrac{x}{\sqrt{1-x^2}-\sqrt{1-x}}$.

2. 求下列极限:

(1) $\lim\limits_{x\to\infty}\left(1+\dfrac{1}{x^3}\right)\left(3-\dfrac{2}{x}\right)$;

(2) $\lim\limits_{n\to\infty}\dfrac{2n}{n+1}$;

(3) $\lim\limits_{n\to\infty}\dfrac{1+2+\cdots+n}{(2n-1)(n+2)}$;

(4) $\lim\limits_{x\to\infty}(2x^2-3x+1)$;

(5) $\lim\limits_{x\to\infty}\dfrac{x^2-2x-1}{2x^3+2x^2-3}$;

(6) $\lim\limits_{x\to\infty}\dfrac{-x^3+2x^2+x+1}{3x^2+5}$;

(7) $\lim\limits_{x\to\infty}\dfrac{x^2-2x-1}{2x^2+2x-3}$;

(8) $\lim\limits_{x\to\infty}\dfrac{(3x+1)^{15}(2x+3)^{35}}{(3x+2)^{50}}$;

(9) $\lim\limits_{x\to\infty}\dfrac{x+\arctan x}{2x-1}$;

(10) $\lim\limits_{x\to +\infty}\dfrac{x+\sin x}{\sqrt{x^2+1}}$;

(11) $\lim\limits_{n\to\infty}\left(1+\dfrac{1}{3}+\dfrac{1}{3^2}+\cdots+\dfrac{1}{3^n}\right)$;

(12) $\lim\limits_{x\to +\infty}(\sqrt{x^2+x}-\sqrt{x^2-x})$.

3. 已知 $\lim\limits_{x\to 1}\dfrac{x^2+2x+c}{x-1}$ 存在,试确定 c 的值,并求这个极限.

4. 已知 $\lim\limits_{n\to\infty}\dfrac{an^3+bx^2-2}{2n^2+2n+1}=3$,则 $a=$＿＿＿＿, $b=$＿＿＿＿.

5. 设函数 $f(x)=\begin{cases}-x, & x\leqslant 1,\\ 3+x, & x>1,\end{cases}$ $g(x)=\begin{cases}x^3, & x\leqslant 1,\\ 2x-1, & x>1.\end{cases}$ 试讨论 $f[g(x)]$ 在点 $x=1$ 处的极限.

第五节 两个重要极限

本节着重讨论两个极限存在准则,并利用这两个准则,给出微分学中有着重要应用的两个极限,最后再利用这两个重要的极限计算一些极限.

一、夹逼准则与重要极限 $\lim\limits_{x \to 0}\dfrac{\sin x}{x}=1$

定理 1(夹逼准则) 若在自变量的某个变化过程中,有

(1) $g(x) \leqslant f(x) \leqslant h(x)$;

(2) $\lim g(x) = \lim h(x) = A$.

则
$$\lim f(x) = A.$$

注 自变量的变化趋势需要一致.

例 1 计算 $\lim\limits_{n \to \infty} n\left(\dfrac{1}{n^2+1}+\dfrac{1}{n^2+2}+\cdots+\dfrac{1}{n^2+n}\right)$.

解 因为 $n\dfrac{n}{n^2+n} \leqslant n\left(\dfrac{1}{n^2+1}+\dfrac{1}{n^2+2}+\cdots+\dfrac{1}{n^2+n}\right) \leqslant n\dfrac{n}{n^2+1}$,

且
$$\lim\limits_{n \to \infty} n\dfrac{n}{n^2+n}=1, \lim\limits_{n \to \infty} n\dfrac{n}{n^2+1}=1,$$

则
$$\lim\limits_{n \to \infty} n\left(\dfrac{1}{n^2+1}+\dfrac{1}{n^2+2}+\cdots+\dfrac{1}{n^2+n}\right)=1.$$

定理 2 第一个重要的极限 $\lim\limits_{x \to 0}\dfrac{\sin x}{x}=1$.

证明 当 $x \in \left(0, \dfrac{\pi}{2}\right)$ 时,作四分之一单位圆,圆的半径为 1,如图 2-18 所示.

作圆心角 $\angle AOB = x$,过点 A 作垂直于 OA 的垂线,与 OB 的延长线交于点 C,连接 AB 和 AC,显然,$\triangle AOB$ 的面积<扇形 AOB 的面积<$\triangle AOC$ 的面积,而 $\triangle AOB$ 面积为 $\dfrac{1}{2} \cdot 1 \cdot \sin x$,扇形 AOB 面积为 $\dfrac{1}{2} \cdot 1^2 \cdot x$,$\triangle AOC$ 面积为 $\dfrac{1}{2} \cdot 1 \cdot \tan x$,

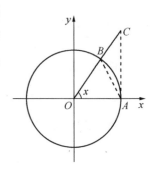

图 2-18

所以
$$\dfrac{1}{2}\sin x < \dfrac{1}{2}x < \dfrac{1}{2}\tan x,$$

即
$$\sin x < x < \tan x.$$

不等式三边同时除以 $\sin x$，可得

$$1 < \frac{x}{\sin x} < \frac{1}{\cos x},$$

或

$$\cos x < \frac{\sin x}{x} < 1, x \in \left(0, \frac{\pi}{2}\right).$$

又因为 $\lim\limits_{x \to 0^+} \cos x = \lim\limits_{x \to 0^+} 1 = 1$，根据定理 1 得

$$\lim_{x \to 0^+} \frac{\sin x}{x} = 1.$$

另一方面，当 $x \in \left(-\frac{\pi}{2}, 0\right)$ 时，$-x \in \left(0, \frac{\pi}{2}\right)$，此时，由前面的结论，可知

$$\cos(-x) < \frac{\sin(-x)}{-x} < 1,$$

或

$$\cos x < \frac{\sin x}{x} < 1, x \in \left(-\frac{\pi}{2}, 0\right).$$

由于 $\lim\limits_{x \to 0^-} \cos x = \lim\limits_{x \to 0^-} 1 = 1$，再由定理 1 得：

$$\lim_{x \to 0^-} \frac{\sin x}{x} = 1.$$

综上所述，$\lim\limits_{x \to 0} \dfrac{\sin x}{x} = 1.$

推广 1　$\lim\limits_{\square \to 0} \dfrac{\sin \square}{\square} = 1$，其中"□"的部分是完全相同的表达式.

例 2　求 $\lim\limits_{x \to 0} \dfrac{\tan x}{x}$.

解　$\lim\limits_{x \to 0} \dfrac{\tan x}{x} = \lim\limits_{x \to 0} \left(\dfrac{\sin x}{x} \cdot \dfrac{1}{\cos x}\right) = \lim\limits_{x \to 0} \dfrac{\sin x}{x} \cdot \lim\limits_{x \to 0} \dfrac{1}{\cos x} = 1.$

例 3　求 $\lim\limits_{x \to 0} \dfrac{1 - \cos x}{x^2}$.

解　$\lim\limits_{x \to 0} \dfrac{1 - \cos x}{x^2} = \lim\limits_{x \to 0} \dfrac{\sin^2 \frac{x}{2}}{\frac{1}{2} x^2} = \dfrac{1}{2} \lim\limits_{x \to 0} \dfrac{\sin^2 \frac{x}{2}}{\left(\frac{x}{2}\right)^2} = \dfrac{1}{2} \lim\limits_{x \to 0} \left(\dfrac{\sin \frac{x}{2}}{\frac{x}{2}}\right)^2 = \dfrac{1}{2} \cdot 1^2 = \dfrac{1}{2}.$

例 4　求 $\lim\limits_{x \to 0} \dfrac{\arctan x}{x}$.

解　令 $t = \arctan x$，则 $x = \tan t$，当 $x \to 0$ 时，有 $t \to 0$. 于是由复合函数的极限运算法则，知

$$\lim_{x \to 0} \frac{\arctan x}{x} = \lim_{t \to 0} \frac{t}{\tan t} = \lim_{t \to 0} \frac{1}{\dfrac{\tan t}{t}} = 1.$$

例 5 求 $\lim\limits_{x \to 0} \dfrac{\tan x - \sin x}{x^3}$.

解 $\lim\limits_{x \to 0} \dfrac{\tan x - \sin x}{x^3} = \lim\limits_{x \to 0} \dfrac{\sin x}{x} \cdot \dfrac{1 - \cos x}{x^2} \cdot \dfrac{1}{\cos x}$

$\qquad\qquad = \lim\limits_{x \to 0} \dfrac{\sin x}{x} \cdot \lim\limits_{x \to 0} \dfrac{1 - \cos x}{x^2} \cdot \lim\limits_{x \to 0} \dfrac{1}{\cos x}$

$\qquad\qquad = 1 \cdot \dfrac{1}{2} \cdot 1 = \dfrac{1}{2}.$

注 在利用极限结论 $\lim\limits_{x \to 0} \dfrac{\sin x}{x} = 1$ 计算一些极限时,需要区别下列相似度较高的极限:

$\lim\limits_{x \to 0} \dfrac{\sin x}{x} = 1, \lim\limits_{x \to 0} x \sin \dfrac{1}{x} = 0, \lim\limits_{x \to \infty} \dfrac{\sin x}{x} = 0, \lim\limits_{x \to \infty} x \sin \dfrac{1}{x} = 1.$

二、单调有界准则与重要极限 $\lim\limits_{x \to \infty} \left(1 + \dfrac{1}{x}\right)^x = \mathrm{e}$

定理 3(单调有界准则) 单调有界的数列必有极限.

对于定理 3,我们不作证明,只给出几何解释.

设数列 $\{x_n\}$ 单调增加且有上界 M,则从数轴上来看,数列的项 x_n 会随着 n 的变大而不断从定点 M 的左侧向右移动,但都不会越过定点 M,因此数列

图 2-19

$\{x_n\}$ 最终只能从左边无限逼近某个确定的数值 A. 即 $\lim\limits_{n \to \infty} x_n = A$. 如图 2-19 所示.

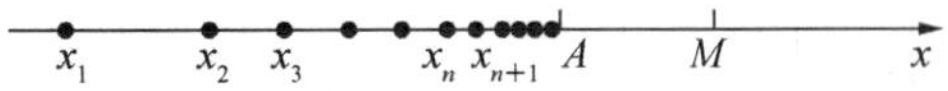

例 6 判别数列 $x_1 = \sqrt{2}, x_2 = \sqrt{2 + \sqrt{2}}, x_3 = \sqrt{2 + \sqrt{2 + \sqrt{2}}}, \cdots$ 的极限是否存在. 若存在,试计算 $\lim\limits_{n \to \infty} x_n$.

解 先判别单调性:

显然,当 $n = 2$ 时,$x_2 = \sqrt{2 + \sqrt{2}} \geqslant \sqrt{2} = x_1$,

假设 当 $n = k$ 时,$x_k \geqslant x_{k-1}$ 成立.

则当 $n = k + 1$ 时,$x_{k+1} = \sqrt{2 + x_k} \geqslant \sqrt{2 + x_{k-1}} = x_k$,

由数学归纳法可知,数列 $\{x_n\}$ 单调递增.

再判别有界性:显然,$x_i \geqslant 0 (i = 1, 2, \cdots)$,

当 $n = 1$ 时,$x_1 = \sqrt{2} \leqslant 2$,

假设 当 $n = k$ 时,$x_k \leqslant 2$ 成立,

则当 $n = k$ 时,$x_{k+1} = \sqrt{2 + x_k} \leqslant \sqrt{2 + 2} = 2.$

由数学归纳法可知,数列 $\{x_n\}$ 有界,再根据本节定理 3 可知,$\{x_n\}$ 极限存在.

不妨假设 $\lim\limits_{n\to\infty}x_n=l$，而 $x_{n+1}=\sqrt{2+x_n}$，因此 $\lim\limits_{n\to\infty}x_{n+1}=\lim\limits_{n\to\infty}\sqrt{2+x_n}$，

由 $l=\sqrt{2+l}$，解得 $l=2$ 或 $l=-1$（舍去），从而 $\lim\limits_{n\to\infty}x_n=2$.

定理 4 第二个重要的极限 $\lim\limits_{x\to\infty}\left(1+\dfrac{1}{x}\right)^x=\mathrm{e}$.

幂指函数是指形如 $f(x)^{g(x)}$（其中 $f(x)>0$ 且 $f(x)\neq1$）的函数.

若 $\lim f(x)$ 存在且大于 0，$\lim g(x)$ 存在，则幂指函数 $f(x)^{g(x)}$ 的极限也存在，且

$$\lim f(x)^{g(x)}=\left[\lim f(x)\right]^{\lim g(x)}.$$

因为根据第四节定理 4 可知，$\lim f(x)^{g(x)}=\lim \mathrm{e}^{g(x)\ln f(x)}=\mathrm{e}^{\left[\lim g(x)\right]\cdot\ln\lim f(x)}$.

为了讨论 $\lim\limits_{x\to\infty}\left(1+\dfrac{1}{x}\right)^x$，我们先来研究 x 取正整数 n 且趋于 $+\infty$ 的情况：记 $x_n=\left(1+\dfrac{1}{n}\right)^n$，得到数列 $\{x_n\}$：

$$\left(1+\frac{1}{1}\right)^1,\left(1+\frac{1}{2}\right)^2,\left(1+\frac{1}{3}\right)^3,\cdots,\left(1+\frac{1}{n}\right)^n,\cdots$$

数列 $\{x_n\}$ 是单调增加的，看下面的表：

n	1	2	3	4	5	10	100	1 000	1 0 000	$\cdots$
$\left(1+\dfrac{1}{n}\right)^n$	2	2.250	2.370	2.441	2.488	2.594	2.705	2.717	2.718	$\cdots$

可以证明数列 $x_n=\left\{\left(1+\dfrac{1}{n}\right)^n\right\}$ 是单调增加且有界的数列，因而这个数列的极限是存在的，通常用字母 e 来表示，即 $\lim\limits_{n\to\infty}\left(1+\dfrac{1}{n}\right)^n=\mathrm{e}$.

更一般地，当 x 取实数且趋于 $+\infty$ 或 $-\infty$ 时，我们来证明函数 $\left(1+\dfrac{1}{x}\right)^x$ 的极限也存在并等于 e.

证明 先证 $\lim\limits_{x\to+\infty}\left(1+\dfrac{1}{x}\right)^x=\mathrm{e}$. 对任意的 $x>0$，都有正整数 n，使 $n\leqslant x<n+1$，

$$\left(1+\frac{1}{n+1}\right)^n<\left(1+\frac{1}{x}\right)^x<\left(1+\frac{1}{n}\right)^{n+1}$$ 且 $x\to+\infty\Leftrightarrow n\to+\infty$.

而 $\lim\limits_{n\to\infty}\left(1+\dfrac{1}{n}\right)^n=\mathrm{e}$，从而 $\lim\limits_{n\to\infty}\left(1+\dfrac{1}{n}\right)^{n+1}=\lim\limits_{n\to\infty}\left(1+\dfrac{1}{n}\right)^n\cdot\lim\limits_{n\to\infty}\left(1+\dfrac{1}{n}\right)=\mathrm{e}\cdot1=\mathrm{e}$，

且有 $\lim\limits_{n\to\infty}\left(1+\dfrac{1}{n+1}\right)^n=\lim\limits_{n\to\infty}\left(1+\dfrac{1}{n+1}\right)^{n+1-1}=\dfrac{\lim\limits_{n\to\infty}\left(1+\dfrac{1}{n+1}\right)^{n+1}}{\lim\limits_{n\to\infty}\left(1+\dfrac{1}{n+1}\right)}=\dfrac{\mathrm{e}}{1}=\mathrm{e}$，

于是由夹逼准则可知 $\lim\limits_{x\to+\infty}\left(1+\dfrac{1}{x}\right)^x=\mathrm{e}$.

再证明 $\lim\limits_{x \to -\infty}\left(1+\dfrac{1}{x}\right)^x = \mathrm{e}$.

作变量代换,令 $u=-x$,则 $x \to -\infty \Leftrightarrow u \to +\infty$ 且有

$$\lim_{x \to -\infty}\left(1+\frac{1}{x}\right)^x = \lim_{u \to +\infty}\left(1-\frac{1}{u}\right)^{-u} = \lim_{u \to +\infty}\left(\frac{u}{u-1}\right)^u$$

$$= \lim_{u \to +\infty}\left(\frac{1+u-1}{u-1}\right)^u = \lim_{u \to +\infty}\left(1+\frac{1}{u-1}\right)^{u-1+1}$$

$$= \lim_{u \to +\infty}\left(1+\frac{1}{u-1}\right)^{u-1} \cdot \lim_{u \to +\infty}\left(1+\frac{1}{u-1}\right) = \mathrm{e} \cdot 1 = \mathrm{e}.$$

因此,$\lim\limits_{x \to \infty}\left(1+\dfrac{1}{x}\right)^x = \lim\limits_{x \to -\infty}\left(1+\dfrac{1}{x}\right)^x = \lim\limits_{x \to +\infty}\left(1+\dfrac{1}{x}\right)^x = \mathrm{e}.$

利用变量代换的方式,令 $\dfrac{1}{x}=t$,当 $x \to \infty$ 时,$t \to 0$,于是 $\lim\limits_{x \to \infty}\left(1+\dfrac{1}{x}\right)^x = \lim\limits_{t \to 0}(1+t)^{\frac{1}{t}} = \mathrm{e}.$ 而极限的大小与变量字母的选取无关,因此我们得到此极限的等价形式:

$$\lim_{x \to 0}(1+x)^{\frac{1}{x}} = \mathrm{e}.$$

例 7　求 $\lim\limits_{x \to 0}(1-x)^{\frac{1}{x}}$.

解　令 $-x=t$,当 $x \to 0$ 时,$t \to 0$,

$$\lim_{x \to 0}(1-x)^{\frac{1}{x}} = \lim_{t \to 0}(1+t)^{-\frac{1}{t}} = \lim_{t \to 0}\left[(1+t)^{\frac{1}{t}}\right]^{-1} = \left[\lim_{t \to 0}(1+t)^{\frac{1}{t}}\right]^{-1} = \mathrm{e}^{-1}.$$

推广 2　$\lim\limits_{\square \to \infty}\left(1+\dfrac{1}{\square}\right)^{\square} = \mathrm{e}, \lim\limits_{\square \to 0}(1+\square)^{\frac{1}{\square}} = \mathrm{e}$,其中"$\square$"的部分是完全相同的表达式.

例 8　求 $\lim\limits_{x \to 0}\dfrac{x}{\mathrm{e}^x-1}$.

解　令 $\mathrm{e}^x-1=t$,即 $x=\ln(1+t)$,则当 $x \to 0$ 时,$t \to 0$,

$$\lim_{x \to 0}\frac{x}{\mathrm{e}^x-1} = \lim_{t \to 0}\frac{\ln(1+t)}{t} = \lim_{t \to 0}\ln(1+t)^{\frac{1}{t}} = \ln\left[\lim_{t \to 0}(1+t)^{\frac{1}{t}}\right] = \ln\mathrm{e} = 1.$$

例 9　求极限:(1) $\lim\limits_{x \to \infty}\left(\dfrac{x-1}{x+1}\right)^{x+2}$;　(2) $\lim\limits_{x \to 0}\left(\dfrac{3+x}{3}\right)^{\frac{2}{x}}$.

解　(1) $\lim\limits_{x \to \infty}\left(\dfrac{x-1}{x+1}\right)^{x+2} = \lim\limits_{x \to \infty}\left(\dfrac{x+1-2}{x+1}\right)^{x+2} = \lim\limits_{x \to \infty}\left(1-\dfrac{2}{x+1}\right)^{x+2}$

$$= \lim_{x \to \infty}\left[\left(1-\frac{2}{x+1}\right)^{-\frac{x+1}{2}}\right]^{-\frac{2}{x+1} \cdot (x+2)}$$

$$= \left[\lim_{x \to \infty}\left(1-\frac{2}{x+1}\right)^{-\frac{x+1}{2}}\right]^{\lim\limits_{x \to \infty}-\frac{2(x+2)}{x+1}} = \mathrm{e}^{-2}.$$

(2) $\lim\limits_{x \to 0}\left(\dfrac{3+x}{3}\right)^{\frac{2}{x}} = \lim\limits_{x \to 0}\left[\left(1+\dfrac{x}{3}\right)^{\frac{3}{x}}\right]^{\frac{x}{3} \cdot \frac{2}{x}} = \left[\lim\limits_{x \to 0}\left(1+\dfrac{x}{3}\right)^{\frac{3}{x}}\right]^{\frac{2}{3}} = \mathrm{e}^{\frac{2}{3}}.$

例 10　连续复利问题:设有本金 C 元,每一年的年利率为 r,计息期为 t 年,

(1) 若每一年结算一次,则 t 年后的本利和:$C_1 = C(1+r)^t$;

(2) 若每年结算 k 次,则每次的利率为 $\dfrac{r}{k}$,则 t 年后的本利和:$C_k = C\left(1 + \dfrac{r}{k}\right)^{kt}$;

(3) 若每年结算次数 $k \to \infty$,意味着随时随刻都在结算利息,这样的复利称为 **连续复利**,则 t 年后的本利和:$C_\infty = \lim\limits_{k \to \infty} C\left(1 + \dfrac{r}{k}\right)^{kt} = C\lim\limits_{k \to \infty}\left[\left(1 + \dfrac{r}{k}\right)^{\frac{k}{r}}\right]^{rt} = Ce^{rt}$.

连续复利这样的计算方式不仅仅应用于经济学领域,在解决自然界中一些实际问题的时候也会大量的应用,比如人口增长、植物生长、放射性物质的衰变、细菌繁殖等等问题,都能归结为上面的极限的形式.正因如此,以 e 为底的对数称为自然对数.

例 11 设四川某自然保护区大熊猫的自然增长率(出生率和死亡率之差)为 1‰,问:多少年后,保护区内的大熊猫数量才能翻一番呢?

解 设 t 年后,大熊猫数量将翻一番,C 表示大熊猫的数量,则有

$$2C = Ce^{0.01t},$$

解得

$$t = 100\ln 2 \approx 69(年),$$

故 69 年后,保护区内的大熊猫数量将翻一番.

习题 2−5

1. 求下列极限:

(1) $\lim\limits_{x \to 0} \dfrac{\sin 3x}{x}$;

(2) $\lim\limits_{x \to 0} \dfrac{\tan kx}{x}$;

(3) $\lim\limits_{\theta \to 0} \dfrac{\sin 4\theta}{\tan 2\theta}$;

(4) $\lim\limits_{\theta \to \frac{\pi}{2}} \dfrac{\cos\theta}{\theta - \dfrac{\pi}{2}}$;

(5) $\lim\limits_{x \to 0^+} \dfrac{\sqrt{1 - \cos 2x}}{x}$;

(6) $\lim\limits_{x \to 0^-} \dfrac{x}{\sqrt{1 - \cos 2x}}$;

(7) $\lim\limits_{x \to \infty} x\sin\dfrac{2}{x}$;

(8) $\lim\limits_{x \to \infty} x\tan\dfrac{1}{x}$;

(9) $\lim\limits_{x \to 0} x\cot 2x$;

(10) $\lim\limits_{n \to \infty} 3^n \sin\dfrac{x}{3^n}$.

2. 求下列极限:

(1) $\lim\limits_{x \to \infty} \left(\dfrac{x+3}{x}\right)^{2x}$;

(2) $\lim\limits_{x \to 0} (1 + 2x)^{\frac{1}{x}}$;

(3) $\lim\limits_{x \to \infty} \left(\dfrac{x}{x-1}\right)^x$;

(4) $\lim\limits_{x \to 0} (1 - 3x)^{-\frac{1}{x}}$;

(5) $\lim\limits_{x \to \infty} \left(1 - \dfrac{1}{x}\right)^{2x}$;

(6) $\lim\limits_{x \to 0} (1 + \sin x)^{\cot x}$;

(7) $\lim\limits_{x \to 0} \dfrac{\ln(1 - 3x)}{x}$;

(8) $\lim\limits_{x \to \infty} \left(\dfrac{x+2}{x+1}\right)^{1-x}$.

3. 利用极限存在准则证明:

(1) $\lim\limits_{n\to\infty}\sqrt{1+\dfrac{2}{n}}=1$;

(2) $\lim\limits_{n\to\infty}\Big(\dfrac{1}{\sqrt{n^2+1}}+\dfrac{1}{\sqrt{n^2+2}}+\cdots+\dfrac{1}{\sqrt{n^2+n}}\Big)=1$;

(3) 判断数列 $\sqrt{3},\sqrt{3+\sqrt{3}},\sqrt{3+\sqrt{3+\sqrt{3}}},\sqrt{3+\sqrt{3+\sqrt{3+\sqrt{3}}}},\cdots$ 的极限是否存在,并求其极限.

第六节　无穷小量的比较及其应用

无穷小是极限计算中非常重要的概念,我们通过之前介绍的无穷小的性质可知,两个无穷小的和、差与积仍然是无穷小. 但是,对于两个无穷小的商,情况则相对复杂很多. 一般地,通过两个无穷小之比的极限,可以得出不同的无穷小趋于零的速度快慢. 本节我们将深入探讨两个无穷小的商,以及如何利用等价无穷小,解决相关的极限计算.

一、无穷小量的比较

例 1　当 $x\to0$ 时,$x,3x$ 和 x^3 均为无穷小,它们趋近于 0 的状况如下表:

x	0.5	0.1	0.01	0.001	0.000 1	0.000 01	$\cdots$	0
$3x$	1.5	0.3	0.03	0.003	0.000 3	0.000 03	$\cdots$	0
x^3	0.125	0.001	0.000 001	10^{-9}	10^{-12}	10^{-15}	$\cdots$	0

从表格数据来看,在 $x\to0$ 的过程中,$\lim\limits_{x\to0}\dfrac{x^3}{x}=0$,这说明 $x^3\to0$ 的速度要比 $x\to0$ 的速度快得多,反过来,$\lim\limits_{x\to0}\dfrac{x}{x^3}=\infty$,说明 $x\to0$ 的速度比 $x^3\to0$ 的速度要慢得多,而 $\lim\limits_{x\to0}\dfrac{3x}{x}=3$,说明 $3x\to0$ 和 $x\to0$ 速度差不多,在同一个数量级上.

为了更好地比较无穷小趋于 0 的速度的快慢,我们引出无穷小比较的定义:

定义　若 $\lim\limits_{\substack{x\to x_0\\(x\to\infty)}}\alpha=0$,$\lim\limits_{\substack{x\to x_0\\(x\to\infty)}}\beta=0$,

(1) 若 $\lim\limits_{\substack{x\to x_0\\(x\to\infty)}}\dfrac{\beta}{\alpha}=0$,则称 β 是比 α 高阶的无穷小量,记作 $\beta=o(\alpha)$(或称 α 是比 β 低阶的无穷小量).

(2) 若 $\lim\limits_{\substack{x\to x_0\\(x\to\infty)}}\dfrac{\beta}{\alpha}=l$(常数 $l\neq0$),则称 β 与 α 是同阶的无穷小量. 特别地,当 $l=1$ 时,称 β 与

α 是等价无穷小量,记作 $\beta \sim \alpha$.

(3) 若 $\lim\limits_{\substack{x \to x_0 \\ (x \to \infty)}} \dfrac{\beta}{\alpha^k} = l$(常数 $l \neq 0, k > 0$),则称 β 是 α 的 k 阶无穷小.

由定义可知,当 $x \to 0$,x^3 是 $3x$ 的高阶无穷小,可记 $x^3 = o(3x)$(当 $x \to 0$);此外,当 $x \to 0$ 时,x 是 x^3 的低阶无穷小;而当 $x \to 0$ 时,$3x$ 与 x 是同阶无穷小. 显然,等价无穷小是同阶无穷小的特殊情形.

例 2 因为 $\lim\limits_{x \to 0} \dfrac{1 - \cos 2x}{x^2} = 2 \neq 0$,因此当 $x \to 0$ 时,$1 - \cos 2x$ 是 x^2 的同阶无穷小.

例 3 因为 $\lim\limits_{x \to 0} \dfrac{e^x - 1}{x} = 1$,因此当 $x \to 0$ 时,$e^x - 1$ 是 x 的等价无穷小.

二、等价无穷小的应用

定理 1 α 与 β 是等价无穷小 $\Longleftrightarrow \alpha = \beta + o(\beta)$.

证明 必要性:设 $\alpha \sim \beta$,则 $\lim \dfrac{\alpha - \beta}{\beta} = \lim \left(\dfrac{\alpha}{\beta} - 1 \right) = 0$,因此,$\alpha = \beta + o(\beta)$.

充分性:设 $\alpha = \beta + o(\beta)$,则 $\lim \dfrac{\alpha}{\beta} = \lim \left(\dfrac{\beta + o(\beta)}{\beta} \right) = \lim \left(1 + \dfrac{o(\beta)}{\beta} \right) = 1$,因此,$\alpha \sim \beta$.

例 4 当 $x \to 0$ 时,$\sin x \sim x$,所以,当 $x \to 0$ 时,有 $\sin x = x + o(x)$.

定理 2 若在某一自变量的同一变化过程中,$\alpha, \alpha', \beta, \beta'$ 均为无穷小量,且 $\alpha \sim \alpha'$,$\beta \sim \beta'$,$\lim \dfrac{\beta'}{\alpha'}$ 存在,则 $\lim \dfrac{\beta}{\alpha} = \lim \dfrac{\beta'}{\alpha'}$.

证明 $\lim \dfrac{\beta}{\alpha} = \lim \left(\dfrac{\beta}{\beta'} \cdot \dfrac{\beta'}{\alpha'} \cdot \dfrac{\alpha'}{\alpha} \right) = \lim \dfrac{\beta}{\beta'} \cdot \lim \dfrac{\beta'}{\alpha'} \cdot \lim \dfrac{\alpha'}{\alpha}$

$\qquad\qquad = 1 \cdot \left(\lim \dfrac{\beta'}{\alpha'} \right) \cdot 1 = \lim \dfrac{\beta'}{\alpha'}$.

根据定理 2,今后在计算两个无穷小的乘积或者商的极限时,分子和分母都可以用它们各自的等价无穷小去替换,这样往往可以降低极限的计算难度.

由上一节的相关内容可得下列常见的等价无穷小:当 $x \to 0$ 时,$x \sim \sin x$,$x \sim \tan x$,$x \sim \arctan x$,$1 - \cos x \sim \dfrac{1}{2} x^2$,$e^x - 1 \sim x$. 此外,容易证明,当 $x \to 0$ 时,$x \sim \arcsin x$,$\ln(1 + x) \sim x$,$\dfrac{x}{n} \sim \sqrt[n]{1 + x} - 1$. 这里,当 x 换为任何一个函数 $u(x)$ 时,只要 $u(x) \to 0$,等价关系依然是成立的.

例 5 求 $\lim\limits_{x \to 0} \dfrac{\sin 2x}{\tan 3x}$.

解 当 $x \to 0$ 时,$\sin 2x \sim 2x$,$\tan 3x \sim 3x$,于是

$$\lim_{x \to 0} \frac{\sin 2x}{\tan 3x} = \lim_{x \to 0} \frac{2x}{3x} = \frac{2}{3}.$$

例 6 求 $\lim\limits_{x \to 0} \dfrac{\arctan 2x}{x^2 - 3x}$.

解 当 $x \to 0$ 时,$\arctan 2x \sim 2x$,于是

$$\lim_{x \to 0} \frac{\arctan 2x}{x^2 - 3x} = \lim_{x \to 0} \frac{2x}{x^2 - 3x} = \lim_{x \to 0} \frac{2}{x - 3} = -\frac{2}{3}.$$

例 7 求 $\lim\limits_{x \to 0} \dfrac{\tan 2x - \sin 2x}{(\mathrm{e}^x - 1)^3}$.

解 因为 $\tan 2x - \sin 2x = \tan 2x(1 - \cos 2x)$,

当 $x \to 0$ 时,$\mathrm{e}^x - 1 \sim x$,$\tan 2x \sim 2x$,$1 - \cos 2x \sim 2x^2$,于是

$$\lim_{x \to 0} \frac{\tan 2x - \sin 2x}{(\mathrm{e}^x - 1)^3} = \lim_{x \to 0} \frac{2x \cdot 2x^2}{x^3} = 4.$$

习题 2 - 6

1. 当 $x \to 0$ 时,无穷小 x^2 与 $\sqrt{1 - x^2} - 1$ 是否同阶? 是否等价? 为什么?

2. 当 $x \to 0$ 时,无穷小 x^2 与 $\tan x - \sin x$ 哪一个的阶高? 为什么?

3. 用等价无穷小的替换求下列极限:

(1) $\lim\limits_{x \to 0} \dfrac{\sin mx}{\tan nx} (n \neq 0)$;

(2) $\lim\limits_{x \to 0} \dfrac{1 - \cos 3x}{(\mathrm{e}^x - 1)^2}$;

(3) $\lim\limits_{x \to 0} \dfrac{(x^2 + 2)\tan x}{\arcsin x}$;

(4) $\lim\limits_{x \to a} \dfrac{\sin(x^2 - a^2)}{x - a}$;

(5) $\lim\limits_{x \to 0} \dfrac{\sqrt[3]{2x + 1} - 1}{\sin 2x}$;

(6) $\lim\limits_{t \to 0} \dfrac{\ln(1 + t^2)}{t \tan t}$.

4. 当 $x \to 0$ 时,求下列无穷小对于 x 的阶数:

(1) $3x^5 + x^2$;

(2) $\tan^2 x^3$;

(3) $\dfrac{(\mathrm{e}^x - 1)(x^2 - \cos x)}{1 + \sqrt{2x}}$;

(4) $\sqrt{x^3 + 1} - 1$;

(5) $1 - \cos(\sin x)$;

(6) $\arcsin x^3$.

第七节 函数的连续性和间断点

现实世界中有很多接连不断变化的现象和事物,比如气温、气压、潮汐、动植物的生长等等. 为了更好地研究这些随着时间的变化而不断变化的事物,我们在数学中引入了连续函数这样一个概念. 连续函数是微积分中非常重要的概念之一,它是刻画变量连续变化的数学模型.

一、函数连续性的概念

1. 函数的改变量

设函数 $y=f(x)$ 在某区间内 I 有定义. 当自变量 x 在区间 I 内从初值 x_1 变到终值 x_2 时，其终值与初值的差值 x_2-x_1 称为**自变量** x **的改变量**（或增量），记作 Δx，即 $\Delta x=x_2-x_1$. 自变量改变的同时，其对应的函数值也由 $f(x_1)$ 变到 $f(x_2)$，因此函数值也相应地会得到一个差值 $f(x_2)-f(x_1)$，称为**函数的改变量**（或增量），记作 Δy，即

$$\Delta y = f(x_2) - f(x_1) = f(x_1 + \Delta x) - f(x_1).$$

注 （1）无论自变量的改变量还是函数的改变量，都可以为正的，也可以为负的.（2）Δx 和 Δy 是一个整体符号，不能分割.

2. 连续函数的概念

首先我们给出函数在点 x_0 处的连续的定义.

定义 1 若函数 $y=f(x)$ 在点 x_0 的某一邻域内有定义，且当自变量 x 在 x_0 处的改变量 $\Delta x \rightarrow 0$ 时，函数 $y=f(x)$ 的改变量 $\Delta y = f(x_0+\Delta x) - f(x_0) \rightarrow 0$，即

$$\lim_{\Delta x \to 0} \Delta y = \lim_{\Delta x \to 0} [f(x_0 + \Delta x) - f(x_0)] = 0,$$

则称函数 $y=f(x)$ **在点** x_0 **处连续**，点 x_0 称为函数 $y=f(x)$ **的连续点**.

例 1 证明：函数 $y=x^2-3x+1$ 在定点 x_0 处连续.

证明 当自变量 x 在点 x_0 处有增量 Δx 时，函数 $y=x^2-3x+1$ 对应的增量为

$$\Delta y = f(x_0 + \Delta x) - f(x) = [(x_0+\Delta x)^2 - 3(x_0+\Delta x)+1] - (x_0^2 - 3x_0 + 1)$$
$$= (\Delta x)^2 + 2x_0 \Delta x - 3\Delta x$$

而 $\lim\limits_{\Delta x \to 0} \Delta y = \lim\limits_{\Delta x \to 0}[(\Delta x)^2 + 2x_0 \Delta x - 3\Delta x] = 0$，因此由定义 1 知，$y=x^2-3x+1$ 在 x_0 处连续.

若在定义 1 中，令 $x=x_0+\Delta x$，则 $\Delta y = f(x) - f(x_0)$，而 $\Delta x \rightarrow 0$ 等价于 $x \rightarrow x_0$，$\Delta y \rightarrow 0$ 等价于 $f(x) \rightarrow f(x_0)$，故得到连续性的另外一个定义：

定义 2 若函数 $y=f(x)$ 在点 x_0 的某邻域内有定义，且当自变量 $x \rightarrow x_0$ 时，函数 $f(x)$ 的极限存在，且等于它在点 x_0 处的函数值 $f(x_0)$，即

$$\lim_{x \to x_0} f(x) = f(x_0),$$

则称函数 $f(x)$ **在点** x_0 **处连续**.

上述定义 2 也是我们今后考察函数 $f(x)$ 在定点 x_0 处是否连续的最重要的判定依据，简单来说，包括下列三个方面，缺一不可：

（1）函数 $f(x)$ 在点 x_0 处有定义；

（2）极限 $\lim\limits_{x \to x_0} f(x)$ 存在；

（3）函数值 $f(x_0)$ 与极限值 $\lim\limits_{x \to x_0} f(x)$ 相等.

例 2　讨论函数 $f(x) = \begin{cases} \dfrac{\tan 2x}{x}, & x > 0, \\ x + 2, & x \leqslant 0 \end{cases}$ 在 $x = 0$ 处的连续性.

解　函数 $f(x)$ 的定义域是 $D = (-\infty, +\infty)$，$f(0) = 2$，且

$$\lim_{x \to 0^+} f(x) = \lim_{x \to 0^+} \frac{\tan 2x}{x} = \lim_{x \to 0^+} \frac{2x}{x} = 2, \lim_{x \to 0^-} f(x) = \lim_{x \to 0^-} (x + 2) = 0 + 2 = 2.$$

因此 $\lim\limits_{x \to 0} f(x) = 2 = f(0)$，函数 $f(x)$ 在 $x = 0$ 处连续.

定义 3　若函数 $y = f(x)$ 在点 x_0 的左极限等于 $f(x_0)$，即 $\lim\limits_{x \to x_0^-} f(x) = f(x_0)$，则称函数 $f(x)$ 在点 x_0 处左连续；函数 $y = f(x)$ 在点 x_0 的右极限等于 $f(x_0)$，即 $\lim\limits_{x \to x_0^+} f(x) = f(x_0)$，则称函数 $f(x)$ 在点 x_0 处右连续.

定义 4　若函数 $y = f(x)$ 在区间 (a, b) 上的每一点处都连续，在点 $x = a$ 右连续，在点 $x = b$ 左连续，则称函数 $f(x)$ 在 $[a, b]$ 上连续，通常 $[a, b]$ 称为函数 $f(x)$ 的连续区间.

显然，多项式函数在 $(-\infty, +\infty)$ 上连续；分式函数在其定义域内每一点都连续.

例 3　证明：余弦函数 $y = \cos x$ 在 $(-\infty, +\infty)$ 上连续.

证明　$\forall x \in (-\infty, +\infty)$，自变量在点 x 处给出一个增量 Δx，其相应的函数的增量 $\Delta y = \cos(x + \Delta x) - \cos x = -2\sin\left(x + \dfrac{\Delta x}{2}\right)\sin\dfrac{\Delta x}{2}$，因为

$$\left| -2\sin\left(x + \frac{\Delta x}{2}\right) \right| \leqslant 2,$$

且当 $\Delta x \to 0$ 时，$\sin\dfrac{\Delta x}{2}$ 为无穷小量，

因此，由无穷小的性质知

$$\lim_{\Delta x \to 0} \Delta y = \lim_{\Delta x \to 0} \left[-2\sin\left(x + \frac{\Delta x}{2}\right)\sin\frac{\Delta x}{2} \right] = 0,$$

所以 $y = \cos x$ 在 $(-\infty, +\infty)$ 上连续.

同理可证：正弦函数 $y = \sin x$ 在 $(-\infty, +\infty)$ 上连续.

定理 1　函数 $f(x)$ 在点 x_0 处连续的充要条件是函数 $f(x)$ 在点 x_0 处既左连续又右连续.

二、间断点及其分类

定义 5　函数 $y = f(x)$ 在点 x_0 处，只要满足下列三种情形之一：

（1）$f(x_0)$ 不存在，即在点 $x = x_0$ 处 $f(x)$ 没有定义；

（2）极限 $\lim\limits_{x \to x_0} f(x)$ 不存在；

（3）虽然函数 $f(x)$ 在点 x_0 处有定义，且极限 $\lim\limits_{x\to x_0}f(x)$ 存在，但 $\lim\limits_{x\to x_0}f(x)\neq f(x_0)$，则称函数 $f(x)$ 在点 x_0 处间断，点 x_0 称为间断点.

下面将举例来说明常见的间断点的几种类型.

例 4　考察下列函数在所给定点处是否间断，若为间断点，判断间断点的类型：

（1）函数 $f(x)=\dfrac{x^2-4}{x-2}$ 在 $x=2$ 处；

（2）函数 $f(x)=\begin{cases}x+1,&0<x\leqslant 1,\\1-x,&1<x\leqslant 3\end{cases}$ 在 $x=1$ 处；

（3）函数 $f(x)=\dfrac{2}{x}$ 在 $x=0$ 处；

（4）函数 $f(x)=\sin\dfrac{1}{x}$ 在 $x=0$ 处.

解　（1）函数 $f(x)=\dfrac{x^2-4}{x-2}$ 在 $x=2$ 处，虽然 $\lim\limits_{x\to 2}\dfrac{x^2-4}{x-2}=\lim\limits_{x\to 2}(x+2)=4$，但在 $x=2$ 处没有定义，所以点 $x=1$ 是函数 $f(x)=\dfrac{x^2-1}{x-1}$ 的间断点，如图 2-20. 这时，$f(x)$ 在 $x=2$ 处的左、右极限存在且相等，只要 $f(2)=4$，则 $f(x)$ 在 $x=2$ 处连续，因此 $x=2$ 称为该函数 $f(x)=\dfrac{x^2-4}{x-2}$ 的可去间断点.

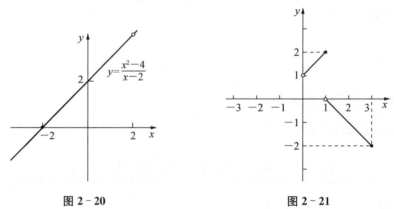

图 2-20　　　　　　　　　　　　　　图 2-21

（2）函数 $f(x)=\begin{cases}x+1,&0<x\leqslant 1,\\1-x,&1<x\leqslant 3\end{cases}$ 在 $x=1$ 有定义，$f(1)=2$，但是 $\lim\limits_{x\to 1^-}f(x)=\lim\limits_{x\to 1^-}(x+1)=2$，$\lim\limits_{x\to 1^+}f(x)=\lim\limits_{x\to 1^+}(1-x)=0$. 因此 $\lim\limits_{x\to 1}f(x)$ 不存在，从而点 $x=1$ 是函数 $f(x)$ 的间断点，如图 2-21 所示. 这时，$f(x)$ 在 $x=1$ 处的左、右极限都存在，但是两者不相等，函数 $f(x)$ 图像在 $x=1$ 处出现了下跳的变化，因此 $x=1$ 称为该函数 $f(x)=\begin{cases}x+1,&0<x\leqslant 1,\\1-x,&1<x\leqslant 3\end{cases}$ 的跳跃间断点.

（3）函数 $f(x) = \dfrac{2}{x}$ 在 $x = 0$ 处没有定义，且 $\lim\limits_{x \to 0} f(x) = \lim\limits_{x \to 0} \dfrac{2}{x} = \infty$. 所以点 $x = 0$ 是函数 $f(x)$ 的间断点. 如图 2-22 所示. 这时，$f(x)$ 在 $x = 0$ 处的左、右极限至少有一个不存在，且为无穷大，因此 $x = 0$ 称为函数 $f(x) = \dfrac{2}{x}$ 的无穷间断点.

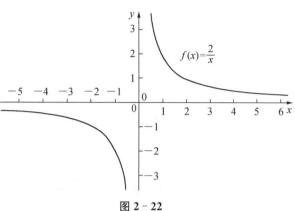

图 2-22

（4）函数 $f(x) = \sin\dfrac{1}{x}$ 在 $x = 0$ 处没有定义，且当 $x \to 0$ 时，函数值在 -1 与 $+1$ 之间来回进行无限多次的振荡，如图 2-23 所示，曲线距离 $x = 0$ 越近，函数图像越密集，距离 $x = 0$ 越远，函数图像越稀疏，所以 $x = 0$ 称为函数 $f(x) = \sin\dfrac{1}{x}$ 的振荡间断点.

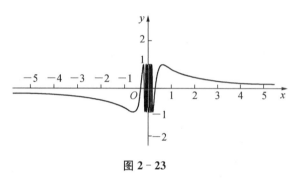

图 2-23

定义 6 若 x_0 是函数 $f(x)$ 的间断点，且当 $x \to x_0$ 时，函数 $f(x)$ 的左极限 $f(x_0^-)$ 和右极限 $f(x_0^+)$ 都存在，则称点 x_0 是 $f(x)$ 的第一类间断点. 不是第一类间断点的任何间断点（即函数 $f(x)$ 的左极限 $f(x_0^-)$ 和右极限 $f(x_0^+)$ 至少一个不存在），都称为第二类间断点.

本节中例 4 的（1）、（2）的间断点都是第一类间断点. 特别地，若函数 $f(x)$ 在间断点 x_0 处的左、右极限存在且相等，则称点 x_0 是**可去间断点**，若函数 $f(x)$ 在间断点 x_0 处的左、右极限存在但不相等，则称点 x_0 是**跳跃间断点**.

本节中例 4 的（3）、（4）的间断点都是第二类间断点. 特别地，若 $\lim\limits_{x \to x_0} f(x) = \infty$（$-\infty$ 或 $+\infty$），则称点 x_0 是**无穷间断点**，若当 $x \to x_0$ 时函数 $f(x)$ 的极限不存在且也不是无穷大，而是在 x_0 某个邻域内函数值 $f(x)$ 无限次的来回振荡，这类间断点称为**振荡间断点**. 最后我们给出具体的间断点的分类：

习题 2 - 7

1. 判断下列函数的连续性：

(1) $f(x)=\begin{cases}\sin x, & -1\leqslant x\leqslant 0, \\ e^x-1, & 0<x\leqslant 2;\end{cases}$

(2) $f(x)=\begin{cases}x, & -1\leqslant x\leqslant 1, \\ \dfrac{1}{x}, & x<-1, x>1.\end{cases}$

2. 指出下列函数的间断点，判断间断点的类型：

(1) $y=\dfrac{1}{(x+2)(x+1)}$；

(2) $y=\dfrac{x-1}{x^2-3x+2}$；

(3) $y=\dfrac{\tan x}{x}$；

(4) $y=(x+1)\sin\dfrac{1}{x}$.

3. 设 $f(x)=\begin{cases}(1+kx)^{\frac{1}{x}}, & x>0, \\ 2, & x\leqslant 0,\end{cases}$ 求常数 k，使得函数 $f(x)$ 在点 $x=0$ 处连续.

4. 讨论函数 $f(x)=\lim\limits_{n\to\infty}\dfrac{x-x^{2n+1}}{1+x^{2n}}$ 的连续性，若有间断点，判断其类型.

5. 求 a,b 的值，使得函数 $f(x)=\begin{cases}-\dfrac{1}{x}\sin x, & x<0, \\ a, & x=0, \\ e^x+b, & x>0\end{cases}$ 在 $x=0$ 处连续.

第八节　连续函数的运算和初等函数的连续性

一、连续函数的运算

定理 1　若函数 $f(x)$ 和 $g(x)$ 在点 x_0 处连续，则：

(1) $f(x)\pm g(x)$ 在点 x_0 处也连续；

(2) $f(x)\cdot g(x)$ 在点 x_0 处也连续；

(3) $\dfrac{f(x)}{g(x)}(g(x_0)\neq 0)$ 在点 x_0 处也连续.

证明　仅证明 (1) 和 (2).

由连续性的定义可知，$\lim\limits_{x\to x_0}f(x)=f(x_0)$，$\lim\limits_{x\to x_0}g(x)=g(x_0)$，

所以

$$\lim_{x \to x_0}[f(x) \pm g(x)] = \lim_{x \to x_0}f(x) \pm \lim_{x \to x_0}g(x) = f(x_0) \pm g(x_0),$$

$$\lim_{x \to x_0}f(x) \cdot g(x) = \lim_{x \to x_0}f(x) \cdot \lim_{x \to x_0}g(x) = f(x_0) \cdot g(x_0),$$

即 $f(x) \pm g(x)$ 和 $f(x) \cdot g(x)$ 在点 x_0 处连续.

定理 2（反函数的连续性）　设 $f(x)$ 在区间 I 上单调连续，$f(x)$ 的值域是区间 W，则在区间 W 上，$f(x)$ 的反函数 $f^{-1}(y)$ 也单调连续，且与原函数 $f(x)$ 具有完全相同的单调性.

证明从略.

定理 3（复合函数的连续性）　设函数 $u=\varphi(x)$ 在点 $x=x_0$ 处连续，且 $u_0=\varphi(x_0)$，而函数 $y=f(u)$ 在点 $u=u_0$ 处连续，则复合函数 $y=f[\varphi(x)]$ 在 $x=x_0$ 处连续，即

$$\lim_{x \to x_0}f[\varphi(x)] = f[\varphi(x_0)].$$

证明　由连续性的定义可知，$\lim_{x \to x_0}\varphi(x)=\varphi(x_0)=u_0$，$\lim_{u \to u_0}f(u)=f(u_0)$，

因此　$\lim_{x \to x_0}f[\varphi(x)]=\lim_{u \to u_0}f(u)=f(u_0)=f[\varphi(x_0)]$（令 $u=\varphi(x)$），这显示出 $y=f[\varphi(x)]$ 在 $x=x_0$ 处连续.

利用上述定理，我们可以得到一个重要结论：基本初等函数在其定义域内都是连续的.

第 7 节中，我们已经证明 $y=\cos x$ 在 $(-\infty, +\infty)$ 上连续，而 $\sin x=\cos\left(x+\dfrac{3}{2}\pi\right)$ 可以看作是由 $y=\cos u$ 和 $u=x+\dfrac{3}{2}\pi$ 复合而成，故根据定理 3 知，$y=\sin x$ 也在 $(-\infty, +\infty)$ 上连续；而根据本节定理 1 知，$\tan x=\dfrac{\sin x}{\cos x}$，$\cot x=\dfrac{\cos x}{\sin x}$，$\sec x=\dfrac{1}{\cos x}$，$\arc x=\dfrac{1}{\sin x}$ 在它们各自的定义域内连续；再根据本节定理 2 知，指数函数 $y=\mathrm{e}^x$ 在 $(-\infty, +\infty)$ 上严格单调增加且连续，其值域为 $(0, +\infty)$，则它的反函数 $y=\ln x$ 在区间 $(0, +\infty)$ 上也是严格单调增加且连续.

二、初等函数的连续性

定理 4　初等函数在其定义区间内都是连续的.

注　函数的定义区间和定义域并不一定完全相同，因为函数的定义域有时候会包括一些孤立的点和一些区间，对于定义域内的这些孤立的点，根本不存在所谓的连续问题.

例 1　初等函数 $y=\sqrt{\sin x-1}$ 的定义域为 $D=\left\{x \mid x=2k\pi+\dfrac{\pi}{2}, k\in \mathbf{Z}\right\}$，由于函数的定义域是由一些孤立的点构成，因此没有定义区间.

例 2　求初等函数 $y=\dfrac{\sqrt{x-1}}{(x+1)(x-2)}$ 的定义域、定义区间，并指出其间断点.

解　要使函数有定义，需要满足 $x-1\geqslant 0$，$x+1\neq 0$，$x-2\neq 0$，因此，函数的定义域为 $[1,2)\cup(2,+\infty)$，此时定义域为区间，因此定义域和定义区间一致. 另外，显然 $x=2$ 为间断

点,而 $x=-1$ 不在函数的定义区间内,故不是间断点.

三、闭区间上连续函数的性质

定义 假设函数 $y=f(x)$ 在 $[a,b]$ 上有定义,若存在 $x_0\in[a,b]$,使得对于任意的 $x\in[a,b]$,都有 $f(x)\geqslant f(x_0)$(或 $f(x)\leqslant f(x_0)$)恒成立,则称 $f(x_0)$ 是函数 $f(x)$ 在区间 $[a,b]$ 上的最小(大)值. 最大值和最小值统称为最值.

定理 5(有界性定理) 若函数 $y=f(x)$ 在闭区间 $[a,b]$ 上连续,则函数 $f(x)$ 在 $[a,b]$ 上有界.

定理 6(最值定理) 若函数 $y=f(x)$ 在闭区间 $[a,b]$ 上连续,则函数 $f(x)$ 在 $[a,b]$ 上一定可以取到最大值和最小值.

如图 2-24 所示,函数 $y=f(x)$ 在闭区间 $[a,b]$ 上连续,显然,函数 $f(x)$ 在点 ξ_1 取得最大值 $f(\xi_1)=M$,在点 ξ_2 取得最小值 $f(\xi_2)=m$.

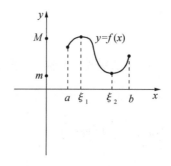

图 2-24

定理 7(介值定理) 若函数 $y=f(x)$ 在闭区间 $[a,b]$ 上连续,且函数 $f(x)$ 在 $[a,b]$ 上取到的最大值为 M,最小值为 m,则对于任意的常数 $A(m\leqslant A\leqslant M)$,至少存在一点 $\xi\in(a,b)$,使得 $f(\xi)=A$.

如图 2-25 所示,函数 $y=f(x)$ 在闭区间 $[a,b]$ 上连续,显然,函数 $f(x)$ 与直线 $y=A$ 相交于三点 P_1,P_2 和 P_3,其横坐标分别为 η_1,η_2 和 η_3,显然,$f(\eta_1)=f(\eta_2)=f(\eta_3)=A$.

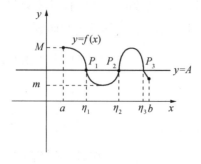

图 2-25

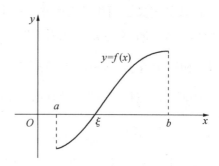

图 2-26

定理 8(零点定理) 若函数 $y=f(x)$ 在闭区间 $[a,b]$ 上连续,且 $f(a)\cdot f(b)<0$(如图 2-26 所示),则至少存在一点 $\xi\in(a,b)$,使得 $f(\xi)=0$.

例 3 判断函数 $y=x^2$ 在 $[-1,2]$ 上是否有最值.

解 函数 $y=x^2$ 在 $[-1,2]$ 上连续,根据定理 6,它在 $x=0$ 处取得最小值为 $f(0)=0$,在 $x=2$ 处取得最大值为 $f(2)=4$.

例 4 证明:方程 $x+2=e^x$ 在 $(0,2)$ 上至少存在一个实根.

证明 令函数 $f(x)=x+2-e^x$,显然 $f(x)$ 在 $[0,2]$ 上连续,且 $f(0)\cdot f(2)=4-e^2<0$,根据定理 8,至少存在一点 $\xi\in(0,2)$,使得 $f(\xi)=\xi+2-e^\xi=0$,从而 ξ 即为方程在 $(0,2)$ 上的实根.

习题 2-8

1. 指出函数 $f(x)=\dfrac{x^3+3x^2-x-3}{x^2+x-6}$ 的连续区间.

2. 求下列极限:

(1) $\lim\limits_{x\to 0}(1+xe^x)^{\frac{x+1}{x}}$;

(2) $\lim\limits_{x\to 0}(\cos x)^{\csc^2 x}$;

(3) $\lim\limits_{x\to 1}\sqrt{\dfrac{\sin(\ln x)}{\ln x}}$;

(4) $\lim\limits_{x\to +\infty}(\sqrt{x^2-2x}-\sqrt{x^2+2x})$;

(5) $\lim\limits_{x\to 0}\dfrac{\sqrt{1+x}-1}{x}$;

(6) $\lim\limits_{x\to c}\dfrac{\sin x-\sin c}{x-c}$;

(7) $\lim\limits_{x\to 0}\dfrac{\sqrt{1+\tan x}-\sqrt{1+\sin x}}{\sin x\sqrt{1+\sin^2 x-x}}$;

(8) $\lim\limits_{x\to\infty}\left(\dfrac{2+x}{3+x}\right)^{\frac{x-1}{2}}$.

3. 证明:方程 $x^5-10x+1=0$ 在区间 $(1,2)$ 上至少有一个实根.

4. 证明:方程 $x\cdot 2^x-1=0$ 至少有一个不小于 1 的正实根.

5. 证明:若函数 $f(x)$ 在 $[a,b]$ 上连续且 $a<x_1<x_2<\cdots<x_n<b$,则在 (x_1,x_n) 上至少存在一点 ξ,使得 $f(\xi)=\dfrac{f(x_1)+f(x_2)+\cdots+f(x_n)}{n}$.

*第九节 极限的精确定义

极限的精确概念是由法国数学家 Cauchy 在 19 世纪上半叶提出,此后经历了不断的发展和完善,现在极限的概念已经非常成熟了. 前面我们已经介绍了极限的一般定义,这一节我们将详细介绍极限的精确定义.

一、数列的极限

定义 1 设 $\{x_n\}$ 为一个数列,若存在常数 A,对于任意给定的正数 ε(无论多么小),总存在

正整数 N，使得当 $n>N$ 时，恒有不等式 $|x_n-A|<\varepsilon$ 成立，则称 A 是数列 $\{x_n\}$ 的极限，或称数列 $\{x_n\}$ 收敛于 A，记作 $\lim_{n\to\infty}x_n=A$ 或 $x_n\to A(n\to\infty)$，否则，称数列 $\{x_n\}$ 的极限不存在.

此定义需要注意两点：(1) 正数 ε 的任意性，只有这样，不等式 $|x_n-A|<\varepsilon$ 才能表达出 x_n 与 A 无限接近的意思；(2) 定义 1 中的正整数 N 只需存在，且 N 与 ε 是有关的，它随着 ε 的给定而选定.

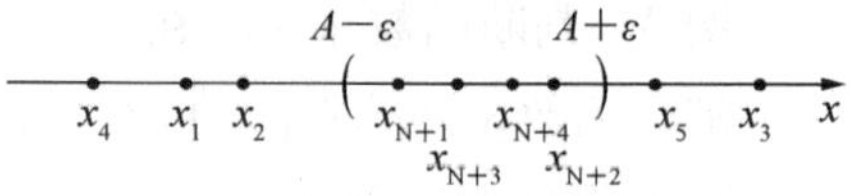

图 2-27

$\lim_{n\to\infty}x_n=A$ 的几何意义：数轴上对任意点 A 的 ε 邻域 $U(A,\varepsilon)=(A-\varepsilon,A+\varepsilon)$，都存在正整数 N，对所有满足 $n>N$ 的那些项 x_n，都落在开区间 $(A-\varepsilon,A+\varepsilon)$ 上，因此，只有有限多项 x_n（最多只有 N 个）落在开区间 $(A-\varepsilon,A+\varepsilon)$ 外，如图 2-27 所示.

例 1 证明：极限 $\lim\limits_{n\to\infty}\left(1+\dfrac{1}{n}\right)=1$.

证明 $|x_n-A|=\left|1+\dfrac{1}{n}-1\right|=\dfrac{1}{n}$.

对于任意的 $\varepsilon>0$，为了让 $|x_n-A|<\varepsilon$，只需要 $\dfrac{1}{n}<\varepsilon$ 或 $n>\dfrac{1}{\varepsilon}$，因此取 $N=\left[\dfrac{1}{\varepsilon}\right]$，当 $n>N$ 时，就有 $\left|1+\dfrac{1}{n}-1\right|<\varepsilon$，即 $\lim\limits_{n\to\infty}\left(1+\dfrac{1}{n}\right)=1$.

例 2 证明：极限 $\lim\limits_{n\to\infty}\dfrac{3n+1}{2n+1}=\dfrac{3}{2}$.

证明 $|x_n-A|=\left|\dfrac{3n+1}{2n+1}-\dfrac{3}{2}\right|=\dfrac{1}{2(2n+1)}=\dfrac{1}{4n+2}$，

对于任意的 $\varepsilon>0$，为了让 $|x_n-A|<\varepsilon$，只需要 $\dfrac{1}{4n+2}<\varepsilon$ 或 $n>\dfrac{1}{4\varepsilon}-\dfrac{1}{2}$，因此取 $N=\left[\dfrac{1}{4\varepsilon}-\dfrac{1}{2}\right]$，当 $n>N$ 时，就有 $\left|\dfrac{3n+1}{2n+1}-\dfrac{3}{2}\right|<\varepsilon$，即 $\lim\limits_{n\to\infty}\dfrac{3n+1}{2n+1}=\dfrac{3}{2}$.

二、$x\to x_0$ 时函数的极限

定义 2 设 $f(x)$ 在点 x_0 的某去心邻域内有定义，若存在常数 A，对于任意给定的正数 ε（无论多么小），总存在正数 δ，使得对于任意的 $x\in\mathring{U}(x_0,\delta)$，即 $0<|x-x_0|<\delta$ 时，恒有不等式 $|f(x)-A|<\varepsilon$ 成立，则称 A 是函数 $f(x)$ 当 $x\to x_0$ 时的极限，记作 $\lim\limits_{x\to x_0}f(x)=A$ 或 $f(x)\to A(x\to x_0)$，否则，称函数 $f(x)$ 当 $x\to x_0$ 时的极限不存在.

此定义依旧需要注意：(1) 正数 ε 的任意性；(2) 定义 2 中的正数 δ 依赖于 ε 的选取.

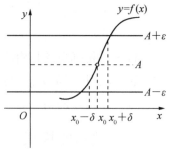

图 2-28

$\lim\limits_{n\to\infty}x_n=A$ 的几何意义：对任意点 A 的 ε 邻域 $U(A,\varepsilon)=(A-\varepsilon,A+\varepsilon)$，都存在点 x_0 的 δ 去心邻域 $\mathring{U}(x_0,\delta)=(x_0-\delta,$

$x_0)\bigcup(x_0,x_0+\delta)$，当自变量 x 在去心邻域 $\overset{\circ}{U}(x_0,\delta)$ 内取值时，函数值 $f(x)$ 都落在 $(A-\varepsilon,A+\varepsilon)$ 上，如图 2-28 所示.

例 3　证明：极限 $\lim\limits_{x\to 2}(4x-1)=7$.

证明　$|f(x)-A|=|4x-1-7|=4|x-2|$，

对于任意的 $\varepsilon>0$，为了使 $|f(x)-A|<\varepsilon$，只需要 $|x-2|<\dfrac{\varepsilon}{4}$，因此取 $\delta=\dfrac{\varepsilon}{4}$，则对于任意的 $x\in(2-\delta,2)\bigcup(2,2+\delta)$ 时，就有 $|f(x)-A|=4|x-2|<\varepsilon$ 成立，即 $\lim\limits_{x\to 2}(4x-1)=7$.

类似地，我们还可以给出 $x\to x_0$ 时，函数 $f(x)$ 的单侧极限的精确定义.

定义 3　设 $f(x)$ 在点 x_0 的某一左邻域（或右邻域）内有定义，若存在常数 A，对于任意给定的正数 ε（无论多么小），总存在正数 δ，使得对于任意的 $x\in(x_0-\delta,x_0)$，即 $-\delta<x-x_0<0$ 时（或对于 $x\in(x_0,x_0+\delta)$，即 $0<x-x_0<\delta$ 时），恒有不等式 $|f(x)-A|<\varepsilon$ 成立，则称 A 是函数 $f(x)$ 当 $x\to x_0$ 时的左极限（或右极限），记作 $\lim\limits_{x\to x_0^-}f(x)=A$（或 $\lim\limits_{x\to x_0^+}f(x)=A$）.

三、$x\to\infty$ 时函数的极限

定义 4　设 $f(x)$ 当 $|x|$ 大于某一个正数时有定义，若存在常数 A，对于任意给定的正数 ε（无论多么小），总存在正数 X，使得当 x 满足不等式 $|x|>X$ 时，对应的函数值 $f(x)$ 都满足不等式 $|f(x)-A|<\varepsilon$ 成立，则称 A 是函数 $f(x)$ 当 $x\to\infty$ 时的极限，记作 $\lim\limits_{x\to\infty}f(x)=A$ 或 $f(x)\to A$（当 $x\to\infty$ 时）.

例 4　证明：极限 $\lim\limits_{x\to\infty}\dfrac{1}{x+1}=0$.

证明　$|f(x)-A|=\left|\dfrac{1}{x+1}-0\right|=\left|\dfrac{1}{x+1}\right|$，

对于任意足够小的 $\varepsilon>0$，为了让 $|f(x)-A|<\varepsilon$，只需要 $\left|\dfrac{1}{x+1}\right|<\varepsilon$，因此取 $X=\left[\dfrac{1}{\varepsilon}\right]+2$，则对于任意的 $|x|>X$ 时，即 $|x+1|>|x|-1>\left[\dfrac{1}{\varepsilon}\right]+1>\dfrac{1}{\varepsilon}$ 时，就有 $|f(x)-A|=\left|\dfrac{1}{x+1}\right|<\varepsilon$ 成立，即 $\lim\limits_{x\to\infty}\dfrac{1}{x+1}=0$.

最后，我们将给出 $x\to+\infty$ 和 $x\to-\infty$ 时函数极限的精确定义.

定义 5　设 $f(x)$ 当 x 大于某一个正数（或小于某一个负数）时有定义，若存在常数 A，对于任意给定的正数 ε（无论多么小），总存在正数 X，使得当 x 满足不等式 $x>X$（或 $x<-X$）时，对应的函数值 $f(x)$ 都满足不等式 $|f(x)-A|<\varepsilon$ 成立，则称 A 是函数 $f(x)$ 当 $x\to+\infty$（或 $x\to-\infty$）时的极限，记作 $\lim\limits_{x\to+\infty}f(x)=A$（或 $\lim\limits_{x\to-\infty}f(x)=A$）.

习题 2－9

1. 利用数列极限的精确定义证明：

(1) $\lim\limits_{n\to\infty}\dfrac{1}{n^3}=0$；

(2) $\lim\limits_{n\to\infty}\dfrac{2n+1}{n+3}=2$.

2. 利用数列极限的精确定义证明：

(1) $\lim\limits_{x\to1}(2x-1)=1$；

(2) $\lim\limits_{x\to0}|x|=0$.

复习题二

1. 单项选择题

(1) 数列 $\{x_n\}:0,-\dfrac{1}{2},0,\dfrac{1}{4},0,-\dfrac{1}{6},0,\dfrac{1}{8},\cdots$（　　　）.

(A) 发散　　　　　(B) 收敛于 0　　　　(C) 收敛于 -1　　　(D) 收敛于 1

(2) 在 $(-\infty,+\infty)$ 上，下列函数是周期函数的是（　　　）.

(A) $\tan x^2$　　　　(B) $\cos 3x$　　　　(C) $x\sin x$　　　　(D) $x\cot x$

(3) 下列说法正确的是（　　　）.

(A) 若函数在 x_0 处无定义，则在这一点处必无极限

(B) 若函数在 x_0 处有定义，则在这一点处必有极限

(C) 若函数在 x_0 处有定义且有极限，则其极限值必为该点函数值

(D) 在确定函数在点 x_0 处的极限时，对函数在点 x_0 处是否有定义不作要求

(4) 当 $x\to x_0$ 时，α 和 β 都是无穷小，下列变量中当 $x\to x_0$ 时可能不是无穷小的是（　　　）.

(A) $\alpha-\beta$　　　　(B) $\alpha+\beta$　　　　(C) $\alpha\cdot\beta$　　　　(D) $\dfrac{\alpha}{\beta}(\beta\neq0)$

(5) 下列命题中正确的是（　　　）.

(A) 无界变量必是无穷大

(B) 无穷大是一个很大的数

(C) 无穷大的倒数是无穷小

(D) 无穷小是一个很小的数

(6) "当 $x\to x_0$ 时，$f(x)-A$ 是一个无穷小"是"函数 $f(x)$ 在点 x_0 处以 A 为极限"的（　　　）.

(A) 必要条件　　　(B) 充分条件　　　(C) 充要条件　　　(D) 无关条件

(7) 下列等式中成立的是（　　　）.

(A) $\lim\limits_{x\to\infty}\dfrac{\sin 3x}{3x}=1$　　(B) $\lim\limits_{x\to0}\pi\sin\dfrac{1}{x}=1$　　(C) $\lim\limits_{x\to\pi}\dfrac{\sin x}{x-\pi}=1$　　(D) $\lim\limits_{x\to\infty}x\sin\dfrac{1}{x}=1$

(8) 下列极限中极限值为 e 的是（　　　）.

(A) $\lim\limits_{x\to 0}(1-x)^{\frac{1}{x}}$　　(B) $\lim\limits_{x\to\infty}\left(1+\dfrac{2}{x}\right)^{x+2}$　(C) $\lim\limits_{x\to\infty}\left(1+\dfrac{1}{x}\right)^{x^2}$　(D) $\lim\limits_{x\to 0}(1-x)^{-\frac{1}{x}-2}$

(9) 在 $x\to 0$ 时,与 $\sqrt{1+x}-\sqrt{1-x}$ 等价的无穷小是（　　）.

(A) x　　　　　　(B) $2x$　　　　　　(C) x^2　　　　　　(D) $2x^2$

(10) 下列函数中当 $x\to 0$ 时,与无穷小 x 相比是高阶无穷小的是（　　）.

(A) $\sin x$　　　　(B) $x+x^2$　　　　(C) $\sqrt{x}$　　　　(D) $1-\cos x$

(11) 函数 $f(x)$ 在点 x_0 处左连续且右连续是它在该点连续的（　　）.

(A) 必要条件　　(B) 充分条件　　(C) 充要条件　　(D) 无关条件

(12) 函数 $f(x)=\begin{cases}\dfrac{\sqrt{x+1}-1}{\sqrt{x}}, & x>0, \\ 0, & x=0, \\ 1+e^x, & x<0,\end{cases}$ 则 $f(x)$ 在 $x=0$ 处（　　）.

(A) 左连续　　　　(B) 右连续　　　　(C) 左极限不存在　(D) 右极限不存在

(13) $f(x)$ 在 $[a,b]$ 上连续是它在 $[a,b]$ 上必能取得最大值和最小值的（　　）.

(A) 必要条件　　(B) 充分条件　　(C) 充要条件　　(D) 无关条件

(14) 若要使 $f(x)=\dfrac{1-\cos x}{x^2}$ 在 $x=0$ 处连续,则要求补充定义 $f(0)=$（　　）.

(A) $\dfrac{1}{4}$　　　　　　(B) $\dfrac{1}{2}$　　　　　　(C) 1　　　　　　(D) 2

2. 求下列极限:

(1) $\lim\limits_{x\to 0}(1+x)(2+x^2)(3-2x^3)$;

(2) $\lim\limits_{x\to 1}\dfrac{x^3-1}{2x^2-x-1}$;

(3) $\lim\limits_{x\to 4}\dfrac{\sqrt{1+2x}-3}{\sqrt{x-2}-\sqrt{2}}$;

(4) $\lim\limits_{x\to+\infty}\sqrt{2x}\left(\dfrac{1}{\sqrt{x}+1}-\dfrac{1}{\sqrt{x}-1}\right)$;

(5) $\lim\limits_{x\to\infty}\dfrac{(2x-3)^2(3x+1)^3}{(2x+1)^5}$;

(6) $\lim\limits_{x\to 0}\dfrac{\sqrt{x+1}-1}{\sqrt{x+4}-2}$;

(7) $\lim\limits_{x\to 0}\dfrac{\arctan(x^2)}{1-\cos x}$;

(8) $\lim\limits_{x\to\infty}\dfrac{x-\cos x}{x+\sin x}$;

(9) $\lim\limits_{x\to 0}\dfrac{x^2}{\ln(2-\cos x)}$;

(10) $\lim\limits_{x\to\infty}\left(1-\dfrac{1}{3x}\right)^{2x}$;

(11) $\lim\limits_{x\to 0}\dfrac{\sqrt{1+\tan x}-\sqrt{1-\tan x}}{\sin x}$;

(12) $\lim\limits_{x\to 0}\dfrac{\cos x-\cos 3x}{1-\cos 2x}$;

(13) $\lim\limits_{x\to 0}\dfrac{1-\cos 2x+\tan^2 x}{x\sin x}$;

(14) $\lim\limits_{n\to\infty}\dfrac{6^{n+1}-7^n}{5(6^n)-7^n}$;

(15) $\lim\limits_{x\to 0}\dfrac{\ln(1+x)}{\sqrt{1+x}-1}$;

(16) $\lim\limits_{x\to 0}\dfrac{\sqrt{1-\cos x^2}}{1-\cos x}$;

(17) $\lim\limits_{n \to \infty}\left[\dfrac{1}{2 \cdot 3}+\dfrac{1}{3 \cdot 4}+\cdots+\dfrac{1}{n \cdot (n+1)}\right]$.

3. 当 $x=0$ 时,函数 $f(x)=\dfrac{x-|x|}{x}(-1<x<1)$ 无定义,问:是否可定义 $f(0)$ 的数值,使 $f(x)$ 在 $x=0$ 处连续?

4. 设 $f(x)=\begin{cases}\dfrac{\sin kx}{x}, & x>0, \\ 2, & x=0, \\ \dfrac{1}{lx}\ln(1+2x), & x<0,\end{cases}$ 试确定 m,l 的数值,使得函数 $f(x)$ 在 $(-\infty,+\infty)$ 上处处连续.

5. 已知 a,b 为常数,$\lim\limits_{x \to +\infty}\left(\dfrac{x^2+1}{x+1}-ax-b\right)=0$,求 a,b 的值.

6. 证明:当 $x \to 1$ 时,$\dfrac{1-x}{1+x}$ 与 $1-\sqrt{x}$ 是等价无穷小.

7. 证明:当 $x \to 0$ 时,$(1-\cos x)^2$ 是 e^x-1 的高阶无穷小.

8. 证明:方程 $\arctan x=1-x$ 在区间 $(0,1)$ 上必有一个实数根.

9. 证明:方程 $x^3-9x-1=0$ 有且仅有三个实数根.

10. 非洲犀牛是一级保护动物,现在仅存一万头,因遭受人类捕杀,每年以 10% 的速率按照连续复利匀速递减,请问:经过 20 年后,非洲犀牛还有多少头?

第三章 导数与微分

在微积分中,导数与微分是重要的组成部分.本章以极限概念为基础,引进导数与微分的定义,着重讨论导数与微分的运算.

第一节 导数的概念

一、引出导数概念的实例

我们在解决实际问题时,除了需要了解变量之间的函数关系以外,有时还需要研究变量变化快慢的程度.例如,物体运动的速度、城市人口增长的速度、国民经济发展的速度、劳动生产率等等.只有在引进导数概念以后,才能更好地说明这些量的变化情况.下面先看两个实例:

1. 变速直线运动的瞬时速度

当一物体做直线运动时,如果它的速度不发生改变,即做匀速运动,它的瞬时速度等于平均速度.但物体的运动不是匀速运动时,若要表示它在某一时刻的瞬时速度,就需要给出瞬时速度的具体求法.

设物体做变速直线运动,以 s 表示所走过的路程,t 表示经历的时间,运动方程为 $s=f(t)$. 现在我们研究一下物体在 $t=t_0$ 时的瞬时运动速度.

当 $t=t_0$ 时物体走过的路程为 $f(t_0)$,当 $t=t_0+\Delta t$ 时物体走过的路程为 $f(t_0+\Delta t)$,于是从 t_0 到 $t_0+\Delta t$ 这段时间内,物体走过的路程为

$$\Delta s = f(t_0 + \Delta t) - f(t_0),$$

这段时间内物体运动的平均速度是

$$\bar{v} = \frac{\Delta s}{\Delta t} = \frac{f(t_0 + \Delta t) - f(t_0)}{\Delta t}.$$

当 Δt 很小时,$\bar{v}$ 即是物体在时刻 t_0 时的瞬时速度的近似值.显然,Δt 越小,时刻 $t_0+\Delta t$ 越接近于时刻 t_0,时刻 t_0 的瞬时速度就越接近于平均速度 $\bar{v}$.

所以,我们令 $\Delta t \to 0$,如果平均速度 $\bar{v}$ 的极限存在,那么它就是物体在时刻 t_0 的瞬时运动速度,即

$$v(t_0) = \lim_{\Delta t \to 0} \bar{v} = \lim_{\Delta t \to 0} \frac{\Delta s}{\Delta t} = \lim_{\Delta t \to 0} \frac{f(t_0 + \Delta t) - f(t_0)}{\Delta t}.$$

瞬时速度是路程函数 s 的增量与时间 t 的增量之比,当时间增量 Δt 趋于零时的极限值. 反映了物体运动的路程 s 在时刻 t_0 变化的快慢程度.

2. 平面曲线的切线斜率

设平面上有曲线 $y = f(x)$,$M_0(x_0, y_0)$ 为曲线上一定点,在曲线上另取一点 $M(x_0 + \Delta x, y_0 + \Delta y)$,点 M 的位置取决于 Δx,它是曲线上一动点. 作割线 M_0M,设其倾角(即与 x 轴的夹角)为 φ,如图 3-1 所示,割线 M_0M 的斜率为

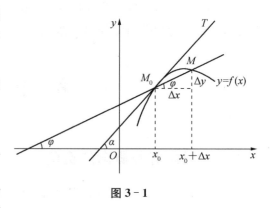

$$\tan\varphi = \frac{\Delta y}{\Delta x} = \frac{f(x_0 + \Delta x) - f(x_0)}{\Delta x}.$$

令 $\Delta x \to 0$,则动点 M 沿曲线趋于定点 M_0,从而割线 M_0M 也随之变动而趋于其极限位置——

图 3-1

直线 M_0T. 我们称此直线 M_0T 为曲线在定点 M_0 处的切线. 此时,割线 M_0M 的倾角 φ 趋于切线 M_0T 的倾角 α. 当 $\alpha \neq \dfrac{\pi}{2}$ 时,切线 M_0T 的斜率为

$$k = \tan\alpha = \lim_{\Delta x \to 0} \tan\varphi = \lim_{\Delta x \to 0} \frac{\Delta y}{\Delta x} = \lim_{\Delta x \to 0} \frac{f(x_0 + \Delta x) - f(x_0)}{\Delta x}.$$

切线的斜率是纵坐标(函数)的增量 Δy 与横坐标(自变量)的增量 Δx 之比,当自变量的增量趋于零时的极限值.

以上两个问题的实际意义虽然不同,但从抽象的数量关系来看,它们的实质是一样的,都是计算同一类型的极限——当自变量的改变量趋于零时,计算函数的改变量与自变量的改变量之比的极限. 这种特殊的极限叫作函数的导数.

二、导数的定义

1. 函数在一点处的导数和导函数

定义　设函数 $y = f(x)$ 在点 x_0 的某个邻域内有定义,当自变量 x 在 x_0 处取得改变量 Δx(点 $x_0 + \Delta x$ 仍在该邻域内)时,函数 y 相应地有改变量 $\Delta y = f(x_0 + \Delta x) - f(x_0)$,如果 Δy 与 Δx 之比当 $\Delta x \to 0$ 时的极限存在,那么称函数 $y = f(x)$ 在点 x_0 处可导,并称这个极限为函数 $y = f(x)$ 在点 x_0 处的导数,记为 $f'(x_0)$,即

$$f'(x_0) = \lim_{\Delta x \to 0} \frac{\Delta y}{\Delta x} = \lim_{\Delta x \to 0} \frac{f(x_0 + \Delta x) - f(x_0)}{\Delta x}. \tag{1}$$

也可记作 $y'\big|_{x=x_0}$, $\dfrac{\mathrm{d}y}{\mathrm{d}x}\big|_{x=x_0}$ 或 $\dfrac{\mathrm{d}f(x)}{\mathrm{d}x}\big|_{x=x_0}$.

函数 $f(x)$ 在点 x_0 处可导有时也说成函数 $f(x)$ 在点 x_0 处具有导数或导数存在.

导数的定义式(1) 也可取不同的形式, 常见的有

$$f'(x_0) = \lim_{h \to 0} \frac{f(x_0 + h) - f(x_0)}{h}. \tag{2}$$

(2)式中的 h 即自变量的改变量 Δx.

若令 $x_0 + \Delta x = x$, 则 $\Delta x = x - x_0$, 且当 $\Delta x \to 0$ 时, $x \to x_0$, 于是得到一个和(1)等价的定义:

$$f'(x_0) = \lim_{x \to x_0} \frac{f(x) - f(x_0)}{x - x_0}. \tag{3}$$

导数是概括了各种各样的变化率概念而得出来的一个更一般性也更抽象的概念, 它撇开了自变量和因变量所代表的几何或物理等方面的特殊意义, 纯粹从数量方面来刻画变化率的本质, 它反映了因变量随自变量的变化而变化的快慢程度.

故而, 由导数的定义, 之前引例中物体直线运动的瞬时速度为

$$v(t_0) = \lim_{\Delta t \to 0} \frac{\Delta s}{\Delta t} = \lim_{\Delta t \to 0} \frac{f(t_0 + \Delta t) - f(t_0)}{\Delta t} = f'(t_0);$$

曲线 $y = f(x)$ 在定点 M_0 处的切线斜率为

$$k = \lim_{\Delta x \to 0} \frac{\Delta y}{\Delta x} = \lim_{\Delta x \to 0} \frac{f(x_0 + \Delta x) - f(x_0)}{\Delta x} = f'(x_0).$$

如果(1)式中的极限不存在, 就说函数 $y = f(x)$ 在点 x_0 处不可导. 如果不可导的原因是由于当 $\Delta x \to 0$ 时, 比值 $\dfrac{\Delta y}{\Delta x} \to \infty$, 在这种情况下, 为了方便起见, 也往往说函数 $y = f(x)$ 在点 x_0 处的导数为无穷大.

上面讲的是函数在一点处可导, 如果函数 $y = f(x)$ 在开区间 I 内的每点处都可导, 就称函数 $y = f(x)$ 在开区间 I 内可导. 这时, 对于任一 $x \in I$, 都对应着 $f(x)$ 的一个确定的导数值, 这样就构成了一个新的函数, 这个函数叫作原来函数 $y = f(x)$ 的**导函数**, 记作 y', $f'(x)$, $\dfrac{\mathrm{d}y}{\mathrm{d}x}$ 或 $\dfrac{\mathrm{d}f(x)}{\mathrm{d}x}$.

在(1)式或(2)式中把 x_0 换成 x, 即得导函数的定义式:

$$y' = \lim_{\Delta x \to 0} \frac{f(x + \Delta x) - f(x)}{\Delta x};$$

或
$$f'(x) = \lim_{h \to 0} \frac{f(x+h) - f(x)}{h}.$$

注 （1）在以上两式中，虽然 x 可以取区间 I 内的任何数值，但在取极限的过程中，x 是常量，Δx 或 h 是变量.

（2）导函数 $f'(x)$ 也常简称为导数. 显然函数 $f(x)$ 在点 x_0 处的导数 $f'(x_0)$ 就是导函数 $f'(x)$ 在点 x_0 处的函数值，即 $f'(x_0) = f'(x)\big|_{x = x_0}$.

2. 求导数举例

下面根据导数定义求一些简单函数的导数.

例 1　求函数 $f(x) = C(C$ 为常数$)$ 的导数.

解　$f'(x) = \lim_{\Delta x \to 0} \dfrac{f(x + \Delta x) - f(x)}{\Delta x} = \lim_{\Delta x \to 0} \dfrac{C - C}{\Delta x} = 0,$

即
$$(C)' = 0.$$

这就是说，常数的导数等于零.

例 2　求函数 $f(x) = x^n (n \in \mathbf{N}^+)$ 的导数.

解　$f'(x) = \lim_{\Delta x \to 0} \dfrac{f(x + \Delta x) - f(x)}{\Delta x} = \lim_{\Delta x \to 0} \dfrac{(x + \Delta x)^n - x^n}{\Delta x}$

$\qquad = \lim_{\Delta x \to 0} \dfrac{C_n^0 x^n (\Delta x)^0 + C_n^1 x^{n-1} (\Delta x)^1 + C_n^2 x^{n-2} (\Delta x)^2 + \cdots + (\Delta x)^n - x^n}{\Delta x}$

$\qquad = \lim_{\Delta x \to 0} \left[nx^{n-1} + \dfrac{n(n-1)}{2} x^{n-2} \Delta x + \cdots + (\Delta x)^{n-1} \right] = nx^{n-1},$

即
$$(x^n)' = nx^{n-1}.$$

更一般地，对于任意给定的实数 μ，有
$$(x^\mu)' = \mu x^{\mu-1},$$

这就是幂函数的导数公式.

利用这个公式，可以很方便地求出幂函数的导数，例如：

（1）$y = x^2$ 的导数：

$\mu = 2, y' = (x^2)' = 2x^{2-1} = 2x.$

（2）$y = \sqrt{x}(x > 0)$ 的导数：

$\mu = \dfrac{1}{2}, y' = (\sqrt{x})' = \left(x^{\frac{1}{2}}\right)' = \dfrac{1}{2} x^{\frac{1}{2} - 1} = \dfrac{1}{2} x^{-\frac{1}{2}} = \dfrac{1}{2\sqrt{x}}.$

（3）$y = \dfrac{1}{x}(x \neq 0)$ 的导数：

$\mu = -1, y' = \left(\dfrac{1}{x}\right)' = (x^{-1})' = (-1) x^{-1-1} = -x^{-2} = -\dfrac{1}{x^2}.$

例 3 求函数 $f(x)=\sin x$ 的导数.

解 $f'(x)=\lim\limits_{\Delta x\to 0}\dfrac{f(x+\Delta x)-f(x)}{\Delta x}=\lim\limits_{\Delta x\to 0}\dfrac{\sin(x+\Delta x)-\sin x}{\Delta x}$

$=\lim\limits_{\Delta x\to 0}\dfrac{2\cos\dfrac{x+\Delta x+x}{2}\sin\dfrac{x+\Delta x-x}{2}}{\Delta x}=\lim\limits_{\Delta x\to 0}\dfrac{2\cos\left(x+\dfrac{\Delta x}{2}\right)\sin\dfrac{\Delta x}{2}}{\Delta x}$

$=\lim\limits_{\Delta x\to 0}\cos\left(x+\dfrac{\Delta x}{2}\right)\dfrac{\sin\dfrac{\Delta x}{2}}{\dfrac{\Delta x}{2}}=\cos x,$

即 $$(\sin x)'=\cos x.$$

这就是说,正弦函数的导数是余弦函数.

类似可求得 $$(\cos x)'=-\sin x.$$

就是说,余弦函数的导数是负的正弦函数.

例 4 求函数 $f(x)=a^x(a>0,a\neq 1)$ 的导数.

解 $f'(x)=\lim\limits_{\Delta x\to 0}\dfrac{f(x+\Delta x)-f(x)}{\Delta x}=\lim\limits_{\Delta x\to 0}\dfrac{a^{x+\Delta x}-a^x}{\Delta x}$

$=\lim\limits_{\Delta x\to 0}\left(a^x\dfrac{a^{\Delta x}-1}{\Delta x}\right)=a^x\lim\limits_{\Delta x\to 0}\dfrac{\mathrm{e}^{\Delta x\ln a}-1}{\Delta x}$

$=a^x\lim\limits_{\Delta x\to 0}\dfrac{\Delta x\ln a}{\Delta x}=a^x\ln a,$

即 $$(a^x)'=a^x\ln a.$$

这就是指数函数的导数公式.

特别地,当 $a=\mathrm{e}$ 时,因 $\ln\mathrm{e}=1$,故有

$$(\mathrm{e}^x)'=\mathrm{e}^x.$$

即以 e 为底的指数函数的导数就是它本身,这是以 e 为底的指数函数的一个重要特性.

例 5 求函数 $f(x)=\log_a x(a>0,a\neq 1)$ 的导数.

解 $f'(x)=\lim\limits_{\Delta x\to 0}\dfrac{f(x+\Delta x)-f(x)}{\Delta x}=\lim\limits_{\Delta x\to 0}\dfrac{\log_a(x+\Delta x)-\log_a x}{\Delta x}$

$=\lim\limits_{\Delta x\to 0}\dfrac{\log_a\dfrac{x+\Delta x}{x}}{\Delta x}=\lim\limits_{\Delta x\to 0}\dfrac{\log_a\left(1+\dfrac{\Delta x}{x}\right)}{\Delta x}$

$=\lim\limits_{\Delta x\to 0}\dfrac{\ln\left(1+\dfrac{\Delta x}{x}\right)}{\Delta x\ln a}=\lim\limits_{\Delta x\to 0}\dfrac{\dfrac{\Delta x}{x}}{\Delta x\ln a}=\dfrac{1}{x\ln a},$

即
$$(\log_a x)' = \frac{1}{x \ln a}.$$

这就是对数函数的导数公式.

特别地,当 $a=\mathrm{e}$ 时,有自然对数函数的导数公式:

$$(\ln x)' = \frac{1}{x}.$$

例 6　求函数 $f(x) = |x|$ 在 $x=0$ 处的导数.

解　$\displaystyle\lim_{\Delta x \to 0} \frac{f(0+\Delta x) - f(0)}{\Delta x} = \lim_{\Delta x \to 0} \frac{|\Delta x|}{\Delta x}$,

当 $\Delta x > 0$ 时,$\dfrac{|\Delta x|}{\Delta x} = 1$,则 $\displaystyle\lim_{\Delta x \to 0^+} \frac{|\Delta x|}{\Delta x} = 1$;

当 $\Delta x < 0$ 时,$\dfrac{|\Delta x|}{\Delta x} = -1$,则 $\displaystyle\lim_{\Delta x \to 0^-} \frac{|\Delta x|}{\Delta x} = -1$.

所以,$\displaystyle\lim_{\Delta x \to 0} \frac{f(0+\Delta x) - f(0)}{\Delta x}$ 不存在,即函数 $f(x) = |x|$ 在 $x=0$

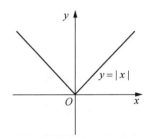

图 3-2

处不可导. 其函数图形如图 3-2 所示.

3. 单侧导数

根据函数 $f(x)$ 在点 x_0 处的导数 $f'(x_0)$ 的定义,导数

$$f'(x_0) = \lim_{\Delta x \to 0} \frac{f(x_0 + \Delta x) - f(x_0)}{\Delta x}$$

是一个极限,而极限存在的充要条件是左、右极限存在且相等,因此 $f'(x_0)$ 存在即 $f(x)$ 在点 x_0 处可导的充要条件是左、右极限

$$\lim_{\Delta x \to 0^-} \frac{f(x_0 + \Delta x) - f(x_0)}{\Delta x} \text{ 及 } \lim_{\Delta x \to 0^+} \frac{f(x_0 + \Delta x) - f(x_0)}{\Delta x}$$

都存在且相等,这两个极限分别称为函数 $f(x)$ 在点 x_0 处的**左导数**和**右导数**,记作 $f'_-(x_0)$ 及 $f'_+(x_0)$,即

$$\text{左导数:} f'_-(x_0) = \lim_{\Delta x \to 0^-} \frac{f(x_0 + \Delta x) - f(x_0)}{\Delta x} = \lim_{x \to x_0^-} \frac{f(x) - f(x_0)}{x - x_0};$$

$$\text{右导数:} f'_+(x_0) = \lim_{\Delta x \to 0^+} \frac{f(x_0 + \Delta x) - f(x_0)}{\Delta x} = \lim_{x \to x_0^+} \frac{f(x) - f(x_0)}{x - x_0}.$$

可见,函数 $f(x)$ 在点 x_0 处可导的充要条件是左导数 $f'_-(x_0)$ 和右导数 $f'_+(x_0)$ 都存在且相等.

所以,对于例 6,函数 $f(x) = |x|$ 在 $x=0$ 处的左导数 $f'_-(0) = \displaystyle\lim_{\Delta x \to 0^-} \frac{f(0+\Delta x) - f(0)}{\Delta x} =$

$$\lim_{\Delta x \to 0^-} \frac{|\Delta x|}{\Delta x} = -1;$$

右导数 $f_+'(0) = \lim\limits_{\Delta x \to 0^+} \dfrac{f(0+\Delta x)-f(0)}{\Delta x} = \lim\limits_{\Delta x \to 0^+} \dfrac{|\Delta x|}{\Delta x} = 1$，虽然它们都存在，但不相等，所以函数 $f(x) = |x|$ 在 $x = 0$ 处不可导.

左导数和右导数统称为**单侧导数**.

若函数 $f(x)$ 在开区间 (a,b) 内可导，且 $f_+'(a)$ 与 $f_-'(b)$ 都存在，则称 $f(x)$ 在**闭区间** $[a,b]$ 上可导.

左右导数常用于求分段函数在分段点处的导数.

三、导数的几何意义

由引例中平面曲线切线斜率的讨论和导数的定义可知：函数 $y = f(x)$ 在点 x_0 处的导数 $f'(x_0)$ 在几何上表示曲线 $y = f(x)$ 在点 (x_0, y_0) 处的切线的斜率. 即

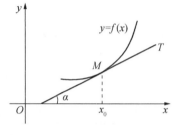

图 3-3

$$f'(x_0) = \tan\alpha.$$

其中 α 是切线的倾角（如图 3-3 所示）.

注　（1）若 $f'(x_0) = \infty$，曲线在点 $M(x_0, y_0)$ 处有垂直切线 $x = x_0$；

（2）若 $f'(x_0) = 0$，曲线在点 $M(x_0, y_0)$ 处有水平切线 $y = y_0$.

根据导数的几何意义并应用直线的点斜式方程，可知曲线 $y = f(x)$ 在点 $M(x_0, y_0)$ 处的**切线方程**为

$$y - y_0 = f'(x_0)(x - x_0).$$

过切点 $M(x_0, y_0)$ 且与切线垂直的直线叫作曲线 $y = f(x)$ 在点 M 处的**法线**. 如果 $f'(x_0) \neq 0$，法线的斜率为 $-\dfrac{1}{f'(x_0)}$，从而**法线方程**为

$$y - y_0 = -\frac{1}{f'(x_0)}(x - x_0).$$

例 7　求曲线 $f(x) = x^3$ 上点 $(1,1)$ 处的切线和法线方程.

解　因为 $\qquad\qquad\qquad\qquad f'(x) = 3x^2,$

所以所求切线斜率为 $\qquad\qquad k_切 = f'(1) = 3x^2\Big|_{x=1} = 3,$

得切线方程为 $\qquad\qquad\qquad y - 1 = 3(x - 1),$

即 $\qquad\qquad\qquad\qquad\qquad 3x - y - 2 = 0.$

所求法线的斜率为 $$k_{法} = -\frac{1}{k_{切}} = -\frac{1}{3},$$

得法线方程为 $$y - 1 = -\frac{1}{3}(x - 1),$$

即 $$x + 3y - 4 = 0.$$

四、可导与连续的关系

定理 若函数 $y = f(x)$ 在点 x_0 处可导，则函数 $f(x)$ 在点 x_0 处连续.

证明 因为函数 $y = f(x)$ 在点 x_0 处可导，

所以 $$\lim_{\Delta x \to 0} \frac{\Delta y}{\Delta x} = f'(x_0).$$

由极限与无穷小的关系得

$$\frac{\Delta y}{\Delta x} = f'(x_0) + \alpha \ (\alpha \text{ 为 } \Delta x \to 0 \text{ 时的无穷小}),$$

两边同乘以 Δx，得

$$\Delta y = f'(x_0)\Delta x + \alpha \Delta x,$$

两边取极限，得

$$\lim_{\Delta x \to 0} \Delta y = \lim_{\Delta x \to 0} \left[f'(x_0)\Delta x + \alpha \Delta x \right] = f'(x_0) \lim_{\Delta x \to 0} \Delta x + \lim_{\Delta x \to 0} \alpha \Delta x = 0,$$

即函数 $f(x)$ 在点 x_0 处连续.

注 其逆不真，即一个函数在某点连续却不一定在该点可导. 举例如下.

例 8 函数 $y = \sqrt{x^2}$ （即 $y = |x|$）在 $(-\infty, +\infty)$ 上连续，但在例 6 中已经看到，函数在 $x = 0$ 处不可导，曲线 $y = \sqrt{x^2}$ 在原点 O 没有切线（见图 3-2）.

例 9 函数 $y = \sqrt[3]{x}$ 在 $(-\infty, +\infty)$ 上连续，但在点 $x = 0$ 处不可导，这是因为在点 $x = 0$ 处有

$$\lim_{\Delta x \to 0} \frac{\Delta y}{\Delta x} = \lim_{\Delta x \to 0} \frac{f(0 + \Delta x) - f(0)}{\Delta x}$$
$$= \lim_{\Delta x \to 0} \frac{\sqrt[3]{\Delta x}}{\Delta x} = \lim_{\Delta x \to 0} \frac{1}{(\Delta x)^{\frac{2}{3}}} = +\infty,$$

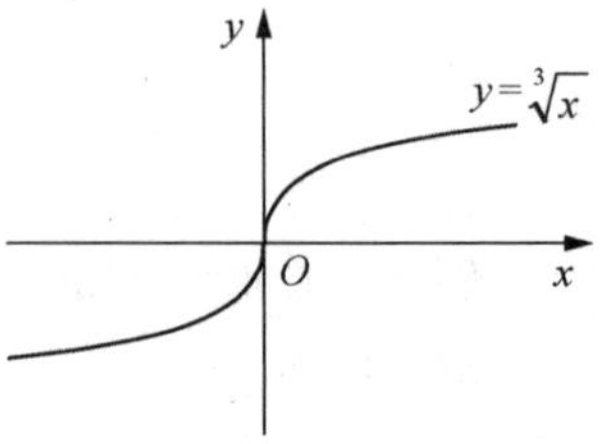

图 3-4

即导数为无穷大（导数不存在），这在图中表现为曲线 $y = \sqrt[3]{x}$ 在原点 O 具有垂直于 x 轴的切线 $x = 0$（见图 3-4）.

从图上看，尖点处和切线垂直的点处函数不可导.

由以上讨论可知,函数在某点连续是函数在该点可导的必要条件,但不是充分条件.

最后,我们来讨论函数在分段点处的可导性.

例 10　讨论函数 $f(x)=\begin{cases} x^2+x, & x\leqslant 1, \\ 2x^3, & x>1 \end{cases}$ 在 $x=1$ 处的连续性和可导性.

解　$x=1$ 是分段函数的分段点,讨论其连续性与可导性时,要对其左、右两侧情况加以讨论.

因为
$$\lim_{x\to 1^-} f(x) = \lim_{x\to 1^-}(x^2+x) = 2, \lim_{x\to 1^+} f(x) = \lim_{x\to 1^+} 2x^3 = 2,$$

从而
$$\lim_{x\to 1} f(x) = 2 = f(1),$$

所以函数在 $x=1$ 处连续;

下面讨论可导性,

左导数:
$$f'_-(1) = \lim_{x\to 1^-}\frac{f(x)-f(1)}{x-1} = \lim_{x\to 1^-}\frac{x^2+x-2}{x-1}$$
$$= \lim_{x\to 1^-}\frac{(x-1)(x+2)}{x-1} = \lim_{x\to 1^-}(x+2) = 3,$$

右导数:
$$f'_+(1) = \lim_{x\to 1^+}\frac{f(x)-f(1)}{x-1} = \lim_{x\to 1^+}\frac{2x^3-2}{x-1}$$
$$= \lim_{x\to 1^+}\frac{2(x-1)(x^2+x+1)}{x-1} = 2\lim_{x\to 1^+}(x^2+x+1) = 6.$$

因为
$$f'_-(1) \neq f'_+(1),$$

所以,函数在 $x=1$ 处不可导.故函数在 $x=1$ 处连续但不可导.

例 11　设函数 $f(x)=\begin{cases} x^2, & x\leqslant 1, \\ ax+b, & x>1, \end{cases}$ 问:a,b 取何值时,函数 $f(x)$ 在 $x=1$ 处可导?

解　$f(x)$ 在 $x=1$ 处可导,则 $f(x)$ 在 $x=1$ 处连续,即
$$\lim_{x\to 1^-} f(x) = \lim_{x\to 1^+} f(x) = f(1).$$

因为
$$\lim_{x\to 1^-} f(x) = \lim_{x\to 1^-} x^2 = 1,$$
$$\lim_{x\to 1^+} f(x) = \lim_{x\to 1^+}(ax+b) = a+b,$$
$$f(1) = 1^2 = 1,$$

从而
$$a+b = 1;$$

左导数:
$$f'_-(1) = \lim_{x\to 1^-}\frac{f(x)-f(1)}{x-1} = \lim_{x\to 1^-}\frac{x^2-1}{x-1}$$

$$= \lim_{x \to 1^-} \frac{(x-1)(x+1)}{x-1} = \lim_{x \to 1^-}(x+1) = 2,$$

右导数：$f'_+(1) = \lim_{x \to 1^+} \frac{f(x) - f(1)}{x-1} = \lim_{x \to 1^+} \frac{ax + b - 1}{x-1}$

$$= \lim_{x \to 1^+} \frac{ax + 1 - a - 1}{x-1} = \lim_{x \to 1^+} \frac{a(x-1)}{x-1} = a.$$

因为 $f(x)$ 在 $x=1$ 处可导，所以 $f'_-(1) = f'_+(1)$，即 $a=2$，所以 $b=-1$.

综上，当 $a=2,b=-1$ 时，函数 $f(x)$ 在 $x=1$ 处可导.

习题 3-1

1. 用导数的定义求函数 $y = 1 - 2x^2$ 在点 $x=1$ 处的导数.

2. 给定函数 $f(x) = ax^2 + bx + c$，其中 a,b,c 为常数，求：

$$f'(x), f'(0), f'\left(\frac{1}{2}\right), f'\left(-\frac{b}{2a}\right).$$

3. 用幂函数的求导公式，求下列函数的导数：

(1) $y = \dfrac{1}{\sqrt[3]{x^2}}$；　(2) $y = -\dfrac{1}{x^2}$；　(3) $y = \dfrac{x^2 \cdot \sqrt[3]{x^2}}{\sqrt{x^5}}$.

4. 求曲线 $y = \cos x$ 上点 $\left(\dfrac{\pi}{3}, \dfrac{1}{2}\right)$ 处的切线方程和法线方程.

5. 求曲线 $y = x^3$ 上与直线 $3x - y = 5$ 平行的切线方程.

6. 函数 $f(x) = \begin{cases} x^2 + 1, & 0 \leqslant x < 1 \\ 3x - 1, & x \geqslant 1 \end{cases}$ 在 $x=1$ 处是否可导？为什么？

7. 讨论函数 $f(x) = \begin{cases} x^2 + x, & x \leqslant 1 \\ 2x^3, & x > 1 \end{cases}$ 在点 $x=1$ 处的连续性和可导性.

第二节　函数的求导法则

在这一节中，将介绍求导数的几个基本法则以及前一节中未讨论过的几个基本初等函数的导数公式. 借助于这些法则和基本初等函数的导数公式，就能比较方便地求出常见的初等函数的导数.

一、函数的和、差、积、商的求导法则

定理 1　设函数 $u = u(x), v = v(x)$ 都在点 x 处具有导数，那么它们的和、差、积、商（除分

母为零的点外)都在点 x 处具有导数,且

(1) $[u(x)\pm v(x)]'=u'(x)\pm v'(x)$;

(2) $[u(x)v(x)]'=u'(x)v(x)+u(x)v'(x)$;

(3) $\left[\dfrac{u(x)}{v(x)}\right]'=\dfrac{u'(x)v(x)-u(x)v'(x)}{v^2(x)}\ (v(x)\neq 0)$.

证明　这三个法则都可用导数的定义及极限的运算法则来证明,此处证明(2),(1)和(3)的证明留给读者.

设 $u(x)v(x)=f(x)$,则

$$[u(x)v(x)]'=f'(x)$$
$$=\lim_{\Delta x\to 0}\frac{f(x+\Delta x)-f(x)}{\Delta x}$$
$$=\lim_{\Delta x\to 0}\frac{u(x+\Delta x)v(x+\Delta x)-u(x)v(x)}{\Delta x}$$
$$=\lim_{\Delta x\to 0}\frac{u(x+\Delta x)v(x+\Delta x)-u(x)v(x+\Delta x)+u(x)v(x+\Delta x)-u(x)v(x)}{\Delta x}$$
$$=\lim_{\Delta x\to 0}\left[\frac{u(x+\Delta x)-u(x)}{\Delta x}v(x+\Delta x)+u(x)\frac{v(x+\Delta x)-v(x)}{\Delta x}\right]$$
$$=\lim_{\Delta x\to 0}\frac{u(x+\Delta x)-u(x)}{\Delta x}\lim_{\Delta x\to 0}v(x+\Delta x)+u(x)\lim_{\Delta x\to 0}\frac{v(x+\Delta x)-v(x)}{\Delta x}$$
$$=u'(x)v(x)+u(x)v'(x),$$

其中 $\lim\limits_{\Delta x\to 0}v(x+\Delta x)=v(x)$,因为 $v'(x)$ 存在,故 $v(x)$ 在点 x 处连续.于是法则(2)得证.

法则可以简单地表示如下:

(1) $(u\pm v)'=u'\pm v'$;

(2) $(uv)'=u'v+uv'$;

(3) $\left(\dfrac{u}{v}\right)'=\dfrac{u'v-uv'}{v^2}(v\neq 0)$.

法则(1)和(2)可以推广到任意有限个可导函数的情形.

推论 1　$(u_1+u_2+\cdots+u_n)'=u_1'+u_2'+\cdots+u_n'$;

$(u_1 u_2\cdots u_n)'=u_1' u_2\cdots u_n+u_1 u_2'\cdots u_n+\cdots+u_1 u_2\cdots u_n'$.

例如,设 $u=u(x),v=v(x),w=w(x)$ 均可导,则有

$$(u+v-w)'=(u+v)'-w',$$

即

$$(u+v-w)'=u'+v'-w'.$$

$$(uvw)'=[(uv)w]'=(uv)'w+(uv)w'=(u'v+uv')w+uvw',$$

即

$$(uvw)'=u'vw+uv'w+uvw'.$$

推论 2 $(Cu)'=Cu'(C$ 为常数$)$.

法则(2)中,当 $v(x)=C$ 时,有$(Cu)'=C'u+Cu'=0+Cu'=Cu'$.

例 1 已知函数 $f(x)=2x^2-3x+\sin\dfrac{\pi}{7}+\ln2$,求 $f'(x)$ 和 $f'(1)$.

解
$$f'(x)=\left(2x^2-3x+\sin\frac{\pi}{7}+\ln2\right)'$$
$$=(2x^2)'-(3x)'+\left(\sin\frac{\pi}{7}\right)'+(\ln2)'$$
$$=2(x^2)'-3x'+0+0$$
$$=4x-3,$$

$f'(1)=4\times1-3=1$.

例 2 已知函数 $y=\mathrm{e}^x(\sin x+\cos x)$,求 y'.

解
$$y'=[\mathrm{e}^x(\sin x+\cos x)]'$$
$$=(\mathrm{e}^x)'(\sin x+\cos x)+\mathrm{e}^x(\sin x+\cos x)'$$
$$=\mathrm{e}^x(\sin x+\cos x)+\mathrm{e}^x(\cos x-\sin x)$$
$$=2\mathrm{e}^x\cos x.$$

例 3 已知函数 $y=\tan x$,求 y'.

解
$$y'=(\tan x)'=\left(\frac{\sin x}{\cos x}\right)'$$
$$=\frac{(\sin x)'\cos x-\sin x(\cos x)'}{\cos^2 x}$$
$$=\frac{\cos^2 x+\sin^2 x}{\cos^2 x}$$
$$=\frac{1}{\cos^2 x}=\sec^2 x,$$

即
$$(\tan x)'=\sec^2 x.$$

这就是正切函数的导数公式.

同理可得,余切函数的导数公式:

$$(\cot x)'=-\csc^2 x.$$

例 4 已知函数 $y=\sec x$,求 y'.

解
$$y'=(\sec x)'$$
$$=\left(\frac{1}{\cos x}\right)'$$
$$=\frac{(1)'\cos x-1(\cos x)'}{\cos^2 x}$$

$$= \frac{0+\sin x}{\cos^2 x}$$

$$= \frac{1}{\cos x} \cdot \frac{\sin x}{\cos x}$$

$$= \sec x \tan x,$$

即
$$(\sec x)' = \sec x \tan x.$$

这就是正割函数的导数公式.

同理可得,余割函数的导数公式:

$$(\csc x)' = -\csc x \cot x.$$

有的函数求导,为了简便,可进行一些恒等变形. 看似不好求导的函数,通过恒等变形,再求导往往方便许多.

例 5　已知函数 $y = \frac{1+\tan x}{\tan x} - 2\log_2 x + x\sqrt{x}$,求 y'.

解
$$y = \cot x + 1 - 2\log_2 x + x^{\frac{3}{2}},$$

$$y' = (\cot x)' + (1)' - 2(\log_2 x)' + (x^{\frac{3}{2}})'$$

$$= -\csc^2 x + 0 - 2\frac{1}{x\ln 2} + \frac{3}{2}x^{\frac{1}{2}}$$

$$= -\csc^2 x - \frac{2}{x\ln 2} + \frac{3}{2}\sqrt{x}.$$

例 6　已知函数 $y = \frac{1}{1+\sqrt{x}} + \frac{1}{1-\sqrt{x}}$,求 y'.

解
$$y = \frac{1-\sqrt{x}+1+\sqrt{x}}{(1+\sqrt{x})(1-\sqrt{x})} = \frac{2}{1-x},$$

$$y' = \left(\frac{2}{1-x}\right)'$$

$$= \frac{(2)'(1-x) - 2(1-x)'}{(1-x)^2}$$

$$= \frac{2}{(1-x)^2}.$$

二、反函数的求导法则

定理 2　如果函数 $x = f(y)$ 在区间 I_y 内单调、可导且 $f'(y) \neq 0$,那么它的反函数 $y = f^{-1}(x)$ 在区间 $I_x = \{x \mid x = f(y), y \in I_y\}$ 内也可导,且

$$[f^{-1}(x)]' = \frac{1}{f'(y)} \text{ 或 } \frac{dy}{dx} = \frac{1}{\frac{dx}{dy}}. \tag{1}$$

此结论可简单地说成:反函数的导数等于直接函数导数的倒数.

下面用此结论来求反三角函数的导数.

例 7 已知函数 $y=\arcsin x(|x|<1)$,证明: $y'=\dfrac{1}{\sqrt{1-x^2}}$.

证明 $y=\arcsin x(|x|<1)$ 是 $x=\sin y$, $y\in\left(-\dfrac{\pi}{2},\dfrac{\pi}{2}\right)$ 的反函数,而函数 $x=\sin y$ 在开区间 $I_y=\left(-\dfrac{\pi}{2},\dfrac{\pi}{2}\right)$ 上单调、可导,且

$$(\sin y)' = \cos y > 0,$$

因此,由公式(1),在对应区间 $I_x=(-1,1)$ 上有

$$(\arcsin x)' = \frac{1}{(\sin y)'} = \frac{1}{\cos y},$$

又
$$\cos y = \sqrt{1-\sin^2 y} = \sqrt{1-x^2},$$

因为当 $-\dfrac{\pi}{2}<y<\dfrac{\pi}{2}$ 时, $\cos y>0$,所以根号前只取正号,从而得到反正弦函数的导数公式:

$$(\arcsin x)' = \frac{1}{\sqrt{1-x^2}}.$$

同理,可得反余弦函数的导数公式:

$$(\arccos x)' = -\frac{1}{\sqrt{1-x^2}}.$$

例 8 设 $x=\tan y$ 是直接函数, $y\in I_y=\left(-\dfrac{\pi}{2},\dfrac{\pi}{2}\right)$,则 $y=\arctan x$ 是它的反函数,函数 $x=\tan y$ 在 $I_y=\left(-\dfrac{\pi}{2},\dfrac{\pi}{2}\right)$ 上单调、可导,且

$$(\tan y)' = \sec^2 y \neq 0,$$

因此,由公式(1),在对应区间 $I_x=(-\infty,+\infty)$ 上有

$$(\arctan x)' = \frac{1}{(\tan y)'} = \frac{1}{\sec^2 y} = \frac{1}{1+\tan^2 y} = \frac{1}{1+x^2},$$

即得到反正切函数的导数公式:

$$(\arctan x)' = \frac{1}{1+x^2}.$$

同理,可得反余切函数的导数公式:

$$(\mathrm{arccot}x)' = -\frac{1}{1+x^2}.$$

三、复合函数的求导法则

到目前为止,对于 $\ln\tan x$, e^{x^3}, $\sin\dfrac{2x}{1+x^2}$ 这样的函数,我们还不知道它们是否可导,可导的话如何求它们的导数. 这些问题借助于下面的重要法则可以得到解决,从而使可以求得导数的函数的范围得到很大扩充.

定理 3 **若函数** $u = \varphi(x)$ **在点** x **处可导,函数** $y = f(u)$ **在其对应点** $u = \varphi(x)$ **处也可导,则复合函数** $y = f[\varphi(x)]$ **在点** x **处可导,且其导数为**

$$y'_x = y'_u \cdot u'_x \text{ 或 } \frac{\mathrm{d}y}{\mathrm{d}x} = \frac{\mathrm{d}y}{\mathrm{d}u} \cdot \frac{\mathrm{d}u}{\mathrm{d}x}. \tag{2}$$

证明 当 x 有增量 $\Delta x(\Delta x \neq 0)$,函数 $u = \varphi(x)$ 有增量 Δu(Δu 有可能为 0),进而函数 $y = f(u)$ 有相应的增量 Δy,因为函数 $y = f(u)$ 在点 u 处可导,所以

$$\lim_{\Delta u \to 0} \frac{\Delta y}{\Delta u} = y'_u,$$

根据极限与无穷小的关系,当 $\Delta u \neq 0$ 时,上式可写成

$$\frac{\Delta y}{\Delta u} = y'_u + \alpha, \tag{3}$$

其中 α 为当 $\Delta u \to 0$ 时的无穷小,即 $\lim\limits_{\Delta u \to 0} \alpha = 0,$

当 $\Delta u \neq 0$ 时,(3)式写为

$$\Delta y = y'_u \Delta u + \alpha \Delta u, \tag{4}$$

当 $\Delta u = 0$ 时,显然 $\Delta y = 0$,这时不妨规定 $\alpha = 0$,这样不论复合函数的中间变量 u 的增量 Δu 是否为 0,(4)式总成立.

在(4)式的两边同除以 $\Delta x(\Delta x \neq 0)$,并求 $\Delta x \to 0$ 时的极限,因为 $u = \varphi(x)$ 在点 x 处可导,故在点 x 处连续,所以当 $\Delta x \to 0$ 时,$\Delta u \to 0$,从而

$$\lim_{\Delta x \to 0} \alpha = \lim_{\Delta u \to 0} \alpha = 0,$$

于是有
$$\begin{aligned}
y'_x &= \lim_{\Delta x \to 0} \frac{\Delta y}{\Delta x} \\
&= \lim_{\Delta x \to 0} \frac{y'_u \Delta u + \alpha \Delta u}{\Delta x} \\
&= \lim_{\Delta x \to 0} \left(y'_u \cdot \frac{\Delta u}{\Delta x} + \alpha \cdot \frac{\Delta u}{\Delta x} \right)
\end{aligned}$$

$$= y'_u \cdot \lim_{\Delta x \to 0} \frac{\Delta u}{\Delta x} + \lim_{\Delta x \to 0} \alpha \cdot \lim_{\Delta x \to 0} \frac{\Delta u}{\Delta x}$$

$$= y'_u \cdot u'_x + \lim_{\Delta x \to 0} \alpha \cdot u'_x$$

$$= y'_u \cdot u'_x.$$

公式(2)表明,复合函数的导数等于复合函数对中间变量的导数乘以中间变量对自变量的导数.

显然,重复利用公式(2)可将此公式推广到有限次复合的情况. 我们以两个中间变量为例:

设 $y = f(u), u = \varphi(v), v = \psi(x)$ 构成复合函数,且满足相应的求导条件,则复合函数 $y = f\{\varphi[\psi(x)]\}$ 可导,且

$$y'_x = y'_u \cdot u'_v \cdot v'_x \ 或 \ \frac{dy}{dx} = \frac{dy}{du} \cdot \frac{du}{dv} \cdot \frac{dv}{dx}.$$

可见,复合函数求导的方式是将复合函数从外层至内层,层层求导,故而形象地称其为**链式法则**.

例 9 求函数 $y = e^{x^2}$ 的导数.

解 $y = e^{x^2}$ 可以看作是由 $y = e^u, u = x^2$ 复合而成,因此由复合函数求导的链式法则,得

$$y' = y'_x = y'_u \cdot u'_x = (e^u)'_u \cdot (x^2)'_x = e^u \cdot 2x = 2x e^{x^2}.$$

例 10 设 $f'(x)$ 存在,求函数 $y = f(x^2 + 1)$ 的导数 $\frac{dy}{dx}$.

解 $y = f(x^2 + 1)$ 可以看作是由 $y = f(u), u = x^2 + 1$ 复合而成,因此由复合函数求导的链式法则,得

$$\frac{dy}{dx} = \frac{dy}{du} \cdot \frac{du}{dx} = f'_u(u) \cdot (x^2 + 1)'_x = 2x f'(u) = 2x f'(x^2 + 1).$$

注意 记号 $f'[\varphi(x)]$ 是指函数对中间变量求导,即 $f(u)$ 对 $u(u = \varphi(x))$ 求导;而 $(f[\varphi(x)])'$ 是指函数对自变量求导,即 $y = f[\varphi(x)]$ 对 x 求导. 因此,本题中 $f'(x^2 + 1)$ 是指函数 $y = f(x^2 + 1)$ 对中间变量 $u(u = x^2 + 1)$ 求导.

例 11 已知函数 $y = \cos(\sin^2 x^3)$,求 $\frac{dy}{dx}$.

解 已知函数 $y = \cos(\sin^2 x^3)$ 可以看作是由 $y = \cos u, u = v^2, v = \sin w, w = x^3$ 复合而成,因此由复合函数求导的链式法则,得

$$\frac{dy}{dx} = \frac{dy}{du} \cdot \frac{du}{dv} \cdot \frac{dv}{dw} \cdot \frac{dw}{dx}$$

$$= -\sin u \cdot 2v \cdot \cos w \cdot 3x^2$$

$$= -6x^2 \cos x^3 \sin x^3 \sin(\sin^2 x^3)$$

$$= -3x^2 \sin 2x^3 \sin(\sin^2 x^3).$$

从以上例子可以看出,应用复合函数求导的链式法则时,首先要分析所给复合函数的复合结构,也就是将复合函数正确地分解成基本初等函数或简单函数,然后利用链式法则逐层求导即可.

通常,我们不必每次写出具体的复合结构,只要记住哪些是中间变量,哪个是自变量,把中间变量的式子看成一个整体就可以了,熟练掌握这一方法可提高求导速度.

例 12　已知函数 $y = \ln\sin x$,求 $\dfrac{\mathrm{d}y}{\mathrm{d}x}$.

解　$\dfrac{\mathrm{d}y}{\mathrm{d}x} = (\ln\sin x)' = \dfrac{1}{\sin x}(\sin x)' = \dfrac{1}{\sin x}\cos x = \cot x$.

例 13　已知函数 $y = \mathrm{e}^{\sin\frac{1}{x}}$,求 y'.

解　$y' = (\mathrm{e}^{\sin\frac{1}{x}})' = \mathrm{e}^{\sin\frac{1}{x}} \cdot \left(\sin\dfrac{1}{x}\right)' = \mathrm{e}^{\sin\frac{1}{x}} \cdot \cos\dfrac{1}{x} \cdot \left(\dfrac{1}{x}\right)' = -\dfrac{1}{x^2}\mathrm{e}^{\sin\frac{1}{x}}\cos\dfrac{1}{x}$.

例 14　已知函数 $y = \ln|x|$,求 y'.

解　因为　$\ln|x| = \begin{cases} \ln x, & x > 0, \\ \ln(-x), & x < 0, \end{cases}$　所以,当 $x > 0$ 时,$(\ln|x|)' = (\ln x)' = \dfrac{1}{x}$,

当 $x < 0$ 时,$(\ln|x|)' = [\ln(-x)]' = \dfrac{1}{-x}(-x)' = \dfrac{1}{x}$,

于是　$$(\ln|x|)' = \dfrac{1}{x}.$$

四、基本求导法则与导数公式

基本初等函数的导数公式与本节中所讨论的求导法则,在初等函数的求导运算中起着重要的作用,必须熟练掌握. 现把这些导数公式和求导法则归纳如下:

1. 常数和基本初等函数的导数公式

(1) $(C)' = 0$, 　　　　　　　　　　(2) $(x^\mu)' = \mu x^{\mu-1}$,

(3) $(a^x)' = a^x \ln a$, 　　　　　　　(4) $(\mathrm{e}^x)' = \mathrm{e}^x$,

(5) $(\log_a x)' = \dfrac{1}{x\ln a}$, 　　　　　(6) $(\ln x)' = \dfrac{1}{x}$,

(7) $(\sin x)' = \cos x$, 　　　　　　　(8) $(\cos x)' = -\sin x$,

(9) $(\tan x)' = \sec^2 x$, 　　　　　　(10) $(\cot x)' = -\csc^2 x$,

(11) $(\sec x)' = \sec x \tan x$, 　　　　(12) $(\csc x)' = -\csc x \cot x$,

(13) $(\arcsin x)' = \dfrac{1}{\sqrt{1-x^2}}$, 　　(14) $(\arccos x)' = -\dfrac{1}{\sqrt{1-x^2}}$,

(15) $(\arctan x)' = \dfrac{1}{1+x^2}$, 　　　(16) $(\operatorname{arccot} x)' = -\dfrac{1}{1+x^2}$.

2. 函数的和、差、积、商的求导法则

设函数 $u=u(x)$，$v=v(x)$ 都可导，则：

(1) $(u\pm v)'=u'\pm v'$，　　　　　(2) $(Cu)'=Cu'$（C 是常数），

(3) $(uv)'=u'v+uv'$，　　　　　　(4) $\left(\dfrac{u}{v}\right)'=\dfrac{u'v-uv'}{v^2}$ $(v\neq 0)$.

3. 反函数的求导法则

设函数 $x=f(y)$ 在区间 I_y 内单调、可导且 $f'(y)\neq 0$，则它的反函数 $y=f^{-1}(x)$ 在 $I_x=f(I_y)$ 内也可导，且

$$\left[f^{-1}(x)\right]'=\frac{1}{f'(y)} \text{ 或 } \frac{\mathrm{d}y}{\mathrm{d}x}=\frac{1}{\dfrac{\mathrm{d}x}{\mathrm{d}y}}.$$

4. 复合函数的求导法则

设函数 $y=f(u)$，而 $u=g(x)$，且 $f(u)$ 及 $g(x)$ 都可导，则复合函数 $y=f[g(x)]$ 的导数为

$$\frac{\mathrm{d}y}{\mathrm{d}x}=\frac{\mathrm{d}y}{\mathrm{d}u}\cdot\frac{\mathrm{d}u}{\mathrm{d}x} \text{ 或 } y'(x)=f'(u)\cdot g'(x).$$

下面再举两个综合运用这些法则和导数公式的例子.

例 15 已知函数 $y=\sin nx\cdot\sin^n x$（n 为常数），求 y'.

解 首先应用积的求导法则，得

$$y'=(\sin nx)'\cdot\sin^n x+\sin nx\cdot(\sin^n x)',$$

在计算 $(\sin nx)'$ 和 $(\sin^n x)'$ 时，应用复合函数的求导法则，得

$$y'=\cos nx\cdot n\cdot\sin^n x+\sin nx\cdot n\sin^{n-1}x\cdot\cos x$$
$$=n\sin^{n-1}x(\cos nx\cdot\sin x+\sin nx\cdot\cos x)$$
$$=n\sin^{n-1}x\sin(n+1)x.$$

例 16 已知 $f(u)$，$g(v)$ 都是可导函数，$y=f(\sin^2 x)+g(\cos^2 x)$，求 y'.

解 先应用和的求导法则，再应用复合函数的求导法则，得

$$y'=[f(\sin^2 x)+g(\cos^2 x)]'$$
$$=[f(\sin^2 x)]'+[g(\cos^2 x)]'$$
$$=f'(\sin^2 x)(\sin^2 x)'+g'(\cos^2 x)(\cos^2 x)'$$
$$=f'(\sin^2 x)2\sin x(\sin x)'+g'(\cos^2 x)2\cos x(\cos x)'$$
$$=f'(\sin^2 x)2\sin x\cos x+g'(\cos^2 x)2\cos x(-\sin x)$$
$$=\sin 2x[f'(\sin^2 x)-g'(\cos^2 x)].$$

习题 3 – 2

1. 求下列函数的导数：

(1) $y=x^3+\sqrt{x}+5$；

(2) $y=\cot x+\sec x+\sin\frac{\pi}{2}$；

(3) $y=\ln x-3\lg x+\log_2 x+3\ln 2$；

(4) $y=2x\tan x+x^5+e^2$；

(5) $y=x^2\sec x$；

(6) $y=x^2\ln x$；

(7) $y=2\sin x\cos x$；

(8) $y=\ln 3+\ln x^2\ (x>0)$；

(9) $y=\dfrac{ax+b}{a+b}$；

(10) $y=\dfrac{\cos x}{x}$；

(11) $y=\dfrac{2\csc x}{1+x^2}$；

(12) $y=\dfrac{x}{\sin x}$；

(13) $y=\dfrac{\ln x}{x}$；

(14) $y=\log_x a\ (a>0,x>0)$.

2. 求下列函数在给定点处的导数值：

(1) $y=\cos x\sin x,x=\dfrac{\pi}{6}$；

(2) $y=x\tan x+\dfrac{1}{2}\cos x,x=\dfrac{\pi}{4}$；

(3) $f(x)=\dfrac{3}{x}+\dfrac{x^2}{5},f'(1)$；

(4) $y=\ln\sqrt{x},x=2$.

3. 求下列函数的导数：

(1) $y=\tan x+\arctan x$；

(2) $y=x^3\cdot 3^x$；

(3) $y=\dfrac{x}{4^x}$；

(4) $y=\dfrac{\arcsin x}{x}$.

4. 求下列复合函数的导数：

(1) $y=\dfrac{1}{\sqrt{1-x^2}}$；

(2) $y=\log_a^2 x$；

(3) $y=\ln(\csc x-\cot x)$；

(4) $y=x^2\sqrt{1+x^2}$；

(5) $y=\left(\arctan\dfrac{x}{2}\right)^2$；

(6) $y=\arcsin x^2$；

(7) $y=e^{\arccos\sqrt{x}}$；

(8) $y=\ln(x+\sqrt{1+x^2})$；

(9) $y=\sqrt[3]{3+\sin^2 x}$；

(10) $y=x^2\sin\sqrt{2x}$；

(11) $y=\cos^2(x^2+1)$；

(12) $y=\log_5\dfrac{x}{1-x}$.

第三节　高阶导数

本章开始时曾讲过物体做变速直线运动的瞬时速度问题. 如果物体的运动方程是 $s=$

$f(t)$,那么物体在时刻 t 的瞬时速度为 s 对 t 的导数,即 $v=s'=f'(t)$. 我们知道速度 $v=f'(t)$ 也是关于时间 t 的函数,而加速度 a 又是速度 v 对时间 t 的变化率,所以物体在时刻 t 的瞬时加速度 a 是速度 v 对时间 t 的导数:

$$a=v'=(s')'=s'' \text{ 或 } a=\frac{\mathrm{d}v}{\mathrm{d}t}=\frac{\mathrm{d}}{\mathrm{d}t}\left(\frac{\mathrm{d}s}{\mathrm{d}t}\right)=\frac{\mathrm{d}^2 s}{\mathrm{d}t^2}.$$

这种导数的导数,称为 s 对 t 的二阶导数.

例如,自由落体的运动方程为 $s=\frac{1}{2}gt^2$,瞬时速度为 $v=s'=\left(\frac{1}{2}gt^2\right)'=gt$,瞬时加速度为 $a=s''=(gt)'=g$.

一般地,函数 $y=f(x)$ 的导数 $y'=f'(x)$ 仍然是 x 的函数. 设 $f'(x)$ 在点 x 的某个邻域内有定义,若 $\lim\limits_{\Delta x \to 0}\dfrac{f'(x+\Delta x)-f'(x)}{\Delta x}$ 存在,则称此极限值为函数 $y=f(x)$ 在点 x 处的**二阶导数**,也就是把 $y'=f'(x)$ 的导数叫作函数 $y=f(x)$ 的二阶导数,记为

$$y'',f''(x),\frac{\mathrm{d}^2 y}{\mathrm{d}x^2},\frac{\mathrm{d}^2 f(x)}{\mathrm{d}x^2}.$$

相应地,把 $y=f(x)$ 的导数 $f'(x)$ 叫作函数 $y=f(x)$ 的一阶导数.

类似地,二阶导数 $f''(x)$ 的导数叫作函数 $y=f(x)$ 的**三阶导数**,记为

$$y''',f'''(x),\frac{\mathrm{d}^3 y}{\mathrm{d}x^3},\frac{\mathrm{d}^3 f(x)}{\mathrm{d}x^3}.$$

一般地,$y=f(x)$ 的 $(n-1)$ 阶导数的导数叫作函数 $y=f(x)$ 的 **n 阶导数**,记为

$$y^{(n)},f^{(n)}(x),\frac{\mathrm{d}^n y}{\mathrm{d}x^n},\frac{\mathrm{d}^n f(x)}{\mathrm{d}x^n}.$$

二阶及二阶以上的导数统称为**高阶导数**.

函数 $y=f(x)$ 的各阶导数在 $x=x_0$ 处的数值记为

$$f'(x_0),f''(x_0),f'''(x_0),f^{(4)}(x_0),\cdots,f^{(n)}(x_0)$$

或

$$y'\Big|_{x=x_0},y''\Big|_{x=x_0},y'''\Big|_{x=x_0},y^{(4)}\Big|_{x=x_0},\cdots,y^{(n)}\Big|_{x=x_0}.$$

显然,求高阶导数并不需要新的求导公式,只需对函数 $y=f(x)$ 逐次求导就可以了. 一般可通过从低阶导数找规律,得到函数的 n 阶导数.

例 1 求函数 $y=x^4$ 的各阶导数.

解
$$y'=(x^4)'=4x^3, y''=(4x^3)'=12x^2,$$
$$y'''=(12x^2)'=24x, y^{(4)}=(24x)'=24,$$

所以
$$y^{(5)}=y^{(6)}=\cdots=0.$$

例 2 设函数 $f(x)=\arctan x$,求 $f''(0)$.

解 $f'(x)=\dfrac{1}{1+x^2}$,

$$f''(x)=\left(\dfrac{1}{1+x^2}\right)'=-\dfrac{2x}{(1+x^2)^2},$$

所以 $f''(0)=\dfrac{-2x}{(1+x^2)^2}\bigg|_{x=0}=0.$

下面介绍几个初等函数的 n 阶导数.

例 3 求指数函数 $y=a^x(a>0$ 且 $a\ne1)$ 的 n 阶导数.

解
$$y'=(a^x)'=a^x\ln a,$$
$$y''=(a^x\ln a)'=a^x\ln^2 a,$$
$$y'''=(a^x\ln^2 a)'=a^x\ln^3 a,$$
$$y^{(4)}=(a^x\ln^3 a)'=a^x\ln^4 a,$$
$$\cdots$$

可得 $y^{(n)}=a^x\ln^n a,$

即 $(a^x)^{(n)}=a^x\ln^n a.$

特别地,$a=\mathrm{e}$,则 $(\mathrm{e}^x)^{(n)}=\mathrm{e}^x.$

例 4 求正弦函数与余弦函数的 n 阶导数.

解 $y=\sin x$,

$$y'=(\sin x)'=\cos x=\sin\left(x+\dfrac{\pi}{2}\right),$$
$$y''=\left[\sin\left(x+\dfrac{\pi}{2}\right)\right]'=\cos\left(x+\dfrac{\pi}{2}\right)=\sin\left(x+\dfrac{\pi}{2}+\dfrac{\pi}{2}\right)=\sin\left(x+2\cdot\dfrac{\pi}{2}\right),$$
$$y'''=\left[\sin\left(x+2\cdot\dfrac{\pi}{2}\right)\right]'=\cos\left(x+2\cdot\dfrac{\pi}{2}\right)=\sin\left(x+2\cdot\dfrac{\pi}{2}+\dfrac{\pi}{2}\right)=\sin\left(x+3\cdot\dfrac{\pi}{2}\right),$$
$$y^{(4)}=\left[\sin\left(x+3\cdot\dfrac{\pi}{2}\right)\right]'=\cos\left(x+3\cdot\dfrac{\pi}{2}\right)=\sin\left(x+3\cdot\dfrac{\pi}{2}+\dfrac{\pi}{2}\right)=\sin\left(x+4\cdot\dfrac{\pi}{2}\right),$$
$$\cdots$$

可得
$$y^{(n)}=\sin\left(x+n\cdot\dfrac{\pi}{2}\right),$$

即
$$(\sin x)^{(n)}=\sin\left(x+n\cdot\dfrac{\pi}{2}\right).$$

用类似方法,可得

$$(\cos x)^{(n)}=\cos\left(x+n\cdot\dfrac{\pi}{2}\right).$$

例 5 设函数 $y=\ln(1+x)$,求 $y^{(n)}$.

解 $$y' = [\ln(1+x)]' = \frac{1}{1+x},$$

$$y'' = \left(\frac{1}{1+x}\right)' = \frac{-1}{(1+x)^2},$$

$$y''' = \left[\frac{-1}{(1+x)^2}\right]' = \frac{1 \cdot 2}{(1+x)^3},$$

$$y^{(4)} = \left[\frac{1 \cdot 2}{(1+x)^3}\right]' = \frac{-1 \cdot 2 \cdot 3}{(1+x)^4},$$

……

可得 $$y^{(n)} = \frac{(-1)^{n-1}(n-1)!}{(1+x)^n},$$

即 $$[\ln(1+x)]^{(n)} = (-1)^{n-1}\frac{(n-1)!}{(1+x)^n}.$$

通常规定 $0! = 1$,所以这个公式当 $n = 1$ 时也成立.

习题 3 - 3

1. 求下列函数的二阶导数:

(1) $y = \ln(1+x^2)$;   (2) $y = x\ln x$;

(3) $y = 2x + \arctan x$;   (4) $y = \sqrt{x^2-1}$;

(5) $y = e^{-x}\tan x$;   (6) $y = \dfrac{e^x}{x}$.

2. 验证函数 $y = \cos e^x + \sin e^x$ 满足关系式 $y'' - y' + y e^{2x} = 0$.

3. 求下列函数的 n 阶导数:

(1) $y = 5^x$;   (2) $y = \cos x$;

(3) $y = (1+x)^m$;   (4) $y = xe^x$.

第四节　隐函数及由参数方程所确定的函数的导数

一、隐函数的导数

1. 隐函数求导法

函数 $y = f(x)$ 表示两个变量 y 与 x 之间的对应关系,这种对应关系可以用不同的方式表达. 前面我们所遇到的函数,都是一个变量明显地用另一个变量表示的形式,例如

$$y = \sin x, y = \ln x + \sqrt{1-x^2}.$$

这种函数表达方式的特点是：等号左端是因变量的符号，而右端是含有自变量的式子，当自变量取定义域内任一值时，由式子能确定对应的函数值．用这种方式 $y=f(x)$ 表示的函数称为**显函数**．

有些函数的表达方式却不是这样，函数的自变量 x 和因变量 y 之间的函数关系是由方程所确定的．例如，方程

$$x+y^3-1=0.$$

可以发现，它表示的是一个函数，因为当变量 x 在 $(-\infty,+\infty)$ 上取值时，变量 y 有确定的值与之对应．比如，当 $x=0$ 时，$y=1$；当 $x=-1$ 时，$y=\sqrt[3]{2}$，等等．一般地，像这样变量 x 和变量 y 满足一个方程 $F(x,y)=0$，在一定条件下，当 x 取某区间内的任一值时，相应地总有满足这一方程的唯一的 y 值存在，那么就说方程 $F(x,y)=0$ 在该区间内确定了一个**隐函数**．

把一个隐函数化成显函数，叫作**隐函数的显化**．例如，解方程 $x+y^3-1=0$ 得出 $y=\sqrt[3]{1-x}$，这就是把由方程 $x+y^3-1=0$ 确定的隐函数化成了显函数 $y=\sqrt[3]{1-x}$．然而，隐函数的显化有时是困难的，甚至是不可能的．例如，由方程 $x^3+y^3=6xy$ 确定的隐函数，要将其显化就非常困难，这要涉及三次方程的求根．但在实际问题中，有时需要计算隐函数的导数，因此我们希望有一种方法，不管隐函数是否能显化，都能直接由方程算出它所确定的隐函数的导数来．

隐函数求导方法的基本思想：因为方程 $F(x,y)=0$ 确定了一个函数 $y=y(x)$，所以可以把方程 $F(x,y)=0$ 中的 y 看作 x 的函数 $y(x)$，方程两端分别对 x 求导，然后解出 $\dfrac{dy}{dx}$ 即可．下面通过具体例子来说明这种方法．

例1　求由方程 $x^3+y^3=6xy$ 所确定的隐函数的导数 $\dfrac{dy}{dx}$．

解　方程两边分别对 x 求导，注意 y 是 x 的函数 $y(x)$，得

$$3x^2+3y^2\frac{dy}{dx}=6y+6x\frac{dy}{dx},$$

解得

$$\frac{dy}{dx}=\frac{2y-x^2}{y^2-2x}.$$

在这个结果中，分式中的 y 是由方程 $x^3+y^3=6xy$ 所确定的隐函数．

例2　求由方程 $y^5+2y-x-3x^7=0$ 所确定的隐函数在 $x=0$ 处的导数 $\dfrac{dy}{dx}\Big|_{x=0}$．

解　方程两边分别对 x 求导，得

$$5y^4\frac{dy}{dx}+2\frac{dy}{dx}-1-21x^6=0,$$

解得

$$\frac{dy}{dx}=\frac{1+21x^6}{5y^4+2},$$

当 $x=0$ 时,从原方程得 $y=0$,代入上式得

$$\frac{\mathrm{d}y}{\mathrm{d}x}\bigg|_{x=0} = \frac{1}{2}.$$

例 3 方程 $x^2+xy+y^2=4$ 确定 y 是 x 的函数,求其曲线上点 $(2,-2)$ 处的切线方程.

解 由导数的几何意义知道,所求切线的斜率为 $k=y'\big|_{x=2}$,

方程 $x^2+xy+y^2=4$ 两边分别对 x 求导,得

$$2x+y+xy'+2yy' = 0,$$

解得

$$y' = -\frac{2x+y}{x+2y},$$

当 $x=2$ 时,$y=-2$,代入上式得

$$k = y'\bigg|_{\substack{x=2 \\ y=-2}} = 1,$$

于是所求切线方程为

$$y-(-2) = 1 \cdot (x-2),$$

即

$$x-y-4 = 0.$$

例 4 求由方程 $\mathrm{e}^y=xy$ 所确定的隐函数的二阶导数 y''.

解 方程两边分别对 x 求导,得

$$\mathrm{e}^y \cdot y' = y+xy',$$

得一阶导数

$$y' = \frac{y}{\mathrm{e}^y-x},$$

上式两边再分别对 x 求导,y 依然看作是 x 的函数 $y(x)$,得二阶导数

$$y'' = \frac{y'(\mathrm{e}^y-x)-y(\mathrm{e}^y \cdot y'-1)}{(\mathrm{e}^y-x)^2}$$

$$= \frac{\dfrac{y}{\mathrm{e}^y-x}(\mathrm{e}^y-x)-y\left(\mathrm{e}^y \dfrac{y}{\mathrm{e}^y-x}-1\right)}{(\mathrm{e}^y-x)^2}$$

$$= \frac{2(\mathrm{e}^y-x)y-y^2\mathrm{e}^y}{(\mathrm{e}^y-x)^3}.$$

2. 对数求导法

在某些场合,利用所谓**对数求导法**求导数比用通常的方法简便些. 这种方法是先在函数 $y=f(x)$ 的两边取对数,然后利用隐函数求导求出 y 的导数. 我们通过下面的例子来说明这种方法.

例 5 求函数 $y=x^x(x>0)$ 的导数.

解　这个函数既不是幂函数,也不是指数函数,称为幂指函数,不能直接利用幂函数或指数函数的求导公式.我们利用取对数求导法,对函数先两边取对数,得

$$\ln y = x \ln x,$$

上式两边对 x 求导,y 是 x 的函数,隐函数求导,得

$$\frac{1}{y} y' = \ln x + x \frac{1}{x},$$

解得

$$y' = y(\ln x + 1),$$

即

$$y' = x^x (\ln x + 1).$$

注　对于一般形式的幂指函数 $y = u^v (u > 0)$,若 $u = u(x)$、$v = v(x)$ 都可导,则可像例 5 那样利用对数求导法求出函数的导数.

幂指函数也可以先利用指对数恒等变形化为初等函数,再用复合函数求导法则来求,如例 5:

$$y = x^x = \mathrm{e}^{\ln x^x} = \mathrm{e}^{x \ln x},$$

于是有

$$y' = (\mathrm{e}^{x \ln x})' = \mathrm{e}^{x \ln x}(x \ln x)' = \mathrm{e}^{x \ln x}\left(\ln x + x \frac{1}{x}\right) = x^x(\ln x + 1).$$

例 6　求函数 $y = (3x+1)\sqrt{\dfrac{x-1}{(x-2)(3-x)}}$ 的导数.

解　如果直接利用复合函数求导法则求这个函数的导数将是很复杂的,我们可以利用对数求导法来求.

先在式子两边取绝对值后再取对数,有

$$\ln|y| = \ln|3x+1| + \frac{1}{2}\ln|x-1| - \frac{1}{2}\ln|x-2| - \frac{1}{2}\ln|3-x|,$$

两边对 x 求导,得

$$\frac{1}{y} y' = \frac{3}{3x+1} + \frac{1}{2} \cdot \frac{1}{x-1} - \frac{1}{2} \cdot \frac{1}{x-2} - \frac{1}{2} \cdot \frac{(-1)}{3-x},$$

于是

$$y' = y\left[\frac{3}{3x+1} + \frac{1}{2(x-1)} - \frac{1}{2(x-2)} - \frac{1}{2(x-3)}\right],$$

即

$$y' = (3x+1)\sqrt{\frac{x-1}{(x-2)(3-x)}}\left[\frac{3}{3x+1} + \frac{1}{2(x-1)} - \frac{1}{2(x-2)} - \frac{1}{2(x-3)}\right].$$

注　容易验证,例 6 的解法中省略取绝对值一步所得的结果不变,因此习惯上使用对数求导法,常略去取绝对值的步骤.

二、由参数方程所确定的函数的导数

在有些问题中,因变量 y 与自变量 x 的函数关系不是直接用 y 与 x 的解析式来表达的,而是通过一个参变量来表示.

一般地,若**参数方程**

$$\begin{cases} x = \varphi(t), \\ y = \psi(t), \end{cases} \quad \alpha \leqslant t \leqslant \beta, \tag{1}$$

确定 y 是 x 的函数,则称此函数关系为由参数方程(1)所确定的函数.

例如,圆 $x^2 + y^2 = R^2$ 的参数方程是

$$\begin{cases} x = R\cos t, \\ y = R\sin t, \end{cases} \quad 0 \leqslant t \leqslant 2\pi.$$

在实际问题中,需要计算由参数方程(1)所确定的函数的导数,但从(1)中消去参数 t 有时会有困难. 因此,我们希望有一种方法能直接由参数方程(1)算出它所确定的函数的导数来,下面就来讨论由参数方程(1)所确定的函数的求导方法.

设 $x = \varphi(t)$ 有连续反函数 $t = \varphi^{-1}(x)$,又 $\varphi'(t)$ 与 $\psi'(t)$ 存在,且 $\varphi'(t) \neq 0$,那么由参数方程(1)所确定的函数可以看成是由函数 $y = \psi(t)$,$t = \varphi^{-1}(x)$ 复合而成的函数 $y = \psi[\varphi^{-1}(t)]$,于是根据复合函数的求导法则和反函数的求导法则,有

$$\frac{\mathrm{d}y}{\mathrm{d}x} = \frac{\mathrm{d}y}{\mathrm{d}t} \cdot \frac{\mathrm{d}t}{\mathrm{d}x} = \frac{\mathrm{d}y}{\mathrm{d}t} \cdot \frac{1}{\dfrac{\mathrm{d}x}{\mathrm{d}t}} = \frac{\dfrac{\mathrm{d}y}{\mathrm{d}t}}{\dfrac{\mathrm{d}x}{\mathrm{d}t}} = \frac{\psi'(t)}{\varphi'(t)},$$

即

$$\frac{\mathrm{d}y}{\mathrm{d}x} = \frac{\psi'(t)}{\varphi'(t)}. \tag{2}$$

这就是由参数方程(1)所确定的 x 的函数的导数公式.

注　因为 $\dfrac{\mathrm{d}y}{\mathrm{d}x}$ 是 x 的函数,所以公式(2)应表示为 $\begin{cases} x = \varphi(t), \\ \dfrac{\mathrm{d}y}{\mathrm{d}x} = \dfrac{\psi'(t)}{\varphi'(t)}, \end{cases}$ 但是为了方便起见,通常把 $x = \varphi(t)$ 省去.

例 7　已知 $\begin{cases} x = a\cos t, \\ y = b\sin t, \end{cases}$ 求 $\dfrac{\mathrm{d}y}{\mathrm{d}x}$.

解 $\dfrac{\mathrm{d}y}{\mathrm{d}x}=\dfrac{\dfrac{\mathrm{d}y}{\mathrm{d}t}}{\dfrac{\mathrm{d}x}{\mathrm{d}t}}=\dfrac{(b\sin t)'}{(a\cos t)'}=\dfrac{b\cos t}{-a\sin t}=-\dfrac{b}{a}\cot t.$

例 8 已知 $\begin{cases} x=\arctan t,\\ y=\ln(1+t^2), \end{cases}$ 求 $\dfrac{\mathrm{d}y}{\mathrm{d}x}.$

解 $\dfrac{\mathrm{d}y}{\mathrm{d}x}=\dfrac{\dfrac{\mathrm{d}y}{\mathrm{d}t}}{\dfrac{\mathrm{d}x}{\mathrm{d}t}}=\dfrac{\left[\ln(1+t^2)\right]'}{(\arctan t)'}=\dfrac{\dfrac{2t}{1+t^2}}{\dfrac{1}{1+t^2}}=2t.$

习题 3 – 4

1. 求由下列方程所确定的隐函数的导数 $\dfrac{\mathrm{d}y}{\mathrm{d}x}$:

(1) $xy-\mathrm{e}^x+\mathrm{e}^y=0$;

(2) $x^2+y^2-3xy=0$;

(3) $xy=\mathrm{e}^{x+y}$;

(4) $y=\sin(x+y).$

2. 用对数求导法求下列函数的导数:

(1) $y=x\sqrt{\dfrac{x-1}{x+1}}$;

(2) $y=\dfrac{\sqrt{(1-x)(x+4)^3}}{x\sqrt[3]{(3x+5)^2}}$;

(3) $y=(\sin x)^{\tan x}$;

(4) $y=\left(\dfrac{x+1}{x}\right)^x.$

3. 求下列函数的导数:

(1) 已知 $\begin{cases} x=2t-t^2,\\ y=3t-t^3, \end{cases}$ 求 $\dfrac{\mathrm{d}y}{\mathrm{d}x}.$

(2) 已知 $\begin{cases} x=a\sin 3\theta\cos\theta,\\ y=a\sin 3\theta\sin\theta \end{cases}$ (其中 a 为常数)，求 $\dfrac{\mathrm{d}y}{\mathrm{d}x}\Big|_{\theta=\frac{\pi}{3}}.$

第五节 微 分

一、微分的定义

前面讲过函数的导数是表示函数在点 x 处的变化率，它描述了函数在点 x 处变化的快慢程度. 有时我们还需要了解函数在某一点当自变量取得一个微小的改变量时，函数取得的相应改变量的大小. 这就引进了微分的概念.

我们先看一个具体的例子.

如图 3-5 所示,设有一个边长为 x 的正方形,其面积用 S 来表示,显然有函数关系 $S=x^2$. 若边长取得一个改变量 Δx,则面积 S 相应地取得改变量:

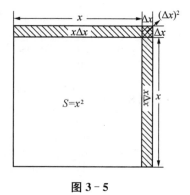

图 3-5

$$\Delta S=(x+\Delta x)^2-x^2=2x\Delta x+(\Delta x)^2$$

可以看出 ΔS 包括两部分:

第一部分,$2x\Delta x$ 是 Δx 的线性函数,即图中有斜线的两个矩形面积之和,是正方形面积改变的主要部分;第二部分,$(\Delta x)^2$,当 $\Delta x\to 0$ 时,$(\Delta x)^2$ 是比 Δx 高阶的无穷小,即 $(\Delta x)^2=o(\Delta x)$,在图中是有交叉斜线的小正方形的面积. 因此,当 Δx 很小时,我们可以用第一部分 $2x\Delta x$ 近似地表示 ΔS,而将第二部分 $(\Delta x)^2$ 忽略掉. 我们把第一部分 $2x\Delta x$ 叫作正方形面积 S 的微分,记作

$$\mathrm{d}S = 2x\Delta x.$$

定义　设函数 $y=f(x)$ 在某区间内有定义,x 及 $x+\Delta x$ 在这区间内,如果对于自变量在点 x 处的改变量 Δx,相应的函数的改变量

$$\Delta y = f(x+\Delta x) - f(x)$$

可以表示为

$$\Delta y = A\Delta x + o(\Delta x) \quad (\Delta x \to 0), \tag{1}$$

其中 A 是与 Δx 无关的常数,那么称函数 $y=f(x)$ 在点 x 处可微,并称 $A\Delta x$ 为函数 $y=f(x)$ 在点 x 处的微分,记为 $\mathrm{d}y$ 或 $\mathrm{d}f(x)$,即

$$\mathrm{d}y = A\Delta x.$$

由微分的定义可知,微分是自变量的改变量 Δx 的线性函数,当 $\Delta x\to 0$ 时,微分 $\mathrm{d}y$ 是函数改变量 Δy 的主要部分,所以通常称微分 $\mathrm{d}y$ 为函数改变量 Δy 的线性主部,故而函数的微分 $\mathrm{d}y$ 与函数的改变量 Δy 的差是一个比 Δx 高阶的无穷小量 $o(\Delta x)$.

现在的问题是怎样确定 A? 还是从上面讲到的正方形的面积来考察,我们已经知道正方形面积 S 的微分为

$$\mathrm{d}S = 2x\Delta x.$$

显然,这里 $A=2x=(x^2)'=S'$. 这就是说,正方形面积 S 的微分等于正方形面积 S 对边长 x 的导数与边长改变量 Δx 的乘积.

这个例子说明:函数微分中自变量改变量的系数"A"就是函数在点 x 处的导数. 下面我们来证明这个结论对一般的可微函数都是正确的.

定理　函数 $y=f(x)$ 在 x 处可微的充要条件是函数 $y=f(x)$ 在 x 处可导,且 $A=f'(x)$.

证明 先证"必要性",设函数 $y=f(x)$ 在 x 处可微,则由定义有

$$\Delta y = A\Delta x + o(\Delta x),$$

式子两边同时除以 $\Delta x(\neq 0)$,得

$$\frac{\Delta y}{\Delta x} = A + \frac{o(\Delta x)}{\Delta x},$$

于是,当 $\Delta x \to 0$ 时,两边同取极限,得

$$\lim_{\Delta x \to 0}\frac{\Delta y}{\Delta x} = \lim_{\Delta x \to 0}\left[A + \frac{o(\Delta x)}{\Delta x}\right] = \lim_{\Delta x \to 0}A + \lim_{\Delta x \to 0}\frac{o(\Delta x)}{\Delta x} = A + 0 = A,$$

即

$$f'(x) = \lim_{\Delta x \to 0}\frac{\Delta y}{\Delta x} = A,$$

因此,函数 $y=f(x)$ 在 x 处可导,且 $A=f'(x)$.

再证"充分性",设函数 $y=f(x)$ 在 x 处可导,则有

$$\lim_{\Delta x \to 0}\frac{\Delta y}{\Delta x} = f'(x),$$

根据极限与无穷小的关系,有

$$\frac{\Delta y}{\Delta x} = f'(x) + \alpha, \lim_{\Delta x \to 0}\alpha = 0,$$

于是

$$\Delta y = f'(x)\Delta x + \alpha\Delta x,$$

可见 $f'(x)$ 不依赖于 Δx,$f'(x)\Delta x$ 是 Δx 的线性函数;又 $\lim\limits_{\Delta x \to 0}\frac{\alpha\Delta x}{\Delta x} = \lim\limits_{\Delta x \to 0}\alpha = 0$,故 $\alpha\Delta x = o(\Delta x)$.
这就是说函数 $y=f(x)$ 在 x 处可微,且 $f'(x)\Delta x$ 就是它的微分.

由此可见,一元函数可微必可导,可导必可微,并且函数的微分就是函数的导数与自变量改变量的乘积,即

$$\mathrm{d}y = f'(x)\Delta x.$$

若将自变量 x 当作自己的函数 $y=x$,则得 $\mathrm{d}x = x'\Delta x = \Delta x$,因此,我们说自变量的微分就是它的改变量. 于是,函数的微分可以写成

$$\mathrm{d}y = f'(x)\mathrm{d}x. \tag{2}$$

即函数的微分就是函数的导数与自变量的微分之乘积. 由(2)可得

$$\frac{\mathrm{d}y}{\mathrm{d}x} = f'(x).$$

以前我们曾用 $\dfrac{\mathrm{d}y}{\mathrm{d}x}$ 表示过导数,那时 $\dfrac{\mathrm{d}y}{\mathrm{d}x}$ 是作为一个整体的记号. 在引进微分的概念之后,我

们发现 $\dfrac{\mathrm{d}y}{\mathrm{d}x}$ 表示的是函数的微分与自变量的微分的商,所以我们又称导数为**微商**. 由于求微分

的问题可归结为求导数的问题,因此求导数与求微分的方法叫作**微分法**.

例 1 求函数 $f(x)=\ln x$ 的微分.

解 $\mathrm{d}y=f'(x)\mathrm{d}x=(\ln x)'\mathrm{d}x=\dfrac{1}{x}\mathrm{d}x$.

例 2 求函数 $y=x^3$ 当 $x=2,\Delta x=0.02$ 时的微分.

解 $\mathrm{d}y=y'\mathrm{d}x=(x^3)'\mathrm{d}x=3x^2\mathrm{d}x$,

将 $x=2,\Delta x=\mathrm{d}x=0.02$ 代入,得

$$\mathrm{d}y\Big|_{\substack{x=2\\ \mathrm{d}x=0.02}}=3x^2\mathrm{d}x\Big|_{\substack{x=2\\ \mathrm{d}x=0.02}}=3\cdot 2^2\cdot 0.02=0.24.$$

二、微分的几何意义

为了对微分有比较直观的了解,我们来说明微分的几何意义.

在直角坐标系中函数 $y=f(x)$ 的图形是一条曲线,如图 3-6 所示. 在曲线上取一定点 $M(x,y)$,过点 M 作曲线的切线,则此切线的斜率为 $f'(x)=\tan\alpha$. 当自变量在点 x 处取得改变量 Δx 时,就得到曲线上另外一点 $M_1(x+\Delta x,y+\Delta y)$. 由图可知

$$MN=\Delta x,NM_1=\Delta y$$

且 $$NT=MN\cdot\tan\alpha=f'(x)\Delta x=\mathrm{d}y.$$

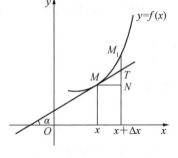

图 3-6

因此,函数 $y=f(x)$ 的微分 $\mathrm{d}y$ 就是过点 $M(x,y)$ 的切线的纵坐标的改变量. 图中线段 TM_1 是 Δy 与 $\mathrm{d}y$ 之差,它是 Δx 的高阶无穷小. 所以在点 M 的邻近,我们可以用切线段来近似代替曲线段. 在局部范围内用线性函数近似代替非线性函数,在几何上就是局部用切线段近似代替曲线段,这在数学上称为非线性函数的局部线性化,这是微积分的基本思想方法之一.

三、基本初等函数的微分公式与微分运算法则

从函数的微分表达式

$$\mathrm{d}y=f'(x)\mathrm{d}x$$

可以看出,要计算函数的微分,只要计算函数的导数,再乘以自变量的微分. 因此,可以得到以下微分公式和微分运算法则.

1. 基本初等函数的微分公式

由基本初等函数的导数公式,可以直接写出基本初等函数的微分公式.

(1) $dC=0$(C 是常数);

(2) $d(x^\mu)=\mu x^{\mu-1}dx$;

(3) $d(a^x)=a^x\ln a\,dx$;

(4) $d(e^x)=e^x dx$;

(5) $d(\log_a x)=\dfrac{1}{x\ln a}dx$;

(6) $d(\ln x)=\dfrac{1}{x}dx$;

(7) $d(\sin x)=\cos x\,dx$;

(8) $d(\cos x)=-\sin x\,dx$;

(9) $d(\tan x)=\sec^2 x\,dx$;

(10) $d(\cot x)=-\csc^2 x\,dx$;

(11) $d(\sec x)=\sec x\tan x\,dx$;

(12) $d(\csc x)=-\csc x\cot x\,dx$;

(13) $d(\arcsin x)=\dfrac{1}{\sqrt{1-x^2}}dx$;

(14) $d(\arccos x)=-\dfrac{1}{\sqrt{1-x^2}}dx$;

(15) $d(\arctan x)=\dfrac{1}{1+x^2}dx$;

(16) $d(\text{arccot}\,x)=-\dfrac{1}{1+x^2}dx$.

2. 函数和、差、积、商的微分法则

设函数 $u=u(x),v=v(x)$ 都可导,由函数和、差、积、商的求导法则,可推得相应的微分法则.

(1) $d(u\pm v)=du\pm dv$;

(2) $d(Cu)=Cdu$(C 是常数);

(3) $d(uv)=vdu+udv$;

(4) $d\left(\dfrac{u}{v}\right)=\dfrac{vdu-udv}{v^2}$($v\neq 0$).

下面证明乘积的微分法则(3):

根据函数微分的表达式,有　　　$d(uv)=(uv)'dx$,

再根据乘积的求导法则,有　　　$(uv)'=u'v+uv'$,

于是　　　　　$d(uv)=(uv)'dx=(u'v+uv')dx=u'vdx+uv'dx$,

由于　　　　　　　　　　　$u'dx=du,v'dx=dv$,

所以　　　　　　　　　　　$d(uv)=vdu+udv$.

其他法则证明方法类似,留给读者.

3. 复合函数的微分法则

与复合函数的求导法则相应的复合函数的微分法则可推导如下:

设函数 $y=f(u),u=g(x)$ 都可导,则复合函数 $y=f[g(x)]$ 的微分为

$$dy=y'_x dx=f'(u)g'(x)dx,$$

由于 $g'(x)dx=du$,所以复合函数 $y=f[g(x)]$ 的微分公式也可以写成

$$dy=f'(u)du \text{ 或 } dy=y'_u du.$$

由此可见,无论 u 是自变量还是中间变量,微分形式 $\mathrm{d}y=f'(u)\mathrm{d}u$ 保持不变,这一性质称为**微分形式不变性**.

例 3 设函数 $y=\mathrm{e}^{ax+bx^2}$,求 $\mathrm{d}y$.

解 方法一 利用 $\mathrm{d}y=y'\mathrm{d}x$ 得

$$\mathrm{d}y=\left(\mathrm{e}^{ax+bx^2}\right)'\mathrm{d}x=\mathrm{e}^{ax+bx^2}\left(ax+bx^2\right)'\mathrm{d}x=(a+2bx)\mathrm{e}^{ax+bx^2}\mathrm{d}x.$$

方法二 令中间变量 $u=ax+bx^2$,则 $y=\mathrm{e}^u$,由微分形式的不变性得

$$\mathrm{d}y=(\mathrm{e}^u)'\mathrm{d}u=\mathrm{e}^u\mathrm{d}u=\mathrm{e}^{ax+bx^2}\mathrm{d}(ax+bx^2)=(a+2bx)\mathrm{e}^{ax+bx^2}\mathrm{d}x.$$

在求复合函数的导数时,可以不写出中间变量. 在求复合函数的微分时,类似地也可以不写出中间变量.

例 4 设函数 $y=\tan^2(2x+1)$,求 $\mathrm{d}y$.

解 $\begin{aligned}
\mathrm{d}y &=\mathrm{d}[\tan^2(2x+1)]\\
&=2\tan(2x+1)\mathrm{d}[\tan(2x+1)]\\
&=2\tan(2x+1)\sec^2(2x+1)\mathrm{d}(2x+1)\\
&=4\tan(2x+1)\sec^2(2x+1)\mathrm{d}x.
\end{aligned}$

例 5 在下列等式左端的括号中填入适当的函数,使等式成立.

(1) $\mathrm{d}(\quad)=x\mathrm{d}x$;   (2) $\mathrm{d}(\quad)=\cos4x\mathrm{d}x$.

解 (1) 因为 $\mathrm{d}(x^2)=2x\mathrm{d}x$,

所以
$$x\mathrm{d}x=\frac{1}{2}\mathrm{d}(x^2)=\mathrm{d}\left(\frac{x^2}{2}\right),$$

即
$$\mathrm{d}\left(\frac{x^2}{2}\right)=x\mathrm{d}x,$$

一般地,有
$$\mathrm{d}\left(\frac{x^2}{2}+C\right)=x\mathrm{d}x\ (C\text{ 为任意常数}).$$

(2) 因为 $\mathrm{d}(\sin4x)=4\cos4x\mathrm{d}x$,

所以
$$\cos4x\mathrm{d}x=\frac{1}{4}\mathrm{d}(\sin4x)=\mathrm{d}\left(\frac{1}{4}\sin4x\right),$$

即
$$\mathrm{d}\left(\frac{1}{4}\sin4x\right)=\cos4x\mathrm{d}x,$$

一般地,有
$$\mathrm{d}\left(\frac{1}{4}\sin4x+C\right)=\cos4x\mathrm{d}x\ (C\text{ 为任意常数}).$$

四、微分在近似计算中的应用

在一些实际问题中,经常会遇到一些复杂的计算公式. 如果直接用这些公式进行计算,一

般很费力. 而利用微分往往可以把一些复杂的计算公式用简单的近似公式来代替.

前面知道,如果函数 $y=f(x)$ 在点 x 处导数 $f'(x)\neq0$,那么当 $\Delta x\to0$ 时,微分 $\mathrm{d}y$ 是函数改变量 Δy 的线性主部. 因此,当 $|\Delta x|$ 很小时,忽略高阶无穷小量,可用 $\mathrm{d}y$ 作为 Δy 的近似值,即

$$\Delta y \approx \mathrm{d}y = f'(x)\Delta x. \tag{3}$$

因为

$$\Delta y = f(x+\Delta x) - f(x),$$

(3)式可写为

$$f(x+\Delta x) - f(x) \approx f'(x)\Delta x,$$

也就是

$$f(x+\Delta x) \approx f(x) + f'(x)\Delta x. \tag{4}$$

可见,当 $|\Delta x|$ 很小时,我们可以利用(3)式来近似计算 Δy,利用(4)式近似计算 $f(x+\Delta x)$.

例 6　有一直径为 2 cm 的球,表面镀上一层铜,厚度为 0.01 cm,估计一下需要用多少克铜(铜的密度是 8.9 g/cm³).

解　先求镀层的体积,再乘上密度就得到需用铜的质量.

球体积为

$$V = f(R) = \frac{4}{3}\pi R^3,$$

显然,镀层体积为半径 $R=1$ cm 取增量 $\Delta R=0.01$ cm 所得到的球体积增量 ΔV,可用 $\mathrm{d}V$ 作为其近似值,

$$\mathrm{d}V = f'(R) \cdot \Delta R = 4\pi R^2 \Delta R,$$

于是,有

$$\Delta V \approx \mathrm{d}V \Big|_{\substack{R=1 \\ \Delta R=0.01}} = 4 \times 3.14 \times 1^2 \times 0.01 = 0.125\,6(\mathrm{cm}^3),$$

所以需要的铜约为 $0.125\,6 \times 8.9 \approx 1.12(\mathrm{g})$.

例 7　求 $\sqrt[3]{1.02}$ 的近似值.

解　这个问题可以看成是求函数 $f(x)=\sqrt[3]{x}$ 在 1.02 处的函数值的近似值问题,由(4)式得

$$f(x+\Delta x) \approx f(x) + f'(x)\Delta x = \sqrt[3]{x} + \frac{1}{3\sqrt[3]{x^2}}\Delta x,$$

令 $x=1,\Delta x=0.02$,则有

$$\sqrt[3]{1.02} \approx \sqrt[3]{1} + \frac{1}{3\sqrt[3]{1^2}} \times 0.02 \approx 1.006\,7.$$

习题 3－5

1. 求下列函数的微分:

(1) $y=\dfrac{1}{x}+2\sqrt{x}$;

(2) $y=x\sin 2x$;

(3) $y=\dfrac{x}{\sqrt{x^2+1}}$;

(4) $y=5^{\ln\tan x}$;

(5) $y=x^2 e^x$;

(6) $y=\dfrac{\ln x}{x}$;

(7) $y=(e^x+e^{-x})^2$;

(8) $y=\tan^2(1+2x^2)$;

(9) $y=\arcsin\sqrt{1-\ln x}$;

(10) $s=A\sin(\omega t+\varphi)$ (A,ω,φ 是常数).

2. 在括号中填入适当的函数,使等式成立:

(1) $\dfrac{1}{1+x}dx=d(\qquad)$;

(2) $\sin 3x\,dx=d(\qquad)$;

(3) $x^n dx=d(\qquad)$;

(4) $\dfrac{1}{4+x^2}dx=d(\qquad)$;

(5) $\dfrac{1}{\sqrt{x}}dx=d(\qquad)$;

(6) $\csc^2 2x\,dx=d(\qquad)$.

3. 求下列各式的近似值:

(1) $\cos 29°$;

(2) $\sqrt[3]{8.02}$;

(3) $e^{1.01}$;

(4) $\ln 1.01$.

4. 正方体的棱长 x 为 10 m,如果棱长增加 0.1 m,求此正方体体积增加的近似值.

复习题三

1. 选择题.

(1) 设 $f(x)$ 是可导函数,且 $\lim\limits_{\Delta x\to 0}\dfrac{f(x_0+2\Delta x)-f(x_0)}{\Delta x}=1$,则 $f'(x_0)=(\qquad)$.

(A) 0 　　　　　(B) $\dfrac{1}{2}$ 　　　　　(C) 1 　　　　　(D) 2

(2) 已知 $f'(x_0)=2$,则 $\lim\limits_{h\to 0}\dfrac{f(x_0+h)-f(x_0-h)}{h}=(\qquad)$.

(A) -2 　　　　　(B) 0 　　　　　(C) 2 　　　　　(D) 4

(3) 已知曲线 $y=x-e^x$ 的切线与 x 轴平行,则切点的坐标是($\qquad$).

(A) $(1,1)$ 　　　　(B) $(-1,1)$ 　　　　(C) $(0,-1)$ 　　　　(D) $(0,1)$

(4) 设函数 $y=f(e^{-x})$,则 $dy=(\qquad)$.

(A) $f'(e^{-x})dx$　　　　　　　　　　　(B) $-f'(e^{-x})dx$

(C) $-e^{-x}f'(e^{-x})dx$　　　　　　　(D) $e^{-x}f'(e^{-x})dx$

(5) 若 $f(x)$ 是 $(-a,a)$ 上的可导奇函数,则 $f'(x)$(　　).

(A) 必为 $(-a,a)$ 上奇函数

(B) 必为 $(-a,a)$ 上偶函数

(C) 必为 $(-a,a)$ 上的非奇非偶函数

(D) 不能确定奇偶性

(6) 已知函数 $y=e^{f(x)}$,则 $y''=$(　　).

(A) $e^{f(x)}$

(B) $e^{f(x)}f''(x)$

(C) $e^{f(x)}[f'(x)+f''(x)]$

(D) $e^{f(x)}\{[f'(x)]^2+f''(x)\}$

2. 求下列函数的导数：

(1) $y=\ln\dfrac{\sqrt{1-x}}{\sqrt{1+x}}$;　　　　　　(2) $y=x^{a^a}+a^{x^a}+a^{a^x}\ (a>0)$;

(3) $y=\text{arccot}[\ln(2x^2-1)]$;　　　　(4) $x^y=y^x$.

3. 设函数 $f(x)$ 可导,求下列函数的导数：

(1) $y=f(x^3+1)$;　　　　　　　　(2) $y=f(\sin 2x)$.

4. 设 $f'(1)=3$,求 $\lim\limits_{x\to 1}\dfrac{f(x)-f(1)}{x^2-1}$.

5. 已知函数 $f(x)=\begin{cases}\dfrac{2}{1+x^2}, & x\leqslant 1,\\[2mm] ax+b, & x>1,\end{cases}$ 问：a,b 为何值时,$f(x)$ 在 $x=1$ 处连续且可导?

6. 设函数 $f(x)=\begin{cases}x^2-1, & 0\leqslant x\leqslant 1,\\ ax+b, & 1<x\leqslant 2,\end{cases}$ 已知 $f(x)$ 在 $[0,2]$ 上连续,在 $(0,2)$ 上可导,求 a,b.

7. 设函数 $f(x)$ 在 $x=1$ 处连续,且 $\lim\limits_{x\to 1}\dfrac{x-1}{f(x)}=3$,求 $f'(1)$.

8. 已知曲线 $y=x^2+ax+b$ 与直线 $y=2x$ 相切于点 $(2,4)$,求 a,b.

9. 求由方程 $xy+e^{y^2}-x=0$ 所确定的曲线在点 $(1,0)$ 处的切线方程.

第四章 中值定理与导数的应用

这一章,我们将应用上章所学的导数来研究函数以及曲线的某些性质,并利用这些知识来解决一些实际问题. 为此,要先学习微分学的几个中值定理,它们是导数应用的理论基础.

第一节 中值定理

先讲罗尔定理,然后由它推出拉格朗日中值定理和柯西中值定理.

一、罗尔定理

定理 1(罗尔定理) 如果函数 $f(x)$ 满足条件:

(1) 在闭区间 $[a,b]$ 上连续;

(2) 在开区间 (a,b) 上可导;

(3) 在区间端点处的函数值相等,即 $f(a)=f(b)$,

那么,在 (a,b) 上至少有一点 $\xi(a<\xi<b)$,使得 $f'(\xi)=0$.

证明 因为函数 $f(x)$ 在闭区间 $[a,b]$ 上连续,所以它在 $[a,b]$ 上必能取得最大值 M 和最小值 m.

(1) 若 $M=m$,则 $f(x)$ 在 $[a,b]$ 上恒等于常数 M. 因此,在整个区间 (a,b) 上恒有 $f'(x)=0$. 所以,(a,b) 上每一点都可取作 ξ,此时定理显然成立.

(2) 若 $m<M$,因 $f(a)=f(b)$,则数 M 与 m 中至少有一个不等于端点的函数值 $f(a)$,设 $M\neq f(a)$,这就是说,在 (a,b) 上至少有一点 ξ,使得 $f(\xi)=M$. 下面证明 $f'(\xi)=0$.

因为 $\xi\in(a,b)$,所以 $f(x)$ 在点 ξ 处可导,故有 $f'(\xi)=f'_-(\xi)=f'_+(\xi)$.

由于 $f(\xi)=M$ 是最大值,所以不论 Δx 为正或为负,恒有

$$f(\xi+\Delta x)-f(\xi)\leqslant 0, \xi+\Delta x\in(a,b),$$

当 $\Delta x>0$ 时,有 $\dfrac{f(\xi+\Delta x)-f(\xi)}{\Delta x}\leqslant 0$,所以 $f'_+(\xi)=\lim\limits_{\Delta x\to 0^+}\dfrac{f(\xi+\Delta x)-f(\xi)}{\Delta x}\leqslant 0$,

当 $\Delta x<0$ 时,有 $\dfrac{f(\xi+\Delta x)-f(\xi)}{\Delta x}\geqslant 0$,所以 $f'_-(\xi)=\lim\limits_{\Delta x\to 0^-}\dfrac{f(\xi+\Delta x)-f(\xi)}{\Delta x}\geqslant 0$,

所以,必有 $f'(\xi)=0$,定理得证.

罗尔定理的几何意义:如果连续光滑曲线 $y=f(x)$ 除两端点 A,B 外处处具有不垂直于 x 轴的切线,且在端点 A,B 处的纵坐标相等,那么弧 $\overset{\frown}{AB}$ 上至少有一点 $C(\xi,f(\xi))$,使得曲线在点 C 处的切线是水平的(平行于 x 轴),如图 4-1.

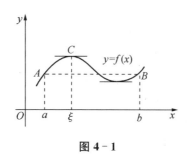

图 4-1

例 1　验证函数 $f(x)=x^2-2x-3$ 在区间 $[-1,3]$ 上罗尔定理成立.

解　$f(x)=x^2-2x-3=(x+1)(x-3)$,

　　　$f'(x)=2x-2=2(x-1)$,

　　　$f(-1)=f(3)=0$,

显然,$f(x)$ 在 $[-1,3]$ 上满足罗尔定理的三个条件,存在 $\xi=1,\xi\in(-1,3)$,使 $f'(1)=0$,符合罗尔定理的结论.

例 2　不求导数,判断函数 $f(x)=(x-1)(x-2)(x-3)$ 的导数 $f'(x)=0$ 有几个实根,及其所在范围.

解　$f(1)=f(2)=f(3)=0$,$f(x)$ 在 $[1,2]$,$[2,3]$ 上满足罗尔定理的条件,因此 $(1,2)$ 上至少存在一点 ξ_1,使 $f'(\xi_1)=0$,ξ_1 是 $f'(x)=0$ 的一个实根;在 $(2,3)$ 上至少存在一点 ξ_2,使 $f'(\xi_2)=0$,ξ_2 也是 $f'(x)=0$ 的一个实根,所以 $f'(x)=0$ 至少有两个实根.又 $f'(x)$ 为二次多项式,至多有两个实根.

所以,$f'(x)=0$ 有且只有两个实根,分别在区间 $(1,2)$ 及 $(2,3)$ 上.

注　若罗尔定理的三个条件有一个不满足,则定理的结论就可能不成立.如图 4-2 中四个图形均不存在 ξ,使 $f'(\xi)=0$.

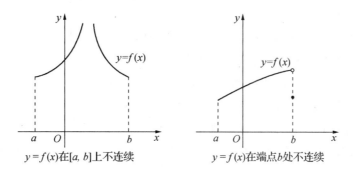

$y=f(x)$ 在 $[a,b]$ 上不连续　　　　　$y=f(x)$ 在端点 b 处不连续

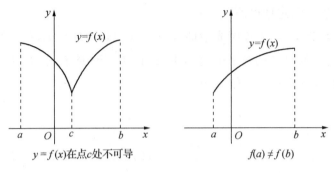

$y=f(x)$在点c处不可导　　　　　　$f(a)\neq f(b)$

图 4-2

二、拉格朗日中值定理

罗尔定理中的第三个条件 $f(a)=f(b)$ 是非常特殊的,它使罗尔定理的应用受到了限制.如果取消条件 $f(a)=f(b)$,保留另外两个条件,再对结论作相应的修改,就得到了微分学中一个十分重要的定理——拉格朗日中值定理.

定理 2(拉格朗日中值定理)　如果函数 $f(x)$ 满足条件:

(1) 在闭区间$[a,b]$上连续;

(2) 在开区间(a,b)上可导,

那么,在(a,b)上至少有一点 $\xi(a<\xi<b)$,使得

$$f'(\xi)=\frac{f(b)-f(a)}{b-a},$$

或　　　　　　　　　　　$$f(b)-f(a)=f'(\xi)(b-a).\qquad(1)$$

在证明定理之前,先分析一下这个定理的几何意义,从而引出证明定理的方法.如图4-3所示,$\dfrac{f(b)-f(a)}{b-a}$是连接端点$A(a,f(a))$和$B(b,f(b))$的弦 AB 的斜率,$f'(\xi)$是弧$\overset{\frown}{AB}$上某点$C(\xi,f(\xi))$处的切线斜率.

因此,拉格朗日中值定理的几何意义是:如果函数 $f(x)$ 在区间$[a,b]$上的图形是连续光滑曲线弧$\overset{\frown}{AB}$,且除端点外处处有不垂直于 x 轴的切线,那么在弧$\overset{\frown}{AB}$上至少有一点 C,曲线在点 C 处的切线平行于弦 AB(图4-3中就有两个点 C_1 和 C_2).

从图4-1看出,在罗尔定理中,由于$f(a)=f(b)$,弦 AB是平行于 x 轴的,因此点 C 处的切线也平行于弦 AB. 由此可见,罗尔定理是拉格朗日中值定理的特殊情形. 这时自然想到用罗尔定理来证明拉格朗日中值定理.

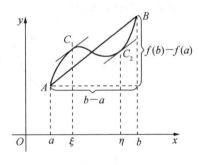

图 4-3

弦 AB 的方程为

$$y - f(a) = \frac{f(b) - f(a)}{b - a}(x - a),$$

即

$$y = f(a) + \frac{f(b) - f(a)}{b - a}(x - a).$$

它是 x 的线性函数,并且在 $[a, b]$ 上连续,在 (a, b) 上可导,其导数就是弦 AB 的斜率 $\frac{f(b) - f(a)}{b - a}$. 要证明 $f'(\xi) = \frac{f(b) - f(a)}{b - a}$,就是要证明至少存在一点 $\xi \in (a, b)$,使得在点 ξ 处导数 $f'(\xi)$ 等于这个线性函数的导数 $\frac{f(b) - f(a)}{b - a}$. 为此,只要证明至少存在一点 $\xi \in (a, b)$,使这两个函数之差

$$\varphi(x) = f(x) - \left[f(a) + \frac{f(b) - f(a)}{b - a}(x - a)\right]$$

在点 ξ 处导数 $\varphi'(\xi) = 0$ 即可. 由罗尔定理可知,要证明这一点,只要证明 $\varphi(x)$ 满足罗尔定理的三个条件就可以了.

基于上面的分析,得到定理的证明如下:

证明 作**辅助函数** $\varphi(x) = f(x) - \left[f(a) + \frac{f(b) - f(a)}{b - a}(x - a)\right]$,$\varphi(x)$ 满足罗尔定理的三个条件:(1) 在闭区间 $[a, b]$ 上连续,(2) 在开区间 (a, b) 上可导,(3) $\varphi(a) = \varphi(b) = 0$. 因此,由罗尔定理,至少有一点 $\xi \in (a, b)$,使得

$$\varphi'(\xi) = f'(\xi) - \frac{f(b) - f(a)}{b - a} = 0,$$

所以

$$f'(\xi) = \frac{f(b) - f(a)}{b - a},$$

即

$$f(b) - f(a) = f'(\xi)(b - a).$$

显然,公式(1) 对于 $b < a$ 也成立,(1)式称为**拉格朗日中值公式**.

若函数 $f(x)$ 在区间 $[x, x + \Delta x] \subset (a, b)$(或 $[x + \Delta x, x] \subset (a, b)$)上,(1) 可写成

$$f(x + \Delta x) - f(x) = f'(x + \theta \Delta x) \Delta x \quad (0 < \theta < 1),$$

这里数值 θ 在 0 与 1 之间,则 $x + \theta \Delta x$ 在 x 与 $x + \Delta x$ 之间,若记 $f(x)$ 为 y,则上式可写为

$$\Delta y = f'(x + \theta \Delta x) \Delta x \quad (0 < \theta < 1). \tag{2}$$

在学习微分时,我们知道 $\Delta y \approx \mathrm{d}y = f'(x) \Delta x$,也就是函数的增量可用函数的微分近似表示,当然一般情况下,以 $\mathrm{d}y$ 近似代替 Δy 时所产生的误差只有当 $\Delta x \to 0$ 时才趋于零. 而(2)式

却给出了自变量取得有限增量 Δx 时($|\Delta x|$ 不一定很小),函数增量 Δy 的准确表达式. 也就是它准确地表达了函数在一个区间上的增量与函数在这个区间内的某点处的导数之间的关系. 因此,这个定理又叫**有限增量定理**,(2)式称为**有限增量公式**. 拉格朗日中值定理在微分学中占有重要地位,有时也称为**微分中值定理**. 在某些问题中,当自变量 x 取得有限增量 Δx 而需要函数增量的准确表达式时,拉格朗日中值定理就显出了它的价值.

我们发现,拉格朗日中值定理中的 ξ 只是存在而未具体给出,似乎不太令人满意,但在使用时,常常只要知道存在性也就足够了,下面的推论或例题的证明都说明了这一点.

推论 1 如果函数 $f(x)$ 在区间 (a,b) 上的导数恒为零,那么 $f(x)$ 在区间 (a,b) 上是一个常数.

证明 在区间 (a,b) 上任取两点 x_1,x_2,且 $x_1<x_2$,则 $f(x)$ 在 $[x_1,x_2]$ 上满足拉格朗日中值定理条件,所以至少存在一点 $\xi\in(x_1,x_2)$,使得

$$f(x_2)-f(x_1)=f'(\xi)(x_2-x_1),$$

因为 $f(x)$ 在区间 (a,b) 上的导数恒为零,$\xi\in(x_1,x_2)\subset(a,b)$,故 $f'(\xi)=0$,所以 $f(x_2)-f(x_1)=0$,即

$$f(x_2)=f(x_1).$$

因为 x_1,x_2 是 (a,b) 上任意两点,由上等式可知区间 (a,b) 上任意两点的函数值都相等,所以 $f(x)$ 在区间 (a,b) 上是一个常数.

推论 2 如果函数 $f(x)$ 与 $g(x)$ 在区间 (a,b) 上每一点的导数 $f'(x)$ 与 $g'(x)$ 都相等,那么这两个函数在区间 (a,b) 内至多相差一个常数.

证明 由条件可知,对一切 $x\in(a,b)$ 有 $f'(x)=g'(x)$,所以

$$[f(x)-g(x)]'=f'(x)-g'(x)=0,$$

由推论 1 可知,函数 $f(x)-g(x)$ 在区间 (a,b) 上是一个常数. 设此常数为 C,则有

$$f(x)-g(x)=C.$$

例 3 设函数 $f(x)=1-x^2,0\leqslant x\leqslant 3$,求 ξ 的值使拉格朗日中值公式成立.

解 $f(x)=1-x^2$ 在区间 $[0,3]$ 上满足拉格朗日中值定理条件,可见

$$a=0,b=3,f(a)=f(0)=1,f(b)=f(3)=-8,f'(x)=-2x.$$

由公式(1)得

$$-8-1=-2\xi(3-0),$$

所以

$$\xi=\frac{3}{2}.$$

例 4 证明不等式:$\ln(1+x)-\ln x>\dfrac{1}{1+x}\ (x>0)$.

证明　设 $f(x)=\ln x(x>0)$.

因为 $f(x)$ 在 $[x,1+x]$ 上满足拉格朗日中值定理条件,所以有

$$f(1+x)-f(x)=f'(\xi)(1+x-x),\ \xi\in(x,1+x),$$

即　　　　　　　　$$\ln(1+x)-\ln x=\frac{1}{\xi},\ \xi\in(x,1+x),$$

因为 $0<x<\xi<1+x$,即有 $\frac{1}{\xi}>\frac{1}{1+x}$,所以 $\ln(1+x)-\ln x>\frac{1}{1+x}$ $(x>0)$.

三、柯西中值定理

定理 3(柯西中值定理)　如果函数 $f(x)$ 与 $g(x)$ 满足条件:

(1) 在闭区间 $[a,b]$ 上连续;

(2) 在开区间 (a,b) 上可导;

(3) 对任一 $x\in(a,b),g'(x)\neq0$,

那么,在 (a,b) 上至少有一点 $\xi(a<\xi<b)$,使得

$$\frac{f(b)-f(a)}{g(b)-g(a)}=\frac{f'(\xi)}{g'(\xi)}.$$

证明　由条件 $g'(x)\neq0$,可以肯定 $g(b)-g(a)\neq0$. 否则,若 $g(b)-g(a)=0$,则 $g(x)$ 满足罗尔定理的三个条件,因而至少存在一点 $\xi\in(a,b)$,使 $g'(\xi)=0$,则与 $g'(x)\neq0$ 矛盾.

仿照证明拉格朗日中值定理的方法,作辅助函数

$$\varphi(x)=f(x)-f(a)-\frac{f(b)-f(a)}{g(b)-g(a)}[g(x)-g(a)],$$

易知 $\varphi(x)$ 满足罗尔定理的条件:(1) $\varphi(x)$ 在 $[a,b]$ 上连续;(2) $\varphi(x)$ 在 (a,b) 上可导;(3) $\varphi(a)=\varphi(b)=0$;又 $\varphi'(x)=f'(x)-\frac{f(b)-f(a)}{g(b)-g(a)}g'(x)$,

因此,至少存在一点 $\xi\in(a,b)$,使

$$\varphi'(\xi)=f'(\xi)-\frac{f(b)-f(a)}{g(b)-g(a)}g'(\xi)=0,$$

即　　　　　　　　$$\frac{f(b)-f(a)}{g(b)-g(a)}=\frac{f'(\xi)}{g'(\xi)}.$$

容易看出拉格朗日中值定理是柯西定理当 $g(x)=x$ 时的特殊情形.

例 5　验证函数 $f(x)=\sin x$ 与 $g(x)=1+\cos x$ 在 $\left[0,\frac{\pi}{2}\right]$ 上满足柯西中值定理,并求结论中的 ξ.

解　(1) $f(x)=\sin x$ 与 $g(x)=1+\cos x$ 在 $\left[0,\dfrac{\pi}{2}\right]$ 上连续；

(2) $f'(x)=\cos x$ 与 $g'(x)=-\sin x$ 在 $\left(0,\dfrac{\pi}{2}\right)$ 上有意义，即 $f(x)$ 与 $g(x)$ 在 $\left(0,\dfrac{\pi}{2}\right)$ 上可导；

(3) 显然 $g'(x)=-\sin x$ 在 $\left(0,\dfrac{\pi}{2}\right)$ 上都不等于零.

由柯西中值定理有

$$\frac{f\left(\dfrac{\pi}{2}\right)-f(0)}{g\left(\dfrac{\pi}{2}\right)-g(0)}=\frac{f'(\xi)}{g'(\xi)},\xi\in\left(0,\dfrac{\pi}{2}\right).$$

于是

$$-1=\frac{f\left(\dfrac{\pi}{2}\right)-f(0)}{g\left(\dfrac{\pi}{2}\right)-g(0)}=\frac{f'(\xi)}{g'(\xi)}=\frac{\cos\xi}{-\sin\xi}=-\cot\xi,得\ \xi=\frac{\pi}{4}.$$

习题 4-1

1. 下列函数在给定区间上是否满足罗尔定理的所有条件？如满足，请求出定理中的数值 ξ.

(1) $f(x)=2x^2-x-3,\left[-1,\dfrac{3}{2}\right]$；

(2) $f(x)=\dfrac{1}{1+x^2},[-2,2]$；

(3) $f(x)=x\sqrt{3-x},[0,3]$；

(4) $f(x)=\sin x+\cos x,[0,2\pi]$.

2. 下列函数在给定区间上是否满足拉格朗日中值定理的所有条件？如满足，请求出定理中的数值 ξ.

(1) $f(x)=x^3,[0,a](a>0)$；

(2) $f(x)=\ln x,[1,2]$；

(3) $f(x)=x^3-5x^2+x-2,[-1,0]$.

3. 函数 $f(x)=x^3$ 与 $g(x)=x^2+1$ 在区间 $[1,2]$ 上是否满足柯西中值定理的所有条件？如满足，请求出定理中的数值 ξ.

4. 当 $x>0$ 时，证明不等式：$\dfrac{x}{x+1}<\ln(1+x)<x$.

第二节　洛必达法则

在讲述极限部分时我们已经知道两个无穷小量之比或两个无穷大量之比的极限，有的存在,有的不存在. 例如, $\lim\limits_{x \to 0}\dfrac{\sin x}{x}$ 是两个无穷小量之比的极限,此极限存在,其值为 1;而 $\lim\limits_{x \to 0}\dfrac{\sin x}{x^2}$ 也是两个无穷小量之比的极限,但此极限不存在. 因此,我们称这类极限为"未定式",记为"$\dfrac{0}{0}$" 或"$\dfrac{\infty}{\infty}$",它们不能利用"商的极限等于极限的商"的法则来计算. 这一节我们利用中值定理推导出求未定式极限一个重要且简便的方法——**洛必达法则**.

定理 1 $\left(洛必达法则 \dfrac{\boldsymbol{0}}{\boldsymbol{0}} 型\right)$ 　设函数 $f(x)$ 与 $g(x)$ 满足条件:

(1) $\lim\limits_{x \to a} f(x) = \lim\limits_{x \to a} g(x) = 0$;

(2) **在点** a **的某个邻域内**(点 a **可以除外**)**可导,且** $g'(x) \neq 0$;

(3) $\lim\limits_{x \to a}\dfrac{f'(x)}{g'(x)} = A(或 \infty)$,

则必有
$$\lim_{x \to a}\frac{f(x)}{g(x)} = \lim_{x \to a}\frac{f'(x)}{g'(x)} = A(或 \infty).$$

　　证明　在点 $x = a$ 处补充定义函数值 $f(a) = g(a) = 0$,则 $f(x)$ 与 $g(x)$ 在点 a 的某个邻域内连续.

　　设 x 为这个邻域内的任意一点,且 $x \neq a$,若 $x > a$(或 $x < a$),则在区间 $[a, x]$(或 $[x, a]$)上,$f(x)$ 与 $g(x)$ 满足柯西定理的条件,于是有
$$\frac{f(x)}{g(x)} = \frac{f(x) - f(a)}{g(x) - g(a)} = \frac{f'(\xi)}{g'(\xi)}, \ \xi 介于 a 与 x 之间,$$

显然,当 $x \to a$ 时,$\xi \to a$. 于是求上式两边的极限得
$$\lim_{x \to a}\frac{f(x)}{g(x)} = \lim_{\xi \to a}\frac{f'(\xi)}{g'(\xi)} = \lim_{x \to a}\frac{f'(x)}{g'(x)} = A(或 \infty), 得证.$$

　　当我们能求出 $\dfrac{f'(x)}{g'(x)}$ 的极限值为 A 或能断定它是无穷大时,应用这个定理就解决了这一类"$\dfrac{0}{0}$"型未定式极限的问题. 若 $\lim\limits_{x \to a}\dfrac{f'(x)}{g'(x)}$ 还是"$\dfrac{0}{0}$"型未定式,且函数 $f'(x)$ 与 $g'(x)$ 能满足定理中 $f(x)$ 与 $g(x)$ 应满足的条件,则再继续使用洛必达法则,先确定 $\lim\limits_{x \to a}\dfrac{f'(x)}{g'(x)}$,从而确定 $\lim\limits_{x \to a}\dfrac{f(x)}{g(x)}$,即有
$$\lim_{x \to a}\frac{f(x)}{g(x)} = \lim_{x \to a}\frac{f'(x)}{g'(x)} = \lim_{x \to a}\frac{f''(x)}{g''(x)},$$

且可以此类推,直到求出所要求的极限.

例 1 求 $\lim\limits_{x\to2}\dfrac{x^4-16}{x-2}$.

解 $\lim\limits_{x\to2}\dfrac{x^4-16}{x-2}\overset{\frac{0}{0}}{=}\lim\limits_{x\to2}\dfrac{4x^3}{1}=32$.

例 2 求 $\lim\limits_{x\to1}\dfrac{x^3-3x+2}{x^3-x^2-x+1}$.

解 $\lim\limits_{x\to1}\dfrac{x^3-3x+2}{x^3-x^2-x+1}\overset{\frac{0}{0}}{=}\lim\limits_{x\to1}\dfrac{3x^2-3}{3x^2-2x-1}\overset{\frac{0}{0}}{=}\lim\limits_{x\to1}\dfrac{6x}{6x-2}=\dfrac{3}{2}$.

注 上式中的 $\lim\limits_{x\to1}\dfrac{6x}{6x-2}$ 已不是未定式,不能对它使用洛必达法则,否则会导致错误的结果. 因此,在使用洛必达法则计算未定式极限的时候,要注意满足定理的条件,我们又称之为"验型".

例 3 求 $\lim\limits_{x\to0}\dfrac{x-\sin x}{x^3}$.

解 $\lim\limits_{x\to0}\dfrac{x-\sin x}{x^3}\overset{\frac{0}{0}}{=}\lim\limits_{x\to0}\dfrac{1-\cos x}{3x^2}\overset{\frac{0}{0}}{=}\lim\limits_{x\to0}\dfrac{\sin x}{6x}=\dfrac{1}{6}$.

可以证明,对于"$\dfrac{\infty}{\infty}$"型未定式的极限,有如下的定理:

定理 2(洛必达法则 $\dfrac{\infty}{\infty}$ 型) 设函数 $f(x)$ 与 $g(x)$ 满足条件:

(1) $\lim\limits_{x\to a}f(x)=\lim\limits_{x\to a}g(x)=\infty$;

(2) 在点 a 的某个邻域内(点 a 可以除外)可导,且 $g'(x)\neq0$;

(3) $\lim\limits_{x\to a}\dfrac{f'(x)}{g'(x)}=A$(或 ∞),

则必有 $$\lim\limits_{x\to a}\dfrac{f(x)}{g(x)}=\lim\limits_{x\to a}\dfrac{f'(x)}{g'(x)}=A(\text{或}\infty).$$

例 4 求 $\lim\limits_{x\to\frac{\pi}{2}}\dfrac{\tan x}{\tan3x}$.

解 $\lim\limits_{x\to\frac{\pi}{2}}\dfrac{\tan x}{\tan3x}\overset{\frac{\infty}{\infty}}{=}\lim\limits_{x\to\frac{\pi}{2}}\dfrac{\sec^2x}{3\sec^23x}=\dfrac{1}{3}\lim\limits_{x\to\frac{\pi}{2}}\dfrac{\cos^23x}{\cos^2x}\overset{\frac{0}{0}}{=}\dfrac{1}{3}\lim\limits_{x\to\frac{\pi}{2}}\dfrac{2\cos3x(-\sin3x)\cdot3}{2\cos x(-\sin x)}$

$$=\lim\limits_{x\to\frac{\pi}{2}}\dfrac{\sin6x}{\sin2x}\overset{\frac{0}{0}}{=}\lim\limits_{x\to\frac{\pi}{2}}\dfrac{6\cos6x}{2\cos2x}=3.$$

将定理 1 与定理 2 中的 $x\to a$ 改为 $x\to a^+$,$x\to a^-$,$x\to\infty$,$x\to+\infty$,$x\to-\infty$,定理仍然成立.

例 5 求 $\lim\limits_{x\to0^+}\dfrac{\ln\cot x}{\ln x}$.

解　$\lim\limits_{x\to 0^+}\dfrac{\ln\cot x}{\ln x}\overset{\frac{\infty}{\infty}}{=\!=\!=}\lim\limits_{x\to 0^+}\dfrac{\dfrac{1}{\cot x}(-\csc^2 x)}{\dfrac{1}{x}}=-\lim\limits_{x\to 0^+}\dfrac{x}{\sin x\cos x}$

$$=-\lim\limits_{x\to 0^+}\dfrac{x}{\sin x}\cdot\lim\limits_{x\to 0^+}\dfrac{1}{\cos x}=-1.$$

例 6　求 $\lim\limits_{x\to+\infty}\dfrac{\mathrm{e}^x}{x^2}$.

解　$\lim\limits_{x\to+\infty}\dfrac{\mathrm{e}^x}{x^2}\overset{\frac{\infty}{\infty}}{=\!=\!=}\lim\limits_{x\to+\infty}\dfrac{\mathrm{e}^x}{2x}\overset{\frac{\infty}{\infty}}{=\!=\!=}\lim\limits_{x\to+\infty}\dfrac{\mathrm{e}^x}{2}=+\infty.$

例 7　求 $\lim\limits_{x\to+\infty}\dfrac{x^n}{\mathrm{e}^{\lambda x}}$ (n 为正整数,$\lambda>0$).

解　相继使用洛必达法则 n 次,得

$$\lim\limits_{x\to+\infty}\dfrac{x^n}{\mathrm{e}^{\lambda x}}\overset{\frac{\infty}{\infty}}{=\!=\!=}\lim\limits_{x\to+\infty}\dfrac{nx^{n-1}}{\lambda\mathrm{e}^{\lambda x}}\overset{\frac{\infty}{\infty}}{=\!=\!=}\lim\limits_{x\to+\infty}\dfrac{n(n-1)x^{n-2}}{\lambda^2\mathrm{e}^{\lambda x}}\overset{\frac{\infty}{\infty}}{=\!=\!=}\cdots\overset{\frac{\infty}{\infty}}{=\!=\!=}\lim\limits_{x\to+\infty}\dfrac{n!}{\lambda^n\mathrm{e}^{\lambda x}}=0.$$

洛必达法则不仅可以用来解决"$\dfrac{0}{0}$"和"$\dfrac{\infty}{\infty}$"型未定式的极限问题,还可以用来解决"$0\cdot\infty$""$\infty-\infty$""1^∞""0^0""∞^0"等型的未定式的极限问题.

对于"$0\cdot\infty$"及"$\infty-\infty$"型未定式,经过适当变换,即可化为"$\dfrac{0}{0}$"或"$\dfrac{\infty}{\infty}$"型未定式的极限.

例 8　求 $\lim\limits_{x\to+\infty}x\left(\dfrac{\pi}{2}-\arctan x\right)$.

解　$\lim\limits_{x\to+\infty}x\left(\dfrac{\pi}{2}-\arctan x\right)\overset{\infty\cdot 0}{=\!=\!=}\lim\limits_{x\to+\infty}\dfrac{\dfrac{\pi}{2}-\arctan x}{\dfrac{1}{x}}\overset{\frac{0}{0}}{=\!=\!=}\lim\limits_{x\to+\infty}\dfrac{-\dfrac{1}{1+x^2}}{-\dfrac{1}{x^2}}=\lim\limits_{x\to+\infty}\dfrac{x^2}{1+x^2}=1.$

例 9　求 $\lim\limits_{x\to 1}\left(\dfrac{x}{x-1}-\dfrac{1}{\ln x}\right)$.

解　$\lim\limits_{x\to 1}\left(\dfrac{x}{x-1}-\dfrac{1}{\ln x}\right)\overset{\infty-\infty}{=\!=\!=}\lim\limits_{x\to 1}\dfrac{x\ln x-x+1}{(x-1)\ln x}\overset{\frac{0}{0}}{=\!=\!=}\lim\limits_{x\to 1}\dfrac{\ln x+1-1}{\ln x+\dfrac{x-1}{x}}$

$$=\lim\limits_{x\to 1}\dfrac{\ln x}{\ln x+1-\dfrac{1}{x}}\overset{\frac{0}{0}}{=\!=\!=}\lim\limits_{x\to 1}\dfrac{\dfrac{1}{x}}{\dfrac{1}{x}+\dfrac{1}{x^2}}=\dfrac{1}{2}.$$

对"1^∞""0^0""∞^0"等型的未定式,可先化为以 e 为底的指数函数的极限,再利用指数函数的连续性,化为求指数部分的极限,而指数部分的极限,可化为"$\dfrac{0}{0}$"或"$\dfrac{\infty}{\infty}$"型.

例 10　求 $\lim\limits_{x\to 1}x^{\frac{1}{1-x}}$.

解 因为 $\lim\limits_{x\to 1}x^{\frac{1}{1-x}}\overset{1^{\infty}}{=}\lim\limits_{x\to 1}e^{\ln x^{\frac{1}{1-x}}}=\lim\limits_{x\to 1}e^{\frac{1}{1-x}\ln x}=e^{\lim\limits_{x\to 1}\frac{1}{1-x}\ln x}$,

而 $\lim\limits_{x\to 1}\dfrac{1}{1-x}\ln x=\lim\limits_{x\to 1}\dfrac{\ln x}{1-x}\overset{\frac{0}{0}}{=}\lim\limits_{x\to 1}\dfrac{\frac{1}{x}}{-1}=-1$,

所以 $\lim\limits_{x\to 1}x^{\frac{1}{x-1}}=e^{-1}=\dfrac{1}{e}$.

例 11 求 $\lim\limits_{x\to 0^{+}}x^{x}$.

解 因为 $\lim\limits_{x\to 0^{+}}x^{x}\overset{0^{0}}{=}\lim\limits_{x\to 0^{+}}e^{\ln x^{x}}=\lim\limits_{x\to 0^{+}}e^{x\ln x}=e^{\lim\limits_{x\to 0^{+}}x\ln x}$,

而 $\lim\limits_{x\to 0^{+}}x\ln x\overset{0\cdot\infty}{=}\lim\limits_{x\to 0^{+}}\dfrac{\ln x}{\frac{1}{x}}\overset{\frac{\infty}{\infty}}{=}\lim\limits_{x\to 0^{+}}\dfrac{\frac{1}{x}}{-\frac{1}{x^{2}}}=-\lim\limits_{x\to 0^{+}}x=0$,

所以 $\lim\limits_{x\to 0^{+}}x^{x}=e^{0}=1$.

例 12 求 $\lim\limits_{x\to +\infty}(x+e^{x})^{\frac{1}{x}}$.

解 因为 $\lim\limits_{x\to +\infty}(x+e^{x})^{\frac{1}{x}}\overset{\infty^{0}}{=}\lim\limits_{x\to +\infty}e^{\ln(x+e^{x})^{\frac{1}{x}}}=\lim\limits_{x\to +\infty}e^{\frac{1}{x}\ln(x+e^{x})}=e^{\lim\limits_{x\to +\infty}\frac{1}{x}\ln(x+e^{x})}$,

而 $\lim\limits_{x\to +\infty}\dfrac{1}{x}\ln(x+e^{x})=\lim\limits_{x\to +\infty}\dfrac{\ln(x+e^{x})}{x}\overset{\frac{\infty}{\infty}}{=}\lim\limits_{x\to +\infty}\dfrac{\frac{1}{x+e^{x}}(1+e^{x})}{1}$

$$=\lim\limits_{x\to +\infty}\dfrac{1+e^{x}}{x+e^{x}}\overset{\frac{\infty}{\infty}}{=}\lim\limits_{x\to +\infty}\dfrac{e^{x}}{1+e^{x}}\overset{\frac{\infty}{\infty}}{=}\lim\limits_{x\to +\infty}\dfrac{e^{x}}{e^{x}}=1,$$

所以 $\lim\limits_{x\to +\infty}(x+e^{x})^{\frac{1}{x}}=e^{1}=e$.

从上面的例子可以看出,洛必达法则是解决未定式极限的很有效的方法. 但必须注意,只有 "$\dfrac{0}{0}$"和"$\dfrac{\infty}{\infty}$"型未定式且必须符合洛必达法则的各项条件时,才能直接使用洛必达法则. 对其他类型未定式必须经变换设法化为满足条件的"$\dfrac{0}{0}$"或"$\dfrac{\infty}{\infty}$"型未定式才能使用洛必达法则.

例 13 求 $\lim\limits_{x\to 0}\dfrac{x-\sin x}{x^{3}e^{x}\cos x}$.

解 $\lim\limits_{x\to 0}\dfrac{x-\sin x}{x^{3}e^{x}\cos x}=\lim\limits_{x\to 0}\dfrac{1}{e^{x}\cos x}\cdot\lim\limits_{x\to 0}\dfrac{x-\sin x}{x^{3}}=\lim\limits_{x\to 0}\dfrac{x-\sin x}{x^{3}}\overset{\frac{0}{0}}{=}\lim\limits_{x\to 0}\dfrac{1-\cos x}{3x^{2}}$

$$\overset{\frac{0}{0}}{=}\lim\limits_{x\to 0}\dfrac{\frac{1}{2}x^{2}}{3x^{2}}=\dfrac{1}{6}.$$

例 14 求 $\lim\limits_{x\to 0}\dfrac{\sin^{2}x-x\sin x\cos x}{x^{4}}$.

解 $\lim\limits_{x\to 0}\dfrac{\sin^{2}x-x\sin x\cos x}{x^{4}}=\lim\limits_{x\to 0}\left(\dfrac{\sin x}{x}\cdot\dfrac{\sin x-x\cos x}{x^{3}}\right)$

$$=\lim_{x\to0}\frac{\sin x}{x}\cdot\lim_{x\to0}\frac{\sin x-x\cos x}{x^3}$$

$$=\lim_{x\to0}\frac{\sin x-x\cos x}{x^3}\overset{\frac{0}{0}}{=}\lim_{x\to0}\frac{\cos x-\cos x+x\sin x}{3x^2}$$

$$=\lim_{x\to0}\frac{\sin x}{3x}=\frac{1}{3}.$$

例 15　求 $\lim\limits_{x\to0}\dfrac{\mathrm{e}^{x-\sin x}-1}{\arcsin x^3}$.

解　因为 $x\to0$ 时,有 $x-\sin x\to0$;又 $\mathrm{e}^x-1\sim x$,所以 $\mathrm{e}^{x-\sin x}-1\sim x-\sin x$;

因为 $x\to0$ 时,有 $x^3\to0$;又 $\arcsin x\sim x$,所以 $\arcsin x^3\sim x^3$,

$$\lim_{x\to0}\frac{\mathrm{e}^{x-\sin x}-1}{\arcsin x^3}=\lim_{x\to0}\frac{x-\sin x}{x^3}\overset{\frac{0}{0}}{=}\lim_{x\to0}\frac{1-\cos x}{3x^2}\overset{\frac{0}{0}}{=}\lim_{x\to0}\frac{\sin x}{6x}=\frac{1}{6}.$$

注　在使用洛必达法则求极限时,往往还需要与其他求极限的方法结合使用,例如,能化简时应尽可能先化简,可以应用等价无穷小替换或重要极限时,应尽可能应用,这样可以使运算简捷.

例 16　求 $\lim\limits_{x\to\infty}\dfrac{x-\sin x}{x+\sin x}$.

解　该极限是"$\dfrac{0}{0}$"型未定式,但分子、分母分别求导后,得 $\lim\limits_{x\to\infty}\dfrac{1-\cos x}{1+\cos x}$,由于 $\lim\limits_{x\to\infty}\cos x$ 不存在,所以 $\lim\limits_{x\to\infty}\dfrac{1-\cos x}{1+\cos x}$ 不存在,但不能说原极限 $\lim\limits_{x\to\infty}\dfrac{x-\sin x}{x+\sin x}$ 不存在,只能说洛必达法则失效,求原极限需要寻找其他办法.

事实上,$\lim\limits_{x\to\infty}\dfrac{x-\sin x}{x+\sin x}=\lim\limits_{x\to\infty}\dfrac{1-\dfrac{\sin x}{x}}{1+\dfrac{\sin x}{x}}=\dfrac{1-0}{1+0}=1.$

注　在使用洛必达法则计算极限时,一定要注意满足定理的条件. 当定理条件满足时,所求的极限当然存在(或为 ∞),但当定理条件不满足时,所求极限却不一定不存在. 也就是说,当 $\lim\dfrac{f'(x)}{g'(x)}$ 不存在时(等于 ∞ 除外),$\lim\dfrac{f(x)}{g(x)}$ 有可能存在,此时洛必达法则失效,需要用别的方法来求未定式的极限 $\lim\dfrac{f(x)}{g(x)}$.

习题 4 - 2

1. 用洛必达法则求下列极限:

(1) $\lim\limits_{x\to0}\dfrac{\ln(1+x)}{x}$;

(2) $\lim\limits_{x\to0}\dfrac{\mathrm{e}^x-\mathrm{e}^{-x}}{\sin x}$;

(3) $\lim\limits_{x\to a}\dfrac{\sin x-\sin a}{x-a}$；

(4) $\lim\limits_{x\to \pi}\dfrac{\sin 3x}{\tan 5x}$；

(5) $\lim\limits_{x\to \frac{\pi}{2}}\dfrac{\ln\sin x}{(\pi-2x)^2}$；

(6) $\lim\limits_{x\to a}\dfrac{x^m-a^m}{x^n-a^n}$ $(a\neq 0)$；

(7) $\lim\limits_{x\to 0^+}\dfrac{\ln\tan 7x}{\ln\tan 2x}$；

(8) $\lim\limits_{x\to \frac{\pi}{2}}\dfrac{\tan x}{\tan 3x}$；

(9) $\lim\limits_{x\to +\infty}\dfrac{\ln\left(1+\dfrac{1}{x}\right)}{\operatorname{arccot}x}$；

(10) $\lim\limits_{x\to 0}\dfrac{\ln(1+x^2)}{\sec x-\cos x}$；

(11) $\lim\limits_{x\to 0}x\cot 2x$；

(12) $\lim\limits_{x\to 0}x^2\mathrm{e}^{\frac{1}{x^2}}$；

(13) $\lim\limits_{x\to 1}\left(\dfrac{2}{x^2-1}-\dfrac{1}{x-1}\right)$；

(14) $\lim\limits_{x\to \infty}\left(1+\dfrac{a}{x}\right)^x$；

(15) $\lim\limits_{x\to 0^+}x^{\sin x}$；

(16) $\lim\limits_{x\to 0^+}\left(\dfrac{1}{x}\right)^{\tan x}$.

2. 验证极限 $\lim\limits_{x\to \infty}\dfrac{x+\sin x}{x}$ 存在，但不能用洛必达法则得出.

第三节　函数的单调性、极值、最值

一、函数的单调性

　　一个函数在某个区间内单调增减性的变化规律，是我们研究函数图像时首先要考虑的问题. 在第一章已经给出了函数在某个区间内单调增减性的定义，现在介绍利用函数的导数来判定函数单调增减性的方法.

　　先从几何直观分析. 若在区间 (a,b) 上，曲线上每一点的切线斜率都存在且为正值，即 $\tan\alpha=f'(x)>0$，则曲线是上升的，即函数 $f(x)$ 是单调增加的，如图 4-4 所示. 若切线斜率都存在且为负值，即 $\tan\alpha=f'(x)<0$，则曲线是下降的，即函数 $f(x)$ 是单调减少的，如图 4-5 所示.

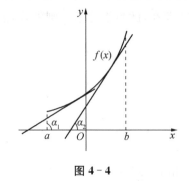

图 4-4

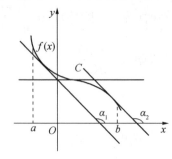

图 4-5

对于上升或下降的曲线,它的切线在个别点可能平行于 x 轴(即导数等于0),如图 4-5 中的点 C.

下面给出按导数的符号来判别函数单调性的定理,这个方法方便且实用.

定理 1　设函数 $f(x)$ 在 $[a,b]$ 上连续,在 (a,b) 上可导,那么

(1) 若 $x\in(a,b)$ 时恒有 $f'(x)>0$,则 $f(x)$ 在 $[a,b]$ 上单调增加;

(2) 若 $x\in(a,b)$ 时恒有 $f'(x)<0$,则 $f(x)$ 在 $[a,b]$ 上单调减少.

证明　在区间 $[a,b]$ 内任取两个点 x_1,x_2,且 $x_1<x_2$,则函数 $f(x)$ 在 $[x_1,x_2]$ 上满足拉格朗日中值定理的条件,所以有

$$f(x_2)-f(x_1)=f'(\xi)(x_2-x_1),\ \xi\in(x_1,x_2).$$

(1) 若 $x\in(a,b)$ 时,恒有 $f'(x)>0$,则 $f'(\xi)>0$,于是 $f(x_2)-f(x_1)>0$,即 $f(x_2)>f(x_1)$,则 $f(x)$ 在 $[a,b]$ 上单调增加;

(2) 若 $x\in(a,b)$ 时,恒有 $f'(x)<0$,则 $f'(\xi)<0$,于是 $f(x_2)-f(x_1)<0$,即 $f(x_2)<f(x_1)$,则 $f(x)$ 在 $[a,b]$ 上单调减少.

注　若在 (a,b) 内,恒有 $f'(x)\geqslant0$(或 $f'(x)\leqslant0$),且等号仅在个别点处成立,则 $f(x)$ 在 $[a,b]$ 上仍是单调增加(或单调减少).另外,把定理中的闭区间换成其他各种区间(包括无穷区间),结论也成立.

例 1　确定函数 $f(x)=x^3-3x$ 的单调区间.

解　函数的定义域是 $(-\infty,+\infty)$,因为 $f'(x)=3x^2-3=3(x+1)(x-1)$,

当 $x\in(-\infty,-1)$ 时,$f'(x)>0$,函数 $f(x)$ 在 $(-\infty,-1]$ 上单调增加;

当 $x\in(-1,1)$ 时,$f'(x)<0$,函数 $f(x)$ 在 $[-1,1]$ 上单调减少;

当 $x\in(1,+\infty)$ 时,$f'(x)>0$,函数 $f(x)$ 在 $[1,+\infty)$ 上单调增加,如图 4-6 所示.

例 2　讨论函数 $f(x)=\sqrt[3]{x^2}$ 的单调性.

解　函数的定义域是 $(-\infty,+\infty)$,当 $x\neq0$ 时,$f'(x)=\dfrac{2}{3\sqrt[3]{x}}$,当 $x=0$ 时,函数的导数不存在.

当 $x\in(0,+\infty)$ 时,$f'(x)>0$,函数 $f(x)$ 在 $[0,+\infty)$ 上单调增加;

当 $x\in(-\infty,0)$ 时,$f'(x)<0$,函数 $f(x)$ 在 $(-\infty,0]$ 上单调减少,如图 4-7 所示.

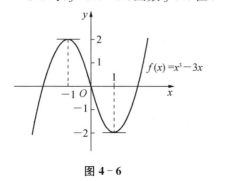

图 4-6

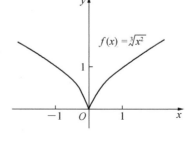

图 4-7

　　从例 1 中看出,有些函数在它的定义区间上不是单调的,但是当用导数等于零的点来划分
函数的定义区间以后,就可以使函数在各个部分区间上单调. 这个结论对于在定义区间上具有
连续导数的函数都是成立的. 从例 2 中可以看出,若函数在某些点处不可导,则划分函数的定
义区间的分点,还应包括这些导数不存在的点. 因此,有如下结论:

　　如果函数在定义区间上连续,除去有限个导数不存在的点外导数存在且连续,那么只要用
方程 $f'(x)=0$ 的根及 $f'(x)$ 不存在的点来划分函数 $f(x)$ 的定义区间,就能保证 $f'(x)$ 在各个
部分区间内保持固定的符号,因而函数 $f(x)$ 在每个部分区间上单调.

　　这样我们归纳出求函数单调区间的方法步骤:

　　(1) 确定函数的定义域;

　　(2) 求 $f'(x)$,找出 $f'(x)=0$ 和 $f'(x)$ 不存在的点,以这些点
为分界点把定义区间分成若干部分区间;

　　(3) 在每个部分区间上判别 $f'(x)$ 的符号,从而确定函数 $f(x)$
的单调性.

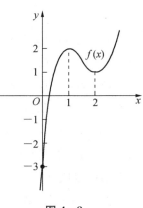

图 4-8

　　例 3　求函数 $f(x)=2x^3-9x^2+12x-3$ 的单调区间.

　　解　函数的定义域是 $(-\infty,+\infty)$,

　　$f'(x)=6x^2-18x+12=6(x-1)(x-2)$.

　　令 $f'(x)=0$,解 $6(x-1)(x-2)=0$,得 $x_1=1,x_2=2$,

　　列表:

x	$(-\infty,1)$	1	$(1,2)$	2	$(2,+\infty)$
$f'(x)$	+	0	−	0	+
$f(x)$	增	2	减	1	增

　　所以,函数的单调增区间是 $(-\infty,1]$,$[2,+\infty)$;单调减区间是 $[1,2]$,函数的图形如图
4-8所示.

　　例 4　证明:当 $x>0$ 时,$e^x>1+x$.

　　证明　令 $f(x)=e^x-1-x$,则 $f'(x)=e^x-1$,

　　$f(x)$ 在 $[0,+\infty)$ 上连续,在 $(0,+\infty)$ 上 $f'(x)>0$,因此在 $[0,+\infty)$ 上 $f(x)$ 单调增加,从
而当 $x>0$ 时,$f(x)>f(0)$.

　　由于 $f(0)=0$,故 $f(x)>f(0)=0$,即

$$e^x-1-x>0,$$

$$e^x>1+x.$$

二、函数的极值

在例 3 中看到,点 $x=1$ 及点 $x=2$ 是函数 $f(x)=2x^3-9x^2+12x-3$ 的单调区间的分界点. 在点 $x=1$ 的左侧邻近,函数 $f(x)$ 是单调增加的,在点 $x=1$ 的右侧邻近,函数 $f(x)$ 是单调减少的. 因此,存在点 $x=1$ 的一个去心邻域,对于去心邻域中的任何点 x,均有 $f(x)<f(1)$ 成立. 类似地,关于点 $x=2$,也存在着一个去心邻域,对于去心邻域中的任何点 x,均有 $f(x)>f(2)$ 成立(图 4-8). 具有这种性质的点如 $x=1$ 及 $x=2$,在应用上有着重要的意义,对此我们作一般性的讨论.

定义 设函数 $f(x)$ 在点 x_0 的某邻域 $U(x_0)$ 内有定义,若对于去心邻域 $\mathring{U}(x_0)$ 内的任意 x,有

$f(x)<f(x_0)$,则称 $f(x_0)$ 是函数 $f(x)$ 的一个**极大值**;

$f(x)>f(x_0)$,则称 $f(x_0)$ 是函数 $f(x)$ 的一个**极小值**.

函数的极大值与极小值统称为函数的**极值**,使函数取得极值的点称为**极值点**.

例如,例 3 中的函数 $f(x)=2x^3-9x^2+12x-3$ 有极大值 $f(1)=2$ 和极小值 $f(2)=1$,点 $x=1$ 和 $x=2$ 是函数 $f(x)$ 的极值点.

注意 函数极值的概念是局部性的,可以发现以下结论:

(1) 函数若有极值可能不唯一. 如图 4-9,函数 $f(x)$ 在 $[a,b]$ 上有三个极大值 $f(x_1)$,$f(x_3)$,$f(x_6)$;有三个极小值 $f(x_2)$,$f(x_5)$,$f(x_7)$.

(2) 极大值不一定大于极小值. 如图 4-9,极大值 $f(x_6)$ 小于极小值 $f(x_2)$.

(3) 函数的极值与函数的最值不同. 如果 $f(x_0)$ 是函数 $f(x)$ 的一个极大(小)值,只是在 x_0 附近的一个局部范围里 $f(x_0)$ 是 $f(x)$ 的一个最大(小)值;而对整个定义域来说,极大(小)值 $f(x_0)$ 不一定是最大(小)值. 如图 4-9,函数 $f(x)$ 在 $[a,b]$ 上的最小值是极小值 $f(x_5)$,最大值是 $f(b)$.

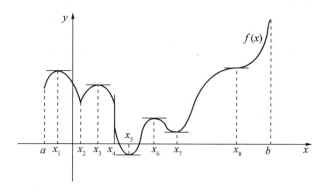

图 4-9

下面我们讨论取得极值的条件.

定理 2（必要条件）　若函数 $f(x)$ 在点 x_0 处有极值 $f(x_0)$，且 $f'(x_0)$ 存在，则 $f'(x_0)=0$.

证明　不妨设 $f(x_0)$ 为极大值，则在点 x_0 的某邻域内总有 $f(x_0)>f(x_0+\Delta x)$，于是，

当 $\Delta x<0$ 时，有
$$\frac{f(x_0+\Delta x)-f(x_0)}{\Delta x}>0;$$

当 $\Delta x>0$ 时，有
$$\frac{f(x_0+\Delta x)-f(x_0)}{\Delta x}<0,$$

因为 $f'(x_0)$ 存在，所以 $f'_-(x_0)=f'(x_0)=\lim\limits_{\Delta x\to 0^-}\dfrac{f(x_0+\Delta x)-f(x_0)}{\Delta x}\geqslant 0$

且
$$f'_+(x_0)=f'(x_0)=\lim\limits_{\Delta x\to 0^+}\frac{f(x_0+\Delta x)-f(x_0)}{\Delta x}\leqslant 0,$$

所以
$$f'(x_0)=0.$$

同理可证极小值的情形.

注　（1）使 $f'(x)=0$ 的点称为函数的**驻点**.

（2）定理表明，$f'(x_0)=0$ 是点 x_0 为 $f(x)$ 的极值点的必要条件，但不是充分条件. 也就是说，驻点可能是函数的极值点，也可能不是函数的极值点. 如图 4-9 所示，驻点 x_1,x_3,x_5,x_6,x_7 是函数的极值点；但驻点 x_8 就不是函数的极值点.

（3）定理是对函数在点 x_0 处可导而言的. 在导数不存在的点，如果函数连续也可能有极值，如图 4-9 所示，函数 $f(x)$ 在点 x_2 处不可导，$f'(x_2)$ 不存在，但在 x_2 处却有极小值 $f(x_2)$. 在导数不存在的点，也可能没有极值，如图 4-9 所示，函数 $f(x)$ 在点 x_4 处不可导，$f'(x_4)$ 不存在，函数 $f(x)$ 在 x_4 处没有极值.

综上可见，函数的极值点必在函数的驻点或导数不存在的点中寻找；但是，驻点或导数不存在的点不一定就是函数的极值点.

怎样判定函数在驻点或不可导点处究竟是否取得极值？如果取得极值的话，是极大值还是极小值？下面给出两个判定极值的充分条件.

定理 3（第一充分条件）　设函数 $f(x)$ 在点 x_0 处连续，且在点 x_0 的某去心邻域 $\mathring{U}(x_0,\delta)$ 内可导.

（1）若 $x\in(x_0-\delta,x_0)$ 时，$f'(x)>0$，而 $x\in(x_0,x_0+\delta)$ 时，$f'(x)<0$，则 $f(x)$ 在点 x_0 处取得极大值；

（2）若 $x\in(x_0-\delta,x_0)$ 时，$f'(x)<0$，而 $x\in(x_0,x_0+\delta)$ 时，$f'(x)>0$，则 $f(x)$ 在点 x_0 处取得极小值；

（3）若 $x\in(x_0-\delta,x_0)$ 和 $x\in(x_0,x_0+\delta)$ 时，$f'(x)$ 的符号保持不变，则 $f(x)$ 在点 x_0 处无极值.

证明　（1）当 $x\in(x_0-\delta,x_0)$ 时，$f'(x)>0$，则 $f(x)$ 在 $(x_0-\delta,x_0)$ 上单调增加，所以

$f(x_0) > f(x)$;

当 $x \in (x_0, x_0 + \delta)$ 时，$f'(x) < 0$，则 $f(x)$ 在 $(x_0, x_0 + \delta)$ 上单调减少，所以 $f(x_0) > f(x)$，$f(x)$ 在点 x_0 处连续，对 $x \in \overset{\circ}{U}(x_0, \delta)$，总有 $f(x_0) > f(x)$，所以 $f(x_0)$ 为 $f(x)$ 的一个极大值，如图 4-10(a)所示.

(2) 同理可证，如图 4-10(b)所示.

(3) 因为在 $x \in \overset{\circ}{U}(x_0, \delta)$ 上，$f'(x)$ 不变号，亦即恒有 $f'(x) > 0$ 或 $f'(x) < 0$，因此 $f(x)$ 在点 x_0 的左、右两边均单调增加或单调减少，所以不可能在点 x_0 处取得极值，如图 4-10(c)(d)所示.

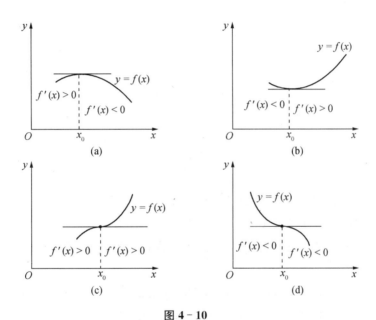

图 4-10

如果函数 $f(x)$ 在所讨论的区间内连续，除个别点外处处可导，那么根据上面的定理，就可以归纳出求 $f(x)$ 在该区间内的极值点和相应极值的方法和步骤：

(1) 求出导数 $f'(x)$；

(2) 令 $f'(x) = 0$，找出所有的驻点，以及不可导点；

(3) 在每个驻点或不可导点的左、右邻近两边考察 $f'(x)$ 的符号，确定该点是否为极值点；如果是极值点，进一步确定是极大值点还是极小值点；

(4) 求出各极值点的函数值，就得到函数 $f(x)$ 的全部极值.

例 5 求函数 $f(x) = x - \dfrac{3}{2} x^{\frac{2}{3}}$ 的极值.

解 函数的定义域是 $(-\infty, +\infty)$，

$$f'(x) = 1 - x^{-\frac{1}{3}} = \frac{\sqrt[3]{x} - 1}{\sqrt[3]{x}},$$

令 $f'(x)=0$,解得驻点 $x=1$;$x=0$ 为不可导点,
列表:

x	$(-\infty,0)$	0	$(0,1)$	1	$(1,+\infty)$
$f'(x)$	$+$	不存在	$-$	0	$+$
$f(x)$	增	极大值	减	极小值	增

所以,函数在 $x=0$ 处取得极大值 $f(0)=0$;在 $x=1$ 处取得极小值 $f(1)=-\dfrac{1}{2}$. 如图 $4-11$.

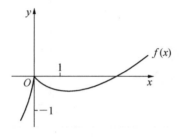

图 4 - 11

当函数 $f(x)$ 在驻点处的二阶导数 $f''(x)$ 存在且不为零时,也可以利用下述定理来判定 $f(x)$ 在驻点处取得极大值还是极小值.

定理 4（第二充分条件）　设函数 $f(x)$ 在 x_0 处具有二阶导数,且 $f'(x_0)=0$,$f''(x_0)\neq 0$,那么

（1）当 $f''(x_0)<0$ 时,函数 $f(x)$ 在 x_0 处取得极大值;

（2）当 $f''(x_0)>0$ 时,函数 $f(x)$ 在 x_0 处取得极小值.

证　（1）因为 $f''(x_0)<0$,由二阶导数的定义有

$$f''(x_0)=\lim_{x\to x_0}\frac{f'(x)-f'(x_0)}{x-x_0}<0,$$

根据函数极限的局部保号性,当 x 在 x_0 的足够小的去心邻域内时,

$$\frac{f'(x)-f'(x_0)}{x-x_0}<0,$$

又 $f'(x_0)=0$,所以上式即为

$$\frac{f'(x)}{x-x_0}<0,$$

因此,对于这去心邻域内的 x 来说,$f'(x)$ 与 $x-x_0$ 符号相反.

于是,当 $x-x_0<0$ 即 $x<x_0$ 时,也就是当 $x\in(x_0-\delta,x_0)$ 时,$f'(x)>0$;

当 $x-x_0>0$ 即 $x>x_0$ 时,也就是当 $x\in(x_0,x_0+\delta)$ 时,$f'(x)<0$,根据定理 3,函数 $f(x)$ 在 x_0 处取得极大值.

(2) 同理可证.

例 6 求函数 $f(x)=x^3-3x$ 的极值.

解 函数的定义域是 $(-\infty,+\infty)$,

$$f'(x)=3x^2-3,\ f''(x)=6x,$$

令 $f'(x)=0$,解 $3x^2-3=3(x-1)(x+1)=0$,得驻点 $x_1=-1,x_2=1$,

因为 $f''(-1)=-6<0$,所以 $f(x)$ 有极大值 $f(-1)=2$;因为 $f''(1)=6>0$,所以 $f(x)$ 有极小值 $f(1)=-2$.

注 此定理表明,如果函数 $f(x)$ 在驻点 x_0 处的二阶导数 $f''(x_0)\neq0$,那么该驻点一定是极值点,并且可以按照二阶导数 $f''(x_0)$ 的符号来判定 $f(x_0)$ 是极大值还是极小值. 但是,在驻点 x_0 处若 $f''(x_0)=0$,则 $f(x)$ 在 x_0 处可能有极大值,也可能有极小值,也可能没有极值. 例如,$f_1(x)=-x^4,f_2(x)=x^4,f_3(x)=x^3$ 在驻点 $x=0$ 处就分别取极大值、极小值和没有极值. 所以,若函数在驻点处二阶导数为零,则此定理失效,要用定理 3 来判定. 可见,定理 3 在判定极值的问题上更具有一般性.

三、函数的最值

函数的最值是全局的概念,是函数在整个定义域中的最大值和最小值.

设函数 $f(x)$ 在 $[a,b]$ 上连续,由闭区间上连续函数的性质可知,函数 $f(x)$ 在 $[a,b]$ 上一定有最大值和最小值. 最值点不是闭区间的端点就是极值点,即最值点不是在端点处取得就是在驻点 $f'(x)=0$ 或 $f'(x)$ 不存在的点处取得.

由此归纳出求函数 $f(x)$ 在 $[a,b]$ 上的最值的步骤和方法:

(1) 求出函数 $f(x)$ 在 (a,b) 上的全部驻点和不可导点;

(2) 计算所有这些点处的函数值和区间端点处的函数值;

(3) 比较(2)中各值的大小,最大的就是 $f(x)$ 在 $[a,b]$ 上的最大值,最小的就是 $f(x)$ 在 $[a,b]$ 上的最小值.

例 7 求函数 $f(x)=x^4-8x^2+2$ 在 $[-1,4]$ 上的最值.

解 $f'(x)=4x^3-16x=4x(x^2-4)=4x(x-2)(x+2)$,

令 $f'(x)=0$,解得驻点 $x_1=-2\notin(-1,4)$(舍去),$x_2=0,x_3=2$,

$$f(0)=2,f(2)=-14,f(-1)=-5,f(4)=130,$$

比较得,$f(x)$ 在 $[-1,4]$ 上的最大值为 $f(4)=130$,最小值为 $f(2)=-14$.

在求函数最值的时候,不难发现:如果函数 $f(x)$ 在一个区间(有限或无限,开或闭)上可导且只有一个驻点 x_0,并且这个驻点 x_0 是函数 $f(x)$ 的极值点,那么,当 $f(x_0)$ 是极大值时,

$f(x_0)$ 就是 $f(x)$ 在该区间上的最大值,如图 4 - 12(a)所示;当 $f(x_0)$ 是极小值时,$f(x_0)$ 就是 $f(x)$ 在该区间上的最小值,如图 4 - 12(b)所示.在应用问题中往往会遇到这样的情形.

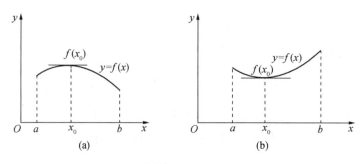

图 4 - 12

例 8 设某商品在销售单价为 p 元时,每天的需求量为 $x = 18 - \dfrac{p}{4}$,某工厂每天生产该商品 x 单位的成本函数是 $C(x) = (120 + 2x + x^2)$ 元,现假设该工厂有自主定价权,问:该工厂每天产量为多少时,可使利润最大? 此时价格是多少?

解 由 $x = 18 - \dfrac{p}{4}$,有 $p = 72 - 4x$,

设收益 $R(x) = px = (72 - 4x)x$,

所以目标函数,利润为 $L(x) = R(x) - C(x)$

$$= (72 - 4x)x - (120 + 2x + x^2)$$

$$= -5x^2 + 70x - 120,\ x \in (0, +\infty).$$

$L'(x) = -10x + 70$,令 $L'(x) = -10(x - 7) = 0$,得唯一驻点 $x = 7 \in (0, +\infty)$,

$L''(x) = -10 < 0$,所以 $L(x)$ 在 $x = 7$ 处取得极大值,这个极大值就是 $L(x)$ 的最大值.

因此,当该工厂每天产量为 $x = 7$(个)单位时,有最大利润 $L(7) = 125$(元),此时商品的价格为 $p = 72 - 4x = 72 - 4 \times 7 = 44$(元).

还要指出,实际问题中,往往根据问题的性质就可以断定可导函数 $f(x)$ 确有最大值或最小值,而且一定在定义区间内部取得.这时如果 $f(x)$ 在定义区间内部只有一个驻点 x_0,那么不必讨论 $f(x_0)$ 是不是极值,就可以断定 $f(x_0)$ 是最大值或最小值.

例 9 要做一个容积为 V 的圆柱形无盖水桶,问:怎样设计才能使所用材料最省?

解 要用料最省,就是要无盖水桶的表面积最小.

可设水桶的底面半径为 r,高为 h,如图 4 - 13.

表面积 $S = \pi r^2 + 2\pi rh$,

由体积 $V = \pi r^2 h$,得 $h = \dfrac{V}{\pi r^2}$,

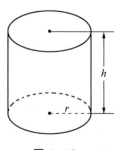

图 4 - 13

所以目标函数即表面积 $S(r)=\pi r^2+2\pi r\dfrac{V}{\pi r^2}$

$$=\pi r^2+2\frac{V}{r}, \quad r\in(0,+\infty).$$

$S'(r)=2\pi r-2\dfrac{V}{r^2}=\dfrac{2(\pi r^3-V)}{r^2}$，令 $S'(r)=0$，解得唯一驻点 $r=\sqrt[3]{\dfrac{V}{\pi}}\in(0,+\infty)$，

此时，$h=\dfrac{V}{\pi r^2}=\dfrac{V}{\pi\left(\sqrt[3]{\dfrac{V}{\pi}}\right)^2}=\sqrt[3]{\dfrac{V}{\pi}}$.

因为用料一定能够最省，且使用料最省的唯一底面半径 r 在 $(0,+\infty)$ 内部取得，所以当底面半径 $r=\sqrt[3]{\dfrac{V}{\pi}}$，高 $h=\sqrt[3]{\dfrac{V}{\pi}}$ 时，可以使用料最省.

习题 4-3

1. 求下列函数的单调区间：

(1) $y=3x^2+6x+5$；

(2) $y=x^3+x$；

(3) $y=x^4-2x^2+2$；

(4) $y=x-\mathrm{e}^x$；

(5) $y=\dfrac{x^2}{1+x}$；

(6) $y=2x^2-\ln x$.

2. 证明：函数 $y=x^3+x$ 单调增加.

3. 证明：函数 $y=\arctan x-x$ 单调减少.

4. 求下列函数的极值：

(1) $f(x)=x^3-3x^2+7$；

(2) $f(x)=\dfrac{2x}{1+x^2}$；

(3) $f(x)=\sqrt{2+x-x^2}$；

(4) $f(x)=x^2\mathrm{e}^{-x}$；

(5) $f(x)=(x+1)^{\frac{2}{3}}(x-5)^2$；

(6) $f(x)=3-\sqrt[3]{(x-2)^2}$；

(7) $f(x)=(x-1)\sqrt[3]{x^2}$；

(8) $f(x)=\dfrac{x^3}{(x-1)^2}$.

5. 利用二阶导数求下列函数的极值：

(1) $f(x)=x^3-3x^2-9x-5$；

(2) $f(x)=2x-\ln(4x)^2$；

(3) $f(x)=(x-3)^2(x-2)$；

(4) $f(x)=2\mathrm{e}^x+\mathrm{e}^{-x}$.

6. 求下列函数在给定区间上的最值：

(1) $f(x)=2x^3-3x^2-80,[-1,4]$；

(2) $f(x)=x^4-8x^2,[-1,3]$；

(3) $f(x)=x+\sqrt{1-x},[-5,1]$；

(4) $f(x)=2x^3-6x^2-18x,[1,4]$.

7. 一个容积为 300 立方米的无盖圆柱形蓄水池,如果池底单位面积的造价为周围单位面积造价的两倍.问:高与池底半径各为多少时,总造价最省?

8. 用汽船拖载重相等的小船若干只,在两港之间来回运送货物.已知每次拖四只小船能来回 16 次,每次拖 7 只则一日能来回 10 次,如果小船增多的只数与来回减少的次数成正比,问:每日来回多少次,每次拖多少只小船能使运货总量达到最大?

9. 商店按批发价每件 4 元买进一批商品零售.若零售价每件定为 5 元,估计可卖出 200 件,若每件售价每降低 0.02 元,则可以多卖出 20 件,问:批发店应买进多少及每件售价定为多少时,才可以获得最大利润? 最大利润为多少?

10. 已知某企业在一个生产周期内总共生产某种产品 a 吨,分若干批进行生产,设生产每批产品需投入固定支出 10^6 元,而每批生产消耗的费用(不包括固定支出)与产品数量的立方成正比,又知每批生产 20 吨直接消耗的费用是 4 000 元.问:每批生产多少时,方可使总费用最少?

第四节　函数图像的描绘

一、曲线的凹凸性和拐点

在研究函数图形的变化状况时,仅由单调性知道它的上升和下降规律是不够的. 如图 4-14 所示的函数 $y=f(x)$ 的图形在区间 $[a,b]$ 上虽然一直是上升的,但却有不同的弯曲状况. 从左向右,曲线先是向下凹,通过点 P 后,改变了弯曲的方向,而向上凸. 因此,在研究函数图形时,考察它的弯曲方向以及弯曲方向改变的点,是有必要的. 从图 4-14 中可以看出,曲线向下凹的弧段位于这段弧上任意一点的切线的上方,曲线向上凸的弧段位于这段弧上任意一点的切线的下方,而弯曲方向发生改变的 P 点处的切线穿过曲线弧.

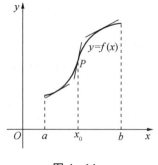

图 4-14

函数图形的这种弯曲状况就是曲线的凹凸性. 从几何直观上,不难发现凹凸性可以用连接曲线弧上任意两点的弦的中点与曲线弧上相应点（即具有相同横坐标的点）的位置关系来描述，如图 4 - 15 所示.

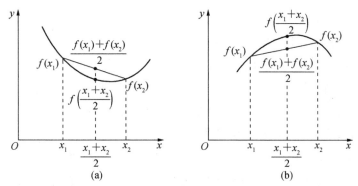

图 4 - 15

定义 1　设 $f(x)$ 在区间 I 上连续，若对 I 上任意两点 x_1，x_2，

（1）恒有 $f\left(\dfrac{x_1+x_2}{2}\right)<\dfrac{f(x_1)+f(x_2)}{2}$，则称 $f(x)$ 在 I 上图形是凹的（或凹弧）（如图 4 - 15 (a)）；

（2）恒有 $f\left(\dfrac{x_1+x_2}{2}\right)>\dfrac{f(x_1)+f(x_2)}{2}$，则称 $f(x)$ 在 I 上图形是凸的（或凸弧）（如图 4 - 15 (b)）.

下面讨论函数曲线凹凸性的判别方法.

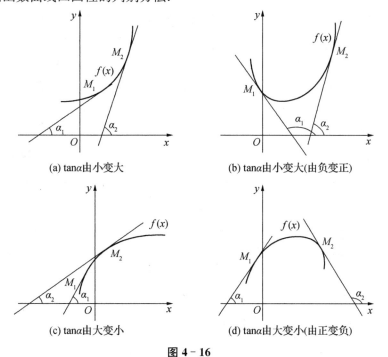

(a) $\tan\alpha$ 由小变大　　　　　　　　(b) $\tan\alpha$ 由小变大(由负变正)

(c) $\tan\alpha$ 由大变小　　　　　　　　(d) $\tan\alpha$ 由大变小(由正变负)

图 4 - 16

从图 4-16(a)、(b)可以看出,当曲线为凹时,从左到右,切线的斜率 $\tan\alpha$ 由小变大,即 $f'(x)$ 单调增加,如果二阶导数存在,必有 $f''(x)>0$;类似地从图 4-16(c)、(d)可以看出,当曲线为凸时,从左到右,切线的斜率 $\tan\alpha$ 由大变小,即 $f'(x)$ 单调减少,如果二阶导数存在,必有 $f''(x)<0$. 由此,得到下面曲线凹凸性的判别定理.

定理 1 设函数 $f(x)$ 在区间 I 上具有二阶导数,那么

(1) 若在 I 上恒有 $f''(x)>0$,则 $f(x)$ 在 I 上的图形是凹的;

(2) 若在 I 上恒有 $f''(x)<0$,则 $f(x)$ 在 I 上的图形是凸的.

定义 2 连续曲线上凹弧与凸弧的分界点称为拐点.

既然拐点是曲线凹凸性变化的分界点,所以在拐点的左、右两边 $f''(x)$ 必是异号的,这表明在拐点处 $f'(x)$ 取到极值,因而在拐点处 $f''(x)=0$ 或 $f''(x)$ 不存在,因此我们可以从 $f''(x)=0$ 和 $f''(x)$ 不存在的点中去寻找拐点.

这样,我们可以归纳出求曲线凹凸区间和拐点的方法和步骤:

(1) 确定函数的定义域;

(2) 求 $f''(x)$,找出所有 $f''(x)=0$ 和 $f''(x)$ 不存在的点 x_0,用这些点把定义区间分成若干部分区间;

(3) 在每个部分区间上判别 $f''(x)$ 的符号,从而确定函数 $f(x)$ 的凹凸性,得到相应的凹凸区间;

(4) 检查每个 x_0 的左、右两侧 $f''(x)$ 的符号,当两侧符号相反时,点 $(x_0,f(x_0))$ 是拐点,当两侧的符号相同时,点 $(x_0,f(x_0))$ 不是拐点.

例 1 求曲线 $f(x)=x^4-2x^3+1$ 的凹凸区间和拐点.

解 函数的定义域是 $(-\infty,+\infty)$,

$$f'(x)=4x^3-6x^2,$$

$$f''(x)=12x^2-12x=12x(x-1),$$

令 $f''(x)=0$,解得 $x_1=0,x_2=1$.

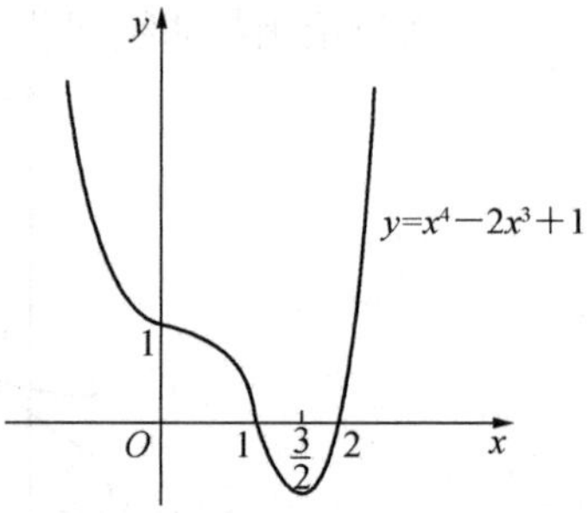

列表:

图 4-17

x	$(-\infty,0)$	0	$(0,1)$	1	$(1,+\infty)$
$f''(x)$	$+$	0	$-$	0	$+$
$f(x)$	凹	拐点	凸	拐点	凹

所以,函数的凹区间是 $(-\infty,0]$ 和 $[1,+\infty)$;凸区间是 $[0,1]$;$f(0)=1,f(1)=0$,函数的拐点是 $(0,1)$ 和 $(1,0)$. 如图 4-17.

例 2 求曲线 $y=(x-2)^{\frac{5}{3}}$ 的凹凸区间和拐点.

解 函数的定义域是 $(-\infty,+\infty)$,

$$y' = \frac{5}{3}(x-2)^{\frac{2}{3}},$$

$$y'' = \frac{10}{9}(x-2)^{-\frac{1}{3}} = \frac{10}{9\sqrt[3]{x-2}},$$

$x=2$ 时, y'' 不存在.

列表:

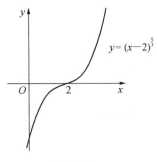

图 4-18

x	$(-\infty,2)$	2	$(2,+\infty)$
y''	$-$	不存在	$+$
y	凸	拐点	凹

所以,函数的凹区间是$[2,+\infty)$;凸区间是$(-\infty,2]$;$f(2)=0$,函数的拐点是$(2,0)$.如图4-18.

注意　一般地,若 $f(x)$ 的二阶导数存在,在拐点$(x_0,f(x_0))$处,$f''(x_0)=0$,但反之,使 $f''(x_0)=0$的点 x_0 对应曲线上的点$(x_0,f(x_0))$不一定是拐点.

例如,曲线 $y=x^4$,二阶导数存在,令 $y''=12x^2=0$,得 $x=0$.但在点 $x=0$ 的左、右两侧,即无论 $x>0$ 还是 $x<0$ 总有 $y''>0$,因此$(0,0)$不是曲线的拐点.

二、曲线的渐近线

有些函数的定义域与值域都是有限区间,此时函数的图形局限于一定的范围之内,如圆、椭圆等.而有些函数的定义域或值域是无穷区间,此时函数的图形向无穷远处延伸,如双曲线、抛物线等.有些向无穷远处延伸的曲线,呈现出越来越接近某一直线的形态,这种直线就是曲线的渐近线.显然,渐近线有助于了解曲线在无穷远处的走势,从而有助于函数图形的描绘.

定义 3　若曲线上一动点沿着曲线趋于无穷远处时,该点与某条直线的距离趋于零,则称此直线为曲线的渐近线.

如果给定的曲线方程为 $y=f(x)$,如何确定该曲线有渐近线? 若有渐近线又如何来求? 下面分三种情况讨论:

1. 水平渐近线

若曲线 $y=f(x)$ 的定义域是无穷区间,且有 $\lim\limits_{x\to-\infty}f(x)=b$ 或 $\lim\limits_{x\to+\infty}f(x)=b$,则直线 $y=b$ 为曲线 $y=f(x)$ 的渐近线,称为**水平渐近线**. 如图 4-19 和图 4-20.

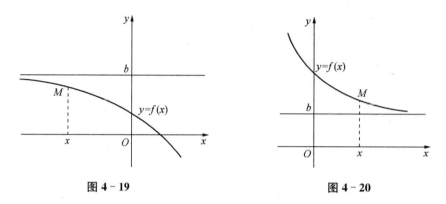

图 4 - 19　　　　　　　　　　　　　　图 4 - 20

2. 垂直渐近线

若曲线 $y=f(x)$ 有 $\lim\limits_{x \to c^{-}} f(x)=\infty$ 或 $\lim\limits_{x \to c^{+}} f(x)=\infty$，则直线 $x=c$ 为曲线 $y=f(x)$ 的一条渐近线，称为**垂直渐近线**（或称**铅直渐近线**）. 如图 4 - 21.

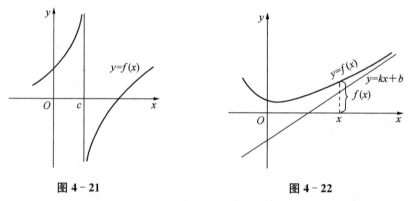

图 4 - 21　　　　　　　　　　　　　　图 4 - 22

3. 斜渐近线

若 $\lim\limits_{x \to \pm\infty} [f(x)-(kx+b)]=0$ 成立，则直线 $y=kx+b(k \neq 0)$ 是曲线 $y=f(x)$ 的一条渐近线，称为**斜渐近线**. 如图 4 - 22.

下面给出 k,b 的计算公式：

如果曲线 $y=f(x)$ 有斜渐近线 $y=kx+b$，那么由 $\lim\limits_{x \to \pm\infty} [f(x)-(kx+b)]=0$，必有 $\lim\limits_{x \to \pm\infty} [f(x)-kx]=b$，以及 $\lim\limits_{x \to \pm\infty} \left[\dfrac{f(x)}{x}-k\right]=0$，即 $\lim\limits_{x \to \pm\infty} \dfrac{f(x)}{x}=k$. 所以，得公式：

$$k=\lim_{x \to \pm\infty} \frac{f(x)}{x}, b=\lim_{x \to \pm\infty} [f(x)-kx].$$

例 3　求曲线 $y=\dfrac{1}{x-1}$ 的渐近线.

解　因为 $\lim\limits_{x \to \pm\infty} \dfrac{1}{x-1}=0$，

所以 $y=0$ 是曲线的一条水平渐近线；

因为 $\lim\limits_{x\to 1^-}\dfrac{1}{x-1}=-\infty,\lim\limits_{x\to 1^+}\dfrac{1}{x-1}=+\infty$,

所以 $x=1$ 是曲线的一条垂直渐近线；

因为 $\lim\limits_{x\to\pm\infty}\dfrac{f(x)}{x}=\lim\limits_{x\to\pm\infty}\dfrac{\frac{1}{x-1}}{x}=\lim\limits_{x\to\pm\infty}\dfrac{1}{x(x-1)}=0$,所以没有斜

渐近线. 如图 4-23.

例 4　求曲线 $y=\dfrac{x^2}{x+1}$ 的渐近线.

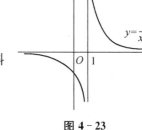
图 4-23

解　因为 $\lim\limits_{x\to\pm\infty}f(x)=\lim\limits_{x\to\pm\infty}\dfrac{x^2}{x+1}=\infty$,所以曲线没有水平渐

近线；

因为 $\lim\limits_{x\to-1^-}\dfrac{x^2}{x+1}=-\infty,\ \lim\limits_{x\to-1^+}\dfrac{x^2}{x+1}=+\infty$,所以 $x=-1$ 是曲线的垂直渐近线；

又　$k=\lim\limits_{x\to\pm\infty}\dfrac{f(x)}{x}=\lim\limits_{x\to\pm\infty}\dfrac{\frac{x^2}{x+1}}{x}=\lim\limits_{x\to\pm\infty}\dfrac{x}{x+1}=1$,

$$b=\lim\limits_{x\to\pm\infty}\left[f(x)-kx\right]=\lim\limits_{x\to\pm\infty}\left(\dfrac{x^2}{x+1}-x\right)=\lim\limits_{x\to\pm\infty}\dfrac{-x}{x+1}=-1,$$

所以 $y=x-1$ 是曲线的斜渐近线.

三、函数图像的描绘

虽然随着现代计算机技术的发展,借助于计算机和许多数学软件,可以方便地画出各种函数的图形. 但是,如何识别机器作图中的误差,如何掌握图形上的关键点,如何选择作图的范围等,从而进行人工干预,仍然需要我们有运用微分学的方法描绘函数图形的基本知识.

经过前面的讨论和铺垫,我们可以利用导数来描绘函数的图形,现归纳出作图的一般步骤：

(1) 确定函数的定义域、函数的奇偶性和周期性；

(2) 求函数的一阶导数 $f'(x)$ 和二阶导数 $f''(x)$；

(3) 找出 $f'(x)=0$ 与 $f''(x)=0$ 的点以及 $f'(x)$ 与 $f''(x)$ 不存在的点,用这些点划分函数的定义域为若干部分区间；

(4) 列表,在每个部分区间内,考察 $f'(x)$ 与 $f''(x)$ 的符号,从而确定函数的单调区间、极值、凹凸区间、拐点；

(5) 确定函数曲线的渐近线,以及其他变化趋势；

(6) 建立坐标系,描出极值点、拐点,适当补充一些需要的点,结合(4)(5),用光滑的曲线作出函数的图形.

例 5 画出函数 $f(x) = x^3 - x^2 - x + 1$ 的图形.

解 (1) 函数的定义域是 $(-\infty, +\infty)$, 无奇偶性、周期性;

(2) $f'(x) = 3x^2 - 2x - 1 = (3x + 1)(x - 1)$, $f''(x) = 6x - 2 = 2(3x - 1)$;

(3) 令 $f'(x) = (3x + 1)(x - 1) = 0$, 得驻点 $x_1 = -\dfrac{1}{3}$, $x_2 = 1$,

令 $f''(x) = 2(3x - 1) = 0$, 得 $x_3 = \dfrac{1}{3}$, 无一阶导数和二阶导数不存在的点;

(4) 列表

x	$\left(-\infty, -\dfrac{1}{3}\right)$	$-\dfrac{1}{3}$	$\left(-\dfrac{1}{3}, \dfrac{1}{3}\right)$	$\dfrac{1}{3}$	$\left(\dfrac{1}{3}, 1\right)$	1	$(1, +\infty)$
$f'(x)$	$+$	0	$-$	$-$	$-$	0	$+$
$f''(x)$	$-$	$-$	$-$	0	$+$	$+$	$+$
$f(x)$	增、凸	极大值	减、凸	拐点	减、凹	极小值	增、凹

(5) 函数曲线没有渐近线, 当 $x \to +\infty$ 时, $y \to +\infty$; 当 $x \to -\infty$ 时, $y \to -\infty$;

(6) 函数有极大值 $f\left(-\dfrac{1}{3}\right) = \dfrac{32}{27}$, 极小值 $f(1) = 0$,

拐点 $\left(\dfrac{1}{3}, \dfrac{16}{27}\right)$, 补充一些点: 与 x 轴交点 $(-1, 0)$, 与 y 轴交点 $(0, 1)$, 点 $\left(\dfrac{3}{2}, \dfrac{5}{8}\right)$, 结合 (4)(5), 作出函数图形. 如图 4-24.

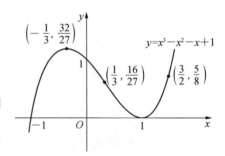

图 4-24

例 6 描绘函数 $f(x) = \dfrac{4(x + 1)}{x^2} - 2$ 的图形.

解 (1) 函数的定义域是 $(-\infty, 0) \cup (0, +\infty)$, 无奇偶性、周期性;

(2) $f'(x) = -\dfrac{4(x + 2)}{x^3}$, $f''(x) = \dfrac{8(x + 3)}{x^4}$;

(3) 令 $f'(x) = 0$, 得驻点 $x_1 = -2$,

令 $f''(x) = 0$, 得 $x_2 = -3$, 一阶导数和二阶导数不存在的点 $x_3 = 0$;

(4) 列表

x	$(-\infty, -3)$	-3	$(-3, -2)$	-2	$(-2, 0)$	0	$(0, +\infty)$
$f'(x)$	$-$	$-$	$-$	0	$+$	不存在	$-$
$f''(x)$	$-$	0	$+$	$+$	$+$	不存在	$+$
$f(x)$	减、凸	拐点	减、凹	极小值	增、凹	间断	减、凹

(5) $\lim\limits_{x\to\pm\infty}f(x)=\lim\limits_{x\to\pm\infty}\left[\dfrac{4(x+1)}{x^2}-2\right]=-2$,有水平渐近线 $y=-2$,

$\lim\limits_{x\to0}f(x)=\lim\limits_{x\to0}\left[\dfrac{4(x+1)}{x^2}-2\right]=+\infty$,有垂直渐近线 $x=0$,无斜渐近线;

(6) 函数有极小值 $f(-2)=-3$,拐点 $\left(-3,-\dfrac{26}{9}\right)$,补充一些点:与 x 轴交点 $(1+\sqrt3,0)$ 和 $(1-\sqrt3,0)$,点 $(-1,-2)$,$(1,6)$,$(2,1)$,$\left(3,-\dfrac{2}{9}\right)$,结合(4)(5),作出函数图形. 如图 4-25.

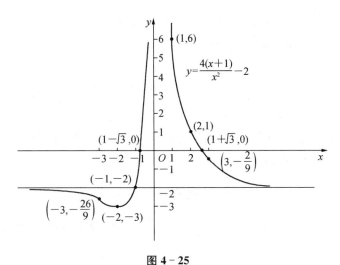

图 4-25

习题 4-4

1. 求下列函数的凹凸区间及拐点:

(1) $y=x^2-x^3$;

(2) $y=3x^5-5x^3$;

(3) $y=\ln(x^2+1)$;

(4) $y=xe^x$;

(5) $y=\dfrac{2x}{1+x^2}$;

(6) $y=(x+1)^2+e^x$.

2. 求下列函数的渐近线:

(1) $y=\ln x$;

(2) $y=e^{-\frac{1}{x}}$;

(3) $y=\dfrac{e^x}{1+x}$;

(4) $y=\dfrac{x^3}{(x-1)^2}$.

3. 描绘下列函数的图像:

(1) $y=x^3-3x^2+6$;

(2) $y=x^4-2x^3+1$;

(3) $y=\dfrac{x}{1+x^2}$;

(4) $y=\dfrac{1}{\sqrt{2\pi}}e^{-\frac{x^2}{2}}$.

复习题四

1. 判断并说明原因.

(1) 极值点处一定存在切线. ( )

(2) 驻点一定是极值点. ( )

(3) 切线水平的点一定是极值点. ( )

(4) 拐点处二阶导数等于一定零. ( )

(5) 最大值点必是极大值点,极大值点不一定是最值点. ( )

(6) 洛必达法则能求所有未定式的极限. ( )

2. 填空题.

(1) 对函数 $f(x)=x^2-2x-3$ 在 $[-1,3]$ 上用罗尔定理,结论中的 $\xi=$ _____ .

(2) 函数 $y=x^{\frac{1}{x}}$ 的极值为 _____ .

(3) 函数 $y=x^2\ln x$ 在区间 $[1,e]$ 上的最大值是 _____ ,最小值是 _____ .

(4) 曲线 $f(x)=e^{\frac{1}{x^2}}$ 的渐近线为 _____ .

(5) 已知函数 $f(x)=e^{-x}\ln a$ 在 $x=\dfrac{1}{2}$ 处有极值,则 $a=$ _____ .

(6) 设函数 $f(x)$ 在 (a,b) 上恒有 $f'(x)<0, f''(x)>0$ 则曲线在 (a,b) 上是 _____

_____ .

3. 求下列极限:

(1) $\lim\limits_{x\to 0}\dfrac{\sqrt{1+x^3}-1}{1-\cos\sqrt{x-\sin x}}$;

(2) $\lim\limits_{x\to\infty}\left[x-x^2\ln\left(1+\dfrac{1}{x}\right)\right]$;

(3) $\lim\limits_{x\to\infty}\dfrac{x+\cos x}{x-\cos x}$;

(4) $\lim\limits_{x\to 0^+}\left(\ln\dfrac{1}{x}\right)^x$.

4. 设函数 $f(x)$ 和 $g(x)$ 都在同一点 x_0 取得极大值,能断定其乘积 $f(x)g(x)$ 也在点 x_0 处取得极大值吗?

5. 利用单调性证明:当 $0<x<\dfrac{\pi}{2}$ 时,有 $\dfrac{2}{\pi}x<\sin x$ 成立.

6. 求函数 $f(x)=e^{\arctan x}$ 的拐点.

7. 试问 a 为何值时,函数 $f(x)=a\sin x+\dfrac{1}{3}\sin 3x$ 在 $x=\dfrac{\pi}{3}$ 处取得极值? 是极大值还是极小值? 并求极值.

8. 不用求出函数 $f(x)=(x-1)(x-2)(x-3)(x-4)$ 的导数,说明方程 $f'(x)=0$ 有几个实根,并指出它们所在的区间.

第五章　不定积分

前面我们通过导数和微分概念的学习知道了：函数 $y=f(x)$ 在点 x_0 处的导数值就是函数曲线 $y=f(x)$ 在该点 x_0 处的切线斜率. 然而在现实生活中我们往往又会遇到这个问题的反问题：已知一条曲线的切线斜率求该曲线方程. 用数学语言来描述就是给定已知函数 $f(x)$，要求可导函数 $F(x)$，使得 $F'(x)=f(x)$. 这就是求导的逆运算——不定积分.

第一节　不定积分的概念、性质

一、原函数与不定积分的概念

定义1　设 $f(x)$ 是定义在区间 I 上的函数，若存在可导函数 $F(x)$，使得对任一 $x\in I$，都有

$$F'(x) = f(x) \quad \text{或} \quad \mathrm{d}F(x) = f(x)\mathrm{d}x,$$

则称 $F(x)$ 为 $f(x)$ 在区间 I 上的一个原函数.

例如，x^2 是 $2x$ 在区间 $(-\infty, +\infty)$ 上的一个原函数，因为 $(x^2)'=2x$；又如 $-\cos x$，$-\cos x-2$ 都是 $\sin x$ 的原函数，因为 $(-\cos x)'=(-\cos x-2)'=\sin x, x\in(-\infty, +\infty)$.

因此，如果 $f(x)$ 有一个原函数，那么 $f(x)$ 就有无穷多个原函数，即如果 $F(x)$ 是 $f(x)$ 的一个原函数，那么 $F(x)+C$（其中 C 是任何常数）也是 $f(x)$ 的原函数.

另一方面，若 $F(x)$ 和 $G(x)$ 都是 $f(x)$ 的原函数，则由拉格朗日定理的推论可知，$F(x)$ 和 $G(x)$ 之间只相差一个常数，即 $G(x)=F(x)+C$. 从而 $f(x)$ 的所有原函数可以表示为 $F(x)+C$.

因此，我们有定义：

定义2　若 $F(x)$ 是函数 $f(x)$ 的一个原函数，则 $f(x)$ 的全体原函数 $F(x)+C$ 称为 $f(x)$ 的不定积分，记作 $\int f(x)\mathrm{d}x$，即

$$\int f(x)\mathrm{d}x = F(x)+C,$$

其中"$\int$"称为**积分符号**,$f(x)$ 称为**被积函数**,x 称为**积分变量**,$f(x)\mathrm{d}x$ 称为**被积表达式**,C 称为**积分常数**.

因此求已知函数的不定积分就是求它的一个原函数,再加上任意常数 C.

例 1   求函数 $f(x)=3x^2$ 的不定积分.

解   因为 $(x^3)'=3x^2$,

所以 $\int 3x^2\mathrm{d}x=x^3+C$.

例 2   求函数 $f(x)=\dfrac{1}{x}$ 的不定积分.

解   当 $x>0$ 时,$(\ln x)'=\dfrac{1}{x}$,因此 $\int\dfrac{1}{x}\mathrm{d}x=\ln x+C,x>0$;

当 $x<0$ 时,$[\ln(-x)]'=\dfrac{1}{-x}(-1)=\dfrac{1}{x}$,因此 $\int\dfrac{1}{x}\mathrm{d}x=\ln(-x)+C,x<0$,

所以 $\int\dfrac{1}{x}\mathrm{d}x=\ln|x|+C$.

例 3   设产品的边际成本是函数 $MC=2q+6$(千元/台),q 是产品的单位数量.已知生产的固定成本为 9 千元,求总成本函数 $C(q)$.

解   因为 $C'(q)=MC$,即 $C'(q)=2q+6$.又因为 $(q^2+6q+C)'=2q+6$,所以 $C(q)=\int(2q+6)\mathrm{d}q=q^2+6q+C(C$ 为任意常数).由固定成本为 9,可知 $C(0)=9$,解得常数 $C=9$,于是满足条件的总成本函数 $C(q)=q^2+6q+9$.

二、不定积分的几何意义

若 $F(x)$ 是 $f(x)$ 的一个原函数,则称 $y=F(x)$ 的图像为 $f(x)$ 的一条**积分曲线**.将这条曲线沿 y 轴向上或向下平移 $|C|$ 个单位长度就得到 $f(x)$ 的另一条积分曲线 $y=F(x)+C$.因为 C 可取任意常数,就可得到 $f(x)$ 的无数条积分曲线,这些曲线构成一簇积分曲线,因此不定积分表示 $f(x)$ 的**积分曲线簇**.显然,这些积分曲线在相同横坐标处的切线斜率是相同的,因此在这些点处的切线是互相平行的.如图 5-1 所示.

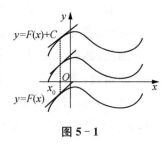

图 5-1

如果给定一个满足 $F(x_0)=y_0$ 的初始条件,就可以确定 C 的值,因此可以确定过点(x_0,y_0)的那条积分曲线.

例 4   已知曲线 $y=F(x)$ 在任一点 x 处的切线斜率是 $2x$,且曲线过点($-1,2$),求此曲线方程.

解   由题意得

$$F(x) = \int 2x\,\mathrm{d}x = x^2 + C.$$

由曲线过点 $(-1,2)$ 得 $F(-1) = 1 + C = 2$，

因而　$C = 1$.

所以　$y = x^2 + 1$ 就是所求曲线方程.

三、不定积分的性质

由不定积分的定义，容易得到下列性质：

以下我们总是假定所涉及的函数都是存在原函数的.

性质 1　求不定积分与求导数（或微分）互为逆运算

(1) $\left(\int f(x)\,\mathrm{d}x \right)' = f(x)$　或　$\mathrm{d}\int f(x)\,\mathrm{d}x = f(x)\,\mathrm{d}x,$　　　　　　　(1)

(2) $\int F'(x)\,\mathrm{d}x = F(x) + C$　或　$\int \mathrm{d}F(x) = F(x) + C.$　　　　　　　(2)

即：当微分运算（用记号 d 表示）和不定积分运算（用记号 $\int$ 表示）在一起时可以互相抵消；

当记号 $\int$ 和 d 在一起则互相抵消后加上任意常数 C.

性质 2　不为零的常数可以提到积分符号外面

$$\int k f(x)\,\mathrm{d}x = k \int f(x)\,\mathrm{d}x \quad (k \text{ 是常数}, k \neq 0). \tag{3}$$

证明　由导数运算法则

$$\left[k \int f(x)\,\mathrm{d}x \right]' = k \left[\int f(x)\,\mathrm{d}x \right]' = k f(x).$$

说明 $k \int f(x)\,\mathrm{d}x$ 是 $k f(x)$ 的不定积分.

性质 3　两个函数代数和的不定积分等于函数不定积分的代数和

$$\int [f(x) \pm g(x)]\,\mathrm{d}x = \int f(x)\,\mathrm{d}x \pm \int g(x)\,\mathrm{d}x. \tag{4}$$

证明　由导数加法运算法则

$$\left[\int f(x)\,\mathrm{d}x \pm \int g(x)\,\mathrm{d}x \right]' = \left[\int f(x)\,\mathrm{d}x \right]' \pm \left[\int g(x)\,\mathrm{d}x \right]' = f(x) \pm g(x),$$

因此　$\int f(x)\,\mathrm{d}x \pm \int g(x)\,\mathrm{d}x$ 是 $f(x) \pm g(x)$ 的不定积分.

四、基本积分表

由于求不定积分是求导的逆运算，因此由基本导数公式对应可得到基本积分表：

1. $\int 0 \mathrm{d}x = C,$

2. $\int 1 \mathrm{d}x = x + C,$

3. $\int x^a \mathrm{d}x = \dfrac{1}{a+1} x^{a+1} + C \quad (a \neq -1),$

4. $\int \dfrac{1}{x} \mathrm{d}x = \ln |x| + C,$

5. $\int \mathrm{e}^x \mathrm{d}x = \mathrm{e}^x + C,$

6. $\int a^x \mathrm{d}x = \dfrac{a^x}{\ln a} + C \quad (a > 0, a \neq 1),$

7. $\int \cos x \mathrm{d}x = \sin x + C,$

8. $\int \sin x \mathrm{d}x = -\cos x + C,$

9. $\int \sec^2 x \mathrm{d}x = \tan x + C,$

10. $\int \csc^2 x \mathrm{d}x = -\cot x + C,$

11. $\int \sec x \tan x \mathrm{d}x = \sec x + C,$

12. $\int \csc x \cot x \mathrm{d}x = -\csc x + C,$

13. $\int \dfrac{1}{\sqrt{1-x^2}} \mathrm{d}x = \arcsin x + C = -\arccos x + C,$

14. $\int \dfrac{1}{1+x^2} \mathrm{d}x = \arctan x + C = -\mathrm{arccot} x + C.$

基本积分表是计算不定积分的基础，必须熟记．利用基本积分表和不定积分的性质可以直接计算一些简单的不定积分，这种方法称为**直接积分法**．

例 5　求 $\int (2\mathrm{e}^x - 3\cos x) \mathrm{d}x.$

解　$\int (2\mathrm{e}^x - 3\cos x) \mathrm{d}x = 2\int \mathrm{e}^x \mathrm{d}x - 3\int \cos x \mathrm{d}x = 2\mathrm{e}^x - 3\sin x + C.$

例 6　求 $\int \sqrt[3]{x}(x-5) \mathrm{d}x.$

解　$\int \sqrt[3]{x}(x-5) \mathrm{d}x = \int x^{\frac{4}{3}} \mathrm{d}x - 5\int x^{\frac{1}{3}} \mathrm{d}x = \dfrac{3}{7} x^{\frac{7}{3}} - \dfrac{15}{4} x^{\frac{4}{3}} + C.$

例 7　求 $\int \dfrac{(x-2)^2}{x} \mathrm{d}x.$

解 $\displaystyle\int \frac{(x-2)^2}{x}\mathrm{d}x = \int \frac{x^2-4x+4}{x}\mathrm{d}x = \int \left(x-4+\frac{4}{x}\right)\mathrm{d}x$

$$= \frac{1}{2}x^2 - 4x + 4\ln|x| + C.$$

例8 求 $\displaystyle\int \frac{1+2x^2}{x^2(1+x^2)}\mathrm{d}x$.

解 $\displaystyle\int \frac{1+2x^2}{x^2(1+x^2)}\mathrm{d}x = \int \frac{x^2+(1+x^2)}{x^2(1+x^2)}\mathrm{d}x = \int \left(\frac{1}{1+x^2}+\frac{1}{x^2}\right)\mathrm{d}x = \arctan x - \frac{1}{x} + C.$

例9 求 $\displaystyle\int \frac{2-x^4}{1+x^2}\mathrm{d}x$.

解 $\displaystyle\int \frac{2-x^4}{1+x^2}\mathrm{d}x = \int \frac{1+(1-x^4)}{1+x^2}\mathrm{d}x = \int \left[\frac{1}{1+x^2}+\frac{(1+x^2)(1-x^2)}{1+x^2}\right]\mathrm{d}x$

$$= \arctan x + x - \frac{1}{3}x^3 + C.$$

例10 求 $\displaystyle\int \tan^2 x\mathrm{d}x$.

解 $\displaystyle\int \tan^2 x\mathrm{d}x = \int (\sec^2 x - 1)\mathrm{d}x = \tan x - x + C.$

当被积函数是三角函数时,对某些积分表中没有的,可以通过三角函数恒等变形化为基本积分表中已有的类型再积分. 下面再举几个三角函数的例子.

例11 求 $\displaystyle\int 2\cos^2 \frac{x}{2}\mathrm{d}x$.

解 $\displaystyle\int 2\cos^2 \frac{x}{2}\mathrm{d}x = \int (\cos x + 1)\mathrm{d}x = \sin x + x + C.$

例12 求 $\displaystyle\int \frac{\mathrm{d}x}{\cos^2 x \sin^2 x}$.

解 $\displaystyle\int \frac{\mathrm{d}x}{\cos^2 x \sin^2 x} = \int \frac{\cos^2 x + \sin^2 x}{\cos^2 x \sin^2 x}\mathrm{d}x$

$$= \int (\csc^2 x + \sec^2 x)\mathrm{d}x = -\cot x + \tan x + C.$$

注 当不定积分不能直接应用基本积分表和不定积分性质进行计算时,需先将被积函数化简或变形再进行计算,计算的结果是否正确,只需对结果求导,看其导数是否等于被积函数即可.

习题 5-1

1. 求下列不定积分:

(1) $\displaystyle\int \frac{1}{x^3}\mathrm{d}x$;

(2) $\displaystyle\int x^2\sqrt{x}\mathrm{d}x$;

(3) $\displaystyle\int \left(x+\frac{2}{x}+2\right)\mathrm{d}x$;

(4) $\displaystyle\int (x+2)^2\mathrm{d}x$;

(5) $\displaystyle\int (\sqrt{x} - 1)(x - \sqrt{x})\mathrm{d}x$;　　　(6) $\displaystyle\int \sqrt{x\sqrt{x}}\,\mathrm{d}x$;

(7) $\displaystyle\int 2^x 3^x \mathrm{d}x$;　　　(8) $\displaystyle\int (3\cos\theta - 3\sqrt{\theta})\mathrm{d}\theta$;

(9) $\displaystyle\int \left(\frac{3}{\sqrt{4 - 4x^2}} - \sin x\right)\mathrm{d}x$;　　　(10) $\displaystyle\int \cot^2 x\,\mathrm{d}x$;

(11) $\displaystyle\int \frac{x^2}{x^2 + 1}\mathrm{d}x$;　　　(12) $\displaystyle\int \frac{2x^2 + 1}{x^2(x^2 + 1)}\mathrm{d}x$;

(13) $\displaystyle\int \left(2\mathrm{e}^x - \frac{3}{x}\right)\mathrm{d}x$;　　　(14) $\displaystyle\int \mathrm{e}^x\left(1 + \frac{\mathrm{e}^{-x}}{\sqrt{x}}\right)\mathrm{d}x$;

(15) $\displaystyle\int \frac{x^2 - x - 6}{x + 2}\mathrm{d}x$;　　　(16) $\displaystyle\int \frac{\cos 2x}{\cos x - \sin x}\mathrm{d}x$;

(17) $\displaystyle\int \sec x(\sec x - \tan x)\mathrm{d}x$;　　　(18) $\displaystyle\int \frac{\mathrm{d}x}{1 + \cos 2x}$;

(19) $\displaystyle\int \frac{x^4}{1 + x^2}\mathrm{d}x$;　　　(20) $\displaystyle\int \frac{\cos 2x}{\cos^2 x \sin^2 x}\mathrm{d}x$.

2. 求一曲线 $y = f(x)$，使它在任一点处的切线斜率等于该点横坐标的倒数，且过点$(e, 2)$.

3. 已知某产品的利润 L 是广告支出 x 的函数，且满足

$$\frac{\mathrm{d}L}{\mathrm{d}x} = ax + b \quad (a > 0, b > 0, 常数),$$

当 $x = 0$ 时，$L(0) = 1$，求利润函数 $L(x)$.

4. 设某工厂每日生产的产品总成本 y 的变化率（边际成本）与日产量 x 的函数关系为 $y' = 7 + \dfrac{25}{\sqrt{x}}$，已知固定成本为 500 元，求总成本与日产量的函数关系.

第二节　换元积分法

在上一节我们利用基本积分表计算了一些不定积分，但是还是有很多不定积分无法通过这种方法求出来，例如 $\displaystyle\int x\mathrm{e}^{x^2}\mathrm{d}x$，$\displaystyle\int \tan x\,\mathrm{d}x$ 等. 因此，有必要寻求其他积分方法. 由于积分运算是求导运算的逆运算，我们考虑利用求导运算法则来推导出积分运算法. 本节将复合函数求导法则反过来用于求不定积分，这种方法我们称之为换元积分法，简称换元. 换元法的基本思想是通过适当的变量代换，将某些难计算的不定积分化为容易计算的不定积分. 换元法通常分为两类，第一类是把积分变量 x 作为自变量，引入中间变量 $u = \varphi(x)$；第二类是把积分变量 x 作为中间变量，引入自变量 t，作变换 $x = \varphi(t)$ 从而将复杂的被积函数化为容易通过

基本积分表与积分性质积分的函数，本节先讨论第一类换元法.

一、第一换元积分法（凑微分法）

例 1　求 $\int e^{-x} dx$.

分析　基本公式表中虽有 $\int e^x dx = e^x + C$，但这里不能直接应用，因为被积函数 e^{-x} 指数上是 $-x$ 而不是 x，所以是一个复合函数.

为了计算 $\int e^{-x} dx$，可以先变形再积分

$$\int e^{-x} dx = -\int e^{-x} d(-x),$$

令 $u = -x$，则

$$\int e^{-x} dx = -\int e^{-x} d(-x) = -\int e^u du = -e^u + C = -e^{-x} + C.$$

容易验证

$$(-e^{-x} + C)' = e^{-x}.$$

因此，这种先凑微分式，再变量代换将要求的积分化为公式中具有的形式求出原函数，然后再换回原来的变量的积分法称为**第一换元法**（或**凑微分法**）.

定理 1　设 $F(u)$ 是 $f(u)$ 的原函数，且 $u = \varphi(x)$ 可导，则有换元积分公式

$$\int f[\varphi(x)]\varphi'(x) dx = \int f[\varphi(x)] d\varphi(x) \xlongequal{\text{设 } \varphi(x) = u} \int f(u) du = F(u)\Big|_{u = \varphi(x)} + C$$
$$= F[\varphi(x)] + C. \tag{1}$$

证明　因为 $F[\varphi(x)]$ 是复合函数，由复合函数求导法，得

$$\Big\{ F[\varphi(x)] + C \Big\}' = F'(u)_{u=\varphi(x)} \varphi'(x) = f(u)_{u=\varphi(x)} \varphi'(x) = f[\varphi(x)]\varphi'(x).$$

所以 $F[\varphi(x)] + C$ 是 $f[\varphi(x)]\varphi'(x)$ 的原函数.

关于本定理有以下几点说明：

（1）利用第一换元积分的原因是被积函数 $f[\varphi(x)]\varphi'(x)$ 的原函数不好求，而 $f(u)$ 的原函数容易求，利用公式（1）可以化难为易.

（2）用第一换元法的关键在于，将待求的不定积分的被积函数看成两部分的乘积，一部分是 $\varphi(x)$ 的复合函数 $f[\varphi(x)]$，另一部分是 $\varphi(x)$ 的导数 $\varphi'(x)$，以便凑出微分 $d\varphi(x) = \varphi'(x) dx$.

（3）利用第一换元积分求不定积分时，常见的凑微分类型有

$$① \int f(ax+b) dx = \frac{1}{a} \int f(ax+b) d(ax+b) \quad (a \neq 0),$$

② $\int f(\ln x)\dfrac{1}{x}\mathrm{d}x = \int f(\ln x)\mathrm{d}\ln x,$

③ $\int f(\mathrm{e}^x)\mathrm{e}^x\mathrm{d}x = \int f(\mathrm{e}^x)\mathrm{d}\mathrm{e}^x,$

　　$\int f(a^x)a^x\mathrm{d}x = \dfrac{1}{\ln a}\int f(a^x)\mathrm{d}a^x,$

④ $\int f(\sin x)\cos x\mathrm{d}x = \int f(\sin x)\mathrm{d}\sin x,$

　　$\int f(\cos x)\sin x\mathrm{d}x = -\int f(\cos x)\mathrm{d}\cos x,$

⑤ $\int f(\tan x)\sec^2 x\mathrm{d}x = \int f(\tan x)\mathrm{d}\tan x,$

　　$\int f(\cot x)\csc^2 x\mathrm{d}x = -\int f(\cot x)\mathrm{d}\cot x,$

⑥ $\int f(\arcsin x)\dfrac{1}{\sqrt{1-x^2}}\mathrm{d}x = \int f(\arcsin x)\mathrm{d}\arcsin x,$

　　$\int f(\arctan x)\dfrac{1}{1+x^2}\mathrm{d}x = \int f(\arctan x)\mathrm{d}\arctan x.$

例 2　求 $\int (3x+1)^2\mathrm{d}x.$

解　设 $u = 3x+1$,则 $\mathrm{d}x = \dfrac{1}{3}\mathrm{d}u,$

$$\int (3x+1)^2\mathrm{d}x = \dfrac{1}{3}\int (3x+1)^2\mathrm{d}(3x+1) = \dfrac{1}{3}\int u^2\mathrm{d}u = \dfrac{1}{9}u^3 + C,$$

再将变量 $u = 3x+1$ 代入上式得

$$\int (3x+1)^2\mathrm{d}x = \dfrac{1}{9}u^3 + C = \dfrac{1}{9}(3x+1)^3 + C.$$

例 3　求 $\int x\sin x^2\mathrm{d}x.$

解　设 $u = x^2$,则 $x\mathrm{d}x = \dfrac{1}{2}\mathrm{d}u,$

$$\int x\sin x^2\mathrm{d}x = \int \sin x^2(x\mathrm{d}x) = \dfrac{1}{2}\int \sin x^2\mathrm{d}x^2 = \dfrac{1}{2}\int \sin u\mathrm{d}u = -\dfrac{1}{2}\cos u + C,$$

再将变量 $u = x^2$ 代入上式得

$$\int x\sin x^2\mathrm{d}x = -\dfrac{1}{2}\cos x^2 + C.$$

对换元积分法熟练以后可以不写出所设变量 $u.$

例 4　求 $\int \dfrac{x^2}{1-x^3}\mathrm{d}x.$

解　$\int \dfrac{x^2}{1-x^3}\mathrm{d}x = \dfrac{1}{3}\int \dfrac{\mathrm{d}x^3}{1-x^3} = -\dfrac{1}{3}\int \dfrac{\mathrm{d}(1-x^3)}{1-x^3} = -\dfrac{1}{3}\ln|1-x^3|+C.$

例 5　求 $\int \dfrac{1}{x}\ln x\mathrm{d}x.$

解　$\int \dfrac{1}{x}\ln x\mathrm{d}x = \int \ln x\mathrm{d}\ln x = \dfrac{1}{2}(\ln x)^2+C.$

例 6　求 $\int \dfrac{1}{a^2+x^2}\mathrm{d}x.$

解　$\int \dfrac{1}{a^2+x^2}\mathrm{d}x = \dfrac{1}{a^2}\int \dfrac{1}{1+\left(\dfrac{x}{a}\right)^2}\mathrm{d}x = \dfrac{1}{a}\int \dfrac{\mathrm{d}\left(\dfrac{x}{a}\right)}{1+\left(\dfrac{x}{a}\right)^2} = \dfrac{1}{a}\arctan\dfrac{x}{a}+C.$

此积分可以作为公式使用，同理还有当 $a>0$ 时，有

$$\int \frac{1}{\sqrt{a^2-x^2}}\mathrm{d}x = \arcsin\frac{x}{a}+C.$$

例 7　求 $\int \dfrac{\mathrm{d}x}{a^2-x^2}.$

解　$\int \dfrac{\mathrm{d}x}{a^2-x^2} = \int \dfrac{1}{(a-x)(a+x)}\mathrm{d}x = \dfrac{1}{2a}\left(\int \dfrac{1}{a-x}\mathrm{d}x + \int \dfrac{1}{a+x}\mathrm{d}x\right)$

$\qquad\qquad = \dfrac{1}{2a}\left[\int \dfrac{1}{a+x}\mathrm{d}(a+x) - \int \dfrac{1}{a-x}\mathrm{d}(a-x)\right]$

$\qquad\qquad = \dfrac{1}{2a}\ln|a+x| - \dfrac{1}{2a}\ln|a-x|+C$

$\qquad\qquad = \dfrac{1}{2a}\ln\left|\dfrac{a+x}{a-x}\right|+C.$

例 8　求 $\int \tan x\mathrm{d}x.$

解　$\int \tan x\mathrm{d}x = \int \dfrac{\sin x}{\cos x}\mathrm{d}x = -\int \dfrac{\mathrm{d}(\cos x)}{\cos x} = -\ln|\cos x|+C.$

同理，可得 $\int \cot x\mathrm{d}x = \int \dfrac{\cos x}{\sin x}\mathrm{d}x = \int \dfrac{\mathrm{d}(\sin x)}{\sin x}+C = \ln|\sin x|+C.$

此例也可以作为积分公式使用.

例 9　求 $\int \dfrac{\mathrm{d}x}{\sqrt{x}(1+x)}.$

解　$\int \dfrac{\mathrm{d}x}{\sqrt{x}(1+x)} = 2\int \dfrac{\mathrm{d}\sqrt{x}}{1+(\sqrt{x})^2} = 2\arctan\sqrt{x}+C.$

例 10　$\int \sin^2 x\mathrm{d}x.$

解　$\displaystyle\int \sin^2 x \mathrm{d}x = \int \frac{1-\cos 2x}{2}\mathrm{d}x = \frac{1}{2}\int \mathrm{d}x - \frac{1}{4}\int \cos 2x \mathrm{d}(2x) = \frac{x}{2} - \frac{1}{4}\sin 2x + C.$

例 11　求 $\displaystyle\int \sin^3 x \cos^3 x \mathrm{d}x.$

解　$\displaystyle\int \sin^3 x \cos^3 x \mathrm{d}x = \int \sin^3 x \cos^2 x \mathrm{d}(\sin x) = \int \sin^3 x (1-\sin^2 x)\mathrm{d}(\sin x)$

$$= \frac{1}{4}\sin^4 x - \frac{1}{6}\sin^6 x + C.$$

或　$\displaystyle\int \sin^3 x \cos^3 x \mathrm{d}x = -\int \sin^2 x \cos^3 x \mathrm{d}(\cos x) = -\int (1-\cos^2 x)\cos^3 x \mathrm{d}(\cos x)$

$$= \frac{1}{6}\cos^6 x - \frac{1}{4}\cos^4 x + C.$$

此例说明不同解法所得到的结果会在形式上有所不同,因此为保证正确性只要验证结果即可. 同时,我们也看到求复合函数的不定积分问题要比求复合函数的导数问题复杂得多,而如何选择合适的中间变量 $u=\varphi(x)$ 是至关重要的也是无迹可寻的,因此要想很好地掌握换元积分法,需要同学们多看一些经典的例子,多做练习.

例 12　求 $\displaystyle\int \sin^3 x \cos^2 x \mathrm{d}x.$

解　$\displaystyle\int \sin^3 x \cos^2 x \mathrm{d}x = -\int \sin^2 x \cos^2 x \mathrm{d}(\cos x)$

$$= -\int (1-\cos^2 x)\cos^2 x \mathrm{d}(\cos x)$$

$$= -\frac{1}{3}\cos^3 x + \frac{1}{5}\cos^5 x + C.$$

对于被积函数为形如 $\sin^\alpha x \cos^\beta x$ 的三角函数的不定积分,其求解方式有如下规律:

(1) 当 α,β 至少有一个是奇数时,例如 α 是奇数,则将 $\sin^\alpha x$ 拆分为 $\sin^{\alpha-1}x\sin x$,原积分化为容易积分的如下形式:

$$-\int \sin^{\alpha-1} x \cos^\beta x \mathrm{d}(\cos x) = -\int (1-\cos^2 x)^{\frac{\alpha-1}{2}} x \cos^\beta x \mathrm{d}(\cos x).$$

(2) 如果 α,β 都是偶数,先用倍角公式降幂,再看情况处理.

例 13　求 $\displaystyle\int \sec x \mathrm{d}x.$

解　$\displaystyle\int \sec x \mathrm{d}x = \int \frac{1}{\cos x}\mathrm{d}x = \int \frac{\cos x}{\cos^2 x}\mathrm{d}x = \int \frac{\mathrm{d}\sin x}{1-\sin^2 x}$

$$= \frac{1}{2}\left[\int \frac{\mathrm{d}(\sin x)}{1-\sin x} + \int \frac{\mathrm{d}(\sin x)}{1+\sin x}\right]$$

$$= -\frac{1}{2}\int \frac{\mathrm{d}(-\sin x)}{1-\sin x} + \frac{1}{2}\int \frac{\mathrm{d}(\sin x)}{1+\sin x}$$

$$= -\frac{1}{2}\ln|1-\sin x| + \frac{1}{2}\ln|1+\sin x| + C$$

$$= \ln\left|\frac{1+\sin x}{1-\sin x}\right|^{\frac{1}{2}} + C = \ln|\sec x + \tan x| + C.$$

同理，可得 $\int\csc x\mathrm{d}x = \ln|\csc x - \cot x| + C.$

例 14　求 $\int e^{3\tan x}\sec^2 x\mathrm{d}x.$

解　$\int e^{3\tan x}\sec^2 x\mathrm{d}x = \int e^{3\tan x}\mathrm{d}\tan x = \frac{1}{3}\int e^{3\tan x}\mathrm{d}(3\tan x) = \frac{1}{3}e^{3\tan x} + C.$

例 15　$\int\frac{\arctan\sqrt{x}}{\sqrt{x}(1+x)}\mathrm{d}x.$

解　$\int\frac{\arctan\sqrt{x}}{\sqrt{x}(1+x)}\mathrm{d}x = 2\int\frac{\arctan\sqrt{x}}{(1+x)}\mathrm{d}(\sqrt{x}) = 2\int\arctan\sqrt{x}\mathrm{d}(\arctan\sqrt{x}) = \arctan^2\sqrt{x} + C.$

例 16　$\int\frac{(1+x)e^x}{1+xe^x}\mathrm{d}x.$

解　$\int\frac{(1+x)e^x}{1+xe^x}\mathrm{d}x = \int\frac{\mathrm{d}(xe^x)}{1+xe^x} = \int\frac{\mathrm{d}(1+xe^x)}{1+xe^x} = \ln|1+xe^x| + C.$

从以上的例子中可以看出用第一换元积分法求不定积分时的灵活运用. 一般而言，用公式(1)求不定积分往往需要一定技巧，而且"凑微分"也无一般规律可循；只有熟记公式、多加练习才能逐步掌握方法.

二、第二换元积分法

第一类换元法是通过变量代换 $u=\varphi(x)$，将积分 $\int f[\varphi(x)]\varphi'(x)\mathrm{d}x$ 化为 $\int f(u)\mathrm{d}u.$

而有些积分是无法通过这种变量的代换的方法求出来的，例如 $\int\frac{1}{1+\sqrt{x}}\mathrm{d}x.$ 所以需要寻求别的解决方法，由于上述积分不容易求是因为有 $\sqrt{x}$ 的存在，所以考虑变量代换 $\sqrt{x}=t$，即 $x=t^2, \mathrm{d}x=2t\mathrm{d}t$，则

$$\int\frac{1}{1+\sqrt{x}}\mathrm{d}x = \int\frac{2t}{1+t}\mathrm{d}t = \int\left(2 - \frac{2}{1+t}\right)\mathrm{d}t = 2t - 2\ln|1+t| + C = 2\sqrt{x} - 2\ln(1+\sqrt{x}) + C.$$

上述做法就是第二换元法：

定理 2　设 $x=\varphi(t)$ 是单调可导函数，且 $\varphi'(t)\neq 0$，记 $t=\varphi^{-1}(x)$ 是 $x=\varphi(t)$ 的反函数. 又设 $f[\varphi(t)]\varphi'(t)$ 具有原函数 $F(t)$，则有换元公式

$$\int f(x)\mathrm{d}x \xlongequal{x=\varphi(t)} \int f[\varphi(t)]\mathrm{d}\varphi(t) = \int f[\varphi(t)]\varphi'(t)\mathrm{d}t = F(t)\Big|_{t=\varphi^{-1}(x)} + C$$
$$= F[\varphi^{-1}(x)] + C. \qquad (2)$$

证明　利用复合函数和反函数的求导法则,有

$$\frac{\mathrm{d}}{\mathrm{d}x}\Big\{F[\varphi^{-1}(x)] + C\Big\} = \frac{\mathrm{d}F(t)}{\mathrm{d}t}\frac{\mathrm{d}t}{\mathrm{d}x} = f(\varphi(t))\frac{\mathrm{d}x}{\mathrm{d}t}\frac{\mathrm{d}t}{\mathrm{d}x} = f(\varphi(t)) = f(x).$$

即　$F[\varphi^{-1}(x)] + C$ 是 $f(x)$ 的原函数.

注　(1) 第二换元积分法主要是引入新变量 $x=\varphi(t)$,要求 $f[\varphi(t)]\varphi'(t)$ 比 $f(x)$ 要容易积分. 求出原函数后不要忘记变量还原.

(2) 第二换元法如果 $x=\varphi(t)$ 选择恰当,会使积分非常容易. 而变换 $x=\varphi(t)$ 的选取是没有固定原则的,只能根据具体被积函数的特点来确定,下面我们介绍一些常见的第二换元形式.

(一) 若被积函数中含有 $\sqrt[n]{ax+b}$ 或 $\sqrt[n]{\dfrac{ax+b}{cx+d}}\Big(\dfrac{a}{c}\neq\dfrac{b}{d}\Big)$,可直接令其为 t,消去根式,再化简计算.

例 17　求 $\displaystyle\int \frac{x}{\sqrt{x+1}}\mathrm{d}x$.

解　为消去被积函数中根式,考虑

令 $\sqrt{x+1}=t$,则 $x=t^2-1, \mathrm{d}x=2t\mathrm{d}t$,有

$$\int \frac{x}{\sqrt{x+1}}\mathrm{d}x = \int \frac{2t(t^2-1)}{t}\mathrm{d}t = 2\int(t^2-1)\mathrm{d}t$$
$$= \frac{2}{3}t^3 - 2t + C$$
$$= \frac{2}{3}\sqrt{(x+1)^3} - 2\sqrt{x+1} + C.$$

或
$$\int \frac{x}{\sqrt{x+1}}\mathrm{d}x = \int \frac{x+1-1}{\sqrt{x+1}}\mathrm{d}x = \int \sqrt{x+1}\mathrm{d}(x+1) - \int \frac{1}{\sqrt{x+1}}\mathrm{d}(x+1)$$
$$= \frac{2}{3}(x+1)^{\frac{3}{2}} - 2\sqrt{x+1} + C.$$

例 18　求 $\displaystyle\int \frac{\mathrm{d}x}{\sqrt{x}+\sqrt[3]{x}}$.

解　为了同时消去两个根式,考虑令 $x=t^6$,则 $\sqrt{x}=t^3, \sqrt[3]{x}=t^2, \mathrm{d}x=6t^5\mathrm{d}t$,于是

$$\int \frac{\mathrm{d}x}{\sqrt{x}+\sqrt[3]{x}} = \int \frac{6t^5}{t^3+t^2}\mathrm{d}t = 6\int \frac{t^3}{t+1}\mathrm{d}t = 6\int \frac{t^3+1-1}{t+1}\mathrm{d}t$$
$$= 6\int\Big(t^2-t+1-\frac{1}{t+1}\Big)\mathrm{d}t$$

$$= 2t^3 - 3t^2 + 6t - 6\ln|1+t| + C$$

$$= 2\sqrt{x} - 3\sqrt[3]{x} + 6\sqrt[6]{x} - 6\ln(1+\sqrt[6]{x}) + C.$$

例 19　求 $\displaystyle\int \frac{1}{\sqrt{1+\mathrm{e}^x}}\mathrm{d}x.$

解　令 $\sqrt{1+\mathrm{e}^x}=t$，则 $x=\ln(t^2-1), \mathrm{d}x=\dfrac{2t\,\mathrm{d}t}{t^2-1},$

所以 $\displaystyle\int \frac{1}{\sqrt{1+\mathrm{e}^x}}\mathrm{d}x = 2\int \frac{1}{t^2-1}\mathrm{d}t = \int \frac{(t+1)-(t-1)}{t^2-1}\mathrm{d}t = \int \frac{\mathrm{d}t}{t-1} - \int \frac{\mathrm{d}t}{t+1}$

$$= \int \frac{1}{t-1}\mathrm{d}(t-1) - \int \frac{1}{t+1}\mathrm{d}(t+1)$$

$$= \ln\left|\frac{t-1}{t+1}\right| + C = \ln\frac{\sqrt{1+\mathrm{e}^x}-1}{\sqrt{1+\mathrm{e}^x}+1} + C.$$

例 20　求 $\displaystyle\int \frac{1}{x}\sqrt{\frac{1+x}{x}}\mathrm{d}x.$

解　令 $\sqrt{\dfrac{1+x}{x}}=t$，则 $x=\dfrac{1}{t^2-1}, \mathrm{d}x=\dfrac{-2t}{(t^2-1)^2}$，于是

$$\int \frac{1}{x}\sqrt{\frac{1+x}{x}}\mathrm{d}x = \int (t^2-1)\cdot t\cdot\frac{-2t}{(t^2-1)^2}\mathrm{d}t = -2\int \frac{t^2}{t^2-1}\mathrm{d}t = -2\int\left(1+\frac{1}{t^2-1}\right)\mathrm{d}t$$

$$= -2\left(t+\frac{1}{2}\ln\left|\frac{t-1}{t+1}\right|\right) + C = -2\sqrt{\frac{1+x}{x}} - \ln\left|\frac{\sqrt{\dfrac{1+x}{x}}-1}{\sqrt{\dfrac{1+x}{x}}+1}\right| + C$$

$$= -2\sqrt{\frac{1+x}{x}} - \ln\left|\frac{\sqrt{x+1}-\sqrt{x}}{\sqrt{x+1}+\sqrt{x}}\right| + C.$$

例 21　求 $\displaystyle\int \frac{\sqrt{1+\ln x}}{x\ln x}\mathrm{d}x.$

解　令 $\sqrt{1+\ln x}=t$，则 $x=\mathrm{e}^{t^2-1}, \mathrm{d}x=2t\mathrm{e}^{t^2-1}\mathrm{d}t$，则

$$\int \frac{\sqrt{1+\ln x}}{x\ln x}\mathrm{d}x = \int \frac{t}{\mathrm{e}^{t^2-1}(t^2-1)}\cdot 2t\mathrm{e}^{t^2-1}\mathrm{d}t = 2\int \frac{t^2}{t^2-1}\mathrm{d}t$$

$$= 2\int\left(1+\frac{1}{t^2-1}\right)\mathrm{d}t = 2t + \ln\left|\frac{t-1}{t+1}\right| + C$$

$$= 2\sqrt{1+\ln x} + \ln\left|\frac{(\sqrt{1+\ln x}-1)^2}{\ln x}\right| + C.$$

（二）当被积函数含有形如 $\sqrt{a^2-x^2}, \sqrt{a^2+x^2}, \sqrt{x^2-a^2}$ 的式子，可考虑用三角函数代换.

例 22 求 $\int \sqrt{a^2-x^2}\,dx\,(a>0)$.

解 为了化去被积函数中的根式 $\sqrt{a^2-x^2}$，考虑三角公式 $\sin^2 t+\cos^2 t=1$.

令 $x=a\sin t,-\dfrac{\pi}{2}<t<\dfrac{\pi}{2}$，则 $dx=a\cos t\,dt$，代入有

$$\int \sqrt{a^2-x^2}\,dx = \int \sqrt{a^2-a^2\sin^2 t}\,a\cos t\,dt$$

$$= \int a^2\cos^2 t\,dt = \frac{a^2}{2}\int(1+\cos 2t)\,dt$$

$$= \frac{a^2}{2}t + \frac{a^2}{4}\int \cos 2t\,d(2t)$$

$$= \frac{a^2}{2}t + \frac{a^2}{4}\sin 2t + C.$$

由于 $x=a\sin t,-\dfrac{\pi}{2}<t<\dfrac{\pi}{2}$，所以 $t=\arcsin\dfrac{x}{a}$，

$$\cos t=\sqrt{1-\sin^2 t}=\frac{\sqrt{a^2-x^2}}{a},$$

于是，$\int \sqrt{a^2-x^2}\,dx = \dfrac{a^2}{2}\arcsin\dfrac{x}{a} + \dfrac{x\sqrt{a^2-x^2}}{2} + C.$

例 23 求 $\int \dfrac{dx}{\sqrt{x^2+a^2}}\,(a>0)$.

解 令 $x=a\tan t,dx=a\sec^2 t\,dt$，则

$$\int \frac{dx}{\sqrt{x^2+a^2}} = \int \frac{\cos t}{a}\,a\sec^2 t\,dt$$

$$= \int \frac{1}{\cos t}\,dt = \ln|\sec t+\tan t|+C$$

$$= \ln\left|\frac{\sqrt{x^2+a^2}}{a}+\frac{x}{a}\right|+C \quad (由图\ 5-2\ 可得)$$

$$= \ln\left|x+\sqrt{x^2+a^2}\right|+C_1,$$

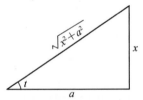

图 5-2

其中 $C_1=C-\ln a$.

例 24 求 $\int \dfrac{dx}{\sqrt{x^2-a^2}}\,(a>0)$.

解 当 $x>a$ 时，令 $x=a\sec t,0<t<\dfrac{\pi}{2}$，则 $dx=a\sec t\tan t\,dt$

所以 $\int \dfrac{dx}{\sqrt{x^2-a^2}} = \int \dfrac{a\sec t\tan t}{\sqrt{a^2\sec^2 t-a^2}}\,dt$

$$= \int \frac{1}{a\tan t} a\sec t\tan t\,dt$$

$$= \int \frac{dt}{\cos t} = \ln|\sec t + \tan t| + C.$$

为了要把 $\sec t$ 和 $\tan t$ 换成 x 的函数，可以根据 $\sec t = \dfrac{1}{\cos t} = \dfrac{x}{a}$ 作辅

助三角形(图 5-3)，从而有 $\tan t = \dfrac{\sqrt{x^2-a^2}}{a}$，于是

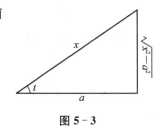

图 5-3

$$\int \frac{dx}{\sqrt{x^2-a^2}} = \ln\left(\frac{x}{a} + \frac{\sqrt{x^2-a^2}}{a}\right) + C$$

$$= \ln(x + \sqrt{x^2-a^2}) + C_1,$$

其中 $C_1 = C - \ln a$.

当 $x < -a$ 时，令 $x = -u$，则 $u > a$，根据上段结果，有

$$\int \frac{dx}{\sqrt{x^2-a^2}} = -\int \frac{du}{\sqrt{u^2-a^2}} = -\ln(u + \sqrt{u^2-a^2}) + C_1$$

$$= -\ln(-x + \sqrt{x^2-a^2}) + C_1$$

$$= \ln\left(\frac{-x - \sqrt{x^2-a^2}}{a^2}\right) + C_1 = \ln(-x - \sqrt{x^2-a^2}) + C_2,$$

其中 $C_2 = C_1 - \ln a^2$.

综上可得 $\displaystyle\int \frac{dx}{\sqrt{x^2-a^2}} = \ln\left|x + \sqrt{x^2-a^2}\right| + C.$

以上三例是三角代换，可总结为以下情况：

$$\text{被积函数含有}\begin{cases} \sqrt{a^2-x^2}\text{时，} & \text{可设 } x=a\sin t, \quad |t|<\frac{\pi}{2}, \\[2mm] \sqrt{a^2+x^2}\text{时，} & \text{可设 } x=a\tan t, \quad |t|<\frac{\pi}{2}, \\[2mm] \sqrt{x^2-a^2}\text{时，} & \text{可设 } x=a\sec t, \quad 0<t<\frac{\pi}{2}. \end{cases}$$

(三) 若被积函数是含有 $\sqrt{ax^2+bx+c}$ 类型的，可以先将根式内有理项配方成上述三种类型再积分. 如：

例 25 求 $\displaystyle\int \frac{dx}{\sqrt{9x^2+6x+5}}$.

解 $\displaystyle\int \frac{dx}{\sqrt{9x^2+6x+5}} = \int \frac{dx}{\sqrt{(3x+1)^2+4}} = \frac{1}{3}\int \frac{d(3x+1)}{\sqrt{(3x+1)^2+2^2}}$

$$= \frac{1}{3}\ln\left|(3x+1)+\sqrt{9x^2+6x+5}\right|+C.$$

若被积函数分母次数比分子次数较高,则可以考虑倒代换,例如:

例 26 求 $\displaystyle\int\frac{\mathrm{d}x}{x^3(1+x^2)}$.

解 令 $x=\dfrac{1}{t}$,则 $\mathrm{d}x=-\dfrac{1}{t^2}\mathrm{d}t$,于是

$$\int\frac{\mathrm{d}x}{x^3(1+x^2)}=-\int\frac{t^3}{1+t^2}\mathrm{d}t=-\int\left(t-\frac{t}{1+t^2}\right)\mathrm{d}t=-\frac{t^2}{2}+\frac{\ln(1+t^2)}{2}+C$$

$$=\frac{1}{2}\ln\left(1+\frac{1}{x^2}\right)-\frac{1}{2x^2}+C.$$

本节用换元积分得到一些常用积分,这些积分可以作为公式补充的基本积分表,现列举如下:

(15) $\displaystyle\int\tan x\,\mathrm{d}x=-\ln|\cos x|+C,$

(16) $\displaystyle\int\cot x\,\mathrm{d}x=\ln|\sin x|+C,$

(17) $\displaystyle\int\sec x\,\mathrm{d}x=\ln|\sec x+\tan x|+C,$

(18) $\displaystyle\int\csc x\,\mathrm{d}x=-\ln|\csc x-\cot x|+C,$

(19) $\displaystyle\int\frac{\mathrm{d}x}{a^2+x^2}=\frac{1}{a}\arctan\frac{x}{a}+C,$

(20) $\displaystyle\int\frac{\mathrm{d}x}{\sqrt{a^2-x^2}}=\arcsin\frac{x}{a}+C\ (a>0),$

(21) $\displaystyle\int\frac{\mathrm{d}x}{a^2-x^2}=\frac{1}{2a}\ln\left|\frac{a+x}{a-x}\right|+C,$

(22) $\displaystyle\int\frac{\mathrm{d}x}{x^2-a^2}=\frac{1}{2a}\ln\left|\frac{x-a}{x+a}\right|+C,$

(23) $\displaystyle\int\sqrt{a^2-x^2}\,\mathrm{d}x=\frac{a^2}{2}\arcsin\frac{x}{a}+\frac{x}{2}\sqrt{a^2-x^2}+C\ (a>0),$

(24) $\displaystyle\int\frac{\mathrm{d}x}{\sqrt{x^2\pm a^2}}=\ln\left|x+\sqrt{x^2\pm a^2}\right|+C\ (a>0).$

习题 5 - 2

1. 求下列不定积分:

(1) $\displaystyle\int e^{\frac{x}{2}}\,\mathrm{d}x$;

(2) $\displaystyle\int\cos(-4x)\,\mathrm{d}x$;

(3) $\int 3^{3x}\mathrm{d}x$;

(4) $\int \dfrac{\mathrm{d}x}{(2x+3)^4}$;

(5) $\int \dfrac{\mathrm{d}x}{4x^2+9}$;

(6) $\int \dfrac{\mathrm{d}u}{\sqrt{1-2u}}$;

(7) $\int v\sqrt{2-3v^2}\mathrm{d}v$;

(8) $\int \dfrac{x\mathrm{d}x}{\sqrt{4-x^2}}$;

(9) $\int \dfrac{x\mathrm{d}x}{2x^2+3}$;

(10) $\int \dfrac{\mathrm{d}x}{\sqrt{4-x^2}}$;

(11) $\int \dfrac{x\mathrm{d}x}{4+x^4}$;

(12) $\int \dfrac{\arctan x\mathrm{d}x}{1+x^2}$;

(13) $\int \dfrac{(\ln x)^2\mathrm{d}x}{x}$;

(14) $\int \dfrac{\mathrm{d}x}{x\ln x}$;

(15) $\int (2x-1)\cos(x^2-x+1)\mathrm{d}x$;

(16) $\int \dfrac{\mathrm{d}x}{4x^2+4x+5}$;

(17) $\int \dfrac{\sin x}{1+\cos x}\mathrm{d}x$;

(18) $\int \dfrac{\mathrm{d}x}{9-4x^2}$;

(19) $\int \dfrac{\mathrm{d}x}{x^2-3x-10}$;

(20) $\int \cos^2 x\mathrm{d}x$;

(21) $\int \sin^3 x\mathrm{d}x$;

(22) $\int \mathrm{e}^{\cos x}\sin x\mathrm{d}x$;

(23) $\int \mathrm{e}^x\sin\mathrm{e}^x\mathrm{d}x$;

(24) $\int \dfrac{\mathrm{d}x}{\sqrt{x}\,\sin^2\sqrt{x}}$;

(25) $\int \dfrac{\mathrm{d}x}{\sqrt{4-x^2}\arcsin\dfrac{x}{2}}$;

(26) $\int \dfrac{\mathrm{d}t}{\mathrm{e}^t+\mathrm{e}^{-t}}$;

(27) $\int \left(1-\dfrac{1}{x^2}\right)\mathrm{e}^{x+\frac{1}{x}}\mathrm{d}x$;

(28) $\int \dfrac{x^3}{9+x^2}\mathrm{d}x$;

(29) $\int \sin x\cos(\cos x)\mathrm{d}x$;

(30) $\int x^3\tan x^4\mathrm{d}x$;

(31) $\int \tan^3 x\mathrm{d}x$;

(32) $\int \tan^4 x\mathrm{d}x$.

2. 求下列不定积分:

(1) $\int x\sqrt{x+1}\mathrm{d}x$;

(2) $\int \dfrac{\mathrm{d}x}{\sqrt{x}+\sqrt[3]{x^2}}$(提示:令 $x^{\frac{1}{6}}=t$);

(3) $\int \dfrac{\sqrt{x}}{\sqrt{x}-1}\mathrm{d}x$;

(4) $\int \dfrac{\sqrt{x^2-4}}{x}\mathrm{d}x$;

(5) $\int \dfrac{\mathrm{d}x}{\sqrt{2x-x^2}}$;

(6) $\int \dfrac{\mathrm{d}x}{\sqrt{x-3}+1}$;

(7) $\int \dfrac{\mathrm{d}x}{(1+x^2)^2}$;

(8) $\int \dfrac{\mathrm{d}x}{\sqrt{(4-x^2)^3}}$;

$(9) \int \dfrac{\mathrm{d}x}{x\,\sqrt{x^2-1}}$;

$(10) \int \dfrac{\mathrm{d}x}{\sqrt{4x^2-9}}$;

$(11) \int \dfrac{1}{x}\,\sqrt{\dfrac{1+x}{x}}\,\mathrm{d}x$;

$(12) \int \sqrt{1+\mathrm{e}^x}\,\mathrm{d}x$.

第三节　分部积分法

使用换元积分法可以求出大量的不定积分,但对形如 $\int \ln x\mathrm{d}x,\int x\sin x\mathrm{d}x$ 等类型的不定积分又是束手无策的. 本节我们介绍解决这类不定积分问题的一种有效方法 —— 分部积分法.

定理(分部积分法)　设函数 $u=u(x),v=v(x)$ 具有连续导数,且不定积分 $\int u'v\mathrm{d}x$ 存在,则 $\int uv'\mathrm{d}x$ 也存在,并且有

$$\int uv'\mathrm{d}x = uv - \int u'v\mathrm{d}x. \tag{1}$$

此公式称为分部积分公式,常简写作

$$\int u\mathrm{d}v = uv - \int v\mathrm{d}u. \tag{1'}$$

证明　由乘积求导法则,有

$\int (uv)'\mathrm{d}x = \int (u'v + uv')\mathrm{d}x = \int u'v\mathrm{d}x + \int uv'\mathrm{d}x$, 移项有

$$\int uv'\mathrm{d}x = \int (uv)'\mathrm{d}x - \int u'v\mathrm{d}x = uv - \int u'v\mathrm{d}x.$$

在用公式 $(1')$ 时要注意以下两点:

(1) 当被积函数 $f(x)$ 是两类初等函数的乘积时可以考虑使用公式 $(1')$,因为当 $\int u\mathrm{d}v$ 不易求出而 $\int v\mathrm{d}u$ 容易求出时,分部积分将起到化难为易的作用. 计算步骤为

$\int f(x)\mathrm{d}x$　　　　　　　　　　被积函数拆成两部分 u 和 v'

$= \int uv'\mathrm{d}x = \int u\mathrm{d}v$　　　　　把 $v'\mathrm{d}x$ 凑成 $\mathrm{d}v$

　　　　　　　　　　　　　　　　代入公式并求 u'

$= \int u\mathrm{d}v = uv - \int v\mathrm{d}u = uv - \int vu'\mathrm{d}x$

只要 $\int vu'\mathrm{d}x$ 比 $\int uv'\mathrm{d}x$ 容易积分,就可以直接计算 $\int vu'\mathrm{d}x$ 了.

(2) 如何选取正确的 u,v 是分部积分法的关键所在.

例 1 求 $\int x\cos x\mathrm{d}x.$

解 设 $u=x,\mathrm{d}v=\cos x\mathrm{d}x,$ 则 $\mathrm{d}u=\mathrm{d}x,v=\sin x,$

代入公式,有

$$\int x\cos x\mathrm{d}x = \int x\mathrm{d}\sin x = x\sin x + \int \sin x\mathrm{d}x = x\sin x - \cos x + C.$$

请思考:为何不设 $u=\cos x,\mathrm{d}v=x\mathrm{d}x$?

针对这样的问题,我们总结出这样的先后次序"反三角函数→对数函数→幂函数→指数函数→三角函数",即当被积函数是上述五类函数中的两类相乘时,排序在前的作为 u,而排序在后的作为 v'.

例 2 求 $\int x\mathrm{e}^x\mathrm{d}x.$

解 设 $u=x,\mathrm{d}v=\mathrm{e}^x\mathrm{d}x,$ 则 $\mathrm{d}u=\mathrm{d}x,v=\mathrm{e}^x,$

代入公式,有

$$\int x\mathrm{e}^x\mathrm{d}x = \int x\mathrm{d}\mathrm{e}^x = x\mathrm{e}^x - \int \mathrm{e}^x\mathrm{d}x = x\mathrm{e}^x - \mathrm{e}^x + C.$$

在计算熟练之后,替换过程可以省略.

例 3 求 $\int x\arctan x\mathrm{d}x.$

解
$$\int x\arctan x\mathrm{d}x = \int \arctan x\mathrm{d}\left(\frac{x^2}{2}\right) = \frac{x^2}{2}\arctan x - \int \frac{x^2}{2}\mathrm{d}(\arctan x)$$
$$= \frac{x^2}{2}\arctan x - \frac{1}{2}\int \frac{x^2}{1+x^2}\mathrm{d}x$$
$$= \frac{x^2}{2}\arctan x - \frac{1}{2}\int \frac{1+x^2-1}{1+x^2}\mathrm{d}x$$
$$= \frac{x^2}{2}\arctan x - \frac{1}{2}(x - \arctan x) + C.$$

例 4 求 $\int \ln x\mathrm{d}x.$

解 $\int \ln x\mathrm{d}x = x\ln x - \int x\mathrm{d}\ln x = x\ln x - \int x\frac{\mathrm{d}x}{x} = x\ln x - x + C.$

例 5 求 $\int x(\ln x)^2\mathrm{d}x.$

解 $\int x(\ln x)^2\mathrm{d}x = \int (\ln x)^2\mathrm{d}\left(\frac{1}{2}x^2\right)$

$$= \frac{1}{2}x^2(\ln x)^2 - \frac{1}{2}\int x^2 \cdot 2\ln x \frac{\mathrm{d}x}{x}$$

$$= \frac{1}{2}x^2(\ln x)^2 - \int x\ln x\mathrm{d}x = \frac{1}{2}x^2(\ln x)^2 - \frac{1}{2}\int \ln x\mathrm{d}x^2$$

$$= \frac{1}{2}x^2(\ln x)^2 - \frac{1}{2}\left(x^2\ln x - \int x^2\frac{\mathrm{d}x}{x}\right)$$

$$= \frac{1}{2}x^2[(\ln x)^2 - \ln x] + \frac{1}{2}\int x\mathrm{d}x$$

$$= \frac{1}{2}x^2[(\ln x)^2 - \ln x] + \frac{1}{4}x^2 + C.$$

此题用了两次分部积分,有些积分需要两次或更多次的分部积分才能完成.

而有些积分在连续使用分部积分后会出现和原来积分相同类型的项,通过移项解方程后可以求出结果.

例 6　求 $\displaystyle\int e^x\cos x\mathrm{d}x$.

解　$I = \displaystyle\int e^x\cos x\mathrm{d}x$

$$= \int e^x\mathrm{d}\sin x$$

$$= e^x\sin x - \int e^x\sin x\mathrm{d}x = e^x\sin x - \int e^x\mathrm{d}(-\cos x)$$

$$= e^x\sin x + e^x\cos x - \int \cos x e^x\mathrm{d}x$$

$$= e^x\sin x + e^x\cos x - I.$$

移项整理后,得

$$\int e^x\cos x\mathrm{d}x = \frac{1}{2}e^x(\sin x + \cos x) + C.$$

此题使用了两次分部积分后出现了原不定积分,将其移项得到了所求积分. 注意这种被积函数含有 $e^{ax}\cos bx$(a,b 是参数)(或者 $e^{ax}\sin bx$(a,b 是参数))类型的积分在两次分部的过程中,要保持设 u 和 $\mathrm{d}v$ 的形式一致,否则会出现何种情况,请读者自行验证考虑.

例 7　求 $\displaystyle\int \sec^3 x\mathrm{d}x$.

解　$\displaystyle\int \sec^3 x\mathrm{d}x = \int \sec^2 x\sec x\mathrm{d}x = \int (1 + \tan^2 x)\sec x\mathrm{d}x$

$$= \int \sec x\mathrm{d}x + \int \tan x\mathrm{d}(\sec x)$$

$$= \ln|\sec x + \tan x| + \sec x\tan x - \int \sec x\mathrm{d}(\tan x)$$

$$= \ln|\sec x + \tan x| + \sec x \tan x - \int \sec^3 x \mathrm{d}x.$$

移项得

$$\int \sec^3 x \mathrm{d}x = \frac{1}{2}(\ln|\sec x + \tan x| + \sec x \tan x) + C.$$

有些积分还要结合分部积分法、换元积分法综合求解.

例 8　求 $\displaystyle\int \frac{\arcsin\sqrt{x}}{\sqrt{x}}\mathrm{d}x$.

解　设 $\sqrt{x}=t$，则 $\mathrm{d}x = \mathrm{d}t^2$，

$$\int \frac{\arcsin\sqrt{x}}{\sqrt{x}}\mathrm{d}x = \int \frac{\arcsin t}{t} 2t\mathrm{d}t = 2\int \arcsin t \mathrm{d}t = 2t\arcsin t - 2\int \frac{t}{\sqrt{1-t^2}}\mathrm{d}t$$

$$= 2t\arcsin t + \int \frac{\mathrm{d}(1-t^2)}{\sqrt{1-t^2}} = 2t\arcsin t + 2\sqrt{1-t^2} + C$$

$$= 2\sqrt{x}\arcsin\sqrt{x} + 2\sqrt{1-x} + C.$$

例 9　求 $\displaystyle\int \frac{x\mathrm{e}^x}{\sqrt{\mathrm{e}^x-1}}\mathrm{d}x$.

解　令 $\sqrt{\mathrm{e}^x-1}=t$，则 $x=\ln(1+t^2)$，$\mathrm{d}x = \dfrac{2t}{1+t^2}\mathrm{d}t$.

$$\int \frac{x\mathrm{e}^x}{\sqrt{\mathrm{e}^x-1}}\mathrm{d}x = 2\int \ln(1+t^2)\mathrm{d}t = 2\left[t\ln(1+t^2) - \int \frac{2t^2}{1+t^2}\mathrm{d}t\right]$$

$$= 2t\ln(1+t^2) - 4\int\left(1 - \frac{1}{1+t^2}\right)\mathrm{d}t$$

$$= 2t\ln(1+t^2) - 4t + 4\arctan t + C$$

$$= 2x\sqrt{\mathrm{e}^x-1} - 4\sqrt{\mathrm{e}^x-1} + 4\arctan\sqrt{\mathrm{e}^x-1} + C.$$

习题 5 - 3

1. 用分部积分法求下列不定积分：

(1) $\displaystyle\int x\sin x \mathrm{d}x$；

(2) $\displaystyle\int x\ln x \mathrm{d}x$；

(3) $\displaystyle\int x\mathrm{e}^{-x} \mathrm{d}x$；

(4) $\displaystyle\int \arcsin x \mathrm{d}x$；

(5) $\displaystyle\int x\cos\frac{x}{2} \mathrm{d}x$；

(6) $\displaystyle\int x^3\sin x^2 \mathrm{d}x$；

(7) $\displaystyle\int x\csc^2 x \mathrm{d}x$；

(8) $\displaystyle\int \mathrm{e}^{-t}\sin t \mathrm{d}t$；

(9) $\int \sin(\ln x)\mathrm{d}x$;

(10) $\int x\cos 3x\mathrm{d}x$;

(11) $\int \mathrm{e}^{\sqrt{x}}\mathrm{d}x$;

(12) $\int x^2\arctan x\mathrm{d}x$;

(13) $\int \ln(x^2+1)\mathrm{d}x$;

(14) $\int \dfrac{\ln\ln x}{x}\mathrm{d}x$;

(15) $\int \dfrac{x}{\cos^2 x}\mathrm{d}x$;

(16) $\int \dfrac{1}{x^3}\mathrm{e}^{\frac{1}{x}}\mathrm{d}x$.

*第四节　有理函数的积分

有理函数是指由两个多项式函数相除而得到的函数,一般形式为

$$f(x)=\frac{P(x)}{Q(x)}=\frac{a_nx^n+a_{n-1}x^{n-1}+\cdots+a_1x+a_0}{b_mx^m+b_{m-2}x^{m-1}+\cdots+b_1x+b_0},$$

其中 m 为正整数, n 为非负整数, $a_0,a_1,a_2,\cdots,a_n$ 与 $b_0,b_1,b_2,\cdots,b_m$ 都是常数,且 $a_n\neq 0, b_m\neq 0$. 若 $n<m$,则称其为真分式;若 $n\geqslant m$,则称为其假分式.

利用多项式除法,一个假分式可以化为一个多项式和一个真分式之和. 如: $\dfrac{x^3+x+1}{x^2+1}=x+\dfrac{1}{x^2+1}$, $\dfrac{x^4+1}{x^2+x+1}=x^2-x+\dfrac{x+1}{x^2+x+1}$ 等.

由于多项式的不定积分是可以直接求出的,所以求有理函数不定积分的关键就在于真分式的积分.

由代数学知识可知,利用待定系数法总可以将一个有理真分式分解为若干个简单分式的和. 因此,有理真分式的积分问题就可以转化为简单分式的积分,为此关键的就是如何将有理真分式分解为简单分式.

简单分式是指如下四种类型的"最简真分式":

(1) $\dfrac{A}{x-a}$;

(2) $\dfrac{A}{(x-a)^n}$, $n=2,3,\cdots$;

(3) $\dfrac{Ax+B}{x^2+px+q}$, $p^2-4q<0$;

(4) $\dfrac{Ax+B}{(x^2+px+q)^n}$, $p^2-4q<0$, $n=2,3,\cdots$.

下面我们通过例题来说明有理真分式的不定积分:

例 1　求 $\int \dfrac{3x-5}{x^2-3x+2}\mathrm{d}x$.

分析　这里被积函数已经是真分式，于是可设

$\dfrac{3x-5}{x^2-3x+2}=\dfrac{3x-5}{(x-1)(x-2)}=\dfrac{A}{x-1}+\dfrac{B}{x-2}$，只要 A 和 B 满足 $A(x-2)+B(x-1)=$

$3x-5$ 即可，即 $\begin{cases}A+B=3,\\2A+B=5,\end{cases}$ 得 $A=2,B=1$，

于是

解　$\displaystyle\int\dfrac{3x-5}{x^2-3x+2}\mathrm{d}x=2\displaystyle\int\dfrac{1}{x-1}\mathrm{d}x+\displaystyle\int\dfrac{1}{x-2}\mathrm{d}x$

$\qquad\qquad\qquad\qquad=2\ln|x-1|+\ln|x-2|+C$

$\qquad\qquad\qquad\qquad=\ln|(x-1)^2(x-2)|+C.$

注意　将实系数真分式 $\dfrac{P(x)}{Q(x)}$ 分解成部分分式时，应先将分母 $Q(x)$ 分解因式，若 $Q(x)$ 有

一次因式 $ax+b$，则分解后对应有形如 $\dfrac{A}{ax+b}$ 的部分分式.

例 2　求 $\displaystyle\int\dfrac{x-3}{(x+1)(x-2)^2}\mathrm{d}x.$

解　设 $\dfrac{x-3}{(x+1)(x-2)^2}=\dfrac{A}{x+1}+\dfrac{B}{x-2}+\dfrac{C}{(x-2)^2}$，

去分母，可得 $x-3=A(x-2)^2+B(x+1)(x-2)+C(x+1)$，

令 $x=-1$，得 $A=-\dfrac{4}{9}$；令 $x=2$ 得 $C=-\dfrac{1}{3}$；

比较上式两边 x^2 的系数，得 $-\dfrac{4}{9}+B=0$，即 $B=\dfrac{4}{9}$.

因此

$\displaystyle\int\dfrac{x-3}{(x+1)(x-2)^2}\mathrm{d}x=-\dfrac{4}{9}\displaystyle\int\dfrac{\mathrm{d}x}{x+1}+\dfrac{4}{9}\displaystyle\int\dfrac{\mathrm{d}x}{x-2}-\dfrac{1}{3}\displaystyle\int\dfrac{\mathrm{d}x}{(x-2)^2}$

$\qquad\qquad\qquad\qquad\qquad=-\dfrac{4}{9}\ln|x+1|+\dfrac{4}{9}\ln|x-2|+\dfrac{1}{3(x-2)}+C$

$\qquad\qquad\qquad\qquad\qquad=\dfrac{4}{9}\ln\left|\dfrac{x-2}{x+1}\right|+\dfrac{1}{3(x-2)}+C.$

注意　当分母 $Q(x)$ 中含 k 重一次因式 $(x-a)^k$ 时，分解后对应下列 k 个部分分式之和：

$$\dfrac{A_1}{x-a}+\dfrac{A_2}{(x-a)^2}+\cdots+\dfrac{A_k}{(x-a)^k},$$

其中 $A_i(i=1,2,\cdots,k)$ 为待定系数.

例 3　求 $\displaystyle\int\dfrac{2x^2}{(x+1)(x^2+1)}\mathrm{d}x.$

解　令 $\dfrac{2x^2}{(x+1)(x^2+1)}=\dfrac{A}{1+x}+\dfrac{Bx+C}{1+x^2}$, 则 $\begin{cases}A+B=2,\\B+C=0,\\A+C=0,\end{cases}$ 解得 $A=1,B=1,C=-1.$

则　$\displaystyle\int\frac{2x^2}{(x+1)(x^2+1)}\mathrm{d}x=\int\frac{\mathrm{d}x}{1+x}+\int\frac{x-1}{1+x^2}\mathrm{d}x$

$\displaystyle\qquad\qquad=\ln|1+x|+\int\left(\frac{x}{1+x^2}-\frac{1}{1+x^2}\right)\mathrm{d}x$

$\displaystyle\qquad\qquad=\ln|1+x|+\frac{1}{2}\ln(1+x^2)-\arctan x+C.$

例 4　求 $\displaystyle\int\frac{x-1}{x^2+2x+3}\mathrm{d}x.$

解　$\displaystyle\int\frac{x-1}{x^2+2x+3}\mathrm{d}x=\frac{1}{2}\int\frac{2x+2-4}{x^2+2x+3}\mathrm{d}x=\frac{1}{2}\int\frac{\mathrm{d}(x^2+2x)}{x^2+2x+3}-2\int\frac{\mathrm{d}x}{x^2+2x+3}$

$\displaystyle\qquad=\frac{1}{2}\ln(x^2+2x+3)-2\int\frac{\mathrm{d}x}{(x+1)^2+2}$

$\displaystyle\qquad=\frac{1}{2}\ln(x^2+2x+3)-2\int\frac{\mathrm{d}x}{(x+1)^2+(\sqrt{2})^2}$

$\displaystyle\qquad=\frac{1}{2}\ln(x^2+2x+3)-\sqrt{2}\int\frac{1}{1+\left(\dfrac{x+1}{\sqrt{2}}\right)^2}\mathrm{d}\left(\frac{x+1}{\sqrt{2}}\right)$

$\displaystyle\qquad=\frac{1}{2}\ln(x^2+2x+3)-\sqrt{2}\arctan\frac{x+1}{\sqrt{2}}+C.$

例 5　求 $\displaystyle\int\frac{2x^3+x-1}{(x^2+1)^2}\mathrm{d}x.$

解　因为 $\dfrac{2x^3+x-1}{(x^2+1)^2}=\dfrac{2x}{x^2+1}-\dfrac{x+1}{(x^2+1)^2}$, 有

$\displaystyle\int\frac{2x^3+x-1}{(x^2+1)^2}\mathrm{d}x=\int\left(\frac{2x}{x^2+1}-\frac{x+1}{(x^2+1)^2}\right)\mathrm{d}x$

$\displaystyle\qquad=\int\frac{\mathrm{d}(x^2+1)}{x^2+1}-\frac{1}{2}\int\frac{\mathrm{d}(x^2+1)}{(x^2+1)^2}-\int\frac{\mathrm{d}x}{(x^2+1)^2}$

$\displaystyle\qquad=\ln(x^2+1)+\frac{1}{2(x^2+1)}-\int\frac{\mathrm{d}x}{(x^2+1)^2},$

对 $\displaystyle\int\frac{\mathrm{d}x}{(x^2+1)^2}$, 令 $x=\tan u$, 则

$\displaystyle\int\frac{\mathrm{d}x}{(x^2+1)^2}=\int\cos^2 u\,\mathrm{d}u=\frac{1}{2}\int(1+\cos 2u)\mathrm{d}u=\frac{1}{2}u+\frac{1}{4}\sin 2u+C_1$

$\displaystyle\qquad=\frac{1}{2}\arctan x+\frac{x}{2(x^2+1)}+C_1,$

所以

$$\int \frac{2x^3+x-1}{(x^2+1)^2}dx = \ln(x^2+1) + \frac{1}{2(x^2+1)} - \frac{1}{2}\arctan x - \frac{x}{2(x^2+1)} + C, \text{其中} C = -C_1.$$

综上所述，求有理函数不定积分的一般步骤是：

(1) 将有理函数分解为多项式与真分式之和(如果它是假分式)；

(2) 将真分式分解为部分分式之和(如果它不是最简真分式)；

(3) 求多项式和部分分式的不定积分.

最后需要指出，不是所有连续的初等函数都有初等的原函数，如 $\int e^{-x^2}dx, \int \frac{\sin x}{x}dx, \int \frac{dx}{\ln x},$ 等等，这些积分俗称"积不出来的"(即原函数不是初等函数).

习题 5-4

1. 求下列有理函数的不定积分：

(1) $\int \frac{x-2}{x^2-7x+12}dx$；

(2) $\int \frac{x+1}{(x-1)^3}dx$；

(3) $\int \frac{dx}{1+x^3}$；

(4) $\int \frac{x}{(x^2+1)(x^2+4)}dx$；

(5) $\int \frac{x^2+1}{(x+1)^2(x-1)}dx$；

(6) $\int \frac{x^4-2x^3+x^2+1}{x(x-1)^2}dx$.

复习题五

1. 不定项选择题

(1) 下列各题中解答正确的有(　　　).

(A) $\int e^{2x}dx = e^{2x} + C$

(B) $\int \sin(-x)dx = \cos(-x) + C$

(C) $\int \text{arccot}x dx = -\frac{1}{1+x^2} + C$

(D) $\int \frac{1}{\sqrt{1-x}}dx = 2\sqrt{1-x} + C$

(2) 若 $F'(x) = f(x)$，则正确的有(　　　).

(A) $\int e^x f(e^x)dx = F(e^x) + C$

(B) $\int \frac{f(\tan x)}{\cos^2 x}dx = F(\tan x) + C$

(C) $\int \frac{f\left(\frac{1}{x}\right)}{x^2}dx = F\left(\frac{1}{x}\right) + C$

(D) $\int \frac{f(\ln x)}{x}dx = F(\ln x) + C$

(3) 设 $\int f(x)dx = x^2 + C$，则 $\int xf(1-x^2)dx = ($　　　$)$.

(A) $2(1-x^2)^2 + C$

(B) $-2(1-x^2)^2 + C$

(C) $\frac{1}{2}(1-x^2)^2+C$ 　　　　　　　　　　(D) $-\frac{1}{2}(1-x^2)^2+C$

(4) $\int \mathrm{d}(\arcsin\sqrt{x})=($ 　　 $)$.

(A) $\arcsin\sqrt{x}$ 　　　(B) $\arcsin\sqrt{x}+C$ 　　(C) $\arccos\sqrt{x}+C$ 　　(D) $\arccos\sqrt{x}$

(5) 若 $\int \mathrm{d}f(x)=\int \mathrm{d}g(x)$, 则不正确的是(　　).

(A) $f(x)=g(x)$ 　　　　　　　　　　(B) $f'(x)=g'(x)$

(C) $\mathrm{d}\int f'(x)\mathrm{d}x=\mathrm{d}\int g'(x)\mathrm{d}x$ 　　　　(D) $\mathrm{d}f(x)=\mathrm{d}g(x)$

(6) 若 $\int f(\sqrt{x})\mathrm{d}x=x^2+C$, 则 $\int f(x)\mathrm{d}x=($ 　　 $)$.

(A) x^2+C 　　　(B) x^4+C 　　　(C) $\frac{2}{3}x^3+C$ 　　　(D) $2x^2+C$

(7) 若 $\int f(x)\mathrm{d}x=\ln(x+\sqrt{1+x^2})+C$, 则 $f'(x)=($ 　　 $)$.

(A) $\ln(x+\sqrt{1+x^2})$ 　　　　　　(B) $\dfrac{1}{1+\sqrt{1+x^2}}$

(C) $\dfrac{1}{\sqrt{1+x^2}}$ 　　　　　　　(D) $\dfrac{-x}{\sqrt{(1+x^2)^3}}$

(8) 已知 $f(\cos x)=\sin^2 x$, 则有 $\int f(x-1)\mathrm{d}x=($ 　　 $)$.

(A) $-\dfrac{x^3}{3}+x^2+C$ 　　　　　　(B) $-\dfrac{x^3}{3}+x^2+2x+C$

(C) $-\dfrac{(x-1)^3}{3}+(x-1)+C$ 　　　(D) $\dfrac{x^3}{3}+x^2+C$

2. 求下列不定积分:

(1) $\int \mathrm{e}^{3x+2}\mathrm{d}x$; 　　　　　　　　(2) $\int \dfrac{\sin\dfrac{1}{x}}{x^2}\mathrm{d}x$;

(3) $\int \dfrac{2x-3}{(x^2-3x+8)^2}\mathrm{d}x$; 　　　　(4) $\int \dfrac{x\arctan x^2}{1+x^4}\mathrm{d}x$;

(5) $\int \sqrt{x}\sin\sqrt{x}\mathrm{d}x$; 　　　　　　(6) $\int \dfrac{x+\cos x}{x^2+2\sin x}\mathrm{d}x$;

(7) $\int \sin^4 x\mathrm{d}x$; 　　　　　　　　(8) $\int \dfrac{\mathrm{d}x}{\sqrt{3x+2}-\sqrt{3x-2}}$.

3. 已知 $\int f'(\tan x)\mathrm{d}x=\tan x+x+C$, 求函数 $f(x)$.

4. 已知 $f(u)$ 有二阶连续的导数, 求 $\int \mathrm{e}^{2x}f''(\mathrm{e}^x)\mathrm{d}x$.

第六章 定积分

在初等数学中,我们利用面积公式计算过矩形、梯形等规则的平面图形的面积,而一些不规则的平面图形的面积就没有计算公式了,但是我们日常生活中又经常碰到不规则的平面图形的面积问题,本章将通过定积分的学习来解决不规则图形的面积计算. 定积分的概念是在解决实际问题的过程中形成并逐步发展起来的. 它是与不定积分既有区别又有联系的一个基本概念,但是它们之间又有什么区别和联系呢? 它到底又能解决哪些实际问题呢? 让我们带着这些问题开始本章的学习.

第一节 定积分的概念

一、两个经典实例

下面从两个经典实例出发,看一下定积分定义的由来和形式.

1. 曲边梯形的面积

例 1 在直角坐标系中由连续曲线 $y=f(x)$ 且 $f(x) \geqslant 0$,直线 $x=a, x=b$ 及 x 轴所围成的平面图形称作**曲边梯形**,如图 6-1. 求其面积 S.

分析 曲边梯形和规则的梯形是不同的,所以不能用梯形的面积公式来求面积.

我们看到 $f(x)$ 在 $[a,b]$ 上是连续变化的,因此,可以考虑把区间 $[a,b]$ 划分成许多小区间,在这些小区间上 $f(x)$ 变化不大. 在每个小区间上任选一点处的高来近似代替这个小区间所对应的小曲边梯形的高,这样小曲边梯形面积就可以用小矩形面积来近似代替,如图 6-2. 然后把所有的小矩形的面积之和作为曲边梯形面积的近似值. 当区间 $[a,b]$ 无限细分,即每个小区间的长度趋于零时,这个近似值的极限就是曲边梯形的面积. 下面我们按这个思路来求:

解 第一步:分割

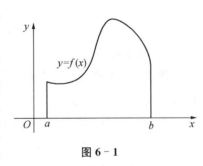

图 6-1

在区间 $[a,b]$ 内任取 $(n-1)$ 个点,它们依次为 $a=x_0<x_1<x_2<\cdots<x_n=b$. 这些点将区间 $[a,b]$ 分割成 n 个小区间 $[x_{i-1},x_i]$, $i=1$, $2,\cdots,n$,每个小区间长度记为 $\Delta x_i=x_i-x_{i-1}$. 然后用直线 $x=x_i$, $i=1,2,\cdots,n-1$ 把曲边梯形面积 n 分割成 n 个小曲边梯形面积 $S_1,S_2,\cdots,S_n$(图 6-2).

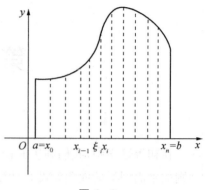

第二步:近似

在每个小区间 $[x_{i-1},x_i]$ 上任取一点 ξ_i 作以 $f(\xi_i)$ 为高,$[x_{i-1},x_i]$ 为底的小矩形. 当分割 $[a,b]$ 的点较多,又分割得较细时,曲线 $y=f(x)$ 在每个小区间上的变化很小. 于是每个小曲边梯形的面积就可近似地按矩形公式计算,即

图 6-2

$$S_i \approx f(\xi_i)\Delta x_i, i=1,2,\cdots,n.$$

第三步:求和

将 n 个小矩形的面积相加,得到的和就是相应 n 个小曲边梯形面积之和也就是所求曲边梯形面积 S 的近似值:

$$S=\sum_{i=1}^{n}S_i \approx \sum_{i=1}^{n}f(\xi_i)\Delta x_i.$$

第四步:取极限

当分点数 $n-1$ 无限增大,小区间中最大区间长度 $\Delta x=\max_{1\leqslant i\leqslant n}\{\Delta x_i\}\to0$ 时,就有

$$\sum_{i=1}^{n}f(\xi_i)\Delta x_i \to S,$$

即

$$S=\lim_{\Delta x\to0}\sum_{i=1}^{n}f(\xi_i)\Delta x_i.$$

2. 收益问题

例 2 设某产品的生产是连续进行的,总产量 Q 是时间 t 的函数. 如果总产量的变化率为 $Q'(t)=q(t)$(单位:吨/日),求投产后从 $t=a$(天)到 $t=b$(天)这一时间段上的总产量.

分析 因为总产量的变化率是随时间变化的,所以不能直接用变化率乘以时间来求总产量. 可以考虑将 $[a,b]$ 这一时间段分成 n 个小区间,在每个小区间上将产量的变化率看成是不变的,此时这个问题就可以和例 1 类似了.

解 将区间 $[a,b]$ 分割成 n 个小区间,在每个小区间 $[t_{i-1},t_i]$ 上任取一 τ_i 在小区间上的总产量变化率 $q(\tau_i)$ 乘以区间长度 $\Delta t_i=t_i-t_{i-1}$ 作为此小区间上总产量的近似值,即

$$Q_i(t) \approx q(\tau_i)\Delta t_i, i=1,2,\cdots,n,$$

于是,总成本就可用这 n 个小区间上总产量之和来近似,即

$$\sum_{i=1}^{n} Q_i(t) \approx \sum_{i=1}^{n} q(\tau_i) \Delta t_i, i = 1, 2, \cdots, n,$$

当最大的小区间长度 $\Delta t = \max\limits_{1 \leqslant i \leqslant n} \{\Delta t_i\} \rightarrow 0$ 时的极限就是要求的总产量,即

$$Q(t) = \lim_{\Delta t \to 0} \sum_{i=1}^{n} q(\tau_i) \Delta t_i.$$

上面两个例子都是通过"分割、近似、求和、取极限"的方法化为

$$\sum_{i=1}^{n} f(\xi_i) \Delta x_i$$

形式的极限问题. 还有许多实际问题也都可以归结为这种极限,这就是定积分概念产生的背景.

二、定积分的定义

定义　如果函数 $f(x)$ 在区间 $[a,b]$ 上有定义,用点 $a = x_0 < x_1 < x_2 < \cdots < x_n = b$ 将区间 $[a,b]$ 分成 n 个小区间 $[x_{i-1}, x_i]$ $(i = 1, 2, \cdots, n)$,其长度为 $\Delta x_i = x_i - x_{i-1}$,在每个小区间 $[x_{i-1}, x_i]$ 上任取一点 ξ_i $(x_{i-1} \leqslant \xi_i \leqslant x_i)$,则乘积 $f(\xi_i) \Delta x_i$ $(i = 1, 2, \cdots, n)$ 称为**积分元素**. 总和

$$S_n = \sum_{i=1}^{n} f(\xi_i) \Delta x_i$$

称为**积分和**. 若当 n 无限增大,而 Δx_i 中最大者 $\Delta x = \max\limits_{1 \leqslant i \leqslant n} \{\Delta x_i\} \rightarrow 0$ 时,总和 S_n 的极限存在,且此极限与 $[a,b]$ 的分法以及 ξ_i 的取法无关,则称函数 $f(x)$ 在区间 $[a,b]$ 上是可积的,并将此极限值称为函数 $f(x)$ 在区间 $[a,b]$ 上的**定积分**,记作

$$\int_a^b f(x) \mathrm{d}x,$$

即

$$\int_a^b f(x) \mathrm{d}x = \lim_{\Delta x \to 0} \sum_{i=1}^{n} f(\xi_i) \Delta x_i.$$

其中 $f(x)$ 称为**被积函数**, $f(x)\mathrm{d}x$ 称为**被积表达式**, x 称为**积分变量**, $[a,b]$ 称为**积分区间**, a 称为**积分下限**, b 称为**积分上限**.

按定积分定义,上面两个例子可表述如下:

1. 曲边梯形的面积 S 是函数 $y = f(x)$ 在区间 $[a,b]$ 上的定积分,即

$$S = \int_a^b f(x) \mathrm{d}x.$$

2. 产品总产量是其变化率在时间区间$[a,b]$上的定积分,即

$$Q(t) = \int_a^b q(t)\mathrm{d}t.$$

对于定积分的概念,应注意以下几点:

(1) 定积分$\int_a^b f(x)\mathrm{d}x$是积分和的极限,如果极限存在,那么它就是一个确定的常数,且此常数只与被积函数$f(x)$和积分区间$[a,b]$有关,而与积分变量所用字母无关,即有

$$\int_a^b f(x)\mathrm{d}x = \int_a^b f(t)\mathrm{d}t = \int_a^b f(u)\mathrm{d}u.$$

(2) 可以证明,有限区间$[a,b]$上的连续函数$f(x)$(或者$f(x)$在区间$[a,b]$上只有有限个第一类间断点)是可积的.

(3) 在定积分中,我们总是假定$a<b$,如果$a>b$,我们规定

$$\int_b^a f(x)\mathrm{d}x = -\int_a^b f(x)\mathrm{d}x.$$

即:定积分的上限与下限互换时,定积分变号.

特别地,当$a=b$时,有

$$\int_a^a f(x)\mathrm{d}x = 0.$$

三、定积分的几何意义

由定积分的定义,可知如果连续函数$y=f(x)\geqslant 0$,那么函数$y=f(x)$在区间$[a,b]$上的定积分$\int_a^b f(x)\mathrm{d}x$在几何上就表示由曲线$y=f(x)$及直线$x=a$,$x=b$和x轴所围成的曲边梯形的面积,即$S = \int_a^b f(x)\mathrm{d}x$.

在$[a,b]$上,若函数$f(x)<0$,则$\int_a^b f(x)\mathrm{d}x$在几何上表示由曲线$y=f(x)$及直线$x=a$,$x=b$和x轴所围成的曲边梯形(在x轴的下方)的面积的相反数,即$S = -\int_a^b f(x)\mathrm{d}x$.

在$[a,b]$上$y=f(x)$有正有负时,则$\int_a^b f(x)\mathrm{d}x$在几何上表示由曲线$y=f(x)$及直线$x=a$,$x=b$和x轴所围成的各部分面积的代数和,见图$6-3$,即

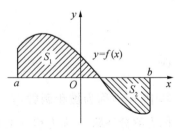

图 6-3

$$\int_a^b f(x)\mathrm{d}x = S_1 - S_2.$$

第二节 定积分的性质

由定积分的定义,可以直接证明定积分有如下一些性质:(假设函数在所讨论的区间上都是可积的)

性质 1 常数因子可以提到积分号前,即

$$\int_a^b kf(x)\mathrm{d}x = k\int_a^b f(x)\mathrm{d}x(k\text{ 为常数}).$$

证明
$$\int_a^b kf(x)\mathrm{d}x = \lim_{\Delta x\to 0}\sum_{i=1}^n kf(\xi_i)\Delta x_i$$
$$= k\lim_{\Delta x\to 0}\sum_{i=1}^n f(\xi_i)\Delta x_i = k\int_a^b f(x)\mathrm{d}x.$$

性质 2 两个函数代数和的定积分,等于这两个函数定积分的代数和,即

$$\int_a^b [f(x)\pm g(x)]\mathrm{d}x = \int_a^b f(x)\mathrm{d}x \pm \int_a^b g(x)\mathrm{d}x.$$

证明
$$\int_a^b [f(x)\pm g(x)]\mathrm{d}x = \lim_{\Delta x\to 0}\sum_{i=1}^n [f(\xi_i)\pm g(\xi_i)]\Delta x_i$$
$$= \lim_{\Delta x\to 0}\Big[\sum_{i=1}^n f(\xi_i)\Delta x_i \pm \sum_{i=1}^n g(\xi_i)\Delta x_i\Big]$$
$$= \lim_{\Delta x\to 0}\sum_{i=1}^n f(\xi_i)\Delta x_i \pm \lim_{\Delta x\to 0}\sum_{i=1}^n g(\xi_i)\Delta x_i$$
$$= \int_a^b f(x)\mathrm{d}x \pm \int_a^b g(x)\mathrm{d}x.$$

此性质可推广到任意有限多个函数的代数和的情形.

性质 3(定积分的可加性) 对于任意三个数 a,b,c,总有

$$\int_a^b f(x)\mathrm{d}x = \int_a^c f(x)\mathrm{d}x + \int_c^b f(x)\mathrm{d}x.$$

证明 (1) 当 $a<c<b$ 时,因为 $f(x)$ 在 $[a,b]$ 上可积,所以不论怎样分割 $[a,b]$,积分和的极限都是不变的,我们可以使 c 永远是个分点,那么

$$\sum_{[a,b]} f(\xi_i)\Delta x_i = \sum_{[a,c]} f(\xi_i)\Delta x_i + \sum_{[c,b]} f(\xi_i)\Delta x_i,$$

其中 $\sum_{[a,b]},\sum_{[a,c]},\sum_{[c,b]}$ 分别表示在相应区间上的分割求和. 令 $\Delta x\to 0$,上式两边同时取极限,即得

$$\int_a^b f(x)\mathrm{d}x = \int_a^c f(x)\mathrm{d}x + \int_c^b f(x)\mathrm{d}x.$$

（2）当 $a<b<c$ 时，由（1）可得

$$\int_a^c f(x)\mathrm{d}x = \int_a^b f(x)\mathrm{d}x + \int_b^c f(x)\mathrm{d}x$$

$$= \int_a^b f(x)\mathrm{d}x - \int_c^b f(x)\mathrm{d}x,$$

移项可得

$$\int_a^b f(x)\mathrm{d}x = \int_a^c f(x)\mathrm{d}x + \int_c^b f(x)\mathrm{d}x.$$

对于 a,b,c 三数的其他大小关系，此式依然成立.

性质 4　若函数 $f(x)=k$（k 为常数），$a\leqslant x\leqslant b$，则

$$\int_a^b k\,\mathrm{d}x = k(b-a).$$

特别地　当 $k=1$ 时，有

$$\int_a^b \mathrm{d}x = b-a.$$

证明　$\displaystyle\int_a^b k\,\mathrm{d}x = \lim_{\Delta x\to 0}\sum_{i=1}^n k\Delta x_i = k\lim_{\Delta x\to 0}\sum_{i=1}^n \Delta x_i = k(b-a).$

性质 5（定积分的可比性）　若函数 $f(x),g(x)$ 在区间 $[a,b]$ 上总有 $f(x)\leqslant g(x)$，则

$$\int_a^b f(x)\mathrm{d}x \leqslant \int_a^b g(x)\mathrm{d}x.$$

证明　$\displaystyle\int_a^b g(x)\mathrm{d}x - \int_a^b f(x)\mathrm{d}x = \int_a^b [g(x)-f(x)]\mathrm{d}x$

$$= \lim_{\Delta x\to 0}\sum_{i=1}^n [g(\xi_i)-f(\xi_i)]\Delta x_i.$$

因为　$g(\xi_i)-f(\xi_i)\geqslant 0,\Delta x_i\geqslant 0\ (i=1,2,\cdots,n),$

故　$\displaystyle\lim_{\Delta x\to 0}\sum_{i=1}^n [g(\xi_i)-f(\xi_i)]\Delta x_i \geqslant 0,$

$$\int_a^b g(x)\mathrm{d}x - \int_a^b f(x)\mathrm{d}x \geqslant 0,$$

即　$\displaystyle\int_a^b f(x)\mathrm{d}x \leqslant \int_a^b g(x)\mathrm{d}x.$

性质 6（定积分的可估性）　若函数 $f(x)$ 在区间 $[a,b]$ 上的最大值与最小值分别是 M 与 m，则

$$m(b-a) \leqslant \int_a^b f(x)\mathrm{d}x \leqslant M(b-a).$$

证明　由于 $m \leqslant f(x) \leqslant M$,则由性质5可得

$$\int_a^b m\mathrm{d}x \leqslant \int_a^b f(x)\mathrm{d}x \leqslant \int_a^b M\mathrm{d}x,$$

再由性质4得到

$$m(b-a) \leqslant \int_a^b f(x)\mathrm{d}x \leqslant M(b-a).$$

它的几何意义是:由曲线 $y=f(x)$,$x=a$,$x=b$ 和 x 轴所围成的曲边梯形面积,介于以区间$[a,b]$为底,以最小纵坐标 m 及最大纵坐标 M 为高的矩形面积之间,如图 6-4.

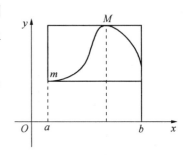

图 6-4

性质7(积分中值定理)　若函数 $f(x)$ 在区间$[a,b]$上连续,则 $f(x)$ 在$[a,b]$内至少存在一点 ξ,使得下式成立:

$$\int_a^b f(x)\mathrm{d}x = f(\xi)(b-a) \quad (a \leqslant \xi \leqslant b).$$

证明　由于 $f(x)$ 在区间$[a,b]$上连续,所以它有最大值 M 与最小值 m.由性质6有

$$m(b-a) \leqslant \int_a^b f(x)\mathrm{d}x \leqslant M(b-a),$$

即

$$m \leqslant \frac{\int_a^b f(x)\mathrm{d}x}{b-a} \leqslant M.$$

这就表示数 $\dfrac{1}{b-a}\int_a^b f(x)\mathrm{d}x$ 介于函数 $f(x)$ 的最大值 M 与最小值 m 之间,因为函数 $f(x)$ 在$[a,b]$内连续,由连续函数的介值定理知,至少存在一点 $\xi \in [a,b]$,使得

$$f(\xi) = \frac{1}{b-a}\int_a^b f(x)\mathrm{d}x,$$

两边同乘以 $b-a$,即得

$$\int_a^b f(x)\mathrm{d}x = f(\xi)(b-a) \quad (a \leqslant \xi \leqslant b).$$

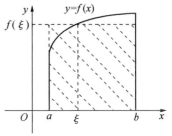

图 6-5

积分中值定理的几何意义是:曲线 $y=f(x)$,直线 $x=a$,$x=b$及 x 轴所围成的曲边梯形的面积等于以区间$[a,b]$为底,以这个区间内某一点 ξ 处的函数值 $f(\xi)$ 为高的矩形的面积,如图 6-5.

称 $f(\xi) = \dfrac{1}{b-a}\displaystyle\int_a^b f(x)\mathrm{d}x$ 为函数 $y=f(x)$ 在区间 $[a,b]$ 上的积分平均值.

例 1 比较下列各对积分值的大小.

(1) $\displaystyle\int_0^1 x^2\mathrm{d}x$ 与 $\displaystyle\int_0^1 x^3\mathrm{d}x$；   (2) $\displaystyle\int_0^{\frac{\pi}{2}} \sin x\mathrm{d}x$ 与 $\displaystyle\int_{-\frac{\pi}{2}}^0 \sin x\mathrm{d}x$.

解 (1) 由于 $x\in[0,1]$ 时, $x^2 \geqslant x^3$,

所以由性质 5 可知 $\displaystyle\int_0^1 x^2\mathrm{d}x \geqslant \int_0^1 x^3\mathrm{d}x$.

(2) 由于 $x\in\left[-\dfrac{\pi}{2},0\right]$ 时 $\sin x \leqslant 0$；而当 $x\in\left[0,\dfrac{\pi}{2}\right]$ 时 $\sin x \geqslant 0$,

所以 $\displaystyle\int_{-\frac{\pi}{2}}^0 \sin x\mathrm{d}x \leqslant 0, \int_0^{\frac{\pi}{2}} \sin x\mathrm{d}x \geqslant 0$,

则 $\displaystyle\int_0^{\frac{\pi}{2}} \sin x\mathrm{d}x \geqslant \int_{-\frac{\pi}{2}}^0 \sin x\mathrm{d}x$.

习题 6 - 2

1. 不计算积分值,比较下列定积分的大小:

(1) $\displaystyle\int_0^1 x\mathrm{d}x$ 与 $\displaystyle\int_0^1 x^3\mathrm{d}x$；   (2) $\displaystyle\int_3^4 x\mathrm{d}x$ 与 $\displaystyle\int_3^4 \sqrt{x}\mathrm{d}x$；

(3) $\displaystyle\int_1^2 (\ln x)^2\mathrm{d}x$ 与 $\displaystyle\int_1^2 \ln x\mathrm{d}x$；   (4) $\displaystyle\int_0^{\frac{\pi}{2}} \sin x\mathrm{d}x$ 与 $\displaystyle\int_0^{\frac{\pi}{2}} \sin^2 x\mathrm{d}x$；

(5) $\displaystyle\int_{\frac{\pi}{2}}^{\pi} \sin 2x\mathrm{d}x$ 与 $\displaystyle\int_0^{\frac{\pi}{2}} \sin x\mathrm{d}x$.

2. 不计算定积分,估计下列各定积分的值:

(1) $I = \displaystyle\int_0^1 \sqrt{1+x^4}\mathrm{d}x$；   (2) $I = \displaystyle\int_{\frac{\pi}{2}}^{\pi} (1+\sin^2 x)\mathrm{d}x$.

3. 用定积分的符号表示曲线 $y=\dfrac{x^2}{2}$, $x^2+y^2=8$ 所围成的上半平面部分的面积.

第三节　微积分基本公式

　　前面我们介绍了定积分是一个和式的极限,而要求出这个极限值是一个非常复杂的工作.本节将从讨论不定积分和定积分的关系入手,把定积分和不定积分联系起来解决定积分的计算问题.

一、积分上限函数(变上限定积分)

设函数 $f(x)$ 在区间 $[a,b]$ 上连续,x 为区间 $[a,b]$ 上的任意一点,则 $f(x)$ 在 $[a,x]$ 上也连续,因此定积分 $\int_a^x f(t)\mathrm{d}t$ 也存在(此处把积分变量写成 t 是避免与积分上限 x 混淆).

设 x 在区间 $[a,b]$ 上任意变动,则对于每一个取定的 x 值,定积分 $\int_a^x f(t)\mathrm{d}t$ 都有一个确定的值与之对应,因此,它是 x 在 $[a,b]$ 上的函数,我们把它称为**积分上限函数(变上限定积分)**,记作

$$\Phi(x) = \int_a^x f(t)\mathrm{d}t \quad (a \leqslant x \leqslant b).$$

积分上限函数有如下性质:

定理 1 **若函数 $f(x)$ 在区间 $[a,b]$ 上连续,则积分上限函数**

$$\Phi(x) = \int_a^x f(t)\mathrm{d}t$$

在 $[a,b]$ 上可导,且

$$\Phi'(x) = \frac{\mathrm{d}}{\mathrm{d}x}\int_a^x f(t)\mathrm{d}t = f(x). \tag{1}$$

证明 设 x 有增量 Δx,则

$$\Phi(x + \Delta x) = \int_a^{x+\Delta x} f(t)\mathrm{d}t.$$

因此函数有增量

$$\Delta\Phi = \Phi(x + \Delta x) - \Phi(x) = \int_a^{x+\Delta x} f(t)\mathrm{d}t - \int_a^x f(t)\mathrm{d}t = \int_x^{x+\Delta x} f(t)\mathrm{d}t.$$

由定积分中值定理,在 x 和 $x + \Delta x$ 之间至少有一点 ξ,使得等式

$$\Delta\Phi = f(\xi)\Delta x$$

成立. 即

$$\frac{\Delta\Phi}{\Delta x} = f(\xi).$$

因为 $f(x)$ 在区间 $[a,b]$ 上连续,而 $\Delta x \to 0$ 时,$\xi \to x$. 则令 $\Delta x \to 0$ 对上式取极限,有

$$\Phi'(x) = \lim_{\Delta x \to 0} \frac{\Delta\Phi}{\Delta x} = \lim_{\Delta x \to 0} f(\xi) = \lim_{\xi \to x} f(\xi) = f(x).$$

定理 1 表明:如果函数 $f(x)$ 在区间 $[a,b]$ 上连续,那么 $\Phi(x) = \int_a^x f(t)\mathrm{d}t$ 就是函数 $f(x)$ 在

区间$[a,b]$上的一个原函数,即连续函数总是存在原函数的. 因此,我们引出下面的原函数存在定理.

定理 2 (原函数存在定理)若函数 $f(x)$ 在区间$[a,b]$上连续,则函数

$$\Phi(x) = \int_a^x f(t)\mathrm{d}t$$

就是 $f(x)$ 在区间$[a,b]$上的一个原函数,即有 $\Phi'(x) = \left(\int_a^x f(t)\mathrm{d}t\right)' = f(x)$.

定理 2 说明积分上限函数的导数就是被积函数本身,利用此结论我们可以求某些积分上限函数的导数.

例 1 求 $\dfrac{\mathrm{d}}{\mathrm{d}x}\displaystyle\int_1^x \mathrm{e}^t\sin t\mathrm{d}t$.

解 $\dfrac{\mathrm{d}}{\mathrm{d}x}\displaystyle\int_1^x \mathrm{e}^t\sin t\mathrm{d}t = \mathrm{e}^x\sin x$.

例 2 求 $\dfrac{\mathrm{d}}{\mathrm{d}x}\displaystyle\int_x^{-2} \ln(1+t)\mathrm{d}t$.

解 $\dfrac{\mathrm{d}}{\mathrm{d}x}\displaystyle\int_x^{-2} \ln(1+t)\mathrm{d}t = \dfrac{\mathrm{d}}{\mathrm{d}x}\left[-\int_{-2}^x \ln(1+t)\mathrm{d}t\right] = -\ln(1+x)$.

例 3 求 $\dfrac{\mathrm{d}}{\mathrm{d}x}\displaystyle\int_1^{x^2} \cos t\mathrm{d}t$.

解 设 $u = x^2$,则 $\displaystyle\int_1^{x^2} \cos t\mathrm{d}t$ 是 $\Phi(u) = \displaystyle\int_1^u \cos t\mathrm{d}t$ 和 $u = x^2$ 的复合函数,根据复合函数求导法则,有

$$\frac{\mathrm{d}}{\mathrm{d}x}\int_1^{x^2} \cos t\mathrm{d}t = \cos u(2x) = 2x\cos x^2.$$

例 4 求 $\displaystyle\lim_{x\to 0}\dfrac{\displaystyle\int_1^x \sin t^2\,\mathrm{d}t}{x^2}$.

解 易知这是一个 $\dfrac{0}{0}$ 型的未定式,利用洛比达法则,有

$$\lim_{x\to 0}\frac{\displaystyle\int_1^x \sin t^2\,\mathrm{d}t}{x^2} = \lim_{x\to 0}\frac{\left(\displaystyle\int_1^x \sin t^2\,\mathrm{d}t\right)'}{(x^2)'} = \lim_{x\to 0}\frac{\sin x^2}{2x} = \lim_{x\to 0}\frac{2x\cos x^2}{2} = 0.$$

定理 2 揭示了定积分与原函数之间的联系.

定理 3 若函数 $f(x)$ 在区间$[a,b]$上连续,且 $F(x)$ 是 $f(x)$ 的一个原函数,则

$$\int_a^b f(x)\mathrm{d}x = F(b) - F(a). \tag{2}$$

证明 $F(x)$ 是 $f(x)$ 的一个原函数,由定理 2 可知,积分上限函数

$$\Phi(x) = \int_a^x f(t)\,\mathrm{d}t$$

也是 $f(x)$ 的一个原函数,则

$$\Phi(x) - F(x) = C \quad (C \text{ 是常数}, a \leqslant x \leqslant b).$$

因为 $\Phi(a)=0$,所以 $F(a)+C=0$,即 $F(a)=-C$. 由此可得

$$\Phi(x) = \int_a^x f(t)\,\mathrm{d}t = F(x) + C = F(x) - F(a).$$

令 $x=b$,则

$$\Phi(b) = \int_a^b f(t)\,\mathrm{d}t = F(b) + C = F(b) - F(a).$$

即

$$\int_a^b f(x)\,\mathrm{d}x = F(b) - F(a).$$

于是得到(2)式.

为了书写简便,常记作

$$\int_a^b f(x)\,\mathrm{d}x = F(b) - F(a) = \big[F(x)\big]_a^b = F(x)\,\Big|_a^b.$$

公式(2)称为**牛顿-莱布尼兹公式**,也称为**微积分基本公式**. 它进一步揭示了定积分与原函数之间的联系:要求 $f(x)$ 在区间 $[a,b]$ 上的定积分,只需求出 $f(x)$ 在区间 $[a,b]$ 上的一个原函数 $F(x)$ 在区间 $[a,b]$ 上的增量. 这就给定积分的计算提供了一个简便有效的方法,从而使积分学在各个科学领域内得到广泛应用.

例 5　求 $\int_0^1 x^2\,\mathrm{d}x$.

解　已知 $\dfrac{x^3}{3}$ 是 x^2 的一个原函数,则

$$\int_0^1 x^2\,\mathrm{d}x = \left[\frac{x^3}{3}\right]_0^1 = \frac{1}{3}.$$

例 6　求 $\int_{-1}^1 \dfrac{\mathrm{d}x}{1+x^2}$.

解　$\int_{-1}^1 \dfrac{\mathrm{d}x}{1+x^2} = \arctan x\,\Big|_{-1}^1 = \arctan 1 - \arctan(-1) = \dfrac{\pi}{4} - \left(-\dfrac{\pi}{4}\right) = \dfrac{\pi}{2}.$

例 7　求 $\int_0^1 \dfrac{x\,\mathrm{d}x}{1+x^2}$.

解　$\int_0^1 \dfrac{x\,\mathrm{d}x}{1+x^2} = \dfrac{1}{2}\int_0^1 \dfrac{\mathrm{d}(x^2)}{1+x^2} = \dfrac{1}{2}\int_0^1 \dfrac{\mathrm{d}(1+x^2)}{1+x^2}$

$$= \frac{1}{2}\ln(1+x^2)\Big|_0^1 = \frac{1}{2}(\ln2 - \ln1) = \frac{1}{2}\ln2.$$

例 8　求 $\int_0^\pi |\cos x|\,dx$.

解　由于 $|\cos x| = \begin{cases} \cos x, & 0 < x < \frac{\pi}{2}, \\ -\cos x, & \frac{\pi}{2} < x < \pi. \end{cases}$ 由定积分可加性，

$$\int_0^\pi |\cos x|\,dx = \int_0^{\frac{\pi}{2}} \cos x\,dx + \int_{\frac{\pi}{2}}^\pi (-\cos x)\,dx$$

$$= (\sin x)\Big|_0^{\frac{\pi}{2}} + (-\sin x)\Big|_{\frac{\pi}{2}}^\pi = 1 + 1 = 2.$$

注意　若被积函数在积分区间上不满足可积条件，则定理 3 不能用.

例如：
$$\int_{-1}^1 \frac{1}{x^2}\,dx = -\frac{1}{x}\Big|_{-1}^1 = -1 - 1 = -2.$$

这个结论显然是错误的，因为在区间 $[-1,1]$ 上函数 $f(x) = \frac{1}{x^2}$ 在点 $x=0$ 处间断，且为第二类间断点.

习题 6–3

1. 求下列函数的导数：

(1) $\int_0^x \sqrt{1+t^2}\,dt$；

(2) $\int_0^x \ln[1-\sqrt{t(t-1)}]\cos^2 t\,dt$；

(3) $\int_0^{x^2} \frac{dt}{\sqrt{1+t^4}}$；

(4) $\int_{x^2}^{x^3} \cos\pi t\,dt$.

2. 求由 $\int_0^y e^t\,dt + \int_0^x \cos t\,dt = 0$ 所决定的隐函数 y 对 x 的导数 $\frac{dy}{dx}$.

3. 求下列极限：

(1) $\lim\limits_{x\to 0} \dfrac{\int_0^x \sqrt{1+t^2}\,dt}{x}$；

(2) $\lim\limits_{x\to 0} \dfrac{\int_0^{x^2} \cos t\,dt}{x^2}$；

(3) $\lim\limits_{x\to 0} \dfrac{\left[\int_0^x \ln(1+t)\,dt\right]^2}{x^4}$.

4. 计算下列定积分：

(1) $\int_3^6 (x^2-1)\,dx$；

(2) $\int_0^2 (3x^2-x+5)\,dx$；

(3) $\int_1^2 \left(x+\frac{1}{x}\right)dx$；

(4) $\int_4^9 [\sqrt{x}(2+\sqrt{x})]\,dx$；

(5) $\displaystyle\int_{-\frac{1}{2}}^{\frac{1}{2}} \frac{\mathrm{d}x}{\sqrt{1-x^2}}$;

(6) $\displaystyle\int_0^2 \frac{\mathrm{d}x}{4+x^2}$;

(7) $\displaystyle\int_{\frac{\pi}{4}}^{\frac{\pi}{3}} \cot x\,\mathrm{d}x$;

(8) $\displaystyle\int_1^2 (x\mathrm{e}^{x^2})\,\mathrm{d}x$;

(9) $\displaystyle\int_{\frac{1}{\pi}}^{\frac{2}{\pi}} \left(\frac{1}{x^2}\sin\frac{1}{x}\right)\mathrm{d}x$;

(10) $\displaystyle\int_{-1}^2 |x^2-x|\,\mathrm{d}x$;

(11) 已知函数 $f(x)=\begin{cases} x+1, & x\leqslant 1, \\ \dfrac{1}{2}x^2, & x>1. \end{cases}$ 求 $\displaystyle\int_0^2 f(x)\,\mathrm{d}x$.

5. 设函数 $f(x)=\begin{cases} \sin x, & 0\leqslant x\leqslant \dfrac{\pi}{2}, \\ 1, & \dfrac{\pi}{2}<x\leqslant \pi. \end{cases}$ 求 $\Phi(x)=\displaystyle\int_0^x f(t)\,\mathrm{d}t$,并讨论 $\Phi(x)$ 在区间 $[0,\pi]$ 上的连续性.

6. 设函数 $f(x)$ 在区间 $[a,b]$ 上连续,在 (a,b) 内可导且 $f'(x)\leqslant 0$,$F(x)=\dfrac{1}{x-a}\displaystyle\int_a^x f(t)\,\mathrm{d}t$,证明:在 (a,b) 内有 $F'(x)\leqslant 0$.

第四节　定积分的换元法和分部积分法

牛顿-莱布尼兹公式告诉我们,求定积分问题都可以转化为求原函数问题. 所以,不定积分的计算方法,也可以用在定积分的计算中.

一、定积分的换元法

定理　若函数 $f(x)$ 在区间 $[a,b]$ 上连续,作变量代换 $x=\varphi(t)$ 满足下列条件:

(1) $\varphi(\alpha)=a,\varphi(\beta)=b$;

(2) $\varphi(t)$ 在 $[\alpha,\beta]$ 或 $[\beta,\alpha]$ 上变化时,$x=\varphi(t)$ 的值在 $[a,b]$ 上变化;

(3) $\varphi'(t)$ 在区间 $[\alpha,\beta]$ 连续,

则有定积分换元公式

$$\int_a^b f(x)\,\mathrm{d}x = \int_\alpha^\beta f[\varphi(t)]\varphi'(t)\,\mathrm{d}t. \tag{1}$$

证明　设 $F(x)$ 是 $f(x)$ 在区间 $[a,b]$ 的原函数,即 $\displaystyle\int f(x)\,\mathrm{d}x = F(x)+C$. 由复合函数求导法,得

$$\frac{\mathrm{d}}{\mathrm{d}t}F[\varphi(t)] = f[\varphi(t)]\varphi'(t).$$

因此应用牛顿-莱布尼兹公式,有

$$\int_\alpha^\beta f[\varphi(t)]\varphi'(t)\mathrm{d}t = F[\varphi(t)]\Big|_\alpha^\beta = F[\varphi(\beta)] - F[\varphi(\alpha)] = F(b) - F(a) = \int_a^b f(x)\mathrm{d}x,$$

从而证得公式.

注意 (1) 用公式(1) 时,积分限要由 x 的区间 $[a,b]$ 变换为 t 的区间 $[\alpha,\beta]$ 或 $[\beta,\alpha]$.

(2) 求出原函数后直接按牛顿-莱布尼兹公式计算求出定积分的值,不必将换元的变量再回代. 这是定积分与不定积分计算不同的地方.

例 1 求 $\int_1^5 \dfrac{\mathrm{d}x}{1+\sqrt{x-1}}$.

解 设 $\sqrt{x-1}=t$,即 $x=t^2+1$,$\mathrm{d}x=2t\mathrm{d}t$,则

x	$1 \to 5$
t	$0 \to 2$

,有

$$\int_1^5 \frac{\mathrm{d}x}{1+\sqrt{x-1}} = \int_0^2 \frac{2t}{1+t}\mathrm{d}t = 2\int_0^2 \frac{t+1-1}{1+t}\mathrm{d}t = 2\int_0^2 \left(1 - \frac{1}{1+t}\right)\mathrm{d}t$$

$$= 2\left[t - \ln(1+t)\right]_0^2 = 2(2-\ln 3).$$

注意 在用公式(1)时,积分限的变换范围可以如例 1 通过列表来给出,即

x	下限→上限
t	下限→上限

例 2 求 $\int_0^a \sqrt{a^2-x^2}\,\mathrm{d}x\,(a>0)$.

解法 1 设 $x=a\sin t$,则 $\mathrm{d}x=a\cos t\mathrm{d}t$,

x	$0 \to a$
t	$0 \to \dfrac{\pi}{2}$

,有

$$\int_0^a \sqrt{a^2-x^2}\,\mathrm{d}x = \int_0^{\frac{\pi}{2}} a^2\cos^2 t\,\mathrm{d}t = a^2\int_0^{\frac{\pi}{2}} \frac{1+\cos 2t}{2}\mathrm{d}t$$

$$= \frac{a^2}{2}\left[t + \frac{1}{2}\sin 2t\right]_0^{\frac{\pi}{2}} = \frac{\pi}{4}a^2.$$

解法 2 根据定积分的几何意义,积分 $\int_0^a \sqrt{a^2-x^2}\,\mathrm{d}x$ 表示由曲线 $y=\sqrt{a^2-x^2}$,直线 $x=0$,$x=a$ 以及 x 轴所围成的曲边梯形的面积. 由图 6-6 可知,

$$\int_0^a \sqrt{a^2-x^2}\,\mathrm{d}x = \frac{\pi}{4}a^2.$$

注意 (3) 将公式(1)反过来用相当于不定积分的第一换元法. 此时一般不用设出新的变量,上、下限也不需变换,只需求出被积函数的一个原函数,就可以直接应用牛顿-莱布尼兹公式求出定积分的值.

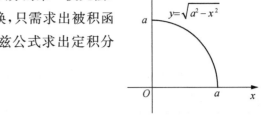

图 6-6

例 3 求 $\int_0^{\frac{\pi}{2}} \cos^2 x \sin x \, dx$.

解法 1 设 $t = \cos x$,则 $dt = -\sin x \, dx$, $\dfrac{x \mid 0 \to \frac{\pi}{2}}{t \mid 1 \to 0}$,有

$$\int_0^{\frac{\pi}{2}} \cos^2 x \sin x \, dx = -\int_1^0 t^2 \, dt = \int_0^1 t^2 \, dt = \frac{1}{3} t^3 \Big|_0^1 = \frac{1}{3}.$$

解法 2 $\int_0^{\frac{\pi}{2}} \cos^2 x \sin x \, dx = -\int_0^{\frac{\pi}{2}} \cos^2 x \, d(\cos x) = -\frac{1}{3} \cos^3 x \Big|_0^{\frac{\pi}{2}} = \frac{1}{3}.$

解法 1 引入了新的变量 t,所以积分的时候需要变换积分上、下限,且不需要代回原积分变量;解法 2 没有引入新的变量,所以积分上、下限不需要变.

例 4 求 $\int_{-1}^1 \left(\sin 2x + \dfrac{1}{\sqrt{1+x^2}} \right) dx$.

解 $\int_{-1}^1 \left(\sin 2x + \dfrac{1}{\sqrt{1+x^2}} \right) dx = \int_{-1}^1 \sin 2x \, dx + \int_{-1}^1 \dfrac{1}{\sqrt{1+x^2}} \, dx$,

由于 $\int_{-1}^1 \sin 2x \, dx = \dfrac{1}{2} \int_{-1}^1 \sin 2x \, d(2x) = -\dfrac{1}{2} \cos 2x \Big|_{-1}^1$

$$= -\frac{1}{2} \cos 2 + \frac{1}{2} \cos(-2) = 0,$$

对 $\int_{-1}^1 \dfrac{dx}{\sqrt{1+x^2}}$,令 $x = \tan t$,则 $dx = \sec^2 t \, dt$, $\dfrac{x \mid -1 \to 1}{t \mid -\frac{\pi}{4} \to \frac{\pi}{4}}$,有

$$\int_{-1}^1 \frac{dx}{\sqrt{1+x^2}} = \int_{-\frac{\pi}{4}}^{\frac{\pi}{4}} \frac{\sec^2 t}{\sqrt{1+\tan^2 t}} \, dt = \int_{-\frac{\pi}{4}}^{\frac{\pi}{4}} \sec t \, dt$$

$$= \ln \left| \sec t + \tan t \right| \Big|_{-\frac{\pi}{4}}^{\frac{\pi}{4}} = \ln(\sqrt{2}+1) - \ln(\sqrt{2}-1)$$

$$= 2\ln(\sqrt{2}+1),$$

因此 $\int_{-1}^1 \left(\sin 2x + \dfrac{1}{\sqrt{1+x^2}} \right) dx = \int_{-1}^1 \sin 2x \, dx + \int_{-1}^1 \dfrac{1}{\sqrt{1+x^2}} = 2\ln(\sqrt{2}+1).$

例 5 证明:

1. 若 $f(x)$ 在区间 $[-a,a]$ 上是连续偶函数,则

$$\int_{-a}^{a} f(x)\mathrm{d}x = 2\int_{0}^{a} f(x)\mathrm{d}x;$$

2. 若 $f(x)$ 在区间 $[-a,a]$ 上是连续奇函数,则

$$\int_{-a}^{a} f(x)\mathrm{d}x = 0.$$

证明　由于 $\int_{-a}^{a} f(x)\mathrm{d}x = \int_{-a}^{0} f(x)\mathrm{d}x + \int_{0}^{a} f(x)\mathrm{d}x$,

对积分 $\int_{-a}^{0} f(x)\mathrm{d}x$ 作变量代换 $x = -t$,则有

$$\int_{-a}^{0} f(x)\mathrm{d}x = -\int_{a}^{0} f(-t)\mathrm{d}t = \int_{0}^{a} f(-t)\mathrm{d}t = \int_{0}^{a} f(-x)\mathrm{d}x,$$

则 $\int_{-a}^{a} f(x)\mathrm{d}x = \int_{0}^{a} f(-x)\mathrm{d}x + \int_{0}^{a} f(x)\mathrm{d}x = \int_{0}^{a} [f(-x) + f(x)]\mathrm{d}x.$

1. 若 $f(x)$ 是偶函数,则

$$f(-x) + f(x) = 2f(x),$$

于是　　　　　　　　　　$\int_{-a}^{a} f(x)\mathrm{d}x = 2\int_{0}^{a} f(x)\mathrm{d}x;$

2. 若 $f(x)$ 是奇函数,则

$$f(-x) + f(x) = 0,$$

于是　　　　　　　　　　$\int_{-a}^{a} f(x)\mathrm{d}x = 0.$

在以后的计算中,我们要充分利用这种对称区间上的奇、偶函数的积分性质简化计算.

例 6　若函数 $f(x)$ 在区间 $[0,1]$ 上连续,证明:

(1) $\int_{0}^{\frac{\pi}{2}} f(\sin x)\mathrm{d}x = \int_{0}^{\frac{\pi}{2}} f(\cos x)\mathrm{d}x;$

(2) $\int_{0}^{\pi} x f(\sin x)\mathrm{d}x = \dfrac{\pi}{2} \int_{0}^{\pi} f(\sin x)\mathrm{d}x.$

证明　(1) 设 $x = \dfrac{\pi}{2} - t$,则

x	$0 \to \dfrac{\pi}{2}$
t	$\dfrac{\pi}{2} \to 0$

,有

$$\int_{0}^{\frac{\pi}{2}} f(\sin x)\mathrm{d}x = \int_{\frac{\pi}{2}}^{0} f\left[\sin\left(\frac{\pi}{2} - t\right)\right](-\mathrm{d}t) = \int_{0}^{\frac{\pi}{2}} f(\cos x)\mathrm{d}x;$$

（2）设 $x=\pi-t$，则 $\dfrac{x\ \big|\ 0\to\pi}{t\ \big|\ \pi\to 0}$，有

$$\int_0^\pi xf(\sin x)\mathrm{d}x = \int_\pi^0 (\pi-t)f[\sin(\pi-t)](-\mathrm{d}t) = \int_0^\pi (\pi-t)f(\sin t)\mathrm{d}t$$

$$= \int_0^\pi \pi f(\sin t)\mathrm{d}t - \int_0^\pi tf(\sin t)\mathrm{d}t = \pi\int_0^\pi f(\sin x)\mathrm{d}x - \int_0^\pi xf(\sin x)\mathrm{d}x,$$

两边移项得

$$\int_0^\pi xf(\sin x)\mathrm{d}x = \frac{\pi}{2}\int_0^\pi f(\sin x)\mathrm{d}x.$$

二、定积分的分部积分法

设函数 $u=u(x),v=v(x)$ 在区间 $[a,b]$ 上有连续导函数，则 $\mathrm{d}(uv)=v\mathrm{d}u+u\mathrm{d}v$，即 $u\mathrm{d}v=\mathrm{d}(uv)-v\mathrm{d}u$，等式两端取定积分，有定积分的分部积分公式

$$\int_a^b u\mathrm{d}v = \int_a^b \mathrm{d}(uv) - \int_a^b v\mathrm{d}u = (uv)\Big|_a^b - \int_a^b v\mathrm{d}u. \tag{2}$$

例 7 求 $\displaystyle\int_0^1 x\mathrm{e}^{-x}\mathrm{d}x$.

解 $\displaystyle\int_0^1 x\mathrm{e}^{-x}\mathrm{d}x = -\int_0^1 x\mathrm{d}\mathrm{e}^{-x} = -[x\mathrm{e}^{-x}]_0^1 + \int_0^1 \mathrm{e}^{-x}\mathrm{d}x$

$$= -\mathrm{e}^{-1} - [\mathrm{e}^{-x}]_0^1 = 1 - \frac{2}{\mathrm{e}}.$$

例 8 求 $\displaystyle\int_1^4 \ln x\mathrm{d}x$.

解 $\displaystyle\int_1^4 \ln x\mathrm{d}x = [x\ln x]_1^4 - \int_1^4 x\frac{\mathrm{d}x}{x}$

$$= 4\ln 4 - x\Big|_1^4 = 4\ln 4 - 3.$$

例 9 求 $\displaystyle\int_0^{\frac{1}{2}} \arcsin x\mathrm{d}x$.

解 $\displaystyle\int_0^{\frac{1}{2}} \arcsin x\mathrm{d}x = [x\arcsin x]_0^{\frac{1}{2}} - \int_0^{\frac{1}{2}} x\frac{\mathrm{d}x}{\sqrt{1-x^2}}$

$$= \frac{\pi}{12} + \frac{1}{2}\int_0^{\frac{1}{2}} \frac{\mathrm{d}(1-x^2)}{\sqrt{1-x^2}} = \frac{\pi}{12} + [\sqrt{1-x^2}]_0^{\frac{1}{2}} = \frac{\pi}{12} + \frac{\sqrt{3}}{2} - 1.$$

例 10 求 $\displaystyle\int_0^1 \sin x\mathrm{e}^x\mathrm{d}x$.

解 记 $I = \int_0^1 \sin x e^x \, dx$，则

$$I = \int_0^1 \sin x \, de^x = \left[\sin x e^x \right]_0^1 - \int_0^1 e^x \cos x \, dx$$

$$= e\sin 1 - \int_0^1 \cos x \, de^x$$

$$= e\sin 1 - \left[\cos x e^x \right]_0^1 - \int_0^1 e^x \sin x \, dx$$

$$= e\sin 1 - e\cos 1 + 1 - I,$$

解方程得
$$I = \frac{1}{2}(e\sin 1 - e\cos 1 + 1).$$

例 11 证明:定积分公式

$$I_n = \int_0^{\frac{\pi}{2}} \sin^n x \, dx \left(= \int_0^{\frac{\pi}{2}} \cos^n x \, dx \right)$$

$$= \begin{cases} \dfrac{n-1}{n} \cdot \dfrac{n-3}{n-2} \cdots \dfrac{3}{4} \cdot \dfrac{1}{2} \cdot \dfrac{\pi}{2}, & n \text{ 为正偶数,} \\[2mm] \dfrac{n-1}{n} \cdot \dfrac{n-3}{n-2} \cdots \dfrac{4}{5} \cdot \dfrac{2}{3}, & n \text{ 为大于 1 的正奇数.} \end{cases}$$

证明 $I_n = \int_0^{\frac{\pi}{2}} \sin^n x \, dx = \int_0^{\frac{\pi}{2}} \sin^{n-1} x \, d(-\cos x)$

$$= \left[-\cos x \sin^{n-1} x \right]_0^{\frac{\pi}{2}} + \int_0^{\frac{\pi}{2}} \cos x \, d(\sin^{n-1} x)$$

$$= (n-1)\int_0^{\frac{\pi}{2}} \cos^2 x \sin^{n-2} x \, dx = (n-1)\int_0^{\frac{\pi}{2}} (1-\sin^2 x)\sin^{n-2} x \, dx$$

$$= (n-1)\int_0^{\frac{\pi}{2}} \sin^{n-2} x \, dx - (n-1)\int_0^{\frac{\pi}{2}} \sin^n x \, dx$$

$$= (n-1)I_{n-2} - (n-1)I_n,$$

所以 $I_n = \dfrac{n-1}{n} I_{n-2}.$

上式是定积分关于下标的递推公式,按这个公式递推下去,直到下标递减到 0 或 1 为止,

故 $I_{2m} = \dfrac{2m-1}{2m} \cdot \dfrac{2m-3}{2m-2} \cdots \dfrac{3}{4} \cdot \dfrac{1}{2} \cdot I_0,$

$I_{2m+1} = \dfrac{2m}{2m+1} \cdot \dfrac{2m-2}{2m-1} \cdots \dfrac{4}{5} \cdot \dfrac{2}{3} \cdot I_1 \qquad (m=1,2,\cdots)$

而 $I_0 = \int_0^{\frac{\pi}{2}} \sin^0 x \, dx = \dfrac{\pi}{2},$

$I_1 = \int_0^{\frac{\pi}{2}} \sin x \, dx = 1,$

故　$I_{2m} = \dfrac{2m-1}{2m} \cdot \dfrac{2m-3}{2m-2} \cdots \dfrac{3}{4} \cdot \dfrac{1}{2} \cdot \dfrac{\pi}{2}$,

$I_{2m+1} = \dfrac{2m}{2m+1} \cdot \dfrac{2m-2}{2m-1} \cdots \dfrac{4}{5} \cdot \dfrac{2}{3}$　　$(m = 1, 2, \cdots)$

即 $I_n = \begin{cases} \dfrac{n-1}{n} \cdot \dfrac{n-3}{n-2} \cdots \dfrac{3}{4} \cdot \dfrac{1}{2} \cdot \dfrac{\pi}{2}, & n\ 为正偶数, \\[3mm] \dfrac{n-1}{n} \cdot \dfrac{n-3}{n-2} \cdots \dfrac{4}{5} \cdot \dfrac{2}{3}, & n\ 为大于\ 1\ 的正奇数. \end{cases}$

习题 6－4

1. 求下列定积分：

(1) $\displaystyle\int_0^3 \sqrt{x+1}\,\mathrm{d}x$;

(2) $\displaystyle\int_1^2 \dfrac{1}{(3x-1)^2}\,\mathrm{d}x$;

(3) $\displaystyle\int_0^1 \dfrac{\mathrm{d}x}{\mathrm{e}^x + \mathrm{e}^{-x}}$;

(4) $\displaystyle\int_0^\pi \cos^2 u\,\mathrm{d}u$;

(5) $\displaystyle\int_0^4 \dfrac{1}{1+\sqrt{x}}\,\mathrm{d}x$;

(6) $\displaystyle\int_0^1 \dfrac{x^2}{(1+x^2)^2}\,\mathrm{d}x$;

(7) $\displaystyle\int_0^{\ln 2} \sqrt{\mathrm{e}^x - 1}\,\mathrm{d}x$;

(8) $\displaystyle\int_1^{\mathrm{e}^3} \dfrac{1}{x\,\sqrt{1+\ln x}}\,\mathrm{d}x$;

(9) $\displaystyle\int_{-\sqrt{2}}^{\sqrt{2}} \sqrt{8 - 2y^2}\,\mathrm{d}y$;

(10) $\displaystyle\int_0^1 \dfrac{\arctan\sqrt{x}}{\sqrt{x}(1+x)}\,\mathrm{d}x$.

2. 计算下列定积分：

(1) $\displaystyle\int_0^1 x\mathrm{e}^{-2x}\,\mathrm{d}x$;

(2) $\displaystyle\int_0^1 x\arctan x\,\mathrm{d}x$;

(3) $\displaystyle\int_1^{\mathrm{e}} x\ln x\,\mathrm{d}x$;

(4) $\displaystyle\int_0^1 \mathrm{e}^{\sqrt{x}}\,\mathrm{d}x$;

(5) $\displaystyle\int_0^{\sqrt{\ln 2}} x^3 \mathrm{e}^{x^2}\,\mathrm{d}x$;

(6) $\displaystyle\int_1^4 \dfrac{\ln x}{\sqrt{x}}\,\mathrm{d}x$;

(7) $\displaystyle\int_1^{\mathrm{e}} \cos(\ln x)\,\mathrm{d}x$;

(8) $\displaystyle\int_0^{\frac{\pi}{2}} \mathrm{e}^x \cos x\,\mathrm{d}x$;

(9) $\displaystyle\int_{\frac{1}{\mathrm{e}}}^{\mathrm{e}} |\ln x|\,\mathrm{d}x$;

(10) $\displaystyle\int_{\frac{\pi}{4}}^{\frac{\pi}{3}} \dfrac{x}{\sin^2 x}\,\mathrm{d}x$.

3. 利用函数的奇偶性计算下列积分：

(1) $\displaystyle\int_{-\pi}^\pi x^2 \sin 3x\,\mathrm{d}x$;

(2) $\displaystyle\int_{-\frac{\pi}{3}}^{\frac{\pi}{3}} 2\cos^2\theta\,\mathrm{d}\theta$;

(3) $\displaystyle\int_{-1}^1 x\mathrm{e}^{|x|}\,\mathrm{d}x$;

(4) $\displaystyle\int_{-\frac{1}{2}}^{\frac{1}{2}} \ln\dfrac{1-x}{1+x}\,\mathrm{d}x$;

(5) $\displaystyle\int_{-\frac{1}{2}}^{\frac{1}{2}} \dfrac{(\arcsin x)^2}{\sqrt{1-x^2}}\,\mathrm{d}x$.

4. 设函数 $f(x)$ 在 $[a,b]$ 上连续,证明:

$$\int_a^b f(x)\mathrm{d}x = \int_a^b f(a+b-x)\mathrm{d}x.$$

5. 证明: $\displaystyle\int_x^1 \frac{1}{1+t^2}\mathrm{d}t = \int_1^{\frac{1}{x}} \frac{1}{1+t^2}\mathrm{d}t \, (x > 0)$.

6. 证明: $\displaystyle\int_0^\pi \cos^{10} x\mathrm{d}t = 2\int_0^{\frac{\pi}{2}} \cos^{10} x\mathrm{d}t$.

第五节   反常积分与 $^*\Gamma$ 函数

我们知道,定积分是在积分区间有限且被积函数有界的条件下引入的. 但在实际问题中,我们经常会遇到一些积分区间为无穷区间,或者被积函数为无界函数的积分,它们已经不属于前面所说的定积分了. 这就是本节要介绍的反常积分.

一、无穷限的反常积分

定义 1   设函数 $f(x)$ 在区间 $[a, +\infty)$ 上连续,若极限 $\displaystyle\lim_{b\to+\infty}\int_a^b f(x)\mathrm{d}x (a < b)$ 存在,则称此极限值为 $f(x)$ 在 $[a, +\infty)$ 上的**反常积分**. 记作

$$\int_a^{+\infty} f(x)\mathrm{d}x = \lim_{b\to+\infty}\int_a^b f(x)\mathrm{d}x. \tag{1}$$

这时也称反常积分 $\displaystyle\int_a^{+\infty} f(x)\mathrm{d}x$ **收敛**;若 $\displaystyle\lim_{b\to+\infty}\int_a^b f(x)\mathrm{d}x$ 不存在,则称反常积分 $\displaystyle\int_a^{+\infty} f(x)\mathrm{d}x$ **不存在或发散**.

类似地,可以定义函数 $f(x)$ 在无穷区间 $(-\infty, b]$ 上的**反常积分**:

$$\int_{-\infty}^b f(x)\mathrm{d}x = \lim_{a\to-\infty}\int_a^b f(x)\mathrm{d}x \tag{2}$$

和在区间 $(-\infty, +\infty)$ 上的**反常积分**:

$$\int_{-\infty}^{+\infty} f(x)\mathrm{d}x = \int_{-\infty}^0 f(x)\mathrm{d}x + \int_0^{+\infty} f(x)\mathrm{d}x. \tag{3}$$

其中当且仅当 $\displaystyle\int_{-\infty}^0 f(x)\mathrm{d}x$ 与 $\displaystyle\int_0^{+\infty} f(x)\mathrm{d}x$ 都收敛时,称 $\displaystyle\int_{-\infty}^{+\infty} f(x)\mathrm{d}x$ 收敛,否则称 $\displaystyle\int_{-\infty}^{+\infty} f(x)\mathrm{d}x$ 发散.

上述定义的反常积分统称为**无穷限的反常积分**.

例 1 求反常积分 $\int_1^{+\infty} \dfrac{\mathrm{d}x}{x^2}$.

解 由定义 $\int_1^{+\infty} \dfrac{\mathrm{d}x}{x^2} = \lim\limits_{b \to +\infty} \int_1^b \dfrac{\mathrm{d}x}{x^2}$

$$= \lim\limits_{b \to +\infty} \left[-\dfrac{1}{x} \right]_1^b$$

$$= \lim\limits_{b \to +\infty} \left(-\dfrac{1}{b} + 1 \right) = 1.$$

例 2 计算 $\int_{-\infty}^0 x\mathrm{e}^{-x^2}\,\mathrm{d}x$.

解 $\int_{-\infty}^0 x\mathrm{e}^{-x^2}\,\mathrm{d}x = \lim\limits_{a \to -\infty} \int_a^0 x\mathrm{e}^{-x^2}\,\mathrm{d}x = -\dfrac{1}{2} \lim\limits_{a \to -\infty} \int_a^0 \mathrm{e}^{-x^2}\,\mathrm{d}(-x^2)$

$$= -\dfrac{1}{2} \lim\limits_{a \to -\infty} \left[\mathrm{e}^{-x^2} \right]_a^0 = -\dfrac{1}{2} \lim\limits_{a \to -\infty} (1 - \mathrm{e}^{-a^2}) = -\dfrac{1}{2}.$$

注意 有时为了书写简便而省去极限符号,如可将 $\lim\limits_{a \to -\infty} \left[\mathrm{e}^{-x^2} \right]_a^0$ 记作 $\left[\mathrm{e}^{-x^2} \right]_{-\infty}^0$ 的形式.

例 3 求 $\int_{-\infty}^{+\infty} \dfrac{\mathrm{d}x}{1+x^2}$.

解 $\int_{-\infty}^{+\infty} \dfrac{\mathrm{d}x}{1+x^2} = \int_{-\infty}^0 \dfrac{\mathrm{d}x}{1+x^2} + \int_0^{+\infty} \dfrac{\mathrm{d}x}{1+x^2}$

$$= \left[\arctan x \right]_{-\infty}^0 + \left[\arctan x \right]_0^{+\infty}$$

$$= \dfrac{\pi}{2} + \dfrac{\pi}{2} = \pi.$$

例 4 求 $\int_e^{+\infty} \dfrac{\mathrm{d}x}{x\ln x}$.

解 $\int_e^{+\infty} \dfrac{\mathrm{d}x}{x\ln x} = \int_e^{+\infty} \dfrac{\mathrm{d}\ln x}{\ln x} = \left[\ln\ln x \right]_e^{+\infty} = +\infty.$

则 反常积分 $\int_e^{+\infty} \dfrac{\mathrm{d}x}{x\ln x}$ 发散.

例 5 证明:积分 $\int_1^{+\infty} \dfrac{\mathrm{d}x}{x^p}$ 当 $p > 1$ 时收敛;当 $p \leqslant 1$ 时发散.

证明 当 $p=1$ 时,

$$\int_1^{+\infty} \dfrac{\mathrm{d}x}{x^p} = \int_1^{+\infty} \dfrac{\mathrm{d}x}{x} = \left[\ln x \right]_1^{+\infty} = +\infty;$$

当 $p \neq 1$ 时,

$$\int_1^{+\infty} \dfrac{\mathrm{d}x}{x^p} = \left[\dfrac{x^{1-p}}{1-p} \right]_1^{+\infty} = \begin{cases} \dfrac{1}{p-1}, & p > 1, \\ +\infty, & p < 1. \end{cases}$$

所以积分 $\int_1^{+\infty} \dfrac{\mathrm{d}x}{x^p}$ 当 $p > 1$ 时收敛;当 $p \leqslant 1$ 时发散.

二、无界函数的反常积分(瑕积分)

定义 2 设函数 $f(x)$ 在区间 $[a+\varepsilon,b]$(ε 是充分小的正数)上连续,但 $f(x)$ 在点 $x=a$ 附近无界,若极限

$$\lim_{\varepsilon \to 0^+} \int_{a+\varepsilon}^b f(x)\mathrm{d}x$$

存在,则称此极限值为 $f(x)$ 在 $(a,b]$ 上的反常积分(瑕积分),记作

$$\int_a^b f(x)\mathrm{d}x = \lim_{\varepsilon \to 0^+} \int_{a+\varepsilon}^b f(x)\mathrm{d}x. \tag{4}$$

这时也称反常积分 $\int_a^b f(x)\mathrm{d}x$ **收敛**;若 $\lim\limits_{\varepsilon \to 0^+} \int_{a+\varepsilon}^b f(x)\mathrm{d}x$ **不存在**,则称 $\int_a^b f(x)\mathrm{d}x$ **不存在或发散**.
点 $x=a$ 称为函数 $f(x)$ 的**瑕点**或反常点.

类似地,可以定义 $f(x)$ 在 $[a,b)$ 上连续,而在点 $x=b$ 附近无界的**反常积分**

$$\int_a^b f(x)\mathrm{d}x = \lim_{\varepsilon \to 0^+} \int_a^{b-\varepsilon} f(x)\mathrm{d}x \tag{5}$$

及 $f(x)$ 在 $[a,b]$ 上除点 $c(a<c<b)$ 外连续,而在点 $x=c$ 附近无界的**反常积分**

$$\begin{aligned}
\int_a^b f(x)\mathrm{d}x &= \int_a^c f(x)\mathrm{d}x + \int_c^b f(x)\mathrm{d}x \\
&= \lim_{\varepsilon_1 \to 0^+} \int_a^{c-\varepsilon_1} f(x)\mathrm{d}x + \lim_{\varepsilon_2 \to 0^+} \int_{c+\varepsilon_2}^b f(x)\mathrm{d}x
\end{aligned} \tag{6}$$

当且仅当 $\lim\limits_{\varepsilon_1 \to 0^+} \int_a^{c-\varepsilon_1} f(x)\mathrm{d}x$ 与 $\lim\limits_{\varepsilon_2 \to 0^+} \int_{c+\varepsilon_2}^b f(x)\mathrm{d}x$ 都存在时,称反常积分 $\int_a^b f(x)\mathrm{d}x$ **收敛**,否则称反常积分 $\int_a^b f(x)\mathrm{d}x$ **发散**.

例 6 求 $\int_0^1 \dfrac{\mathrm{d}x}{\sqrt{1-x^2}}$.

解 $x=1$ 是 $\dfrac{1}{\sqrt{1-x^2}}$ 的瑕点,由定义有

$$\int_0^1 \frac{\mathrm{d}x}{\sqrt{1-x^2}} = \lim_{\varepsilon \to 0^+} \int_0^{1-\varepsilon} \frac{\mathrm{d}x}{\sqrt{1-x^2}} = \lim_{\varepsilon \to 0^+} \left[\arcsin x\right]_0^{1-\varepsilon}$$

$$= \lim_{\varepsilon \to 0^+} \left[\arcsin(1-\varepsilon)\right] = \frac{\pi}{2}.$$

例 7 求 $\int_0^1 \ln x \mathrm{d}x$.

解　$x=0$ 是 $\ln x$ 的瑕点，

$$\int_0^1 \ln x \, dx = \lim_{\varepsilon \to 0^+} \int_{0+\varepsilon}^1 \ln x \, dx = \lim_{\varepsilon \to 0^+} \left[x\ln x - x \right] \Big|_\varepsilon^1$$

$$= \lim_{\varepsilon \to 0^+} (-1 - \varepsilon\ln\varepsilon + \varepsilon)$$

$$= -1 - \lim_{\varepsilon \to 0^+} \varepsilon\ln\varepsilon = -1 - \lim_{\varepsilon \to 0^+} \frac{\ln\varepsilon}{\dfrac{1}{\varepsilon}}$$

$$= -1 - \lim_{\varepsilon \to 0^+} \frac{\dfrac{1}{\varepsilon}}{-\dfrac{1}{\varepsilon^2}} = -1.$$

例 8　求 $\displaystyle\int_1^2 \frac{dx}{x\sqrt{x-1}}$.

解　令 $t = \sqrt{x-1}, x = t^2 + 1$，瑕点由 $x=1$ 换为 $t=0$，

$$\int_1^2 \frac{dx}{x\sqrt{x-1}} = \int_0^1 \frac{2t\,dt}{(t^2+1)t} = 2\arctan t \Big|_0^1 = \frac{\pi}{2} - \lim_{t \to 0^+} 2\arctan t = \frac{\pi}{2}.$$

例 9　讨论反常积分 $\displaystyle\int_{-1}^1 \frac{dx}{x^2}$ 的敛散性.

解　$x=0$ 是函数 $\dfrac{1}{x^2}$ 的瑕点，

$$\int_{-1}^1 \frac{dx}{x^2} = \int_{-1}^0 \frac{dx}{x^2} + \int_0^1 \frac{dx}{x^2} = \lim_{\varepsilon_1 \to 0^+} \int_{-1}^{0-\varepsilon_1} \frac{dx}{x^2} + \lim_{\varepsilon_2 \to 0^+} \int_{0+\varepsilon_2}^1 \frac{dx}{x^2}.$$

由于

$$\lim_{\varepsilon_1 \to 0^+} \int_{-1}^{0-\varepsilon_1} \frac{dx}{x^2} = -\lim_{\varepsilon_1 \to 0^+} \frac{1}{x} \Big|_{-1}^{-\varepsilon_1} = -\lim_{\varepsilon_1 \to 0^+} \left(\frac{1}{-\varepsilon_1} - \frac{1}{-1} \right) = +\infty,$$

即反常积分 $\displaystyle\int_{-1}^0 \frac{1}{x^2}dx$ 发散，则反常积分 $\displaystyle\int_{-1}^1 \frac{1}{x^2}dx$ 发散.

例 10　证明：反常积分 $\displaystyle\int_0^a \frac{dx}{x^q}(a>0)$，当 $q<1$ 时收敛，当 $q \geqslant 1$ 时发散.

证明　当 $q=1$ 时，

$$\int_0^a \frac{dx}{x^q} = \int_0^a \frac{dx}{x} = \lim_{\varepsilon \to 0^+} \int_\varepsilon^a \frac{dx}{x} = \lim_{\varepsilon \to 0^+} \left[\ln x \right]_\varepsilon^a = \lim_{\varepsilon \to 0^+} (\ln a - \ln\varepsilon) = +\infty;$$

当 $q \neq 1$ 时，

$$\int_0^a \frac{dx}{x^q} = \lim_{\varepsilon \to 0^+} \int_\varepsilon^a \frac{dx}{x^q} = \lim_{\varepsilon \to 0^+} \left[\frac{1}{1-q} x^{1-q} \right]_\varepsilon^a = \lim_{\varepsilon \to 0^+} \left(\frac{a^{1-q}}{1-q} - \frac{\varepsilon^{1-q}}{1-q} \right) = \begin{cases} \dfrac{a^{1-q}}{1-q}, & q < 1, \\ +\infty, & q > 1. \end{cases}$$

所以,当 $q<1$ 时,此反常积分收敛于 $\dfrac{a^{1-q}}{1-q}$,当 $q\geqslant 1$ 时,此反常积分发散.

*三、Γ 函数

下面讨论一个在应用上有重要意义的函数.

定义 3 积分 $\Gamma(r)=\displaystyle\int_0^{+\infty}x^{r-1}\mathrm{e}^{-x}\mathrm{d}x(r>0)$ **是参变量 r 的函数,称为 Γ 函数.**

可以证明这个积分是收敛的.

Γ 函数有几个重要性质:

1. 递推公式 $\Gamma(r+1)=r\Gamma(r)\quad(r>0).$

证明   因为

$$\Gamma(r+1)=\int_0^{+\infty}x^r\mathrm{e}^{-x}\mathrm{d}x=\int_0^{+\infty}x^r\mathrm{d}(-\mathrm{e}^{-x})$$

$$=\left[-x^r\mathrm{e}^{-x}\right]_0^{+\infty}+\int_0^{+\infty}\mathrm{e}^{-x}\mathrm{d}x^r$$

$$=r\int_0^{+\infty}\mathrm{e}^{-x}x^{r-1}\mathrm{d}x=r\Gamma(r),$$

显然 $\Gamma(1)=\displaystyle\int_0^{+\infty}\mathrm{e}^{-x}\mathrm{d}x=1.$ 反复运用递推公式,便有

$$\Gamma(2)=1\cdot\Gamma(1)=1,$$

$$\Gamma(3)=2\cdot\Gamma(2)=2!,$$

$$\Gamma(4)=3\cdot\Gamma(3)=3!,$$

$$\cdots$$

一般地,对任何正整数 n,有

$$\Gamma(n+1)=n!.$$

例 11   计算下列各式的值:

(1) $\dfrac{\Gamma(7)}{\Gamma(4)}$;

(2) $\dfrac{\Gamma\left(\dfrac{3}{2}\right)}{\Gamma\left(\dfrac{9}{2}\right)}.$

解   (1) $\dfrac{\Gamma(7)}{\Gamma(4)}=\dfrac{6!}{3!}=6\cdot5\cdot4=120;$

(2) $\dfrac{\Gamma\left(\frac{3}{2}\right)}{\Gamma\left(\frac{9}{2}\right)} = \dfrac{\frac{1}{2}\Gamma\left(\frac{1}{2}\right)}{\frac{7}{2}\Gamma\left(\frac{7}{2}\right)} = \dfrac{\frac{1}{2}\Gamma\left(\frac{1}{2}\right)}{\frac{7}{2}\cdot\frac{5}{2}\cdot\frac{3}{2}\cdot\frac{1}{2}\Gamma\left(\frac{1}{2}\right)} = \dfrac{8}{105}.$

例 12 求积分 $\displaystyle\int_0^{+\infty} x^3 \mathrm{e}^{-2x}\,\mathrm{d}x.$

解 令 $u=2x$，则 $\mathrm{d}x=\dfrac{1}{2}\mathrm{d}u$，

$$\int_0^{+\infty} x^3 \mathrm{e}^{-2x}\,\mathrm{d}x = \frac{1}{2}\int_0^{+\infty}\left(\frac{u}{2}\right)^3 \mathrm{e}^{-u}\,\mathrm{d}u$$

$$= \frac{1}{16}\int_0^{+\infty} u^{4-1}\mathrm{e}^{-u}\,\mathrm{d}u$$

$$= \frac{1}{16}\Gamma(4) = \frac{3!}{16} = \frac{3}{8}.$$

2. 在 $\Gamma(r) = \displaystyle\int_0^{+\infty} x^{r-1}\mathrm{e}^{-x}\,\mathrm{d}x$ 中，作代换 $x=u^2$，有

$$\Gamma(r) = 2\int_0^{+\infty} u^{2r-1}\mathrm{e}^{-u}\,\mathrm{d}u.$$

当 $r=\dfrac{1}{2}$ 时，$\Gamma\left(\dfrac{1}{2}\right) = 2\displaystyle\int_0^{+\infty}\mathrm{e}^{-u^2}\,\mathrm{d}u = \sqrt{\pi}$，

即
$$\int_0^{+\infty} \mathrm{e}^{-u^2}\,\mathrm{d}u = \frac{\sqrt{\pi}}{2}.$$

上式是在概率论中常用的积分，后面二重积分中将介绍此积分结果.

习题 6-5

1. 下列反常积分是否收敛？若收敛，求出反常积分的值.

(1) $\displaystyle\int_0^{+\infty} \mathrm{e}^{-x}\,\mathrm{d}x;$

(2) $\displaystyle\int_0^{+\infty} \frac{1}{1+\sqrt{x}}\,\mathrm{d}x;$

(3) $\displaystyle\int_0^{+\infty} \frac{\arctan x}{1+x^2}\,\mathrm{d}x;$

(4) $\displaystyle\int_{-\infty}^{+\infty} \frac{\mathrm{d}x}{x^2+2x+2};$

(5) $\displaystyle\int_0^1 \frac{\mathrm{d}x}{(1-x)^2};$

(6) $\displaystyle\int_1^2 \frac{x}{\sqrt{x-1}}\,\mathrm{d}x;$

(7) $\displaystyle\int_{-1}^1 \frac{x\mathrm{d}x}{\sqrt{1-x^2}}.$

※2. 计算：

(1) $\dfrac{\Gamma(6)}{2\Gamma(3)};$

(2) $\dfrac{\Gamma\left(\frac{5}{2}\right)}{\Gamma(3)\,\Gamma\left(\frac{3}{2}\right)};$

(3) $\displaystyle\int_0^{+\infty} x^5 e^{-x^2} dx$；

(4) $\displaystyle\int_{-\infty}^{+\infty} e^{-a^2 x^2} dx$.

第六节　定积分的应用

定积分这种"和的极限"思想在几何、经济等很多生产实践活动中具有普遍的意义. 本节将通过前面介绍的定积分的定义和计算方法来解决一些几何、经济方面的问题.

一、定积分的元素法

在定积分的应用中,经常采用**微元法**,也叫**元素法**. 为了说明这种方法,我们先看一个例子.

我们知道,由曲线 $y=f(x)$，x 轴与直线 $x=a$，$x=b$ 所围成的曲边梯形的面积 S 的计算是通过"划分、近似、求和、取极限"这三个步骤建立起来的,即

$$S = \lim_{\Delta x \to 0} \sum_{i=1}^n f(\xi_i) \Delta x_i = \int_a^b f(x) dx.$$

下面来说明定积分定义中各个量及记号的演变过程.

上式中 $\Delta x = \max\limits_{1 \leqslant i \leqslant n} \{\Delta x_i\}$，当 $\Delta x \to 0$ 时,所有的 Δx_i 将"趋于相等",记为 dx（自变量的微分）,同时划分的区间个数 $n \to \infty$,从而面积 $S = \sum\limits_{i=1}^n f(\xi_i) dx$.

另一方面,随着 $\Delta x \to 0$，ξ_i 就取遍了 $[a,b]$ 上的所有值,用 x 来表示 ξ_i,就有 $S = \sum\limits_{a \leqslant x \leqslant b} f(x) dx = \mathop{Sum}\limits_{a \leqslant x \leqslant b} f(x) dx$,取 Sum 的字头,面积 S 可表示为 $S = \int_a^b f(x) dx$.

通过上述说明我们发现:定积分是由无穷多个微分 $f(x) dx$ 求和得到的值,若把 $F(x)$ 记为 $f(x)$ 的一个原函数,则有 $f(x) dx = F'(x) dx = dF(x)$. 即 $f(x) dx$ 是 $F(x)$ 在区间 $[a,b]$ 上每一点的微分,从而它们的和必是 $F(x)$ 在区间 $[a,b]$ 上的增量 $F(b) - F(a)$,因此,定积分与微分间有着密切的联系,而且与牛顿-莱布尼兹公式的含义一致. 我们将 $f(x) dx$ 成为**积分微元**或**积分元素**.

通过上述分析知道,如果想得到一个事物的变化总量 A（例如曲边梯形的面积）,只需写出其在一点处的微元 $dA = f(x) dx$,然后在自变量的取值区间 $[a,b]$ 上积分即可.

具体步骤如下:

① 根据实际问题,选取一个变量作为积分变量（如 x）,确定其变化区间 $[a,b]$；

② 在区间 $[a,b]$ 内任取一点 x,并给 x 一个微增量 dx，A 的微元为 $dA = f(x) dx$；

③ 将微元作为被积表达式,在 $[a,b]$ 上作积分即得所求 A,即 $A = \int_a^b f(x) dx$.

这种通过微元建立积分表达式从而求总量的方法称为**微元法**（**元素法**）.

二、平面图形的面积

1. 设函数 $y=f(x)$，$y=g(x)$ 在区间 $[a,b]$ 上连续，且 $f(x) \geqslant g(x)$，求由曲线 $y=f(x)$，$y=g(x)$，直线 $x=a$，$x=b$ 所围成平面图形的面积 S（图 6-7）.

在 $[a,b]$ 上任取小区间 $[x,x+\Delta x]$，该小区间上对应的图形面积 ΔS 近似等于以 dx 为宽，以 $f(x)-g(x)$ 为高的矩形的面积，即所求的面积微元为

$$dA = dS = [f(x) - g(x)]dx.$$

把上式从 a 到 b 积分，即得 $S = A = \int_a^b [f(x) - g(x)]dx.$

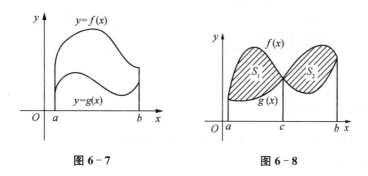

图 6-7　　　　　　　　图 6-8

若 $f(x)$ 和 $g(x)$ 在 $[a,b]$ 上的大小不能确定时，则面积 S 由两个（或两个以上）部分的面积之和构成，如图 6-8 所示.

总之，上述平面图形的面积可以统一表示为

$$S = A = \int_a^b |f(x) - g(x)|dx.$$

2. 若平面图形由连续函数 $x=\varphi(y)$，$x=\psi(y)$，直线 $y=c$，$y=d$ 围成的（图 6-9），则面积计算公式为 $S = \int_c^d |\varphi(y) - \psi(y)|dy.$

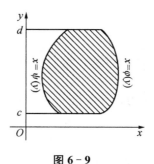

图 6-9

例 1 求由抛物线 $y=4-x^2$ 与 x 轴所围成的平面图形的面积.

解 先画出所求平面图形,如图 6-10.抛物线与 x 轴交点的坐标为 $(-2,0),(2,0)$.

以 x 为积分变量,变化区间为 $[-2,2]$,在 $[-2,2]$ 上任取一个小区间 $[x,x+\mathrm{d}x]$,则面积元素为 $\mathrm{d}S=(4-x^2)\mathrm{d}x$,即面积

$$S=\int_{-2}^{2}f(x)\mathrm{d}x=\int_{-2}^{2}(4-x^2)\mathrm{d}x=2\int_{0}^{2}(4-x^2)\mathrm{d}x$$

$$=2\left[4x-\frac{1}{3}x^3\right]_{0}^{2}=2\left(8-\frac{8}{3}\right)=\frac{32}{3}.$$

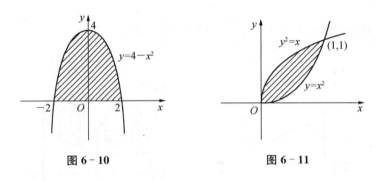

图 6-10   图 6-11

例 2 求由抛物线 $y=x^2$, $x=y^2$ 所围成的图形的面积.

解 围成的图形如图 6-11.

先求出这两条曲线的交点坐标,由 $\begin{cases} y^2=2x, \\ y=x^2 \end{cases}$ 得交点 $(0,0)$ 和 $(1,1)$.

则面积
$$S=\int_{0}^{1}(\sqrt{x}-x^2)\mathrm{d}x=\left[\frac{2}{3}x^{\frac{3}{2}}-\frac{1}{3}x^3\right]_{0}^{1}=\frac{1}{3}.$$

例 3 求由抛物线 $y^2=4x$ 与直线 $y=x-8$ 所围成的图形的面积.

解 图形如图 6-12.

由 $\begin{cases} y^2=4x, \\ y=x-8 \end{cases}$ 得出交点 $A(4,-4)$ 和 $B(16,8)$.

则面积

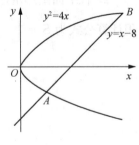

$$S=\int_{-4}^{8}\left(y+8-\frac{y^2}{4}\right)\mathrm{d}y=\left[\frac{y^2}{2}+8y-\frac{y^3}{12}\right]\Bigg|_{-4}^{8}=72.$$

请读者考虑,此例中为何不以 x 为积分变量.

图 6-12

例 4 求椭圆 $\dfrac{x^2}{a^2}+\dfrac{y^2}{b^2}=1$ 的面积.

解 此椭圆关于两坐标轴对称(如图 6-13),因此其面积是其在第一象限部分面积的

4 倍. 即

$$S = 4 \int_0^a f(x) \mathrm{d}x = 4 \frac{b}{a} \int_0^a \sqrt{a^2 - x^2} \mathrm{d}x$$

$$= 4 \frac{b}{a} \cdot \frac{\pi a^2}{4} = \pi ab.$$

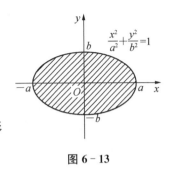

图 6-13

在求平面图形的面积时一定要画出所求图形以帮助理解图形的底所在的坐标轴.

三、立体的体积

1. 旋转体的体积

旋转体就是由一个平面图形绕该平面内一条直线旋转一周而成的立体. 这条直线叫旋转轴. 如圆柱、圆锥、圆台等.

求由连续曲线 $y = f(x)$,直线 $x = a, x = b$ 及 x 轴所围成的曲边梯形绕 x 轴旋转一周而成的立体的体积,如图 6-14.

取 x 为积分变量,在区间 $[a, b]$ 上取一个小区间 $[x, x + \mathrm{d}x]$,则相应部分的立体可以看成是底面半径为 $y = f(x)$,高为 $\mathrm{d}x$ 的一个圆柱体,即体积微元为 $\mathrm{d}V = \pi [f(x)]^2 \mathrm{d}x$,在区间 $[a, b]$ 上积分得旋转体体积为

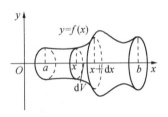

图 6-14

$$V_x = \pi \int_a^b [f(x)]^2 \mathrm{d}x.$$

类似地,由曲线 $x = \varphi(y)$,直线 $y = c, y = d$ 及 y 轴所围成的曲边梯形绕 y 轴旋转一周而成的立体的体积为

$$V_y = \pi \int_a^b [\varphi(y)]^2 \mathrm{d}y.$$

见图 6-15.

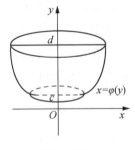

图 6-15

例 5　求椭圆 $\dfrac{x^2}{a^2} + \dfrac{y^2}{b^2} = 1$ 绕 x 轴旋转一周所成的旋转体(叫作**旋转椭球体**)的体积.

解　这个旋转体可以看作是由半个椭圆及 x 轴围成的曲边梯形绕 x 轴旋转而成的立体,见图 6-16.

所以由对称性,

$$V_x = 2 \int_0^a \pi [f(x)]^2 \mathrm{d}x = 2\pi \int_0^a \frac{b^2}{a^2}(a^2 - x^2) \mathrm{d}x = 2\pi \frac{b^2}{a^2} \left(a^2 x - \frac{x^3}{3} \right) \Big|_0^a = \frac{4}{3} \pi ab^2.$$

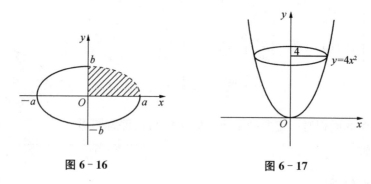

图 6-16　　　　　　　　　　图 6-17

例 6　求由抛物线 $y=4x^2$ 及直线 $y=4$ 所围成的图形绕 y 轴旋转一周所成的旋转体(叫作**旋转抛物体**)的体积.

解　这个旋转体可以看成是由抛物线 $y=4x^2\,(x\geqslant0)$ 与直线 $y=4$ 和 y 轴围成的曲边梯形绕 y 轴旋转一周而成的立体,见图 6-17. 所以

$$V_y = \int_0^4 \pi\left[\varphi(y)\right]^2 \mathrm{d}y$$

$$= \pi\int_0^4 \left(\sqrt{\frac{y}{4}}\right)^2 \mathrm{d}y = \pi\int_0^4 \frac{y}{4}\mathrm{d}y$$

$$= \frac{\pi y^2}{8}\bigg|_0^4 = 2\pi.$$

2. 平行截面面积为已知的立体的体积

假设一个立体不是旋转体,它位于垂直于 x 轴的平面 $x=a$, $x=b$ 之间,如果其任意一个垂直于 x 轴的平面与此立体相交的截面面积是已知的,且是 x 的连续函数 $S(x)$ (图 6-18),那么这个立体的体积计算公式也可用微元法推出.

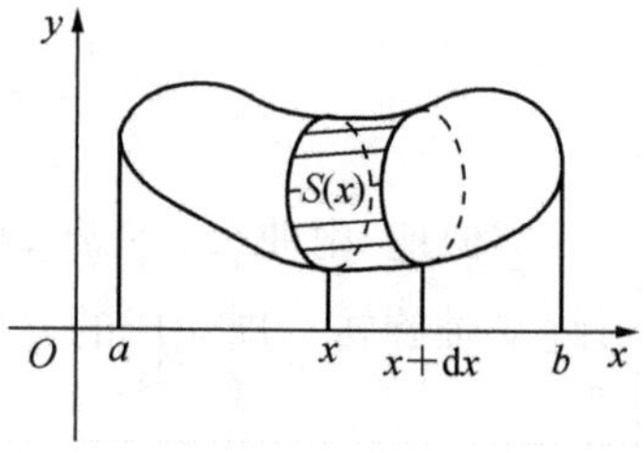

在 $[a,b]$ 上任取小区间,截得的薄片的体积近似等于底面积为 $S(x)$,厚度为 $\mathrm{d}x$ 的柱体的体积,即体积微元为

$$\mathrm{d}V = S(x)\mathrm{d}x.$$

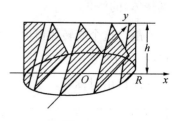

图 6-18

对体积微元 $S(x)\mathrm{d}x$ 从 a 到 b 积分,就得到整个立体的体积:

$$V = \int_a^b S(x)\mathrm{d}x.$$

例 7　求以半径为 R 的圆为底、平行且等于底圆直径的线段为顶、高为 h 的正劈锥体的体积.

解　取底圆所在的平面为 xOy 面建立坐标系如图 6-19,并使 x 轴与正劈锥体的顶平行. 底圆方程为 $x^2+y^2=R^2$,过 x 轴上

图 6-19

的任意一点 $x(-R \leqslant x \leqslant R)$ 作垂直于 x 轴的平面,截正劈锥体的截面为等腰三角形,其面积为 $S(x)=hy=h\sqrt{R^2-x^2}$,体积

$$V = \int_{-R}^{R} S(x)\mathrm{d}x = \int_{-R}^{R} h\sqrt{R^2-x^2}\mathrm{d}x = 2hR^2 \int_{0}^{\frac{\pi}{2}} \cos^2\theta \mathrm{d}\theta = \frac{\pi}{2}hR^2.$$

四、经济应用问题举例

在经济学问题中,一个经济函数的变化率就是该变量的导数,也称为边际函数,因此,一旦我们知道了边际函数就可以通过积分法求出总函数(即原函数)或总函数在区间 $[a,b]$ 上的改变量.

例8　已知某产品的边际收入 $R'(x)=-0.08x+25$(万元/台),边际成本 $C'(x)=5$(万元/台),求最大利润产量,并求产量再增加 50 台时,总利润减少了多少.

解　1. 因为利润 L 也是产量 x 的函数,且 $L(x)=R(x)-C(x)$.

由 $L'(x)=R'(x)-C'(x)=-0.08x+20=0$,得 $x=250$.

而 $L''(250)=-0.08<0$,所以 $x=250$(台)为最大利润产量.

2. 总利润 $L(x)$ 是 $L'(x)$ 的原函数,当产量从 250 增加到 300 台时,总利润的改变量

$$\Delta L = \int_{250}^{300} L'(x)\mathrm{d}x = \int_{250}^{300}(-0.08x+20)\mathrm{d}x = [-0.04x^2+20x]_{250}^{300} = -100,$$

所以总利润减少了 100 万元.

例9　已知某商品生产 Q 单位时的固定成本为 1 000 元,边际成本函数为 $C'(Q)=7+\dfrac{25}{\sqrt{Q}}$(元/单位),求总成本函数 $C(Q)$ 以及平均成本函数 $\overline{C}(Q)$. 并求生产这种产品 100 单位时的总成本和平均成本.

解　可变成本是边际成本函数在 $[0,Q]$ 上的定积分,固定成本为 1 000,所以生产 Q 单位时的总成本函数为

$$C(Q) = \int_{0}^{Q}\left(7+\frac{25}{\sqrt{x}}\right)\mathrm{d}x + 1\,000 = (7x+50\sqrt{x})\Big|_{0}^{Q} + 1\,000 = 7Q+50\sqrt{Q}+1\,000,$$

则平均成本函数为

$$\overline{C}(Q) = \frac{C(Q)}{Q} = 7 + \frac{50}{\sqrt{Q}} + \frac{1\,000}{Q}.$$

当生产 100 单位时,总成本为

$$C(100) = 700+500+1\,000 = 2\,200(\text{元}).$$

平均成本为

$$\overline{C}(100) = \frac{2\,200}{100} = 22(\text{元}).$$

习题 6 - 6

1. 求由下列各曲线所围成的平面图形的面积:

(1) $y=\sqrt{x}$ 与直线 $y=x$;

(2) $y=x^2-3$ 与直线 $y=2x$;

(3) $y=\dfrac{1}{x}$ 与直线 $y=x$ 及 $y=2$;

(4) $y=\ln x$ 与直线 $y=\ln a$, $y=\ln b$ 及 y 轴 $(b>a)$;

(5) $y=2-x^2$ 与 $y=x^2$;

(6) 曲线 $y=\sin x$ 与直线 $x=0$, $y=1$;

(7) $y=\dfrac{x^2}{2}$ 与 $y=\dfrac{1}{1+x^2}$;

(8) 曲线 $y=-x^2+4x-3$ 及其在点 $(0,-3)$ 和 $(3,0)$ 处的切线;

(9) 抛物线 $y^2=2x$ 与圆 $x^2+y^2=8$ 相交的小部分.

2. 求下列平面图形绕指定轴旋转产生的旋转体体积:

(1) 抛物线 $y=\sqrt{x}$ 与直线 $x=1$ 围成的图形分别绕 x 轴和 y 轴旋转;

(2) $y=\sin x(0\leqslant x\leqslant\pi)$ 绕 x 轴旋转;

(3) $y=x^2$ 与 $x=y^2$ 绕 y 轴旋转;

(4) 圆 $x^2+y^2=2$ 与 $y=x^2$ 围成的图形的上半部分绕 x 轴旋转.

3. 求下列立体的体积:

(1) 一平面经过半径为 R 的圆柱体的底圆中心,并与底面交成 α 角,此平面截圆柱体所得的立体体积(图 6 - 20);

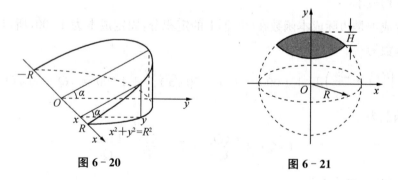

图 6 - 20　　　　　　　　图 6 - 21

(2) 半径为 R 的球体中高为 $H(H<R)$ 的球缺(图 6 - 21).

4. 已知某产品在时刻 t 时总产量的变化率为 $f(t)=200t+20t^2$ (单位/小时),求从 $t=3$ 到 $t=6$ 这 3 小时的总产量.

5. 某产品生产 Q 单位时的边际收益函数为 $R'(Q)=200-0.02Q(Q\geqslant0)$,求生产了 50 单

位时的总收益及平均单位产品的收益.

6. 已知某产品生产 x 单位时的总成本 C(元)的变化率(边际成本)$C'(x)=100$,固定成本为 2 万元,边际收益函数为 $R'(x)=400-x$,求生产多少单位时总利润最大及此总利润 L.

复习题六

1. 不定项选择题:

(1) 下列定积分值为零的是( ).

(A) $\displaystyle\int_{-1}^{1} x\sin x^3 \mathrm{d}x$

(B) $\displaystyle\int_{-1}^{1} \frac{x^2\sin^2 x}{1-\cos x}\mathrm{d}x$

(C) $\displaystyle\int_{-1}^{1} x[f(x)-f(-x)]\mathrm{d}x$

(D) $\displaystyle\int_{-1}^{1} \sin x^5 \mathrm{d}x$

(2) $\dfrac{\mathrm{d}}{\mathrm{d}x}\displaystyle\int_{a}^{b} \dfrac{1}{1+x^2}\mathrm{d}x=($)(a,b 是任意常数).

(A) $\arctan b-\arctan a$

(B) $\dfrac{1}{1+x^2}$

(C) $\arctan x$

(D) 0

(3) 下列积分中正确的是( ).

(A) $\displaystyle\int_{-1}^{1} \dfrac{1}{1+x^2}\mathrm{d}x=2\int_{0}^{1} \dfrac{1}{1+x^2}\mathrm{d}x=\dfrac{\pi}{2}$

(B) $\displaystyle\int_{-3}^{3} \sqrt{9-x^2}\,\mathrm{d}x=2\int_{0}^{3} \sqrt{9-x^2}\,\mathrm{d}x=\dfrac{9\pi}{2}$

(C) $\displaystyle\int_{-3}^{3} \sqrt{9-x^2}\,\mathrm{d}x=0$

(D) $\displaystyle\int_{-1}^{1} \dfrac{1}{x^2}\mathrm{d}x=-\dfrac{1}{x}\Big|_{-1}^{1}=-2$

(4) 定积分 $\displaystyle\int_{\frac{1}{2}}^{1} x^2\ln x\mathrm{d}x$ 的值( ).

(A) 大于零 (B) 小于零 (C) 等于零 (D) 不能确定

(5) 下列反常积分中,收敛的有( ).

(A) $\displaystyle\int_{\frac{1}{e}}^{+\infty} \dfrac{1}{x\ln x}\mathrm{d}x$

(B) $\displaystyle\int_{0}^{+\infty} \dfrac{\mathrm{d}x}{1+x^2}$

(C) $\displaystyle\int_{1}^{+\infty} \dfrac{1}{x^2}\mathrm{d}x$

(D) $\displaystyle\int_{-\infty}^{+\infty} x\mathrm{e}^{-\frac{x^2}{2}}\mathrm{d}x$

(6) 设函数 $y=\displaystyle\int_{0}^{x} (t-1)(t-2)\mathrm{d}t$,则 $y'(0)=($).

(A) -2 (B) -1 (C) 1 (D) 2

(7) $\displaystyle\int_{1}^{+\infty} \dfrac{\mathrm{d}x}{x\sqrt{x^2-1}}($).

(A) $=0$　　　　　　(B) $=\dfrac{\pi}{4}$　　　　　(C) $=\dfrac{\pi}{2}$　　　　　(D) 发散

(8) 设函数 $f(x)$ 在区间 $[a,b]$ 上连续,则 $F(x)=\displaystyle\int_a^x f(t)\mathrm{d}t$ 在区间 $[a,b]$ 上一定(　　).

(A) 可导　　　　(B) 可积　　　　(C) 连续　　　　(D) 有界

(9) 设函数 $f(x)$ 在点 $x=0$ 的某邻域内连续,且当 $x\to0$ 时, $f(x)$ 是 x^3 的高阶无穷小,则当 $x\to0$ 时, $\displaystyle\int_0^x f(t)\sin t\,\mathrm{d}t$ 是 x^3 的(　　).

(A) 低阶无穷小　　　　　　　　　(B) 高阶无穷小

(C) 同阶但不等价无穷小　　　　　　(D) 等价无穷小

(10) 若 $\displaystyle\int_0^k (2x-3x^2)\mathrm{d}x=0$,则 $k=$ (　　).

(A) 0　　　　　　(B) -1　　　　　(C) 1　　　　　(D) $\dfrac{1}{2}$

(11) 设 $\displaystyle\int_0^x f(t)\mathrm{d}t=\dfrac{1}{2}f(x)-\dfrac{1}{2}$,且 $f(0)=1$,则 $f(x)=$ (　　).

(A) $\mathrm{e}^{\frac{x}{2}}$　　　　(B) $\dfrac{1}{2}\mathrm{e}^x$　　　　(C) e^{2x}　　　　(D) $\dfrac{1}{2}\mathrm{e}^{2x}$

2. 求下列积分:

(1) $\displaystyle\int_0^5 \dfrac{x^3}{x^2+1}\mathrm{d}x$;　　　　　　　　　(2) $\displaystyle\int_{-2}^2 (x+2)\sqrt{4-x^2}\,\mathrm{d}x$;

(3) $\displaystyle\int_0^2 \dfrac{1}{2+\sqrt{4+x^2}}\mathrm{d}x$;　　　　　(4) $\displaystyle\int_0^{\frac{\pi}{2}} \dfrac{1}{2+\sin^2 x}\mathrm{d}x$.

3. 已知函数 $f(x)$ 在 $[0,2]$ 上二阶可导,且 $f(2)=1,f'(2)=0$ 及 $\displaystyle\int_0^2 f(x)\mathrm{d}x=4$,求 $\displaystyle\int_0^1 x^2 f''(2x)\mathrm{d}x$.

4. 求曲线 $y=x^3-3x+2$ 在 x 轴上介于两极值点间的曲边梯形的面积.

5. 当 x 为何值时, $I(x)=\displaystyle\int_0^{x^2}(t-1)\mathrm{e}^{t^2}\mathrm{d}t$ 有极大值?

6. 设 $\displaystyle\lim_{x\to\infty}\left(1+\dfrac{1}{x}\right)^{ax}=\displaystyle\int_{-\infty}^a t\mathrm{e}^t\mathrm{d}t$,求常数 a .

第七章　多元函数微分学

在前面章节中,我们所讨论的函数都是只有一个自变量的函数,即一元函数.但是在许多自然科学和经济等许多领域所遇到的问题经常是一个变量依赖于多个自变量的情形.例如,某种商品的市场需求量不但与其市场价格有关,而且与消费者的收入以及这种商品的其他替代品的价格等因素有关,即决定该商品需求量的因素不止一个而是多个.因此,我们就需要引入多元函数的概念.

本章将介绍多元函数微分学,它是一元函数微分学的推广,它有许多与一元函数类似的概念与性质.但由于多元函数的自变量是增加到两个或两个以上,因而与一元函数微分学在某些问题上又存在较大的差别.鉴于二元函数与三元及以上的多元函数间没有本质上的变化,本章主要介绍二元函数的基本概念、微分法及其应用.

第一节　空间解析几何简介

一、空间直角坐标系

在空间取一定点 O,过点 O 作三条相互垂直的数轴,它们都以 O 为原点且具有相同的长度单位,其正方向分别为 Ox,Oy,Oz,这样就建立了一个空间直角坐标系,记为 $Oxyz$ 坐标系(图 7-1).点 O 称为**坐标原点**,数轴 Ox,Oy,Oz 分别称为 x **轴(横轴)**、y **轴(纵轴)**、z **轴(竖轴)**.它们的正向通常符合**右手系**法则,即右手伸直,四指并拢,大拇指与四指方向垂直,然后以右手握住 z 轴,当右手的四指从 x **轴**正向以 90^0 角度转向 y **轴**正向时,大拇指的指向就是 z 轴的正向.

每两坐标轴所确定的平面称为**坐标平面**,三个坐标面分别称为 xOy **面**,yOz **面**,zOx **面**.三个坐标面将整个空间分为八个部分,每一部分称为一个**卦限**.在上半空间($z>0$)中,按逆时方向旋转分别为 Ⅰ,Ⅱ,Ⅲ,Ⅳ 四个卦限,下半空间($z<0$)中,依次对应的是 Ⅴ,Ⅵ,Ⅶ,Ⅷ 四个卦限(图 7-2).

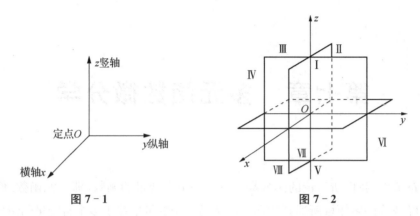

图 7 - 1　　　　　　　　　　　　图 7 - 2

　　我们知道,建立了平面直角坐标系后,平面上的点与二元有序数组(x,y)是一一对应的.
类似地,建立了空间直角坐标系后,就可以利用三元有序数组(x,y,z)来确定空间点的位置.
设 M 为空间任一点,过点 M 作三个平面分别垂直于 x 轴、y 轴与 z 轴,交点分别为 P,Q,R,这
三点在 x 轴、y 轴、z 轴上的坐标分别为 x,y,z(图 7 - 3).于是空间的任一点 M 与一组有序数
(x,y,z)之间建立了一一对应关系,有序数组(x,y,z)称为点 M 的坐标,记为 $M(x,y,z)$,其中
x,y,z分别称为点 M 的**横坐标**、**纵坐标和竖坐标**.特别地,原点 O 的坐标为$(0,0,0)$,点 P 的
坐标为$(x,0,0)$,点 Q 的坐标为$(0,y,0)$,点 R 的坐标为$(0,0,z)$.

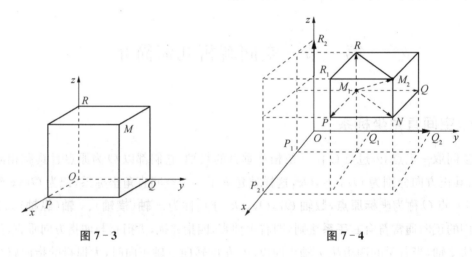

图 7 - 3　　　　　　　　　　　　图 7 - 4

　　对于空间两点 $M_1(x_1,y_1,z_1),M_2(x_2,y_2,z_2)$(图 7 - 4),可以求得两点之间的距离为

$$|M_1M_2| = \sqrt{|M_1N|^2 + |NM_2|^2},$$
$$= \sqrt{|M_1P|^2 + |M_1Q|^2 + |NM_2|^2}$$
$$= \sqrt{(x_2-x_1)^2 + (y_2-y_1)^2 + (z_2-z_1)^2}. \tag{1}$$

　　特别地,点 $M(x,y,z)$与原点 $O(0,0,0)$的距离为

$$|OM| = \sqrt{x^2 + y^2 + z^2}. \tag{2}$$

例 1　求点 $M_1(-1,2,0),M_2(1,2,3)$ 之间的距离.

解　由公式(1) 得

$$|M_1M_2| = \sqrt{[1-(-1)]^2 + (2-2)^2 + (3-0)^2} = \sqrt{13}.$$

例 2　在 y 轴上求与坐标原点 O 和点 $A(0,1,3)$ 等距离的点.

解　因为所求的点在 y 轴上,故可设该点为 $M(0,y,0)$,依题意有

$$|AM| = |OM|,$$

即
$$\sqrt{(0-0)^2 + (y-1)^2 + (0-3)^2} = \sqrt{y^2},$$

解得 $y=5$,因此所求点为 $M(0,5,0)$.

二、空间曲面与方程

与平面直角坐标系中建立曲线与方程 $F(x,y)=0$ 的关系类似,在空间直角坐标系中可以建立空间曲面与方程 $F(x,y,z)=0$ 的关系.

若空间曲面 S 上任意一点的坐标都满足方程

$$F(x,y,z) = 0, \tag{3}$$

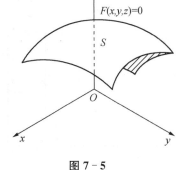

图 7-5

而不在曲面 S 上的点的坐标都不满足方程(3),则称方程(3)为曲面 S 的方程,而曲面 S 的几何图形称为方程(3)的图形(图 7-5).

下面介绍一些常见的空间曲面:平面、柱面、二次曲面.

1. 平面

xOy 平面上任意一点的坐标为 $(x,y,0)$,即平面 xOy 上任意一点的坐标必有 $z=0$,而不在 xOy 平面上的点不满足 $z=0$,所以 xOy 面的方程为 $z=0$. 同理,yOz 面的方程为 $x=0$;zOx 面的方程为 $y=0$.

类似地,平行于 xOy 面且过点 $(0,0,c)$ 的平面方程为 $z=c$. 平行于 yOz 面且过点 $(a,0,0)$ 的平面方程为 $x=a$;平行于 zOx 面且过点 $(0,b,0)$ 的平面方程为 $y=b$.

可以证明空间平面方程的一般形式为

$$Ax + By + Cz + D = 0, \tag{4}$$

其中 A,B,C,D 均为常数,且 A,B,C 不全为零.

2. 柱面

设 C 是空间中的一条曲线,与给定直线 L 平行的动直线沿曲线 C 移动所得空间曲面称为**柱面**(图 7-6),C 称为**准线**,动直线称为**母线**. 下面只讨论母线平行坐标轴的柱面.

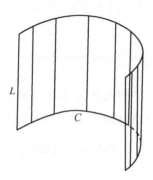

图 7 - 6

例 3 方程 $x^2+y^2=R^2$ 在空间直角坐标系中表示**圆柱面**,它的母线平行于 z 轴,它的准线是 xOy 面上的圆 $\begin{cases} x^2+y^2=R^2, \\ z=0 \end{cases}$ (图 7 - 7).

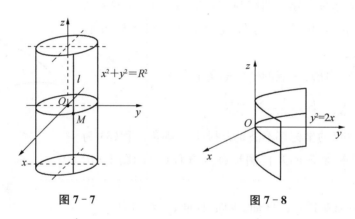

图 7 - 7   图 7 - 8

例 4 方程 $y^2=2x$ 在空间直角坐标系中表示**抛物柱面**,它的母线平行于 z 轴,其准线是 xOy 面上的椭圆 $\begin{cases} y^2=2x, \\ z=0 \end{cases}$ (图 7 - 8).

一般地,只含 x,y 而缺 z 的方程 $F(x,y)=0$,在空间直角坐标系中表示母线平行于 z 轴的柱面,其准线是 xOy 平面上的曲线 $\begin{cases} F(x,y)=0, \\ z=0. \end{cases}$

类似地,只含 x,z 而缺 y 的方程 $G(x,z)=0$ 和只含 y,z 而缺 x 的方程 $H(y,z)=0$ 分别表示母线平行于 y 轴和 x 轴的柱面.

3. 二次曲面

三元二次方程

$$Ax^2+By^2+Cz^2+Dxy+Exz+Fyz+Gx+Hy+Iz+J=0 \tag{5}$$

表示的空间曲面称为**二次曲面**.其中 A,B,C,D,E,F,G,H,I,J 均为常数,且 A,B,C,D,E,F

不全为零.

例 5 求球心为点 $M_0(x_0, y_0, z_0)$，半径为 R 的球面方程.

解 如图 7-9，设球面上任一点 $M(x, y, z)$，则有

$$|M_0M| = R,$$

由(1)有 $\sqrt{(x-x_0)^2 + (y-y_0)^2 + (z-z_0)^2} = R$，
因此球面方程为

$$(x-x_0)^2 + (y-y_0)^2 + (z-z_0)^2 = R^2.$$

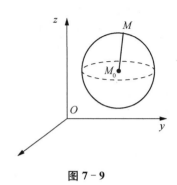

图 7-9

特别地，当球心在原点时，球面方程是

$$x^2 + y^2 + z^2 = R^2.$$

怎样研究方程 $F(x, y, z) = 0$ 所表示的曲面的形状呢？我们可以用坐标平面和平行于坐标面的平面与曲面相截，考察其交线（即截痕）的形状，进而了解曲面的全貌. 这种方法称为**截痕法**.

例 6 讨论 $\dfrac{x^2}{a^2} + \dfrac{y^2}{b^2} + \dfrac{z^2}{c^2} = 1 \ (a > 0, b > 0, c > 0)$ 的图形.

解 首先依次用 xOy 面，yOz 面，zOx 面截曲面 $\dfrac{x^2}{a^2} + \dfrac{y^2}{b^2} + \dfrac{z^2}{c^2} = 1$，其截痕分别为

$$\begin{cases} \dfrac{x^2}{a^2} + \dfrac{y^2}{b^2} = 1, \\ z = 0, \end{cases} \qquad \begin{cases} \dfrac{y^2}{b^2} + \dfrac{z^2}{c^2} = 1, \\ x = 0, \end{cases} \qquad \begin{cases} \dfrac{x^2}{a^2} + \dfrac{z^2}{c^2} = 1, \\ y = 0. \end{cases}$$

然后依次用平行于 xOy 面，yOz 面，zOx 面的平面截曲面 $\dfrac{x^2}{a^2} + \dfrac{y^2}{b^2} + \dfrac{z^2}{c^2} = 1$，其截痕分别为

$$\begin{cases} \dfrac{x^2}{a^2} + \dfrac{y^2}{b^2} = 1 - \dfrac{h_1^2}{c^2}, \\ z = h_1, \end{cases}$$

$$\begin{cases} \dfrac{y^2}{b^2} + \dfrac{z^2}{c^2} = 1 - \dfrac{h_2^2}{a^2}, \\ x = h_2, \end{cases}$$

$$\begin{cases} \dfrac{x^2}{a^2} + \dfrac{z^2}{c^2} = 1 - \dfrac{h_3^2}{b^2}, \\ y = h_3. \end{cases}$$

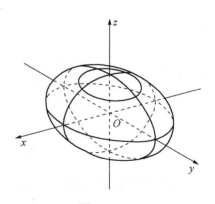

图 7-10

其中 $|h_1| < c$，$|h_2| < a$，$|h_3| < b$. 可见，截痕均为椭圆.

综上所述，$\dfrac{x^2}{a^2} + \dfrac{y^2}{b^2} + \dfrac{z^2}{c^2} = 1$ 是一个**椭球面**（图 7-10）.

二次曲面的方程经过适当的坐标转换可以化成标准形式,下面再介绍几种常见的二次曲面标准形式:

(1) 二次锥面(图 7 - 11)

$$\frac{x^2}{a^2}+\frac{y^2}{b^2}-\frac{z^2}{c^2}=0 \quad (a>0,b>0,c>0).$$

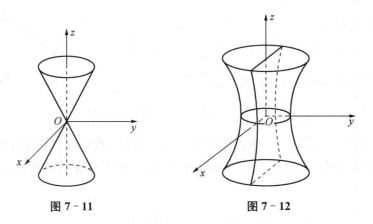

图 7 - 11　　　　　　　图 7 - 12

(2) 单叶双曲面(图 7 - 12)

$$\frac{x^2}{a^2}+\frac{y^2}{b^2}-\frac{z^2}{c^2}=1 \quad (a>0,b>0,c>0).$$

(3) 双叶双曲面(图 7 - 13)

$$\frac{x^2}{a^2}+\frac{y^2}{b^2}-\frac{z^2}{c^2}=-1 \quad (a>0,b>0,c>0).$$

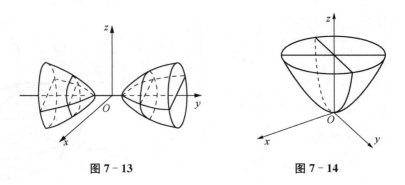

图 7 - 13　　　　　　　图 7 - 14

(4) 椭圆抛物面(图 7 - 14)

$$\frac{x^2}{a^2}+\frac{y^2}{b^2}=2z \quad (a>0,b>0).$$

(5) 双曲抛物面(马鞍面)(图 7-15)

$$\frac{x^2}{a^2} - \frac{y^2}{b^2} = -2z\,(a > 0, b > 0).$$

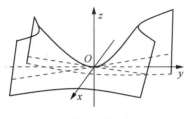

图 7-15

三、空间曲线及其在坐标面上的投影

1. 空间曲线的一般方程

空间曲线可以看作两个曲面的交线,设空间两曲面方程为 $F(x,y,z)=0$ 和 $G(x,y,z)=0$,则这两个曲面的交线的一般方程可以用联立方程组的形式来表示:

$$\begin{cases} F(x,y,z) = 0, \\ G(x,y,z) = 0. \end{cases} \tag{6}$$

2. 空间曲线在坐标面上的投影

设空间曲线 C 的一般方程为 $\begin{cases} F(x,y,z)=0, \\ G(x,y,z)=0, \end{cases}$ 过曲线 C 上每一点作 xOy 平面的垂线,这些垂线形成了一个母线平行于 z 轴且过曲线 C 的柱面,此柱面称为曲线 C 关于 xOy 平面的**投影柱面**.

我们将(6)消去变量 z 得到方程

$$H(x,y) = 0. \tag{7}$$

显然,(7)即是曲线 C 关于 xOy 平面的投影柱面方程. 投影柱面与 xOy 平面的交线称作空间曲线 C 在 xOy 面上的**投影曲线**,简称**投影**,用方程表示为

$$\begin{cases} H(x,y) = 0, \\ z = 0. \end{cases}$$

同理,若分别在(6)中消去变量 x 或 y,得投影柱面方程 $G(y,z)=0$ 或 $J(x,z)=0$,则曲线 C 在 yOz 面与 zOx 面上的投影曲线方程分别为

$$\begin{cases} G(y,z) = 0, \\ x = 0, \end{cases} \text{和} \begin{cases} J(x,z) = 0, \\ y = 0. \end{cases}$$

例7 设空间曲线 $C:\begin{cases} y^2+3z^2-8x=12,\\ 2y^2+z^2+4x=4, \end{cases}$ 求其在 xOy 面上的投影曲线方程.

解 消去变量 z 得曲线 C 关于 xOy 平面的投影柱面方程

$$y^2+4x=0,$$

所以在 xOy 面的投影曲线方程为

$$\begin{cases} y^2+4x=0,\\ z=0. \end{cases}$$

在二重积分的计算中,有时需要确定立体在坐标面上的投影,这时要利用投影柱面和投影曲线.

例8 设一个立体由上半球面 $z=\sqrt{4-x^2-y^2}$ 和锥面 $z=\sqrt{3x^2+3y^2}$ 所围成,求该立体在 xOy 面上的投影.

解 图 7-16,上半球面与锥面交线为 $\begin{cases} z=\sqrt{4-x^2-y^2},\\ z=\sqrt{3x^2+3y^2}, \end{cases}$

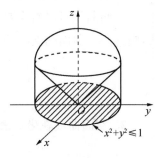

消去 z,整理得投影曲线为

$$\begin{cases} x^2+y^2=1,\\ z=0, \end{cases}$$

由此可见,该立体在 xOy 平面上的投影为圆所围成的部分:

$$\{(x,y) \mid x^2+y^2 \leqslant 1\}.$$

图 7-16

习题 7-1

1. 指出下列点在空间中的位置:

$A(-3,-2,1)$;　　　　　　　　　　$B(1,-2,-3)$;

$C(-1,0,0)$;　　　　　　　　　　　$D(2,0,1)$;

$E(0,0,2)$;　　　　　　　　　　　$F(3,5,-1)$.

2. 点 $P(1,2,-1)$关于 xOy 面的对称点是_____,关于 yOz 面的对称点是_____,关于 zOx 面的对称点是_____,关于 x 轴的对称点是_____,关于 y 轴的对称点是_____,关于 z 轴的对称点是_____,关于原点的对称点是_____.

3. 求下列两点之间的距离:

(1) $(0,0,0)$,$(-2,1,3)$;　　　　　　(2) $(3,2,-\sqrt{2})$,$(0,-3,0)$

4. 在 z 轴上,求与 $A(-4,1,7)$和 $B(3,5,-2)$两点等距离的点.

5. 求与坐标面 xOz 和 yOz 距离相等的点的轨迹.

6. 建立以 $M(1,2,-1)$ 为球心,且通过原点的球面方程.

7. 一动点与两定点 $M_1(2,-1,2)$ 和 $M_2(-3,1,4)$ 等距离,求这动点的轨迹.

8. 指出下列方程在平面解析几何和空间解析几何中分别表示什么图形:

(1) $x=1$;　　　　　　　　　　　(2) $x^2+y^2=1$;

(3) $2x+y=4$;　　　　　　　　　(4) $y^2=2px$.

9. 求空间曲线 $C:\begin{cases} z=\sqrt{x^2+y^2}, \\ x^2+y^2+z^2=2 \end{cases}$ 在 xOy 面上的投影曲线方程.

第二节　多元函数的概念

一、平面点集

在学习一元函数微分学时,许多概念都是建立在一维实数集 **R** 上. 在学习二元函数微分学时,许多概念将是建立在二维平面点集 $\mathbf{R}^2$ 上. 为此下面先介绍平面点集的一些基本概念.

坐标平面:二元有序实数组 (x,y) 的全体 $\mathbf{R}^2$,即 $\mathbf{R}^2=\{(x,y)\mid x,y\in\mathbf{R}\}$.

平面点集:坐标平面上具有某种性质 P 的点的集合. 记作

$$E=\{(x,y)\mid x,y \text{ 具有性质 } P\}.$$

例如,平面上以原点为中心,以 $r_1,r_2(0<r_1<r_2)$ 为半径的圆环内所有点的集合是

$$E=\{(x,y)\mid r_1^2<x^2+y^2<r_2^2\}.$$

邻域:设点 $P_0(x_0,y_0)$ 为坐标平面 xOy 上的一个点,δ 是某个正数. 与点 P_0 距离小于 δ 的点 $P(x,y)$ 的全体,称为点 P_0 的 δ 邻域,记作 $U(P_0,\delta)$. 即

$$U(P_0,\delta)=\{P\|P_0P\|<\delta\}=\{(x,y)\mid\sqrt{(x-x_0)^2+(y-y_0)^2}<\delta\}.$$

不包含点 P_0 的 δ 邻域称为点 P_0 的去心 δ 邻域,记作 $\mathring{U}(P_0,\delta)$,即

$$\begin{aligned}\mathring{U}(P_0,\delta)&=\{P\mid 0<|PP_0|<\delta\}\\&=\{(x,y)\mid 0<\sqrt{(x-x_0)^2+(y-y_0)^2}<\delta\}.\end{aligned}$$

若不需要强调邻域半径 δ,则用 $U(P_0)$ 和 $\mathring{U}(P_0)$ 分别表示点 P_0 的邻域和去心邻域.

显然,平面点 P_0 与平面点集 D 的关系为:P_0 在 D 内,P_0 在 D 外或 P_0 在 D 的边界上. 下面使用邻域来描述平面点与点集之间的关系,并介绍一些重要的平面点集.

内点、开集:设 D 为平面点集,$P_0(x_0,y_0)\in D$,若存在 $\delta>0$,使 $U(P_0,\delta)\subset D$,则称 P_0

为 D 的内点. 若点集 D 的点都是 D 的内点, 则称 D 为开集.

边界点、闭集: 设 D 为平面点集, 若对任意的 $\delta > 0$, $U(P_0, \delta)$ 中既有 D 中的点也有不属于 D 中的点, 则称 P_0 为 D 的边界点. 边界点的全体称为 D 的边界. 包含边界的平面点集称为闭集.

外点: 若存在 P_0 的某个邻域 $U(P_0)$, 使得 $U(P_0) \cap D = \varnothing$, 则称 P_0 为 D 的外点.

聚点: 若对于任意给定的 $\delta > 0$, 点 P_0 的去心邻域 $\mathring{U}(P_0, \delta)$ 内总有 D 中的点, 则称 P_0 是 D 的聚点.

开区域、闭区域: 若点集 D 内任何两点, 都可用包含于 D 的折线连接起来, 则称 D 为连通的集合. 连通的开集称为开区域或区域. 开区域连同它的边界构成的点集称为闭区域.

例如, $E_1 = \{(x, y) \mid x + y < 1\}$ 是开区域; $E_2 = \{(x, y) \mid 1 \leqslant x^2 + y^2 \leqslant 4\}$ 是闭区域.

有界区域、无界区域: 若存在一个正数 r, 使得 $D \subset U(O, r)$, 则称 D 为有界区域; 否则称为无界区域.

例如, $E_1 = \{(x, y) \mid x + y < 1\}$ 是无界区域; $E_2 = \{(x, y) \mid 1 \leqslant x^2 + y^2 \leqslant 4\}$ 是有界区域.

二、多元函数的定义

在实际问题中, 经常会遇到多个变量的依赖关系. 我们先看几个引例.

引例 1 经济体的产出 Q 与劳动力 L 和资本 K 的关系为

$$Q = cL^a K^b,$$

其中 a, b, c 是正实数.

引例 2 设储蓄账户一次存入 x 元, 年利率 $p\%$, 储蓄账户 t 年后的余额 B 可表示为

$$B = x \mathrm{e}^{rt},$$

其中 $r = \dfrac{p}{100}$.

引例 3 圆锥体的体积 V 和它的底半径 r, 高 h 之间具有关系

$$V = \frac{1}{3} \pi r^2 h.$$

这几个例子中, 它们都反映出一个因变量依赖另外两个自变量的函数关系, 下面给出二元函数的定义.

定义 1 设 D 为一个平面点集, 对于任意的点 $(x, y) \in D$, 按照某一确定的对应法则 f, 都有唯一确定的实数 z 与之对应, 则称变量 z 是 x, y 的二元函数, 记作

$$z = f(x, y), \quad (x, y) \in D.$$

其中变量 x, y 称为自变量; z 称为因变量; 集合 D 称为函数的定义域. 全体函数值的集合 $\{z \mid$

$z=f(x,y),(x,y)\in D\}$ 称为函数的值域,记作 $f(D)$.

类似地,我们可以给出三元函数 $z=f(x_1,x_2,x_3)$ 及 n 元函数 $z=f(x_1,x_2,\cdots,x_n)$ 的定义. 二元及二元以上的函数统称为**多元函数**. 我们主要研究二元函数.

例 1　求函数 $z=\ln(y-x)$ 的定义域 D,并作出 D 的示意图.

解　由函数表达式可得　$D=\{(x,y)|y-x>0\}$,其图形如图 7-17.

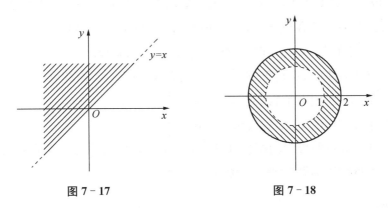

图 7-17　　　　　　　　　　　图 7-18

例 2　求函数 $z=\dfrac{1}{\sqrt{x^2+y^2-1}}+\sqrt{4-x^2-y^2}$ 的定义域 D,并作出 D 的示意图.

解　由函数表达式可得,

$$\begin{cases} x^2+y^2-1>0, \\ 4-x^2-y^2\geqslant 0, \end{cases}$$

故 $D=\{(x,y)|1<x^2+y^2\leqslant 4\}$,其图形如图 7-18.

二元函数 $z=f(x,y),(x,y)\in D$,其定义域 D 是 xOy 平面上的一个点集. 对于 D 中任意一点 $M(x,y)$,都有唯一的数 z 与之对应. 因此三元有序数组 $(x,y,f(x,y))$ 就与空间的一个点 $P(x,y,f(x,y))$ 相对应,所有这样的点 P 构成的集合就是函数 $z=f(x,y)$ 的图形,通常是一个曲面.

例如函数 $x+y+z=1$ 是空间的一个平面;而函数 $z=\sqrt{x^2+y^2}$ 是空间的一个锥面.

三、二元函数的极限

与一元函数极限概念类似,二元函数的极限也反映出函数值随自变量某种变化下的变化趋势. 下面我们先给出描述性的定义.

定义 2　设函数 $z=f(x,y)$ 在点 $P_0(x_0,y_0)$ 的某个去心邻域内有定义,点 $P(x,y)$ 是该邻域内不同于点 $P_0(x_0,y_0)$ 的任意一点. 若 $P(x,y)$ 以任意的方式无限趋近于 $P_0(x_0,y_0)$,相应的函数值 $f(x,y)$ 也无限趋近于一个常数 A,则称当 $P(x,y)$ 趋近于 $P_0(x_0,y_0)$ 时,函数 $z=f(x,y)$ 以 A 为极限,记作

$$\lim_{(x,y)\to(x_0,y_0)}f(x,y)=A \text{ 或 } \lim_{\substack{x\to x_0\\y\to y_0}}f(x,y)=A.$$

也可记作
$$\lim_{P\to P_0}f(P)=A.$$

我们也给出用"$\varepsilon-\delta$"语言表述的精确定义.

*定义 3　设二元函数 $f(P)=f(x,y)$ 的定义域为 D，$P_0(x_0,y_0)$ 是 D 的聚点. 若存在常数 A，对于任意给定的 $\varepsilon>0$，总存在一个 $\delta>0$，使得当 $0<|PP_0|<\delta$ 时，$|f(x,y)-A|<\varepsilon$ 恒成立，则称当 $P(x,y)$ 趋于 $P_0(x_0,y_0)$ 时，函数 $f(x,y)$ 以 A 为极限.

注　(1) 定义中点 $P(x,y)$ 趋于 $P_0(x_0,y_0)$ 的方式是任意的. 由此可以得到，若点 $P(x,y)$ 是沿着不同的方式，例如不同的直线或不同的曲线趋于 $P_0(x_0,y_0)$ 时，$f(x,y)$ 不是无限趋于同一个确定的常数 A，则可以断定此极限不存在.

(2) 以上关于二元函数极限的概念可以相应地推广到三元以上的多元函数.

(3) 多元函数的极限运算法则与一元函数的类似.

例3　求极限：(1) $\lim\limits_{\substack{x\to 0\\y\to 0}}\dfrac{\sqrt{xy+1}-1}{xy}$；　(2) $\lim\limits_{(x,y)\to(0,0)}\left[(x^2+y^2)\sin\dfrac{1}{x^2+y^2}\right]$.

解　(1) $\lim\limits_{\substack{x\to 0\\y\to 0}}\dfrac{\sqrt{xy+1}-1}{xy}=\lim\limits_{\substack{x\to 0\\y\to 0}}\dfrac{1}{\sqrt{xy+1}+1}\overset{\text{令}\rho=xy}{=}\lim\limits_{\rho\to 0}\dfrac{1}{\sqrt{\rho+1}+1}=\dfrac{1}{2}.$

(2) 当 $x\to 0$，$y\to 0$ 时 $x^2+y^2\to 0$，$\left|\sin\dfrac{1}{x^2+y^2}\right|\leqslant 1.$

因为无穷小量与有界量的乘积仍为无穷小量，所以

$$\lim_{(x,y)\to(0,0)}\left[(x^2+y^2)\sin\frac{1}{x^2+y^2}\right]=0.$$

例4　证明：$\lim\limits_{(x,y)\to(0,0)}\dfrac{xy}{x^2+y^2}$ 不存在.

证明　考虑 (x,y) 沿着直线 $y=kx$ 趋于点 $(0,0)$，则

$$\lim_{\substack{(x,y)\to(0,0)\\y=kx}}\frac{xy}{x^2+y^2}=\lim_{x\to 0}\frac{kx^2}{x^2+k^2x^2}=\frac{k}{1+k^2},$$

显然 k 取值不同，极限也不同. 因此，$\lim\limits_{(x,y)\to(0,0)}\dfrac{xy}{x^2+y^2}$ 不存在.

四、二元函数的连续性

学习了二元函数极限的概念，我们进一步来学习二元函数的连续性.

定义 4　设二元函数 $f(x,y)$ 满足如下条件：

(1) 在点 $P_0(x_0,y_0)$ 的某邻域内有定义；

（2）极限 $\lim\limits_{\substack{x\to x_0\\y\to y_0}}f(x,y)$ 存在；

（3）$\lim\limits_{\substack{x\to x_0\\y\to y_0}}f(x,y)=f(x_0,y_0)$ 或 $\lim\limits_{\substack{\Delta x\to 0\\\Delta y\to 0}}\Delta z=0$.

其中 $\Delta z=f(x,y)-f(x_0,y_0)$. **则称函数** $f(x,y)$ **在点** $P_0(x_0,y_0)$ **处连续**,否则称函数 $f(x,y)$ 在点 $P_0(x_0,y_0)$ 处**间断**,此时点 $P_0(x_0,y_0)$ 称为函数 $f(x,y)$ 的**间断点**.

若函数 $f(x,y)$ 在区域 D 内的每一点都连续,则称函数 $f(x,y)$ 在区域 D 内连续,或称 $f(x,y)$ 是 D 上的连续函数.

与一元函数相类似,二元函数有以下结论:

二元连续函数的和、差、积、商(分母不为零处)仍连续;二元连续函数的复合函数也是连续函数.

二元初等函数是由 x 的基本初等函数,y 的基本初等函数及二者经过有限次四则运算和有限次复合,并能用一个统一解析式表示的函数. 例如 $\dfrac{xy}{x^2+y^2}$,$\arcsin\dfrac{y}{x}$ 等都是二元初等函数. 二元初等函数在其定义区域内均是连续的. 这里,定义区域指的是包含于定义域的区域或闭区域. 由此可得,若点 $P_0(x_0,y_0)$ 是二元初等函数定义域的内点,则 $\lim\limits_{\substack{x\to x_0\\y\to y_0}}f(x,y)=f(x_0,y_0)$.

例 5　求 $\lim\limits_{(x,y)\to(1,0)}\dfrac{x+y}{x^2+y^2}$.

解　函数 $f(x,y)=\dfrac{x+y}{x^2+y^2}$ 是二元初等函数,显然点 $(1,0)$ 是其定义域的内点,所以

$$\lim\limits_{(x,y)\to(1,0)}\dfrac{x+y}{x^2+y^2}=f(1,0)=1.$$

下面将不加证明地介绍有界闭区域上二元连续函数的性质.

定理 1(有界性与最值定理)　在有界闭区域 D 上的二元连续函数,必能在 D 上取得最大值和最小值,从而在 D 上有界.

定理 2(介值定理)　在有界闭区域 D 上的二元连续函数,必取得介于它们的两个不同函数值之间的任何给定值.

关于二元函数极限和连续的讨论,均可以推广到三元以上的多元函数.

习题 7－2

1. 求下列函数的定义域 D,并画出 D 的示意图.

（1）$z=\sqrt{x+y}$；

（2）$z=\dfrac{1}{\sqrt{x^2+y^2}}$；

（3）$z=\ln(2x-y)$；

（4）$z=\sqrt{1-x^2-y^2}$；

（5）$z=x^2-y^2$；

（6）$z=\ln(xy)+\dfrac{1}{\sqrt{y-x^2}}$.

2. 设函数 $f(x-y,x+y)=x^2-y^2-xy$，求 $f(x,y)$.

3. 设函数 $f\left(x+y,\dfrac{y}{x}\right)=x^2-y^2$，求 $f(1,2)$.

4. 求下列函数的极限：

(1) $\lim\limits_{\substack{x\to 1\\y\to 0}}\dfrac{2x-3y}{x^2+y^2}$;

(2) $\lim\limits_{\substack{x\to 0\\y\to 0}}\dfrac{x+y}{\sqrt{1-x-y}-1}$;

(3) $\lim\limits_{\substack{x\to 0\\y\to 0}}\dfrac{\sin(xy)}{y}$;

(4) $\lim\limits_{\substack{x\to\infty\\y\to\infty}}\dfrac{1}{|x|+|y|}$.

*5. 证明下列极限不存在：

(1) $\lim\limits_{\substack{x\to 0\\y\to 0}}\dfrac{x+y}{x-y}$;

(2) $\lim\limits_{\substack{x\to 0\\y\to 0}}\dfrac{(x+y)^2}{x^2+y^2}$.

第三节　偏导数

一、偏导数的定义及其计算法

在一元函数中，我们引入导数来研究函数相对于自变量的变化率问题. 对多元函数同样需要讨论变化率问题. 但是多元函数的自变量有多个，函数关系复杂得多，我们可以讨论只有一个自变量变化，而其余自变量保持不变（即看成常量）时的变化率. 例如经济学中，某商品的产出 Q 由劳动力 L 及资本 K 决定. 为了研究它们之间的依赖关系，我们可以研究 L 不变时，Q 对 K 的变化率，同样也可以研究 K 不变时，Q 对 L 的变化率. 这时多元函数实际可以看成一元函数，自然地可以借鉴一元函数变化率的处理方法. 本节我们将引入偏导数来讨论二元函数的变化率问题. 下面首先介绍关于多元函数增量的几个概念.

设函数 $z=f(x,y)$ 在点 (x_0,y_0) 的某个邻域内有定义. 当 x 从 x_0 取得改变量 $\Delta x(\Delta x\neq 0)$，而 $y=y_0$ 保持不变时，函数 z 得到一个改变量

$$\Delta_x z = f(x_0+\Delta x,y_0)-f(x_0,y_0),$$

称为函数 $f(x,y)$ 在点 (x_0,y_0) 处对于 x 的**偏增量**. 类似地，定义函数 $f(x,y)$ 在点 (x_0,y_0) 处对于 y 的**偏增量**为

$$\Delta_y z = f(x_0,y_0+\Delta y)-f(x_0,y_0).$$

对于自变量分别从 x_0,y_0 取得改变量 $\Delta x,\Delta y$，函数 z 的相应的改变量

$$\Delta z = f(x_0+\Delta x,y_0+\Delta y)-f(x_0,y_0)$$

称为函数 $f(x,y)$ 在点 (x_0,y_0) 处的**全增量**.

定义 1　设函数 $z=f(x,y)$ 在点 (x_0,y_0) 的某邻域内有定义，若

$$\lim_{\Delta x \to 0} \frac{\Delta_x z}{\Delta x} = \lim_{\Delta x \to 0} \frac{f(x_0+\Delta x,y_0)-f(x_0,y_0)}{\Delta x}$$

存在，则称此极限为函数 $f(x,y)$ 在点 (x_0,y_0) 处对 x 的偏导数. 记作

$$\frac{\partial z}{\partial x}\Big|_{\substack{x=x_0 \\ y=y_0}}, z_x\Big|_{\substack{x=x_0 \\ y=y_0}}, \frac{\partial f(x_0,y_0)}{\partial x} \text{ 或 } f_x(x_0,y_0).$$

类似地，若

$$\lim_{\Delta y \to 0} \frac{\Delta_y z}{\Delta y} = \lim_{\Delta y \to 0} \frac{f(x_0,y_0+\Delta y)-f(x_0,y_0)}{\Delta y}$$

存在，则称此极限为函数 $f(x,y)$ 在点 (x_0,y_0) 处对 y 的偏导数. 记作

$$\frac{\partial z}{\partial y}\Big|_{\substack{x=x_0 \\ y=y_0}}, z_y\Big|_{\substack{x=x_0 \\ y=y_0}}, \frac{\partial f(x_0,y_0)}{\partial y} \text{ 或 } f_y(x_0,y_0).$$

　　如果函数 $z=f(x,y)$ 在平面区域 D 内每一点 (x,y) 处对 x 或 y 的偏导数都存在，那么这个偏导数仍是 x,y 的函数，称为函数 $f(x,y)$ 在 D 内对 x 或 y 的偏导函数，简称偏导数. 记为

$$\frac{\partial z}{\partial x}, z_x, f_x(x,y) \text{ 或 } \frac{\partial f(x,y)}{\partial x};$$

$$\frac{\partial z}{\partial y}, z_y, f_y(x,y) \text{ 或 } \frac{\partial f(x,y)}{\partial y}.$$

　　由偏导数的定义可知，$f(x,y)$ 在点 (x_0,y_0) 处对 x 的偏导数 $f_x(x_0,y_0)$ 就是偏导函数 $f_x(x,y)$ 在点 (x_0,y_0) 处的值；$f(x,y)$ 在点 (x_0,y_0) 处对 y 的偏导数 $f_y(x_0,y_0)$ 就是偏导函数 $f_y(x,y)$ 在点 (x_0,y_0) 处的值. 那么求二元函数对其中一个自变量的偏导数时，只要将另外一个自变量看作常数，用一元函数求导法则即可求得.

　　例 1　求函数 $z=x^2+y^2-xy$ 在点 $(2,3)$ 处的偏导数.

　　解　将 y 看作常数对 x 求导，得

$$f_x(x,y) = 2x-y;$$

将 x 看作常数对 y 求导，得

$$f_y(x,y) = 2y-x;$$

再将点 $(2,3)$ 代入，得

$$f_x(2,3) = 1, f_y(2,3) = 4.$$

　　例 2　求函数 $z=x^y (x>0)$ 的偏导数.

解 将 y 看作常数对 x 求导,得

$$\frac{\partial z}{\partial x} = yx^{y-1};$$

将 x 看作常数对 y 求导,得

$$\frac{\partial z}{\partial y} = x^y \ln x.$$

例3 已知柯布-道格拉斯效用函数 $U(x,y)=x^\alpha y^{1-\alpha}$,其中 α 是参数且 $0<\alpha<1$, x 和 y 为两种商品的数量. 经济学家用效用函数表示消费者对两种或更多种商品的相对偏好(例如,草莓味酸奶与榴梿味酸奶,或猪肉、牛肉与羊肉). 商品 x 和 y 的边际效用分别定义为 $\frac{\partial U}{\partial x}$ 和 $\frac{\partial U}{\partial y}$. 计算边际效用.

解 由题意, $\frac{\partial U}{\partial x}=\alpha x^{\alpha-1}y^{1-\alpha}$, $\frac{\partial U}{\partial y}=(1-\alpha)x^\alpha y^{-\alpha}$.

注 偏导数的概念还可推广到二元以上的函数. 例如三元函数 $u=f(x,y,z)$ 在点 (x,y,z) 处对 x 的偏导数定义为

$$f_x(x,y,z) = \lim_{\Delta x \to 0} \frac{f(x+\Delta x,y,z) - f(x,y,z)}{\Delta x}.$$

计算时,只要将 y,z 看成常数对 x 求导即可.

例4 设 $r=\sqrt{x^2+y^2+z^2}$,证明: $\left(\frac{\partial r}{\partial x}\right)^2 + \left(\frac{\partial r}{\partial y}\right)^2 + \left(\frac{\partial r}{\partial z}\right)^2 = 1$.

证明 将 y,z 看成常数对 x 求导,得

$$\frac{\partial r}{\partial x} = \frac{x}{\sqrt{x^2+y^2+z^2}} = \frac{x}{r};$$

由对称性可得 $\frac{\partial r}{\partial y}=\frac{y}{r}$, $\frac{\partial r}{\partial z}=\frac{z}{r}$,

所以 $\left(\frac{\partial r}{\partial x}\right)^2 + \left(\frac{\partial r}{\partial y}\right)^2 + \left(\frac{\partial r}{\partial z}\right)^2 = 1$.

***例5** 设某商品的需求量 Q 是其价格 P 及消费者收入 Y 的函数

$$Q = Q(P,Y),$$

当消费者收入 Y 保持不变,价格 P 改变量为 ΔP,需求量 Q 对于价格 P 的偏增量为

$$\Delta Q = Q(P+\Delta P,Y) - Q(P,Y).$$

而比值

$$\frac{\Delta Q}{\Delta P} = \frac{Q(P + \Delta P, Y) - Q(P, Y)}{\Delta P}$$

是需求量 Q 对于价格 P 由 P 变到 $P + \Delta P$，消费者收入 Y 保持不变时的平均变化率，

$$\frac{\partial Q}{\partial P} = \lim_{\Delta P \to 0} \frac{\Delta Q}{\Delta P}$$

是需求量 Q 当价格为 P，消费者收入为 Y 时，对于价格 P 的变化率.

$$e_P = -\lim_{\Delta P \to 0} \frac{\dfrac{\Delta Q}{Q}}{\dfrac{\Delta P}{P}} = -\frac{\partial Q}{\partial P} \frac{P}{Q}$$

称为需求对价格的**偏弹性**.

类似地，

$$\Delta Q = Q(P, Y + \Delta Y) - Q(P, Y)$$

是需求量 Q 当价格 P 不变，消费者收入 Y 改变 ΔY 时，对于收入 Y 的偏增量.

而比值

$$\frac{\Delta Q}{\Delta Y} = \frac{Q(P, Y + \Delta Y) - Q(P, Y)}{\Delta Y}$$

是需求量 Q 对于收入 Y 从 Y 变到 $Y + \Delta Y$，价格 P 保持不变时的平均变化率.

$$\frac{\partial Q}{\partial Y} = \lim_{\Delta Y \to 0} \frac{\Delta Q}{\Delta Y}$$

是当价格为 P，收入为 Y 时，需求量 Q 对收入 Y 的变化率.

$$e_Y = \lim_{\Delta Y \to 0} \frac{\dfrac{\Delta Q}{Q}}{\dfrac{\Delta Y}{Y}} = \frac{\partial Q}{\partial Y} \frac{Y}{Q}$$

称为需求对收入的**偏弹性**.

例 6　设函数 $f(x, y) = \begin{cases} \dfrac{xy}{x^2 + y^2}, & (x, y) \neq (0, 0), \\ 0, & (x, y) = (0, 0), \end{cases}$ 求 $f(x, y)$ 在原点 $(0, 0)$ 处的偏导数.

解　由偏导数定义，在点 $(0, 0)$ 处对 x 的偏导数

$$f_x(0, 0) = \lim_{\Delta x \to 0} \frac{f(0 + \Delta x, 0) - f(0, 0)}{\Delta x} = \lim_{\Delta x \to 0} 0 = 0;$$

在点 $(0, 0)$ 处对 y 的偏导数为

$$f_y(0,0) = \lim_{\Delta y \to 0} \frac{f(0,0+\Delta y)-f(0,0)}{\Delta y} = \lim_{\Delta y \to 0} 0 = 0.$$

然而，第二节的例 4 告诉我们 $\displaystyle\lim_{(x,y)\to(0,0)} \frac{xy}{x^2+y^2}$ 不存在，因此 $f(x,y)$ 在原点 $(0,0)$ 处不连续. 由此可见，二元函数在某点的偏导数都存在，不能得出函数在该点处连续. 这与"一元函数可导必连续"的结论是不同的.

二、偏导数的几何意义

由上一节我们知道，二元函数 $z=f(x,y)$ 在几何上一般表示空间的一张曲面 S（如图 7-19），$M_0(x_0,y_0,f(x_0,y_0))$ 是 S 上的一点. 由偏导数的定义，易知 $f_x(x_0,y_0) = \dfrac{\mathrm{d}}{\mathrm{d}x} f(x,y_0)\Big|_{x=x_0}$，因此，偏导数 $f_x(x_0,y_0)$ 是曲面 S 与平面的交线

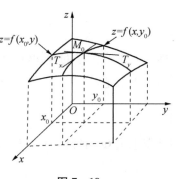

图 7-19

$\begin{cases} z=f(x,y), \\ y=y_0 \end{cases}$ 在点 M_0 处的切线 M_0T_x 对 x 轴的斜率；同理，由偏导数的定义，易知 $f_y(x_0,y_0) = \dfrac{\mathrm{d}}{\mathrm{d}x} f(x_0,y)\Big|_{y=y_0}$，偏导数

$f_y(x_0,y_0)$ 是曲面 S 与平面的交线 $\begin{cases} z=f(x,y), \\ x=x_0 \end{cases}$ 在点 M_0 处切线 M_0T_y 对 y 轴的斜率.

三、高阶偏导数

与一元函数的高阶导数类似，我们可以定义多元函数的高阶导数.

设函数 $z=f(x,y)$ 在区域 D 内具有偏导数 $\dfrac{\partial z}{\partial x}$ 和 $\dfrac{\partial z}{\partial y}$，它们仍然是关于 x,y 的函数，若这两个函数对自变量 x 和 y 的偏导数也存在，则称这些偏导数为函数 $f(x,y)$ 的**二阶偏导数**. 记作

$$\frac{\partial^2 z}{\partial x^2} = \frac{\partial}{\partial x}\left(\frac{\partial z}{\partial x}\right) = f_{xx}(x,y) = z_{xx}, \quad \frac{\partial^2 z}{\partial x \partial y} = \frac{\partial}{\partial y}\left(\frac{\partial z}{\partial x}\right) = f_{xy}(x,y) = z_{xy},$$

$$\frac{\partial^2 z}{\partial y \partial x} = \frac{\partial}{\partial x}\left(\frac{\partial z}{\partial y}\right) = f_{yx}(x,y) = z_{yx}, \quad \frac{\partial^2 z}{\partial y^2} = \frac{\partial}{\partial y}\left(\frac{\partial z}{\partial y}\right) = f_{yy}(x,y) = z_{yy}.$$

其中 z_{xx},z_{yy} 称为**纯偏导数**；z_{xy},z_{yx} 称为**混合偏导数**. 同样可以定义二元函数二阶以上的偏导数. 例如：

$$\frac{\partial^3 z}{\partial x^3} = \frac{\partial}{\partial x}\left(\frac{\partial^2 z}{\partial x^2}\right), \frac{\partial^4 z}{\partial x \partial y^3} = \frac{\partial}{\partial y}\left(\frac{\partial^3 z}{\partial x \partial y^2}\right), \frac{\partial^n z}{\partial x^{n-1} \partial y} = \frac{\partial}{\partial y}\left(\frac{\partial^{n-1} z}{\partial x^{n-1}}\right).$$

二阶及二阶以上的偏导数统称**高阶偏导数**.

例 7　求函数 $z=y^3-xy-x^2y+1$ 的二阶偏导数.

解　因为 $\dfrac{\partial z}{\partial x}=-y-2xy$，$\dfrac{\partial z}{\partial y}=3y^2-x-x^2$，

所以 $\dfrac{\partial^2 z}{\partial x^2}=-2y$，$\dfrac{\partial^2 z}{\partial x\partial y}=-2x-1$，$\dfrac{\partial^2 z}{\partial y\partial x}=-2x-1$，$\dfrac{\partial^2 z}{\partial y^2}=6y$.

在上面的例子中，两个二阶混合偏导数相等，即 $\dfrac{\partial^2 z}{\partial x\partial y}=\dfrac{\partial^2 z}{\partial y\partial x}$. 但这个等式并不是对所有二元函数成立. 但当两个二阶混合偏导数满足特定条件时是必然成立的. 下面不加证明地给出如下定理：

定理 1　若函数 $z=f(x,y)$ 的两个二阶混合偏导数在区域 D 内连续，则在 D 内必有

$$\frac{\partial^2 z}{\partial x\partial y}=\frac{\partial^2 z}{\partial y\partial x}.$$

该定理说明，二阶混合偏导数在连续的条件下与求导的次序无关，因此在计算连续的两个二阶混合偏导时可以选择合适的求导次序来计算其中一个即可.

例 8　设函数 $z=x\ln(x+y)$，求 $\dfrac{\partial^2 z}{\partial x\partial y}$，$\dfrac{\partial^2 z}{\partial y\partial x}$.

解　由 $\dfrac{\partial z}{\partial x}=\dfrac{x}{x+y}+\ln(x+y)$，$\dfrac{\partial z}{\partial y}=\dfrac{x}{x+y}$，得 $\dfrac{\partial^2 z}{\partial y\partial x}=\dfrac{y}{(x+y)^2}$，

由定理 1 得 $\dfrac{\partial^2 z}{\partial x\partial y}=\dfrac{\partial^2 z}{\partial y\partial x}=\dfrac{y}{(x+y)^2}$.

习题 7－3

1. 求下列函数的偏导数：

(1) $z=x^3y^2+xy+1$；

(2) $z=\dfrac{x^2-y^2}{xy}$；

(3) $z=\ln\sqrt{\dfrac{y}{x}}$；

(4) $z=\mathrm{e}^{xy}\sin y$；

(5) $z=\arctan(xy)$；

(6) $z=\dfrac{2x+y}{2x-y}$；

(7) $z=(xy+1)^x$；

(8) $u=xy+yz+xz$；

(9) $u=\sqrt{1-x^2-y^2-z^2}$；

(10) $u=\mathrm{e}^{xy^2z}$.

2. 设函数 $f(x,y)=\sqrt{x^2+y^2}+x+y$，求 $f_x(1,1)$，$f_y(-2,0)$.

3. 设函数 $f(x+y,x-y)=x^2-y^2+2$，求 $f_x(x,y)$，$f_y(x,y)$.

4. (1) 求曲线 $\begin{cases} z=\dfrac{x^2+y^2}{2}, \\ y=2 \end{cases}$ 在点 $\left(1,2,\dfrac{5}{2}\right)$ 处的切线与 x 轴正向所成的倾斜角.

（2）求曲线 $\begin{cases} z=\sqrt{x^2+y^2+1}, \\ x=1 \end{cases}$ 在点 $(1,1,\sqrt{3})$ 处的切线与 y 轴正向所成的倾斜角.

5. 设函数 $z=\ln(\sqrt{x}+\sqrt{y})$，求证：$2x\dfrac{\partial z}{\partial x}+2y\dfrac{\partial z}{\partial y}=1$.

6. 设函数 $u=(x-y)(y-z)(z-x)$，求证：$\dfrac{\partial u}{\partial x}+\dfrac{\partial u}{\partial y}+\dfrac{\partial u}{\partial z}=0$.

7. 求下列函数的二阶偏导数：

（1）$z=x^4+2x^3y-y^4$；　　　　　　　　　　（2）$z=\arcsin(xy)$；

（3）$z=y^{\ln x}$；　　　　　　　　　　　　　（4）$z=\dfrac{x}{x^2+y^2}$.

8. 经济体的产出 Q 由两项投入决定，如劳动力 L 和资本 K，常常以柯布-道格拉斯生产函数 $Q(L,K)=cL^aK^b$ 为模型，其中 a,b,c 是正实数. 如果 L 是常数，求 Q 依赖于 K 的函数.

第四节　全微分

一、全微分定义

在一元函数 $y=f(x)$ 的微分部分，当自变量 x 变化量 $|\Delta x|$ 充分小时，我们利用自变量 Δx 的线性函数来解决函数相应改变量 Δy 的问题. 相类似地，我们来讨论二元函数 $z=f(x,y)$ 在其两个自变量 x 和 y 有微小变化 Δx 与 Δy 时，函数的相应改变量，即全增量 Δz.

引例　用 S 表示边长分别为 x 和 y 的矩形面积，显然，$S=xy$ 是 x,y 的二元函数，若边长 x 和 y 分别取得改变量 Δx 与 Δy，则面积 S 相应改变量为

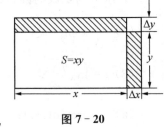

$$\Delta S = (x+\Delta x)(y+\Delta y)-xy$$
$$= y\Delta x+x\Delta y+\Delta x\Delta y.$$

图 7-20

上式右端可以看作两个部分，第一部分 $y\Delta x+x\Delta y$ 是 $\Delta x,\Delta y$ 的线性函数，称为线性主部，即图 7-20 中阴影部分小矩形面积之和；第二部分 $\Delta x\Delta y$ 当 $\Delta x\to 0$，$\Delta y\to 0$ 时，它是比 $\rho=\sqrt{(\Delta x)^2+(\Delta y)^2}$ 高阶的无穷小量. 当 $|\Delta x|$，$|\Delta y|$ 很小时，以线性主部 $y\Delta x+x\Delta y$ 近似地表示 ΔS，$y\Delta x+x\Delta y$ 即为面积 S 的微分. 一般地，引入如下定义：

定义 1　设二元函数 $z=f(x,y)$ 在点 (x,y) 处的某邻域有定义，若函数在点 (x,y) 处的全增量

$$\Delta z = f(x+\Delta x,y+\Delta y)-f(x,y)$$

可以表示为

$$\Delta z = A\Delta x + B\Delta y + o(\rho). \tag{1}$$

其中 A,B 仅是 x,y 的函数而与 $\Delta x,\Delta y$ 无关，$\rho = \sqrt{(\Delta x)^2 + (\Delta y)^2}$。则称 $A\Delta x + B\Delta y$ 是函数 $z = f(x,y)$ 在点 (x,y) 处的全微分，记作 $\mathrm{d}z$ 或 $\mathrm{d}f(x,y)$，即

$$\mathrm{d}z = \mathrm{d}f(x,y) = A\Delta x + B\Delta y.$$

此时，也称函数 $z = f(x,y)$ 在点 (x,y) 处可微。若函数在区域 D 内每一点都可微，则称该函数在 D 内可微。

定理 1(可微的必要条件) 若函数 $z = f(x,y)$ 在点 (x,y) 处可微，则该函数在点 (x,y) 处连续且偏导数存在，且 $A = \dfrac{\partial z}{\partial x}$，$B = \dfrac{\partial z}{\partial y}$，

即

$$\mathrm{d}z = \frac{\partial z}{\partial x}\Delta x + \frac{\partial z}{\partial y}\Delta y. \tag{2}$$

证明 由 $z = f(x,y)$ 在点 (x,y) 处可微的定义，有

$$\Delta z = A\Delta x + B\Delta y + o(\rho),$$

其中 A,B 与 $\Delta x,\Delta y$ 无关，$\rho = \sqrt{(\Delta x)^2 + (\Delta y)^2}$。

显然 $\lim\limits_{\substack{\Delta x \to 0 \\ \Delta y \to 0}} \Delta z = 0$，故该函数在点 (x,y) 处连续。

再在(1)式中令 $\Delta y = 0$，则

$$\Delta_x z = f(x + \Delta x, y) - f(x,y) = A\Delta x + o(|\Delta x|).$$

将上式两边同除以 Δx，再令 $\Delta x \to 0$，取极限，得

$$\frac{\partial z}{\partial x} = \lim_{\Delta x \to 0} \frac{\Delta_x z}{\Delta x} = \lim_{\Delta x \to 0} \frac{A\Delta x + o(|\Delta x|)}{\Delta x} = \lim_{\Delta x \to 0}\left(A + \frac{o(|\Delta x|)}{|\Delta x|} \cdot \frac{|\Delta x|}{\Delta x}\right) = A + 0 = A,$$

所以，偏导数 $\dfrac{\partial z}{\partial x}$ 存在且 $A = \dfrac{\partial z}{\partial x}$。

同理可得，$\dfrac{\partial z}{\partial y}$ 存在且 $B = \dfrac{\partial z}{\partial y}$。

与一元函数类似，记 $\Delta x = \mathrm{d}x$，$\Delta y = \mathrm{d}y$，并分别称为自变量 x,y 的微分，于是函数 $z = f(x,y)$ 的全微分又可写为

$$\mathrm{d}z = \frac{\partial z}{\partial x}\mathrm{d}x + \frac{\partial z}{\partial y}\mathrm{d}y.$$

二元函数的全微分概念可以类似地推广到二元以上的多元函数。若三元函数 $u = f(x,y,z)$ 可微，则

$$\mathrm{d}u = \frac{\partial u}{\partial x}\mathrm{d}x + \frac{\partial u}{\partial y}\mathrm{d}y + \frac{\partial u}{\partial z}\mathrm{d}z.$$

定理 2(可微的充分条件) 若函数 $z=f(x,y)$ 在点 (x,y) 的某邻域内的偏导数 $\frac{\partial z}{\partial x},\frac{\partial z}{\partial y}$ 存在且在该点连续,则函数在该点处可微.

证明略.

例 1 求函数 $z=\ln(x+y^2)$ 在点 $(1,2)$ 处的全微分.

解 因为 $\frac{\partial z}{\partial x}=\frac{1}{x+y^2},\frac{\partial z}{\partial y}=\frac{2y}{x+y^2},$

$\frac{\partial z}{\partial x}\Big|_{(1,2)}=\frac{1}{5},\frac{\partial z}{\partial y}\Big|_{(1,2)}=\frac{4}{5},$

所以 $\mathrm{d}z\Big|_{(1,2)}=\frac{1}{5}\mathrm{d}x+\frac{4}{5}\mathrm{d}y.$

例 2 求三元函数 $u=xy+yz+\mathrm{e}^{xyz}$ 的全微分.

解 因为 $\frac{\partial u}{\partial x}=y+yz\mathrm{e}^{xyz},\frac{\partial u}{\partial y}=x+z+xz\mathrm{e}^{xyz},\frac{\partial u}{\partial z}=y+xy\mathrm{e}^{xyz},$

所以 $\mathrm{d}u=(y+yz\mathrm{e}^{xyz})\mathrm{d}x+(x+z+xz\mathrm{e}^{xyz})\mathrm{d}y+(y+xy\mathrm{e}^{xyz})\mathrm{d}z.$

例 3 某企业的成本 C 与产出的商品 A 和 B 的数量 x,y 之间的关系为 $C=x^2-0.1xy+y^2$. 现 A 的产量从 100 增加到 105,而 B 的产量从 50 增加到 52,求成本需增加多少.

解 因为 $\Delta C \approx \mathrm{d}C = C_x \Delta x + C_y \Delta y$

$$= (2x-0.1y)\Delta x + (2y-0.1x)\Delta y,$$

由题意知,$x=100,\Delta x=5;y=50,\Delta y=2,$则

$$\Delta C \approx (2\times100-0.1\times50)\times5 + (2\times50-0.1\times100)\times2 = 1\ 155,$$

即成本需增加 1 155.

二、全微分在近似计算中的应用

若函数 $z=f(x,y)$ 在点 (x_0,y_0) 处可微,当 $|\Delta x|,|\Delta y|$ 充分小时,有近似公式

$$\Delta z \approx \mathrm{d}z = f_x(x_0,y_0)\Delta x + f_y(x_0,y_0)\Delta y \tag{3}$$

或

$$f(x_0+\Delta x,y_0+\Delta y) \approx f(x_0,y_0) + f_x(x_0,y_0)\Delta x + f_y(x_0,y_0)\Delta y. \tag{4}$$

例 4 计算 $(0.98)^{3.01}$ 的近似值.

解 令 $z=f(x,y)=x^y,x_0=1,y_0=3,\Delta x=-0.02,\Delta y=0.01,$

$f(x_0,y_0)=1,f_x(x_0,y_0)=yx^{y-1}\Big|_{(1,3)}=3,f_y(x_0,y_0)=x^y\ln x\Big|_{(1,3)}=0,$

则由近似公式(4)

$$(0.98)^{3.01} \approx 1 + 3\Delta x + 0\Delta y = 0.94.$$

例 5 当金属圆锥体受热变形时,它的底圆半径 r 由 20 cm 增加到 20.05 cm,高 h 由 60 cm减到 59 cm,试求此圆锥体体积变化的近似值.

解 圆锥体体积为 $$V = \frac{1}{3}\pi r^2 h.$$

$r = 20, h = 60, \Delta r = 0.05, \Delta h = -1, V_r = \frac{2}{3}\pi rh, V_h = \frac{1}{3}\pi r^2,$

$$dV = \frac{\partial V}{\partial r}\Delta r + \frac{\partial V}{\partial h}\Delta h = \frac{2}{3}\pi rh\Delta r + \frac{1}{3}\pi r^2 \Delta h,$$

则由近似公式(3)

$$\Delta V \approx dV = \frac{2}{3}\pi \times 20 \times 60 \times 0.05 + \frac{1}{3}\pi \times 20^2 \times (-1) = -\frac{280}{3}\pi (\text{cm}^3),$$

所以此圆锥体体积约减少了 $\frac{280}{3}\pi$ cm^3.

习题 7 - 4

1. 求下列函数在已给条件下的全微分的值:

(1) 函数 $z = \ln(x+y)$,当 $x = 2, y = -1, \Delta x = 0.01, \Delta y = -0.01$;

(2) 函数 $z = e^{xy}$,当 $x = 1, y = 1, \Delta x = 0.1, \Delta y = 0.15$.

2. 求下列函数的全微分:

(1) $z = \ln(x^2 + y^2)$; (2) $z = e^{x^2+y}$;

(3) $z = \arctan\frac{x}{y}$; (4) $z = x^y$;

(5) $u = \ln(x+y+z)$; (6) $u = (xy)^z$.

3. 已知矩形的边长 $x = 6$ m,$y = 8$ m. 若 x 增加 2 mm,而 y 减少 5 mm. 求矩形面积变化的近似值.

4. 一根树干可以近似地看作圆柱体. 假设其直径每年增长 1 cm,树高每年增长 6 cm,当树高 100 cm 而直径为 5 cm 时,试求一年后树干体积变化的近似值.

5. 计算下列各题的近似值:

(1) $(1.02)^{2.05}$; (2) $\sqrt{(1.02)^3 + (1.97)^3}$.

第五节 多元复合函数的求导法则

在经济学中,某商品的产出 Q 由劳动力 L 及资本 K 决定. 而劳动力 L 及资本 K 又可能是依赖于其他变量的中间变量. 例如劳动力 L 可能是就业率 u 的函数, K 可能是基本利率 r 的函数. 经济学家会研究就业率增加了或者利率减少了 0.1%, 将对商品的产出造成的影响, 这无疑是非常有意义的问题. 在这一节中, 我们将结合一元复合函数的求导法的思想与多元函数偏导数来给出多元复合函数的求导法则, 进而来解决这样的实际问题. 下面按中间变量的不同类型分三类讨论.

一、复合函数的中间变量均是多元函数

定理 1　若函数在点 (x,y) 的偏导数 $\dfrac{\partial u}{\partial x}$, $\dfrac{\partial u}{\partial y}$ 及 $\dfrac{\partial v}{\partial x}$, $\dfrac{\partial v}{\partial y}$ 都存在, 且函数 $z=f(u,v)$ 在对应点 (u,v) 处可微, 则复合函数 $z=f[\varphi(x,y),\psi(x,y)]$ 对 x 及 y 的偏导数存在, 且有链式法则

$$\frac{\partial z}{\partial x}=\frac{\partial z}{\partial u}\frac{\partial u}{\partial x}+\frac{\partial z}{\partial v}\frac{\partial v}{\partial x}, \tag{1}$$

$$\frac{\partial z}{\partial y}=\frac{\partial z}{\partial u}\frac{\partial u}{\partial y}+\frac{\partial z}{\partial v}\frac{\partial v}{\partial y}. \tag{2}$$

这个公式常用下面的"复合关系图"表示:

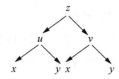

证明　设 x 获得增量 $\Delta x(\Delta x\neq0)$, 让 y 保持不变, 则 u,v 得到相应的增量 $\Delta u,\Delta v$, 从而函数 $z=f(u,v)$ 也得到增量 Δz. 由于 $f(u,v)$ 可微, 所以

$$\Delta z=\frac{\partial z}{\partial u}\Delta u+\frac{\partial z}{\partial v}\Delta v+o(\rho).$$

其中 $\rho=\sqrt{(\Delta u)^2+(\Delta v)^2}$, 且 $\lim\limits_{\rho\to0}\dfrac{o(\rho)}{\rho}=0$. 在上式两边同除以 Δx 得

$$\frac{\Delta z}{\Delta x}=\frac{\partial z}{\partial u}\frac{\Delta u}{\Delta x}+\frac{\partial z}{\partial v}\frac{\Delta v}{\Delta x}+\frac{o(\rho)}{\Delta x}.$$

因为 $u=\varphi(x,y)$, $v=\psi(x,y)$ 的偏导数都存在,

所以 $\lim\limits_{\Delta x\to0}\dfrac{\Delta u}{\Delta x}=\dfrac{\partial u}{\partial x}$, $\lim\limits_{\Delta x\to0}\dfrac{\Delta v}{\Delta x}=\dfrac{\partial v}{\partial x}$, 且

$$\Delta x\to0 \text{ 时 } \Delta u\to0,\Delta v\to0, \text{故 } \rho\to0.$$

又　$\lim\limits_{\Delta x\to0}\left|\dfrac{o(\rho)}{\Delta x}\right|=\lim\limits_{\Delta x\to0}\left|\dfrac{o(\rho)}{\rho}\right|\left|\dfrac{\rho}{\Delta x}\right|$

$$= \lim_{\rho \to 0} \left| \frac{o(\rho)}{\rho} \right| \cdot \lim_{\Delta x \to 0} \sqrt{\left(\frac{\Delta u}{\Delta x}\right)^2 + \left(\frac{\Delta v}{\Delta x}\right)^2}$$

$$= 0 \cdot \sqrt{\left(\frac{\partial u}{\partial x}\right)^2 + \left(\frac{\partial v}{\partial x}\right)^2} = 0,$$

所以　　$\lim\limits_{\Delta x \to 0} \dfrac{o(\rho)}{\Delta x} = 0$,

于是　　$\lim\limits_{\Delta x \to 0} \dfrac{\Delta z}{\Delta x} = \dfrac{\partial z}{\partial u} \dfrac{\partial u}{\partial x} + \dfrac{\partial z}{\partial v} \dfrac{\partial v}{\partial x}$,

则复合函数 $z = f[\varphi(x, y), \psi(x, y)]$ 对 x 的偏导数存在,且

$$\frac{\partial z}{\partial x} = \frac{\partial z}{\partial u} \frac{\partial u}{\partial x} + \frac{\partial z}{\partial v} \frac{\partial v}{\partial x}.$$

同理可证

$$\frac{\partial z}{\partial y} = \frac{\partial z}{\partial u} \frac{\partial u}{\partial y} + \frac{\partial z}{\partial v} \frac{\partial v}{\partial y}.$$

注意该法则还可以推广到中间变量多于 2 个的情形.

例 1　设函数 $z = u\ln v$,且 $u = \dfrac{x}{y}, v = x - y$,求 $\dfrac{\partial z}{\partial x}, \dfrac{\partial z}{\partial y}$.

解　因为　　$\dfrac{\partial z}{\partial u} = \ln v, \dfrac{\partial z}{\partial v} = \dfrac{u}{v}, \dfrac{\partial u}{\partial x} = \dfrac{1}{y}, \dfrac{\partial v}{\partial x} = 1, \dfrac{\partial u}{\partial y} = -\dfrac{x}{y^2}, \dfrac{\partial v}{\partial y} = -1$,

所以　　$\dfrac{\partial z}{\partial x} = \dfrac{\partial z}{\partial u} \dfrac{\partial u}{\partial x} + \dfrac{\partial z}{\partial v} \dfrac{\partial v}{\partial x} = \dfrac{1}{y} \ln v + \dfrac{u}{v} = \dfrac{1}{y} \ln(x - y) + \dfrac{x}{y(x - y)}$,

$\dfrac{\partial z}{\partial y} = \dfrac{\partial z}{\partial u} \dfrac{\partial u}{\partial y} + \dfrac{\partial z}{\partial v} \dfrac{\partial v}{\partial y} = -\dfrac{x}{y^2} \ln v - \dfrac{u}{v} = -\dfrac{x}{y^2} \ln(x - y) - \dfrac{x}{y(x - y)}$.

例 2　求函数 $z = (x + y)^{xy}$ 的偏导数.

解　设 $u = x + y, v = xy$,则 $z = u^v$.

因为　　　　　　　　$\dfrac{\partial z}{\partial u} = vu^{v-1}, \dfrac{\partial z}{\partial v} = u^v \ln u$,

$$\frac{\partial u}{\partial x} = 1, \frac{\partial u}{\partial y} = 1, \frac{\partial v}{\partial x} = y, \frac{\partial v}{\partial y} = x,$$

所以　　　　　　　　$\dfrac{\partial z}{\partial x} = vu^{v-1} \cdot 1 + u^v \ln u \cdot y$

$$= (x + y)^{xy} \left[\frac{xy}{x + y} + y\ln(x + y) \right],$$

$$\frac{\partial z}{\partial y} = vu^{v-1} \cdot 1 + u^v \ln u \cdot x$$

$$= (x + y)^{xy} \left[\frac{xy}{x + y} + x\ln(x + y) \right].$$

二、复合函数的中间变量均是一元函数

定理 2 若函数 $u=\varphi(x)$，$v=\psi(x)$ 都在点 x 处可导，函数 $z=f(u,v)$ 在对应点 (u,v) 处可微，则复合函数 $z=f[\varphi(x),\psi(x)]$ 在点 x 处可导，且有链式法则

$$\frac{\mathrm{d}z}{\mathrm{d}x}=\frac{\partial z}{\partial u}\frac{\mathrm{d}u}{\mathrm{d}x}+\frac{\partial z}{\partial v}\frac{\mathrm{d}v}{\mathrm{d}x},\tag{3}$$

其中 $\dfrac{\mathrm{d}z}{\mathrm{d}x}$ 称为全导数. 这个公式常用下面的"复合关系图"表示：

此处情形实际上是情形一的特殊情况. 这时相当于将定理 1 中 $u=\varphi(x,y)$，$v=\psi(x,y)$ 的 y 取作常数，u,v 变成关于 x 的一元函数，于是将 (1) 式中 $\dfrac{\partial u}{\partial x}$ 改为 $\dfrac{\mathrm{d}u}{\mathrm{d}x}$，$\dfrac{\partial v}{\partial x}$ 改为 $\dfrac{\mathrm{d}v}{\mathrm{d}x}$ 即可.

例 3 已知函数 $z=\arcsin(uv)$，$u=\mathrm{e}^x$，$v=2x$，求全导数 $\dfrac{\mathrm{d}z}{\mathrm{d}x}$.

解　$\dfrac{\partial z}{\partial u}=\dfrac{v}{\sqrt{1-(uv)^2}}$，$\dfrac{\partial z}{\partial v}=\dfrac{u}{\sqrt{1-(uv)^2}}$，$\dfrac{\mathrm{d}u}{\mathrm{d}x}=\mathrm{e}^x$，$\dfrac{\mathrm{d}v}{\mathrm{d}x}=2$，

$$\frac{\mathrm{d}z}{\mathrm{d}x}=\frac{\partial z}{\partial u}\frac{\mathrm{d}u}{\mathrm{d}x}+\frac{\partial z}{\partial v}\frac{\mathrm{d}v}{\mathrm{d}x}$$

$$=\frac{v}{\sqrt{1-(uv)^2}}\mathrm{e}^x+\frac{2u}{\sqrt{1-(uv)^2}}$$

$$=\frac{2\mathrm{e}^x(x+1)}{\sqrt{1-(2x\mathrm{e}^x)^2}}.$$

三、复合函数的中间变量既有一元函数又有多元函数的情形

定理 3 若函数 $u=\varphi(x,y)$ 在点 (x,y) 的偏导数 $\dfrac{\partial u}{\partial x}$，$\dfrac{\partial u}{\partial y}$ 都存在，函数 $v=\psi(x)$ 在点 x 处可导. 函数 $z=f(u,v)$ 在对应点 (u,v) 处可微，则复合函数 $z=f[\varphi(x,y),\psi(x)]$ 在点 x 处可导，且有链式法则

$$\frac{\partial z}{\partial x}=\frac{\partial z}{\partial u}\frac{\partial u}{\partial x}+\frac{\partial z}{\partial v}\frac{\mathrm{d}v}{\mathrm{d}x},\tag{4}$$

$$\frac{\partial z}{\partial y}=\frac{\partial z}{\partial u}\frac{\partial u}{\partial y}.\tag{5}$$

这个公式常用下面的"复合关系图"表示：

此处情形实际上仍是情形一的特殊情况，v 变成关于 x 的一元函数，(2)式子中 $\dfrac{\partial v}{\partial y}=0$，$\dfrac{\partial v}{\partial x}$ 改为 $\dfrac{\mathrm{d}v}{\mathrm{d}x}$ 即可.

例 4 设函数 $u=f(x,y,z)=\ln(x+y+z)$，$z=x\sin y$，求 $\dfrac{\partial u}{\partial x},\dfrac{\partial u}{\partial y}$.

解
$$\frac{\partial u}{\partial x}=\frac{\partial f}{\partial x}+\frac{\partial f}{\partial z}\frac{\partial z}{\partial x}=\frac{1}{x+y+z}+\frac{1}{x+y+z}\sin y=\frac{1+\sin y}{x+y+x\sin y},$$
$$\frac{\partial u}{\partial y}=\frac{\partial f}{\partial y}+\frac{\partial f}{\partial z}\frac{\partial z}{\partial y}=\frac{1}{x+y+z}+\frac{1}{x+y+z}x\cos y=\frac{1+x\cos y}{x+y+x\sin y}.$$

上面的例子都是具体函数的复合情形求导，但有时复合函数含有抽象符号的形式，我们也同样可以借助链式法则来解决求导问题. 下面举几个含有抽象函数记号的复合函数的偏导数计算的例子.

例 5 设函数 $z=f\left(\dfrac{y}{x}\right)$，$f(u)$ 为一阶可微函数，证明：函数必满足 $x\dfrac{\partial z}{\partial x}+y\dfrac{\partial z}{\partial y}=0$.

证明 令 $u=\dfrac{y}{x}$，$z=f(u)$，则

$$\frac{\partial z}{\partial x}=\frac{\mathrm{d}z}{\mathrm{d}u}\frac{\partial u}{\partial x}=f'(u)\left(-\frac{y}{x^2}\right),$$

$$\frac{\partial z}{\partial y}=\frac{\mathrm{d}z}{\mathrm{d}u}\frac{\partial u}{\partial y}=f'(u)\frac{1}{x}.$$

于是
$$x\frac{\partial z}{\partial x}+y\frac{\partial z}{\partial y}=f'(u)\left(-\frac{xy}{x^2}\right)+f'(u)\frac{y}{x}=0.$$

*例 6** 设函数 $z=f(x+y,xy)$，其中 f 具有二阶连续偏导数，求 $\dfrac{\partial^2 z}{\partial x\partial y}$.

解 设 $u=x+y$，$v=xy$，$z=f(u,v)$，于是由链式法则，有

$$\frac{\partial z}{\partial x}=\frac{\partial z}{\partial u}\frac{\partial u}{\partial x}+\frac{\partial z}{\partial v}\frac{\partial v}{\partial x}=f'_1+yf'_2,$$

$$\frac{\partial^2 z}{\partial x\partial y}=\frac{\partial f'_1}{\partial y}+y\frac{\partial f'_2}{\partial y}+f'_2=f''_{11}+xf''_{12}+y(f''_{21}+xf''_{22})+f'_2,$$

由已知 $f_{12}=f_{21}$，因此

$$\frac{\partial^2 z}{\partial x \partial y} = f''_{11} + (x+y)f''_{12} + xyf''_{22} + f'_2.$$

最后,我们利用多元复合函数求导公式来说明全微分形式的不变性.

设函数 $z=f(u,v)$ 具有连续的偏导数,若函数 u,v 是自变量,则全微分为

$$\mathrm{d}z = \frac{\partial z}{\partial u}\mathrm{d}u + \frac{\partial z}{\partial v}\mathrm{d}v.$$

若函数 u,v 是中间变量,$u=\varphi(x,y)$,$v=\psi(x,y)$,且这两个函数也具有连续的偏导数,则复合函数的全微分为

$$\mathrm{d}z = \frac{\partial z}{\partial x}\mathrm{d}x + \frac{\partial z}{\partial y}\mathrm{d}y,$$

由公式(1)、(2),得

$$\begin{aligned}
\mathrm{d}z &= \left(\frac{\partial z}{\partial u}\frac{\partial u}{\partial x} + \frac{\partial z}{\partial v}\frac{\partial v}{\partial x}\right)\mathrm{d}x + \left(\frac{\partial z}{\partial u}\frac{\partial u}{\partial y} + \frac{\partial z}{\partial v}\frac{\partial v}{\partial y}\right)\mathrm{d}y \\
&= \frac{\partial z}{\partial u}\left(\frac{\partial u}{\partial x}\mathrm{d}x + \frac{\partial u}{\partial y}\mathrm{d}y\right) + \frac{\partial z}{\partial v}\left(\frac{\partial v}{\partial x}\mathrm{d}x + \frac{\partial v}{\partial y}\mathrm{d}y\right) \\
&= \frac{\partial z}{\partial u}\mathrm{d}u + \frac{\partial z}{\partial v}\mathrm{d}v.
\end{aligned}$$

由此可见,无论 u,v 是自变量还是中间变量,函数的全微分形式是一样的. 这个性质称为**全微分的形式不变性**.

习题 7-5

1. 求下列函数的导数:

(1) 设 $z=\mathrm{e}^u\sin v$,且 $u=xy$,$v=x-y$,求 $\dfrac{\partial z}{\partial x}$,$\dfrac{\partial z}{\partial y}$;

(2) 设 $z=u\ln v$,且 $u=\dfrac{x}{y}$,$v=3x-2y$,求 $\dfrac{\partial z}{\partial x}$,$\dfrac{\partial z}{\partial y}$;

(3) 设 $z=(x+y)^{x+y}$,求 $\dfrac{\partial z}{\partial x}$,$\dfrac{\partial z}{\partial y}$;

(4) 设 $z=u+uv+v^2$,且 $u=x^2+1$,$v=2x$,求 $\dfrac{\mathrm{d}z}{\mathrm{d}x}$;

(5) 设 $z=\ln(\mathrm{e}^x+\mathrm{e}^y)$,且 $y=x^4$,求 $\dfrac{\mathrm{d}z}{\mathrm{d}x}$;

(6) 设 $z=y^x$,$x=\cos t$,$y=\sin t$,求 $\dfrac{\mathrm{d}z}{\mathrm{d}t}$;

(7) 设 $u=\sqrt{x^2+y^2+z^2}$,且 $x=s-t$,$y=s+t$,$z=st$,求 $\dfrac{\partial u}{\partial s}$,$\dfrac{\partial u}{\partial t}$;

(8) 设 $u=e^{x^2+y^2+z^2}$，且 $z=x^2\ln y$，求 $\dfrac{\partial u}{\partial x},\dfrac{\partial u}{\partial y}$.

2. 求下列函数的一阶偏导数：

(1) $z=f(x+y,x-y)$；

(2) $z=f(x^2-y^2,e^{xy})$；

(3) $z=f\left(x,\dfrac{x}{y}\right)$；

(4) $u=f(xy+yz+xz)$.

3. 设函数 $z=xy+xf(u)$，其中 f 可微，且 $u=\dfrac{y}{x}$，求证：

$$x\frac{\partial z}{\partial x}+y\frac{\partial z}{\partial y}-z=xy.$$

4. 设函数 $z=f(x^2+y^2)$，其中 f 具有二阶连续的偏导数，求 $\dfrac{\partial^2 z}{\partial x\partial y}$.

*5. 设函数 $u=u(x,y),v=v(x,y)$ 有连续的一阶偏导数且满足条件 $F(u,v)=0$，其中 F 有连续的偏导数且 $\left(\dfrac{\partial F}{\partial u}\right)^2+\left(\dfrac{\partial F}{\partial v}\right)^2>0$. 求证：$\begin{vmatrix}\dfrac{\partial u}{\partial x} & \dfrac{\partial u}{\partial y}\\[2mm]\dfrac{\partial v}{\partial x} & \dfrac{\partial v}{\partial y}\end{vmatrix}=0$.

第六节　隐函数的求导法则

在一元函数微分学中，我们学习过隐函数的概念，并且介绍了由二元方程 $F(x,y)=0$ 所确定的一元隐函数的求导方法，但并没有给出隐函数求导的一般公式. 本节将介绍由三元方程 $F(x,y,z)=0$ 所确定的隐函数可导的条件，并通过多元复合函数的求导法则给出一元隐函数和多元隐函数的求导公式.

一、由一个方程确定的隐函数

定理 1（隐函数存在定理 1）　若函数 $F(x,y)$ 满足条件：

(1) F_x,F_y 在点 $P(x_0,y_0)$ 的某一邻域内连续；

(2) $F(x_0,y_0)=0$；

(3) $F_y(x_0,y_0)\neq 0$，

则在点 (x_0,y_0) 的某邻域内存在唯一的函数 $y=f(x)$，并在该邻域内满足

(1) $F[x,f(x)]=0$ 且 $y_0=f(x_0)$；

(2) $y=f(x)$ 存在连续导数，且有隐函数求导公式

$$\frac{\mathrm{d}y}{\mathrm{d}x}=-\frac{F_x}{F_y},\tag{1}$$

这里定理我们不作证明,只对公式(1)推导如下:

对定理结论中 $F[x,f(x)]=0$ 两边同时对 x 求导,可得

$$\frac{\partial F}{\partial x}+\frac{\partial F}{\partial y}\frac{\mathrm{d}y}{\mathrm{d}x}=0.$$

由于 F_y 连续,且 $F_y(x_0,y_0)\neq0$,所以存在 (x_0,y_0) 的一个邻域,在这个邻域内 $F_y\neq0$,因此得 $\dfrac{\mathrm{d}y}{\mathrm{d}x}=-\dfrac{F_x}{F_y}$.

例1 验证 $4x^2+9y^2=y$ 在点 $(0,0)$ 的某邻域内能唯一确定一个有连续导数且 $x=0$ 时,$y=0$ 的隐函数 $y=f(x)$,并求 $\dfrac{\mathrm{d}y}{\mathrm{d}x}$.

证明　设 $F(x,y)=4x^2+9y^2-y$,

则 $F_x=8x,F_y=18y-1,F(0,0)=0,F_y(0,0)=-1\neq0$,

故由定理1可知,方程 $4x^2+9y^2=y$ 在点 $(0,0)$ 的某邻域内能唯一确定一个有连续导数且当 $x=0$ 时 $y=0$ 的函数 $y=f(x)$. 又由公式(1)

$$\frac{\mathrm{d}y}{\mathrm{d}x}=-\frac{F_x}{F_y}=\frac{8x}{1-18y}.$$

定理2(隐函数存在定理2)　**若函数 $F(x,y,z)$ 满足条件:**

(1) F_x,F_y,F_z 在点 $P(x_0,y_0,z_0)$ 的某一邻域连续;

(2) $F(x_0,y_0,z_0)=0$;

(3) $F_z(x_0,y_0,z_0)\neq0$,则在点 (x_0,y_0,z_0) 的某邻域内存在唯一的函数 $z=f(x,y)$,并在该邻域内满足

(1) $F[x,y,f(x,y)]=0$ 且 $z_0=f(x_0,y_0)$;

(2) $z=f(x,y)$ 存在连续偏导数,且有

$$\frac{\partial z}{\partial x}=-\frac{F_x}{F_z},\qquad\frac{\partial z}{\partial y}=-\frac{F_y}{F_z}.\tag{2}$$

这里同样定理我们不作证明,只对公式(2)推导如下:

对定理结论中 $F[x,y,f(x,y)]=0$ 两边同时分别对 x,y 求导,可得

$$\frac{\partial F}{\partial x}+\frac{\partial F}{\partial z}\frac{\partial z}{\partial x}=0,\frac{\partial F}{\partial y}+\frac{\partial F}{\partial z}\frac{\partial z}{\partial y}=0.$$

由于 F_z 连续,且 $F_z(x_0,y_0,z_0)\neq0$,所以存在点 (x_0,y_0,z_0) 的一个邻域,在这个邻域内 $F_z\neq0$,因此得

$$\frac{\partial z}{\partial x}=-\frac{F_x}{F_z},\frac{\partial z}{\partial y}=-\frac{F_y}{F_z}.$$

例 2 设 $x^2 + 2y^2 + z^2 - 4z = 0$，求 $\dfrac{\partial z}{\partial x}, \dfrac{\partial z}{\partial y}, \dfrac{\partial^2 z}{\partial x^2}$.

解 设 $F(x, y, z) = x^2 + 2y^2 + z^2 - 4z, F_x = 2x, F_y = 4y, F_z = 2z - 4$，

当 $z \neq 2$ 时，$\dfrac{\partial z}{\partial x} = -\dfrac{2x}{2z-4} = \dfrac{x}{2-z}, \dfrac{\partial z}{\partial y} = -\dfrac{4y}{2z-4} = \dfrac{2y}{2-z}$.

$$\dfrac{\partial^2 z}{\partial x^2} = \dfrac{\partial}{\partial x}\left(\dfrac{x}{2-z}\right) = \dfrac{1 \cdot (2-z) - x\left(-\dfrac{\partial z}{\partial x}\right)}{(2-z)^2} = \dfrac{2-z+x\dfrac{x}{2-z}}{(2-z)^2}$$

$$= \dfrac{x^2 + (2-z)^2}{(2-z)^3}.$$

*二、由方程组确定的隐函数

由方程组确定的隐函数也有类似的隐函数存在定理,这里仅通过例题介绍求法.

例 3 设 $\begin{cases} x + y + z = 0, \\ xyz = 0, \end{cases}$ 求 $\dfrac{\mathrm{d}y}{\mathrm{d}x}, \dfrac{\mathrm{d}z}{\mathrm{d}x}$.

解 由题意知 y, z 均为 x 的函数,将每个方程两边都对 x 求导,得

$$\begin{cases} 1 + \dfrac{\mathrm{d}y}{\mathrm{d}x} + \dfrac{\mathrm{d}z}{\mathrm{d}x} = 0, \\ yz + xz\dfrac{\mathrm{d}y}{\mathrm{d}x} + xy\dfrac{\mathrm{d}z}{\mathrm{d}x} = 0, \end{cases}$$

即

$$\begin{cases} \dfrac{\mathrm{d}y}{\mathrm{d}x} + \dfrac{\mathrm{d}z}{\mathrm{d}x} = -1, \\ xz\dfrac{\mathrm{d}y}{\mathrm{d}x} + xy\dfrac{\mathrm{d}z}{\mathrm{d}x} = -yz, \end{cases}$$

将 $\dfrac{\mathrm{d}y}{\mathrm{d}x}, \dfrac{\mathrm{d}z}{\mathrm{d}x}$ 看成未知量,解方程组易得

$$\dfrac{\mathrm{d}y}{\mathrm{d}x} = \dfrac{y(z-x)}{x(y-z)}, \dfrac{\mathrm{d}z}{\mathrm{d}x} = \dfrac{z(x-y)}{x(y-z)}.$$

例 4 已知 $\begin{cases} xu - yv = 1, \\ yu + xv = 1, \end{cases}$ 求 $\dfrac{\partial u}{\partial x}, \dfrac{\partial u}{\partial y}, \dfrac{\partial v}{\partial x}, \dfrac{\partial v}{\partial y}$.

解 将两个方程两边都对 x 求偏导,此时 y 看成常数,得

$$\begin{cases} u + x\dfrac{\partial u}{\partial x} - y\dfrac{\partial v}{\partial x} = 0, \\ y\dfrac{\partial u}{\partial x} + v + x\dfrac{\partial v}{\partial x} = 0, \end{cases}$$

解得

$$\dfrac{\partial u}{\partial x} = -\dfrac{xu + yv}{x^2 + y^2}, \dfrac{\partial v}{\partial x} = \dfrac{uy - xv}{x^2 + y^2}.$$

将两个方程两边都对 y 求偏导,此时 x 看成常数,得

$$\begin{cases} x\dfrac{\partial u}{\partial y}-v-y\dfrac{\partial v}{\partial y}=0, \\[3mm] y\dfrac{\partial u}{\partial y}+u+x\dfrac{\partial v}{\partial y}=0, \end{cases}$$

解得 $\qquad\qquad \dfrac{\partial u}{\partial y}=\dfrac{xv-yu}{x^2+y^2}, \dfrac{\partial v}{\partial y}=-\dfrac{xu+yv}{x^2+y^2}.$

习题 7-6

1. 求下列方程所确定的隐函数的导数 $\dfrac{\mathrm{d}y}{\mathrm{d}x}$:

(1) $y=\ln y-x$;

(2) $x^2+2y=3xy$;

(3) $x^y=y^x$;

(4) $\sin(xy)+\mathrm{e}^x=y.$

2. 求下列方程所确定的隐函数的导数:

(1) $x^3+y^3+z^3=3xyz$;

(2) $\dfrac{x}{z}=\ln\dfrac{z}{y}$;

(3) $\mathrm{e}^z=2xyz$;

(4) $y^2z=\arctan(xz).$

3. 设 $x^2+y^2+z^2=3z$,求 $\dfrac{\partial z}{\partial x}\Big|_{(2,2,1)}$,$\dfrac{\partial z}{\partial y}\Big|_{(2,2,1)}$,$\dfrac{\partial^2 z}{\partial x\partial y}\Big|_{(2,2,1)}.$

4. 设 $z^3=3xyz+1$,求 $\mathrm{d}z.$

* 5. 求下列方程组确定的隐函数的导数或偏导数:

(1) $\begin{cases} x+y+z=0, \\ x^2+y^2+z^2=1, \end{cases}$ 求 $\dfrac{\mathrm{d}y}{\mathrm{d}x}, \dfrac{\mathrm{d}z}{\mathrm{d}x}$;

(2) $\begin{cases} x=u+v, \\ y=u^2+v^2, \end{cases}$ 求 $\dfrac{\partial u}{\partial x}, \dfrac{\partial u}{\partial y}, \dfrac{\partial v}{\partial x}, \dfrac{\partial v}{\partial y}.$

第七节　多元函数的极值

在许多实际问题中,常常会遇到多元函数的最值问题.例如经济学中,经济学家会研究劳动力和资本投入多少时,商品的生产量最高.物流管理学中,快递公司会研究长方体包裹的长、宽、高的尺寸设计为多少时,包裹的体积最大.在医学中,医学人员会研究抗生素的剂量和间隔时间是多少时,病人所需要的抗生素的血药浓度达到最佳值.

由一元函数微分学知,极值的概念对一元函数最值的研究非常重要,因此我们在本节讨论多元函数的最值问题也同样引入极值的概念.本节我们重点研究最简单的多元函数——二元

函数的极值问题,所得结论大都可以推广至三元及三元以上的函数中.

一、多元函数的极值

定义 1 设函数 $z=f(x,y)$ 在点 $P_0(x_0,y_0)$ 的某邻域内有定义,若对于该邻域内异于 P_0 的点 $P(x,y)$,都有 $f(x,y)<f(x_0,y_0)$(或 $f(x,y)>f(x_0,y_0)$),则称 $f(x_0,y_0)$ 为函数 $f(x,y)$ 的一个**极大值**(或**极小值**). 函数的极大值与极小值统称为函数的**极值**,使函数取得极值的点称为函数的**极值点**.

例 1 函数 $f(x,y)=x^2+y^2$ 在点 $(0,0)$ 处取得极小值 $f(0,0)=0$. 因为对于点 $(0,0)$ 的任一邻域内异于 $(0,0)$ 的点,函数值都大于 $f(0,0)=0$. 从几何上看这也是显然,因为 $(0,0,0)$ 是旋转抛物面的顶点.

例 2 函数 $f(x,y)=1-\sqrt{x^2+y^2}$ 在点 $(0,0)$ 处取得极大值 $f(0,0)=1$. 因为对于点 $(0,0)$ 的任一邻域内异于 $(0,0)$ 的点,函数值都小于 $f(0,0)=1$. 从几何上看这也是显然,因为 $(0,0,1)$ 是此锥面的顶点.

例 3 函数 $f(x,y)=xy$ 在点 $(0,0)$ 处不取极值,因为 $f(0,0)=0$. 而在点 $(0,0)$ 的任何邻域内其函数值既有正值,也有负值.

以上例子中函数形式比较简单,可以用定义判别出极值点. 但一般情况下,仅仅用定义极值并不容易判别出来,因此有必要研究判定极值的方法. 下面用一元函数类似的方法来研究极值的求法.

定理 1(必要条件) 设函数 $z=f(x,y)$ 在点 $P_0(x_0,y_0)$ **处具有偏导数**,且在点 $P_0(x_0,y_0)$ **处有极值**,则有

$$f_x(x_0,y_0)=0, f_y(x_0,y_0)=0.$$

证明 不妨设 $z=f(x,y)$ 在点 $P_0(x_0,y_0)$ 取得极大值. 由极大值的定义,在 P_0 的某邻域内任意异于 P_0 的点 $P(x,y)$,都有 $f(x,y)<f(x_0,y_0)$.

特别地,在该邻域内取 $y=y_0$ 而 $x\neq x_0$ 的点,上面不等式仍成立,即

$$f(x,y_0)<f(x_0,y_0).$$

这表明一元函数 $f(x,y_0)$ 在点 x_0 处取得极大值,因而必有

$$f_x(x_0,y_0)=0.$$

类似可证得, $\qquad f_y(x_0,y_0)=0.$

仿照一元函数,使得 $f_x(x_0,y_0)=0, f_y(x_0,y_0)=0$ 同时成立的点 $P_0(x_0,y_0)$ 称为函数 $z=f(x,y)$ 的**驻点**. 由上述定理可知,具有偏导数的函数的极值点必为驻点,但反之不一定成立. 例如,点 $(0,0)$ 是函数 $z=xy$ 的驻点,但并不是极值点.

二元函数找到驻点后,怎样判断它是否为极值点呢? 下面的定理将给出答案.

定理 2（充分条件）　设函数 $z=f(x,y)$ 在点 $P_0(x_0,y_0)$ 的某邻域内具有二阶连续偏导数，点 $P_0(x_0,y_0)$ 为 $f(x,y)$ 的驻点. 记

$$A=f_{xx}(x_0,y_0),B=f_{xy}(x_0,y_0),C=f_{yy}(x_0,y_0),$$

则　（1）$AC-B^2>0$ 时，函数 $z=f(x,y)$ 有极值，且当 $A<0$ 时取得极大值，$A>0$ 时取得极小值；

（2）$AC-B^2<0$ 时，函数 $z=f(x,y)$ 没有极值；

（3）$AC-B^2=0$ 时，函数 $z=f(x,y)$ 可能有极值，也可能没有极值，需另加讨论.

此定理不作证明.

利用上面两个定理，我们把对具有二阶连续偏导数的函数求极值的方法归纳如下：

第一步　解方程组 $\begin{cases} f_x(x,y)=0, \\ f_y(x,y)=0, \end{cases}$ 求出一切驻点；

第二步　求出二阶偏导数 f_{xx},f_{xy},f_{yy}；

第三步　对每一个驻点 (x_0,y_0)，计算对应的二阶偏导数值 A,B,C，并定出 $AC-B^2$ 的符号，按定理 2 的结论判定 $f(x_0,y_0)$ 是否是极值，是极大值还是极小值.

例 1　求函数 $f(x,y)=\dfrac{1}{3}x^3-3x+y^2-2xy$ 的极值.

解　（1）解方程组 $\begin{cases} f_x(x,y)=x^2-3-2y=0, \\ f_y(x,y)=2y-2x=0, \end{cases}$ 求得驻点为 $(3,3),(-1,-1)$；

（2）求二阶偏导数 $f_{xx}=2x,f_{xy}=-2,f_{yy}=2$；

（3）在点 $(3,3)$ 处，$AC-B^2=12-4=8>0$，又 $A=2>0$，所以函数在点 $(3,3)$ 处取得极小值 $f(3,3)=-9$；

在点 $(-1,-1)$ 处，$AC-B^2=-4-4=-8<0$，所以 $f(-1,-1)$ 不是极值.

与一元函数一样，二元函数中偏导数不存在的点也可能为极值点. 例如，锥面 $z=1-\sqrt{x^2+y^2}$ 在点 $(0,0)$ 处取得极大值，但 $z=1-\sqrt{x^2+y^2}$ 在点 $(0,0)$ 处的偏导数不存在. 因此在考虑极值问题时，除了驻点，偏导数不存在的点（如果有的话）也需要考虑.

二、多元函数的最值

我们知道闭区间上的一元连续函数必有最大值和最小值，最值可能出现在极值点处，也可能出现在区间的端点处. 类似地，对于有界闭区域上的多元连续函数必有最大值和最小值，而取最值的点可能出现在区域内极值点处，也可能出现在区域的边界点处. 因此，求二元可微函数 $z=f(x,y)$ 在有界闭区域 D 上的最大值和最小值的方法是：

（1）求出 $f(x,y)$ 在 D 内的所有驻点处的函数值；

（2）求出 $z=f(x,y)$ 在 D 的边界上的最大值和最小值；

（3）比较这些值的大小，其中最大的就是最大值，最小的就是最小值.

例 2 求函数 $f(x,y)=xy-x^2$ 在闭区域 $D=\{(x,y)|0\leqslant x\leqslant 1,0\leqslant y\leqslant x\}$ 上的最大值和最小值.

解 由 $\begin{cases} f_x=y-2x=0, \\ f_y=x=0, \end{cases}$ 得驻点 $(0,0)$，它是 D 的一个边界点，

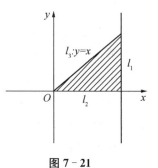

图 7-21

因此 $f(x,y)$ 在 D 上的极值必在 D 的边界上，又 D 的边界由三条直线段 l_1,l_2,l_3 构成（如图 7-21），

在 l_1 上，$x=1$ 且 $0\leqslant y\leqslant 1$，此时 $f(1,y)=y-1$，所以 $f(x,y)$ 在 l_1 上的最大值为 0，最小值为 -1；

在 l_2 上，$y=0$ 且 $0\leqslant x\leqslant 1$，此时 $f(x,0)=-x^2$，所以 $f(x,y)$ 在 l_2 上的最大值是 0，最小值是 -1；

在 l_3 上，$y=x$ 且 $0\leqslant x\leqslant 1$，此时 $f(x,x)=0$，所以 $f(x,y)$ 在 l_3 上的最大值是 0，最小值是 0；

比较 $f(x,y)$ 在 l_1,l_2,l_3 上的最大值与最小值知，$f(x,y)$ 在 D 上的最大值为 0，最小值为 -1.

由例 2 可以看出，求函数在边界上的最大值和最小值比较复杂. 通常在解决实际问题中，如果实际问题确定存在最大值（或最小值）且一定在讨论区域 D 的内部取得，而区域 D 只有唯一驻点，那么该驻点处的函数值一定是该函数在 D 上的最大值（或最小值）.

例 3 设某企业在两个不同的市场上出售同一种产品，两个市场的需求函数分别是

$$P_1=14-2Q_1, \quad P_2=12-Q_2,$$

其中 P_1,P_2 分别表示该产品在两个市场的价格（单位：万元/吨），Q_1,Q_2 分别表示该产品在两个市场的销售量（单位：吨），并且企业生产这种产品的总成本函数 C 为

$$C=2Q+1,$$

其中 Q 表示该产品在两个市场的销售总量. 如果该企业实行价格差别策略，试确定两市场上该产品的销售量和价格，使该企业获得最大利润，并求出最大利润.

解 由已知，总利润函数为

$$\begin{aligned} L &= P_1Q_1+P_2Q_2-C \\ &= (14-2Q_1)Q_1+(12-Q_2)Q_2-(2Q_1+2Q_2+1) \\ &= -2Q_1^2-Q_2^2+12Q_1+10Q_2-1. \end{aligned}$$

令 $\begin{cases} \dfrac{\partial L}{\partial Q_1}=-4Q_1+12=0, \\[2mm] \dfrac{\partial L}{\partial Q_2}=-2Q_2+10=0, \end{cases}$

解得 $Q_1 = 3, Q_2 = 5$,从而 $P_1 = 8$(万元/吨),$P_2 = 7$(万元/吨).

因为驻点唯一,且实际问题中一定存在最大利润,所以当 $Q_1 = 3, Q_2 = 5, P_1 = 8, P_2 = 7$ 时利润最大,最大利润为 $L = 42$ 万元.

例 4 某快递公司对长方体的包裹规定其长与围长(图 7-22)的和不超过 120 cm 时,才能代为传递.求这样的包裹的最大体积.

解 设 x, y 分别为包裹围长的高和宽,z 为包裹长度.

由题意,目标函数 $V = xyz$ 且 $2x + 2y + z \leqslant 120$,

其中 $x > 0, y > 0, z > 0$. 因为所要求的是可能的最大体积,所以可假设 $2x + 2y + z = 120$.

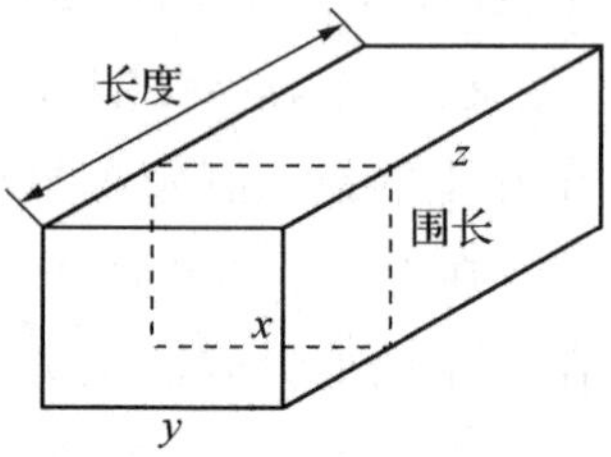

解出 z,并代入 V 的方程,得

$$V = xy(120 - 2x - 2y) = 120xy - 2x^2 y - 2xy^2.$$

令
$$\begin{cases} \dfrac{\partial V}{\partial x} = 120y - 4xy - 2y^2 = 2y(60 - 2x - y) = 0, \\ \dfrac{\partial V}{\partial y} = 120x - 4xy - 2x^2 = 2x(60 - 2y - x) = 0, \end{cases}$$

由 $x > 0, y > 0$,解得 $x = 20, y = 20$.

根据实际问题,这样的包裹的最大体积一定存在,并在区域 $D = \{(x, y) \mid x > 0, y > 0\}$ 内取得,又函数在 D 内只有唯一驻点 $(20, 20)$,故可以断定当 $x = y = 20$ 时,V 取得最大值. 所以可代为传递包裹的最大体积 $V = 20 \times 20 \times 40 = 16\ 000 (\text{cm}^3)$.

图 7-22

三、条件极值

多元函数极值问题有两种情形,一种对于函数自变量,除了限制在函数自然定义域内以外,没有其他条件,这种极值称为**无条件极值**;另一种,除了定义域外,对函数的自变量还有附加条件的约束,这种情形在实际问题中经常遇到. 例如例 4 中的目标函数本来是三元函数 $V = xyz$,其中 x, y, z 均为自变量. 但由题意 x, y, z 还应满足附加条件 $2x + 2y + z = 120$. 像这种对自变量有附加条件的极值称为**条件极值**.

由于例 4 中附加条件比较简单,我们将它化为无条件极值加以解决. 但在很多情形下,将条件极值转化为无条件极值并不这样简单. 下面介绍拉格朗日乘数法,这种方法不必将条件极值问题化为无条件极值问题,而是直接寻求对所给问题的条件极值.

下面我们讨论函数 $z = f(x, y)$ 在约束条件

$$\varphi(x, y) = 0$$

下取得极值的必要条件.

假定函数 $z = f(x, y)$ 的极值点为 (x_0, y_0),在该点的某一邻域内函数 $f(x, y), \varphi(x, y)$ 有连续的一阶偏导数,且 $\varphi_y(x_0, y_0) \neq 0$. 由隐函数存在定理,$\varphi(x, y) = 0$ 可以确定一个具有连

续导数的隐函数 $y=y(x)$，于是 z 就是 x 的复合函数 $z=f(x,y(x))$，求该条件极值问题就转化为求 $z=f(x,y(x))$ 的无条件极值问题. 由一元可导函数极值的必要条件有

$$\frac{\mathrm{d}z}{\mathrm{d}x}\Big|_{x=x_0}=f_x(x_0,y_0)+f_y(x_0,y_0)\frac{\mathrm{d}y}{\mathrm{d}x}\Big|_{x=x_0}=0.$$

又由隐函数求导公式得

$$\frac{\mathrm{d}y}{\mathrm{d}x}\Big|_{x=x_0}=-\frac{\varphi_x(x_0,y_0)}{\varphi_y(x_0,y_0)}.$$

代入上式，有

$$f_x(x_0,y_0)-f_y(x_0,y_0)\frac{\varphi_x(x_0,y_0)}{\varphi_y(x_0,y_0)}=0.$$

记

$$\frac{f_x(x_0,y_0)}{\varphi_x(x_0,y_0)}=\frac{f_y(x_0,y_0)}{\varphi_y(x_0,y_0)}=-\lambda.$$

这就表明，函数 $z=f(x,y)$ 的极值点必须满足

$$\begin{cases} f_x(x_0,y_0)+\lambda\varphi_x(x_0,y_0)=0, \\ f_y(x_0,y_0)+\lambda\varphi_y(x_0,y_0)=0, \\ \varphi(x_0,y_0)=0. \end{cases}$$

引入辅助函数 $F(x,y)=f(x,y)+\lambda\varphi(x,y)$，不难看出上面方程组等价于

$$\begin{cases} F_x(x_0,y_0)=0, \\ F_y(x_0,y_0)=0, \\ F_\lambda(x_0,y_0)=0. \end{cases}$$

这里函数 $F(x,y)$ 称为**拉格朗日函数**，参数 λ 称为**拉格朗日乘子**.

通过上面讨论我们得出求条件极值的拉格朗日乘数法：

（1）构造拉格朗日函数 $F(x,y)=f(x,y)+\lambda\varphi(x,y)$；

（2）解联立方程组

$$\begin{cases} F_x(x,y)=f_x(x,y)+\lambda\varphi_x(x,y)=0, \\ F_y(x,y)=f_y(x,y)+\lambda\varphi_y(x,y)=0, \\ \varphi(x,y)=0, \end{cases}$$

求得可能的极值点.

由问题的实际意义，如果知道存在条件极值，且只有唯一驻点，那么该驻点就是所求的极值点.

一般地，拉格朗日乘数法可推广到二元以上的多元函数以及一个以上约束条件的情况. 例如，求函数 $u=f(x,y,z)$ 在附加条件 $\varphi(x,y,z)=0,\psi(x,y,z)=0$ 下的极值时，可构造拉格朗

日函数

$$F(x,y,z) = f(x,y,z) + \lambda\varphi(x,y,z) + \mu\psi(x,y,z),$$

其中 λ,μ 均为参数,再求其一阶偏导数,并令其为零,然后与条件 $\varphi(x,y,z)=0$ 及 $\psi(x,y,z)=0$ 联立求解,其解即为所要求的可能极值点.

例5　利用拉格朗日乘数法求解例4.

解　长方形包裹的体积函数为 $V=xyz(x>0,y>0,z>0)$,包裹围长的高、宽和包裹长度(即自变量 x,y,z)满足约束条件

$$2x + 2y + z = 120.$$

作拉格朗日函数　　$F(x,y,z) = xyz + \lambda(2x + 2y + z - 120).$

令

$$\begin{cases} F_x = yz + 2\lambda = 0, \\ F_y = xz + 2\lambda = 0 \\ F_z = xy + \lambda = 0, \\ 2x + 2y + z = 120, \end{cases}$$

得　$x=y=20, z=40$. 这是唯一可能极值点,由于这样的包裹的最大体积一定存在,所以最大体积就在这个可能极值点处取得. 即可代为传递包裹的最大体积 $V=20\times20\times40=16\,000(\text{cm}^3)$.

例6　已知某生产商的柯布-道格拉斯生产函数为

$$f(x,y) = 100x^{\frac{3}{4}}y^{\frac{1}{4}},$$

其中 x 表示劳动力的数量,y 表示资本数量. 每个劳动力与每单位资本的成本分别为 100 元及 200 元,该生产商的总预算是 4 万元,问:该生产商如何分配这笔钱用于雇佣劳动力及投入资本,才能使得生产量最高?

解　由题意,实际要求目标函数

$$f(x,y) = 100x^{\frac{3}{4}}y^{\frac{1}{4}}$$

在约束条件

$$100x + 200y = 40\,000$$

下的最大值.

作拉格朗日函数

$$F(x,y) = 100x^{\frac{3}{4}}y^{\frac{1}{4}} + \lambda(40\,000 - 100x - 200y).$$

令

$$\begin{cases} F_x = 75x^{-\frac{1}{4}}y^{\frac{1}{4}} - 100\lambda = 0, \\ F_y = 25x^{\frac{3}{4}}y^{-\frac{3}{4}} - 200\lambda = 0, \\ 100x + 200y = 40\,000, \end{cases}$$

解得 $x=300,y=50$.

这是目标函数在定义域内的唯一可能极值点,而实际问题中最高生产量一定存在,因此该生产商雇佣 300 个劳动力及投入 50 个单位资本时可获得最大生产量.

习题 7－7

1. 求下列函数极值:

(1) $f(x,y)=x^3-y^3+3x^2+3y^2-9x+1$;　　　　(2) $f(x,y)=4(x-y)-x^2-y^2$;

(3) $f(x,y)=e^{2x}(x+y^2+2y)$;　　　　(4) $f(x,y)=x^2+y^2-2\ln x-2\ln y+1$.

2. 求函数 $z=xy$ 在圆域 $x^2+y^2\leqslant 4$ 上的最大值与最小值.

3. 求斜边为 l 的一切直角三角形中,有最大周长的直角三角形.

4. 求表面积为 a^2 而体积最大的长方体的体积.

5. 某养殖场饲养两种鱼,若甲种鱼放养 x 万尾,乙种鱼放养 y 万尾,收获时两种鱼收获量分别为 $(3-\alpha x-\beta y)x,(4-\beta x-2\alpha y)y(\alpha>\beta>0)$,求使产鱼总量最大的放养数.

6. 某工厂生产 A 和 B 两种型号的产品,A 型产品的售价为 $1\,000$ 元/件,B 型产品的售价为 900 元/件,生产 x 件 A 型产品和 y 件 B 型产品的总成本为 $4\,000+200x+300y+3x^2+xy+3y^2$ 元. 问:A 和 B 两种产品各生产多少时,利润最大?

复习题七

1. 填空题.

(1) 函数 $f(x,y)=\ln(x-y^2)+\sqrt{1-x^2-y^2}$ 的定义域 $D=$_____.

(2) 已知函数 $f\left(x+y,\dfrac{y}{x}\right)=x^2-y^2,f_x(x,y)=$_____,$f_y(x,y)=$_____.

(3) 计算: $\lim\limits_{(x,y)\to(0,0)}\dfrac{\sqrt{xy+4}-2}{xy}=$_____.

(4) 若点 $(2,-1)$ 是二元函数 $z=y^3-x^2+ax-by+1$ 的一个极值点,则 $a=$_____,$b=$_____.

(5) 设函数 $z=z(x,y)$ 满足方程 $2z-e^z+2xy=3$ 且 $z(2,1)=0$,则 $\mathrm{d}z\Big|_{(2,1)}=$_____.

2. 选择题.

(1) 函数 $f(x,y)$ 在点 (x,y) 可微是 $f(x,y)$ 在该点可导的(　　).

(A) 充分不必要条件   (B) 必要不充分条件

(C) 充要条件   (D) 既不充分也不必要条件

(2) 函数 $z = f(x, y)$ 在点 (x, y) 处的偏导数 $\dfrac{\partial z}{\partial x}$ 及 $\dfrac{\partial z}{\partial y}$ 存在且连续是 $f(x, y)$ 在该点可微的

(   ).

(A) 充分不必要条件   (B) 必要不充分条件

(C) 充要条件   (D) 既不充分也不必要条件

(3) 函数 $z = f(x, y)$ 的两个混合偏导数 $\dfrac{\partial^2 z}{\partial x \partial y}$, $\dfrac{\partial^2 z}{\partial y \partial x}$ 在区域 D 内连续是这两个混合偏导

数相等的(   ).

(A) 充分不必要条件   (B) 必要不充分条件

(C) 充要条件   (D) 既不充分也不必要条件

(4) 二元函数 $z = f(x, y)$ 在点 (x_0, y_0) 处可微分的充要条件是(   ).

(A) $f_x'(x, y)$ 及 $f_y'(x, y)$ 均存在

(B) $f_x'(x, y)$ 及 $f_y'(x, y)$ 在点 (x_0, y_0) 的某邻域内均连续

(C) 当 $\sqrt{(\Delta x)^2 + (\Delta y)^2} \to 0$ 时, $\Delta z - f_x'(x_0, y_0) \Delta x - f_y'(x_0, y_0) \Delta y$ 是无穷小量

(D) 当 $\sqrt{(\Delta x)^2 + (\Delta y)^2} \to 0$ 时, $\dfrac{\Delta z - f_x'(x_0, y_0) \Delta x - f_y'(x_0, y_0) \Delta y}{\sqrt{(\Delta x)^2 + (\Delta y)^2}}$ 是无穷小量

(5) 对于函数 $f(x, y) = x^2 - y^2$, 点 $(0, 0)$(   ).

(A) 不是驻点   (B) 是驻点而非极值点

(C) 是极大值点   (D) 是极小值点

(6) 设函数 $z = f(x, y) = \sqrt{xy}$, 则 $f(x, y)$ 在点 $(0, 0)$ 处(   ).

(A) 可微   (B) 偏导数存在,但不可微

(C) 连续,但偏导数不存在   (D) 偏导数存在,但不连续

3. 设函数 $f(x, y) = \begin{cases} \dfrac{x^2 y}{x^2 + y^2}, & x^2 + y^2 \neq 0, \\ 0, & x^2 + y^2 = 0, \end{cases}$ 求 $f_x(x, y), f_y(x, y)$.

4. 求下列函数的二阶偏导数：

(1) $z = \arctan(xy)$;   (2) $z = x^y$.

5. 设函数 $z = \sin(xy) - f\left(x, \dfrac{y}{x}\right)$, 其中 f 具有连续二阶偏导数,求 $\dfrac{\partial^2 z}{\partial x \partial y}$.

6. 证明:函数 $u = x\varphi(x+y) + y\psi(x+y)$($\varphi, \psi$ 为可微函数)满足方程

$$\frac{\partial^2 u}{\partial x^2} - 2\frac{\partial^2 u}{\partial x \partial y} + \frac{\partial^2 u}{\partial y^2} = 0.$$

7. 求下列函数的极值:

(1) $f(x,y)=(x^2-2x)(y^2+3y)$;

(2) $f(x,y)=\sin x+\sin y+\sin(x+y),0\leqslant x\leqslant\dfrac{\pi}{2},0\leqslant y\leqslant\dfrac{\pi}{2}$.

8. 试求内接于椭球面$\dfrac{x^2}{a^2}+\dfrac{y^2}{b^2}+\dfrac{z^2}{c^2}=1(a>0,b>0,c>0)$的有最大体积的长方体.

9. 某厂要用铁板做成一个体积为 $2\,\mathrm{m}^3$ 的有盖长方体水箱. 问: 当长、宽、高各取怎样的尺寸时, 才能使用料最省?

*10. 设 $f(x,y)=\begin{cases}\dfrac{x^2y^2}{(x^2+y^2)^{\frac{3}{2}}}, & x^2+y^2\neq0,\\ 0, & x^2+y^2=0,\end{cases}$ 证明: 函数 $f(x,y)$ 在点$(0,0)$处连续且偏导数存在, 但不可微.

第八章　二重积分

和一元函数积分学内容相对应,这一章,我们将介绍二元函数的积分,即二重积分.二重积分和定积分一样,在理论和实际生活中都有广泛的应用.我们可以利用二重积分来计算不规则立体的体积,计算物体的质量、重心、转动惯量,确定两个变量落在规定区域的概率.还可以利用二重积分来解决水桶的最大容量,火山喷发后的高度变化等许多实际问题.

第一节　二重积分的基本概念和性质

引例　求曲顶柱体的体积.

设函数 $z=f(x,y)$ 在有界闭区域 D 上连续且 $f(x,y) \geqslant 0$,$(x,y) \in D$.试求以曲面 $z=f(x,y)$ 为顶,以 D 为底,以平行 z 轴的直线为母线的曲顶柱体的体积 V,如图 $8-1$.

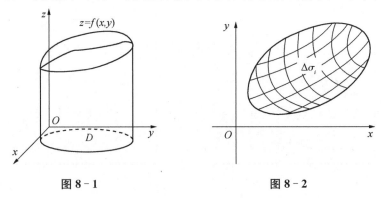

图 $8-1$　　　　　　图 $8-2$

我们借助一元函数定义曲边梯形面积的方法来求曲顶柱体的体积.

第一步:分割

用任意的曲线网将区域 D 分成 n 个小区域

$$\Delta\sigma_1, \Delta\sigma_2, \Delta\sigma_3, \cdots, \Delta\sigma_n$$

且以 $\Delta\sigma_i$ 表示第 i 个小区域的面积,如图 $8-2$.这样就把曲顶柱体分成了 n 个小曲顶柱体.

第二步:近似

以 ΔV_i 表示以 $\Delta\sigma_i$ 为底的第 i 个小曲顶柱体的体积,在每个小区域 $\Delta\sigma_i(i=1,2,\cdots,n)$ 内,

任取一点 (ξ_i, η_i)，把以 $\Delta\sigma_i$ 为底、$f(\xi_i, \eta_i)$ 为高的平顶柱体的体积作为 ΔV_i 的近似值，如图 8-3. 即

$$\Delta V_i \approx f(\xi_i, \eta_i)\Delta\sigma_i \quad (i=1,2,\cdots,n).$$

第三步：求和

$$V = \sum_{i=1}^{n}\Delta V_i \approx \sum_{i=1}^{n}f(\xi_i, \eta_i)\Delta\sigma_i.$$

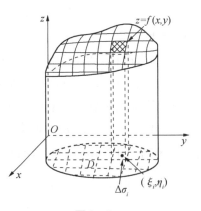

图 8-3

第四步：取极限

我们用 d_i 表示 $\Delta\sigma_i$ 内任意两点间距离的最大值，称为该区域的直径，设 $\lambda=\max\limits_{1\leqslant i\leqslant n}\{d_i\}$. 由极限定义即可求出曲顶柱体的体积 V. 即

$$V = \lim_{\lambda\to 0}\sum_{i=1}^{n}f(\xi_i, \eta_i)\Delta\sigma_i.$$

下面我们给出二重积分的定义.

定义 1 设 $f(x,y)$ 是定义在有界闭区域 D 上的二元函数，将 D 任意分割成 n 个小区域 $\Delta\sigma_1, \Delta\sigma_2, \Delta\sigma_3, \cdots, \Delta\sigma_n$，在每个小区域 $\Delta\sigma_i$ 中任取一点 (ξ_i, η_i)，作和 $\sum_{i=1}^{n}f(x_i, y_i)\Delta\sigma_i$，若当各小闭区域的直径中的最大值 λ 趋近于零时，和式的极限存在，则称函数 $f(x,y)$ 在 D 上可积，并称此极限为函数 $f(x,y)$ 在 D 上的二重积分. 记作

$$\iint\limits_{D}f(x,y)\mathrm{d}\sigma,$$

即

$$\iint\limits_{D}f(x,y)\mathrm{d}\sigma = \lim_{\lambda\to 0}\sum_{i=1}^{n}f(\xi_i, \eta_i)\Delta\sigma_i,$$

其中 D 称为积分区域，x, y 称为积分变量，$f(x,y)$ 称为被积函数，$\mathrm{d}\sigma$ 称为面积元素，$f(x,y)\mathrm{d}\sigma$ 称为被积表达式，$\sum_{i=1}^{n}f(\xi_i, \eta_i)\Delta\sigma_i$ 称为积分和.

对二重积分的定义需要注意的是：

（1）在二重积分的定义中，对闭区域 D 的划分是任意的. 在直角坐标系中我们常用平行于坐标轴的直线网来划分区域 D，如图 8-4.

则面积元素为 $\mathrm{d}\sigma=\mathrm{d}x\mathrm{d}y$. 故二重积分可写为

$$\iint\limits_{D}f(x,y)\mathrm{d}\sigma = \iint\limits_{D}f(x,y)\mathrm{d}x\mathrm{d}y.$$

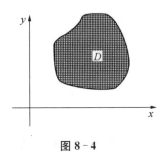

图 8-4

(2) 可以证明,当 $f(x,y)$ 在闭区域 D 上连续时,定义 1 中和式的极限必存在,即二重积分必存在.

由引例和二重积分的定义,我们可以给出二重积分的几何意义:

当被积函数大于零时,二重积分表示的是以 $z=f(x,y)$ 为曲顶,以 D 为底的曲顶柱体的体积.当被积函数小于零时,二重积分表示的是曲顶柱体的体积的负值.当被积函数取值有正有负时,二重积分表示的是各部分曲顶柱体体积的代数和.

例 1　比较下列积分值的大小关系:

$$I_1 = \iint\limits_{D_1}(x^2+y^2)\mathrm{d}x\mathrm{d}y, \quad D_1 = \{(x,y)\,|-1 \leqslant x \leqslant 1, -1 \leqslant y \leqslant 1\},$$

$$I_2 = \iint\limits_{D_2}(x^2+y^2)\mathrm{d}x\mathrm{d}y, \quad D_2 = \{(x,y)\,|\,|x|+|y| \leqslant 1\}.$$

解　由二重积分的几何意义知,当被积函数相同且非负时,积分区域大即底面大的曲顶柱体的体积更大.显然 $D_1 \supset D_2$,因此 $I_1 > I_2$.

二重积分与一元函数定积分具有类似的性质(证明从略).下面给出的函数均假设在闭区域上可积.

性质 1　设 k_1,k_2 为常数,则

$$\iint\limits_{D}[k_1 f(x,y)+k_2 g(x,y)]\mathrm{d}\sigma = \iint\limits_{D}k_1 f(x,y)\mathrm{d}\sigma + \iint\limits_{D}k_2 g(x,y)\mathrm{d}\sigma.$$

性质 2　积分区域具有可加性

$$\iint\limits_{D}f(x,y)\mathrm{d}\sigma = \iint\limits_{D_1}f(x,y)\mathrm{d}\sigma + \iint\limits_{D_2}f(x,y)\mathrm{d}\sigma,$$

其中 $D=D_1+D_2$.

性质 3　若 σ 为 D 的面积,则 $\iint\limits_{D}1\mathrm{d}\sigma = \iint\limits_{D}\mathrm{d}\sigma = \sigma$.

性质 4　若在闭区域 D 上总有 $f(x,y) \leqslant g(x,y)$,则

$$\iint\limits_{D}f(x,y)\mathrm{d}\sigma \leqslant \iint\limits_{D}g(x,y)\mathrm{d}\sigma,$$

特别地

$$\iint\limits_{D}f(x,y)\mathrm{d}\sigma \leqslant \iint\limits_{D}|f(x,y)|\mathrm{d}\sigma.$$

性质 5(二重积分估值定理)　设 M 与 m 分别是函数 $f(x,y)$ 在闭区域 D 上的最大值与最小值,σ 是 D 的面积,则

$$m\sigma \leqslant \iint\limits_{D} f(x,y)\mathrm{d}\sigma \leqslant M\sigma.$$

性质 6（二重积分的中值定理） 若 $f(x,y)$ 在闭区域 D 上连续，σ 是 D 的面积，则在 D 内至少存在一点 (ξ,η)，使得

$$\iint\limits_{D} f(x,y)\mathrm{d}\sigma = f(\xi,\eta)\sigma.$$

以被积函数 $f(x,y) > 0$ 为例，中值定理的几何意义可理解为：在闭区域 D 上以曲面 $f(x,y)$ 为顶的曲顶柱体的体积，等于以闭区域 D 为底，以 D 中某一点 (ξ,η) 的函数值 $f(\xi,\eta)$ 为高的平顶柱体的体积.

例 2 比较积分 $\iint\limits_{D}(x+y)^2\mathrm{d}\sigma$ 与 $\iint\limits_{D}(x+y)^3\mathrm{d}\sigma$ 的大小，其中 $D\{(x,y) \mid 0 \leqslant x+y < 1\}$.

解 积分区域 D 内 $0 \leqslant x+y < 1$，故 $(x+y)^2 \geqslant (x+y)^3$，

故 $$\iint\limits_{D}(x+y)^2\mathrm{d}\sigma \geqslant \iint\limits_{D}(x+y)^3\mathrm{d}\sigma.$$

例 3 估计下列积分值 $\iint\limits_{D}\mathrm{e}^{x^2+y^2}\mathrm{d}\sigma$，其中 $D=\left\{(x,y) \mid \dfrac{x^2}{a^2}+\dfrac{y^2}{b^2} \leqslant 1\right\}, a \geqslant b > 0$.

解 积分区域 D 上面积 $\sigma = \pi ab$，在 D 上 $1 = \mathrm{e}^0 \leqslant \mathrm{e}^{x^2+y^2} \leqslant \mathrm{e}^{a^2}$，

故 $$\pi ab \leqslant \iint\limits_{D}\mathrm{e}^{x^2+y^2}\mathrm{d}\sigma \leqslant \pi ab\,\mathrm{e}^{a^2}.$$

习题 8−1

1. 利用二重积分的几何意义比较大小：

$I_1 = \iint\limits_{D_1}|xy|\mathrm{d}x\mathrm{d}y$，其中 $D_1 = \{(x,y) \mid 0 \leqslant x \leqslant 1, 0 \leqslant y \leqslant 1\}$；

$I_2 = \iint\limits_{D_2}|xy|\mathrm{d}x\mathrm{d}y$，其中 $D_2 = \{(x,y) \mid -1 \leqslant x \leqslant 1, -1 \leqslant y \leqslant 1\}$；

$I_3 = \iint\limits_{D_3}|xy|\mathrm{d}x\mathrm{d}y$，其中 $D_3 = \{(x,y) \mid 0 \leqslant x \leqslant 1, -1 \leqslant y \leqslant 1\}$.

2. 利用二重积分的性质比较下列积分的大小：

(1) $\iint\limits_{D}(x+y)\mathrm{d}x\mathrm{d}y$ 与 $\iint\limits_{D}(x+y)^2\mathrm{d}x\mathrm{d}y$，其中 $D=\{(x,y) \mid x \geqslant 0, y \geqslant 0, 0 \leqslant x+y \leqslant 1\}$；

(2) $\iint\limits_{D}(x+y)^2\mathrm{d}x\mathrm{d}y$ 与 $\iint\limits_{D}(x+y)^3\mathrm{d}x\mathrm{d}y$，其中 $D = \{(x,y) \mid x \geqslant 0, y \geqslant 0, x+y \geqslant 1\}$；

(3) $\iint\limits_{D}\ln(x+y)\mathrm{d}x\mathrm{d}y$ 与 $\iint\limits_{D}\ln^3(x+y)\mathrm{d}x\mathrm{d}y$，其中 $D = \{(x,y) \mid 0 \leqslant x \leqslant 1, 3 \leqslant y \leqslant 5\}$；

(4) $\iint\limits_{D}\ln(x+y)\mathrm{d}x\mathrm{d}y$ 与 $\iint\limits_{D}(x+y)\mathrm{d}x\mathrm{d}y$,其中 $D=\left\{(x,y)\mid x\geqslant0,y\geqslant0,\dfrac{1}{\mathrm{e}}\leqslant x+y\leqslant1\right\}$.

3. 利用二重积分的性质估计下列积分的值:

(1) $\iint\limits_{D}(x+y)\mathrm{d}x\mathrm{d}y$,其中 $D=\{(x,y)\mid0\leqslant x\leqslant1,1\leqslant y\leqslant2\}$;

(2) $\iint\limits_{D}xy(x+y)\mathrm{d}x\mathrm{d}y$,其中 $D=\{(x,y)\mid0\leqslant x\leqslant1,0\leqslant y\leqslant1\}$;

(3) $\iint\limits_{D}\sin^{2}x\sin^{2}y\mathrm{d}x\mathrm{d}y$,其中 $D=\{(x,y)\mid0\leqslant x\leqslant\pi,0\leqslant y\leqslant\pi\}$;

(4) $\iint\limits_{D}\mathrm{e}^{x^{2}+y^{2}}\mathrm{d}x\mathrm{d}y$,其中 $D=\{(x,y)\mid x^{2}+y^{2}\leqslant3\}$.

第二节　二重积分的计算

二重积分是定积分的推广,是二元函数在一个平面区域上的积分.这一节我们将通过二重积分的几何意义推导出二重积分的计算方法,也即用二次积分(即累次积分)来计算二重积分.

一、直角坐标系下二重积分的计算

1. 积分区域 $D:X$-型区域

设函数 $z=f(x,y)$ 在区域 D 上连续,且当 $(x,y)\in D$ 时,$f(x,y)\geqslant0$.

若积分区域 D 是由直线 $x=a,x=b$ 与曲线 $y=\varphi_{1}(x)$、$y=\varphi_{2}(x)$ 所围成,如图 $8-5$,即 $D=\{(x,y)\mid a\leqslant x\leqslant b,\varphi_{1}(x)\leqslant y\leqslant\varphi_{2}(x)\}$,我们称它为 X-型区域.其特点是:穿过 D 内部且平行于 y 轴的直线,与 D 的边界交点不多于两个.

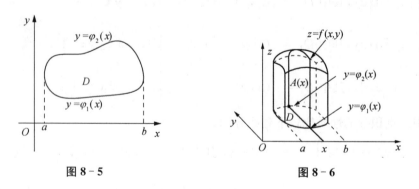

图 8-5   图 8-6

由二重积分的几何意义,$\iint\limits_{D}f(x,y)\mathrm{d}\sigma$ 等于以区域 D 为底,以曲面 $z=f(x,y)$ 为顶的曲顶柱体的体积 V.下面利用第六章定积分的应用中平行截面面积为已知的立体体积公式来计算此曲顶柱体的体积.

在$[a,b]$中任取一点x,用过该点且平行于yOz面的平面去截此曲顶柱体,设截面面积为$A(x)$,则

$$V = \int_a^b A(x)\mathrm{d}x.$$

由图$8-6$可知,$A(x)$是一个曲边梯形的面积,如图$8-7$,且

$$A(x) = \int_{\varphi_1(x)}^{\varphi_2(x)} f(x,y)\mathrm{d}y.$$

从而

$$\iint\limits_D f(x,y)\mathrm{d}x\mathrm{d}y = \int_a^b \left[\int_{\varphi_1(x)}^{\varphi_2(x)} f(x,y)\mathrm{d}y\right]\mathrm{d}x, \qquad (1)$$

通常记作

$$\iint\limits_D f(x,y)\mathrm{d}x\mathrm{d}y = \int_a^b \mathrm{d}x \int_{\varphi_1(x)}^{\varphi_2(x)} f(x,y)\mathrm{d}y. \qquad (2)$$

右端的积分称为先对y后对x的**二次积分**或**累次积分**.

于是二重积分就化为计算两次定积分.首先计算对y的积分$A(x) = \int_{\varphi_1(x)}^{\varphi_2(x)} f(x,y)\mathrm{d}y$,此时将$x$看成常量,然后再对$x$求定积分.

注意上面的讨论中前提是$f(x,y) \geqslant 0$,对于其他情况以上计算方法仍然适用.

一般地,求二重积分的解题步骤可具体如下:

(1) 画出积分区域D;

(2) 将D投影到x轴上得闭区间$[a,b]$;

(3) 过积分区域D内任意取一点(x,y),作平行于y轴的直线"自下而上"穿过积分区域且与D的边界线有两个交点A,B,点A的纵坐标为$\varphi_1(x)$,点B的纵坐标为$\varphi_2(x)$,如图$8-8$.此时$D = \{(x,y) | a \leqslant x \leqslant b, \varphi_1(x) \leqslant y \leqslant \varphi_2(x)\}$,于是

$$\iint\limits_D f(x,y)\mathrm{d}x\mathrm{d}y = \int_a^b \mathrm{d}x \int_{\varphi_1(x)}^{\varphi_2(x)} f(x,y)\mathrm{d}y.$$

例1 将二重积分$\iint\limits_D f(x,y)\mathrm{d}x\mathrm{d}y$转化成二次积分.其中$D$是由两个坐标轴与直线$x+y=1$围成的闭区域.

解 首先画出积分区域,如图$8-9$,D可看作X-型.

$$D = \{(x,y) \mid 0 \leqslant x \leqslant 1, 0 \leqslant y \leqslant 1-x\}.$$

由(2),先对 y 后对 x 求积分,得

$$\iint\limits_{D} f(x,y)\mathrm{d}x\mathrm{d}y = \int_{0}^{1}\mathrm{d}x\int_{0}^{1-x}f(x,y)\mathrm{d}y.$$

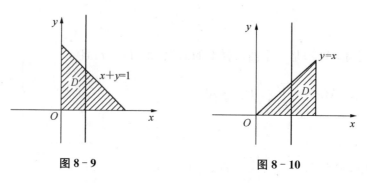

图 8 - 9   图 8 - 10

例 2 计算二重积分 $\iint\limits_{D}2x^{2}y\mathrm{d}x\mathrm{d}y.$ 其中 D 是由 x 轴与直线 $y=x,x=1$ 所围成的闭区域.

解 首先画出积分区域,如图 8 - 10,D 可看作 X -型.

$$D=\{(x,y)\mid 0\leqslant x\leqslant 1,0\leqslant y\leqslant x\}.$$

由(2),先对 y 后对 x 求积分,得

$$\iint\limits_{D}2x^{2}y\mathrm{d}x\mathrm{d}y = \int_{0}^{1}\mathrm{d}x\int_{0}^{x}2x^{2}y\mathrm{d}y$$

$$= \int_{0}^{1}x^{2}y^{2}\Big|_{0}^{x}\mathrm{d}x = \int_{0}^{1}x^{4}\mathrm{d}x = \frac{1}{5}.$$

2. 积分区域 D:Y -型区域

若积分区域 D 是由直线 $y=c,y=d$ 与曲线 $x=\psi_{1}(y),x=\psi_{2}(y)$ 所围成,如图 8 - 11,即 $D=\{(x,y)\mid c\leqslant y\leqslant d,\psi_{1}(y)\leqslant x\leqslant\psi_{2}(y)\}$,我们称它为 Y -型区域.**其特点是:穿过 D 内部且平行于 x 轴的直线,与 D 的边界交点不多于两个.**

同理可以得到此时二重积分的计算公式

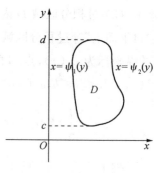

$$\iint\limits_{D}f(x,y)\mathrm{d}x\mathrm{d}y = \int_{c}^{d}\left[\int_{\psi_{1}(y)}^{\psi_{2}(y)}f(x,y)\mathrm{d}x\right]\mathrm{d}y, \qquad (3)$$

通常记作

图 8 - 11

$$\iint\limits_{D}f(x,y)\mathrm{d}x\mathrm{d}y = \int_{c}^{d}\mathrm{d}y\int_{\psi_{1}(y)}^{\psi_{2}(y)}f(x,y)\mathrm{d}x. \qquad (4)$$

右端的积分称为先对 x 后对 y 的**二次积分**或**累次积分**.

例 3 计算二重积分 $\iint\limits_{D} 2xy\mathrm{d}x\mathrm{d}y$,其中 D 是由抛物线 $y^2=x$ 与直线 $y=x-2$ 所围成的区域.

解法一 首先画出积分区域,如图 $8-12$,D 可看作 Y-型.

联立方程组 $\begin{cases} y^2=x, \\ y=x-2, \end{cases}$ 得到该抛物线和直线的交点 $A(1,-1),B(4,2)$.

积分区域 $D=\{(x,y)\,|-1\leqslant y\leqslant 2,y^2\leqslant x\leqslant y+2\}$.

由(4),先对 x 后对 y 求积分,得

$$\iint\limits_{D} 2xy\mathrm{d}x\mathrm{d}y=\int_{-1}^{2}\mathrm{d}y\int_{y^2}^{y+2} 2xy\mathrm{d}x$$

$$=\int_{-1}^{2} x^2\Big|_{y^2}^{y+2} y\mathrm{d}y=\int_{-1}^{2}\big[y(y+2)^2-y^5\big]\mathrm{d}y$$

$$=\Big[\frac{y^4}{4}+\frac{4y^3}{3}+2y^2-\frac{y^6}{6}\Big]_{-1}^{2}=11\frac{1}{4}.$$

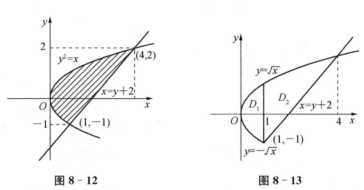

图 $8-12$ 图 $8-13$

解法二 如果将 D 可看作 X-型,此时积分区域需要分为两个部分,D_1 和 D_2(如图 $8-13$).

$$D_1=\{(x,y)\,|\,0\leqslant x\leqslant 1,-\sqrt{x}\leqslant y\leqslant\sqrt{x}\},$$

$$D_2=\{(x,y)\,|\,1\leqslant x\leqslant 4,x-2\leqslant y\leqslant\sqrt{x}\}.$$

由(2),先对 y 后对 x 求积分,得

$$\iint\limits_{D} 2xy\mathrm{d}x\mathrm{d}y=\iint\limits_{D_1} 2xy\mathrm{d}x\mathrm{d}y+\iint\limits_{D_2} 2xy\mathrm{d}x\mathrm{d}y$$

$$=\int_{0}^{1}\mathrm{d}x\int_{-\sqrt{x}}^{\sqrt{x}} 2xy\mathrm{d}y+\int_{1}^{4}\mathrm{d}x\int_{x-2}^{\sqrt{x}} 2xy\mathrm{d}y$$

$$=\int_{0}^{1} xy^2\Big|_{-\sqrt{x}}^{\sqrt{x}}\mathrm{d}x+\int_{1}^{4} xy^2\Big|_{x-2}^{\sqrt{x}}\mathrm{d}x$$

$$=\int_{1}^{4} x\big[x-(x-2)^2\big]\mathrm{d}x=11\frac{1}{4}.$$

此题的两种计算方法显然第一种先对 x 后对 y 求积分的简单,因此对于这种积分区域既是 X-型又是 Y-型的,在以后的二重积分的计算中要注意积分次序的选取.不同的积分次序可能决定计算的繁简,有的甚至无法计算出结果.此外,还要考虑被积函数的具体特点来选择恰当的积分次序.

例 4 计算二重积分 $\iint\limits_{D} e^{-y^2} \mathrm{d}x\mathrm{d}y$,其中 D 是由直线 $y=x,y=1$ 与 y 轴所围成的区域.

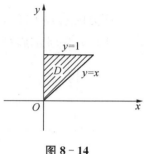

图 8-14

解 积分区域如图 8-14,交点为 $(0,0),(1,1)$.如果 D 看作 X-型,先对 y 求积分,将会遇到求 e^{-y^2} 的原函数,而它的原函数不能用初等函数表示,因此应先对先对 x 求积分,也就是 D 看作 Y-型.

$$\iint\limits_{D} e^{-y^2} \mathrm{d}x\mathrm{d}y = \int_0^1 \mathrm{d}y \int_0^y e^{-y^2} \mathrm{d}x$$

$$= \int_0^1 y e^{-y^2} \mathrm{d}y = -\frac{1}{2} e^{-y^2} \Big|_0^1 = \frac{1}{2}(1-e^{-1}).$$

例 5 交换累次积分 $\int_0^1 \mathrm{d}x \int_{e^x}^{e} f(x,y)\mathrm{d}y$ 的积分次序.

解 积分区域 $D=\{(x,y)\,|\,0\leqslant x\leqslant 1,e^x\leqslant y\leqslant e\}$,如图 8-15 所示,该区域也可以看作 Y-型,即 D 可以表示为 $D=\{(x,y)\,|\,0\leqslant x\leqslant \ln y,1\leqslant y\leqslant e\}$,因此交换积分次序

$$\int_0^1 \mathrm{d}x \int_{e^x}^{e} f(x,y)\mathrm{d}y = \int_1^e \mathrm{d}y \int_0^{\ln y} f(x,y)\mathrm{d}x.$$

注 若平行于坐标轴的直线与区域 D 的边界线交点多于两点,如图 8-16 则要将 D 分成几个小区域,使每个小区域是 X-型区域或者 Y-型区域,然后再应用积分区域的可加性计算此类二重积分.

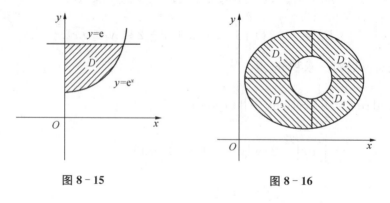

图 8-15   图 8-16

* **例 6** 某公司在对某种型号的日光灯管成本的研究中,已经求出订货量 x 千只和订货总成本 y 千美元的频率函数 $f(x,y)$,它近似表示为

$$f(x, y) = \frac{1}{3.5}, \text{ 其中 } 1 \leqslant x \leqslant 6, 0.1 + 0.9x \leqslant y \leqslant 0.1 + 1.1x.$$

若该公司给灯管定价为每只 1.05 美元,则该公司无盈亏和有利润的订货各占多少比例?

解　$P(1 \leqslant x \leqslant 6, 0.1 + 0.9x \leqslant y < 1.05x)$

$$= \int_1^6 \mathrm{d}x \int_{0.1+0.9x}^{1.05x} f(x, y)\mathrm{d}y$$

$$= \int_1^6 \mathrm{d}x \int_{0.1+0.9x}^{1.05x} \frac{1}{3.5}\mathrm{d}y$$

$$= \frac{1}{3.5}\int_1^6 (1.05x - 0.1 - 0.9x)\mathrm{d}x = \frac{1}{3.5}(0.075x^2 - 0.1x)\Big|_1^6 = 0.607\,1.$$

故该公司无盈亏和有利润的订货比例均为 0.607 1.

二、极坐标系下二重积分的计算

在二重积分的计算中,有些在直角坐标系中化为累次积分来计算难以求解. 当积分区域为圆域、扇域、环域等,或者被积函数为 $f(x^2 + y^2), f\left(\dfrac{x}{y}\right)$ 等形式时,往往采用极坐标会更简便.

在解析几何中已知道,平面上任意一点的直角坐标 (x, y) 与极坐标 (r, θ) 的变换公式为

$$\begin{cases} x = r\cos\theta, \\ y = r\sin\theta. \end{cases}$$

下面将直角坐标系中二重积分的表达式转化为极坐标系下的表达式.

设通过原点的射线与区域 D 的边界线的交点不多于两点,我们用一组同心圆($r=$ 常数),和一组通过极点的射线($\theta=$ 常数),将区域 D 分成很多小区域,如图 8-17.

将极角分别为 θ 与 $\theta+\Delta\theta$ 的两条射线和半径分别为 r 与 $r+\Delta r$ 的两条圆弧所围成的小区域记作 $\Delta\sigma$,其面积也用 $\Delta\sigma$ 表示,则

$$\Delta\sigma = \frac{1}{2}(r+\Delta r)^2\Delta\theta - \frac{1}{2}r^2\Delta\theta$$

$$= r\Delta r\Delta\theta + \frac{1}{2}(\Delta r)^2\Delta\theta.$$

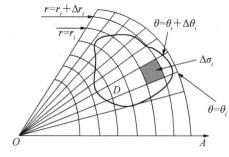

图 8-17

当 Δr 和 $\Delta\theta$ 都充分小时,若略去 $\dfrac{1}{2}(\Delta r)^2\Delta\theta$,得到

$$\Delta\sigma \approx r\Delta r\Delta\theta,$$

所以极坐标下的面积元素是

$$\mathrm{d}\sigma = r\mathrm{d}r\mathrm{d}\theta.$$

而被积函数为

$$f(x,y) = f(r\cos\theta, r\sin\theta),$$

于是得到二重积分在极坐标下的表达式

$$\iint\limits_{D} f(x,y)\mathrm{d}\sigma = \iint\limits_{D} f(r\cos\theta, r\sin\theta) r\mathrm{d}r\mathrm{d}\theta. \tag{5}$$

类似于计算直角坐标系中二重积分的方法,对于极坐标系下的二重积分,也是将它化为累次积分来计算.下面分三种情况给出计算公式.这三种情况积分区域的特点是:过极点穿过积分区域内部与边界的交点至多两个.

(1) 极点 O 在区域 D 之外

如图 8 - 18,区域 D 由两条射线 $\theta=\alpha$ 与 $\theta=\beta$ 及连续曲线 $r=\varphi_1(\theta)$,$r=\varphi_2(\theta)$ 所围成.

此时区域 D 可表示为

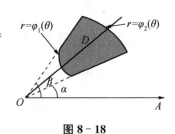

图 8 - 18

$$D = \{(r,\theta) \mid \alpha \leqslant \theta \leqslant \beta, r_1(\theta) \leqslant r \leqslant r_2(\theta)\},$$

于是

$$\iint\limits_{D} f(r\cos\theta, r\sin\theta) r\mathrm{d}r\mathrm{d}\theta = \int_{\alpha}^{\beta} \mathrm{d}\theta \int_{r_1(\theta)}^{r_2(\theta)} f(r\cos\theta, r\sin\theta) r\mathrm{d}r. \tag{6}$$

(2) 极点 O 在区域 D 内部

如图 8 - 19(a),区域 D 的边界是连续闭曲线 $r=\varphi(\theta)$,此时区域 D 可表示为

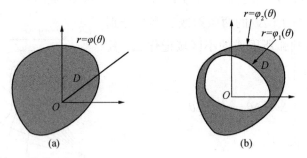

图 8 - 19

$$D = \{(r,\theta) \mid 0 \leqslant \theta \leqslant 2\pi, 0 \leqslant r \leqslant \varphi(\theta)\},$$

于是

$$\iint\limits_{D} f(r\cos\theta, r\sin\theta) r\mathrm{d}r\mathrm{d}\theta = \int_{0}^{2\pi} \mathrm{d}\theta \int_{0}^{\varphi(\theta)} f(r\cos\theta, r\sin\theta) r\mathrm{d}r. \tag{7}$$

如图 8 - 19(b),区域 D 由两条连续闭曲线 $r=\varphi_1(\theta)$,$r=\varphi_2(\theta)$ 所围成.

$$D = \{(r,\theta) \mid 0 \leqslant \theta \leqslant 2\pi, \varphi_1(\theta) \leqslant r \leqslant \varphi_2(\theta)\}.$$

于是

$$\iint\limits_D f(r\cos\theta, r\sin\theta) r \mathrm{d}r \mathrm{d}\theta = \int_0^{2\pi} \mathrm{d}\theta \int_{\varphi_1(\theta)}^{\varphi_2(\theta)} f(r\cos\theta, r\sin\theta) r \mathrm{d}r. \tag{8}$$

（3）极点 O 在区域 D 的边界上

如图 8-20，区域 D 是由两条射线 $\theta = \alpha$ 与 $\theta = \beta$ 及连续曲线 $r = \varphi(\theta)$ 围成.

此时区域 D 可表示为

$$D = \{(r,\theta) \mid \alpha \leqslant \theta \leqslant \beta, 0 \leqslant r \leqslant \varphi(\theta)\},$$

于是

$$\iint\limits_D f(r\cos\theta, r\sin\theta) r \mathrm{d}r \mathrm{d}\theta = \int_\alpha^\beta \mathrm{d}\theta \int_0^{\varphi(\theta)} f(r\cos\theta, r\sin\theta) r \mathrm{d}r. \tag{9}$$

例 7 计算二重积分 $\iint\limits_D \arctan \dfrac{y}{x} \mathrm{d}x \mathrm{d}y$，其中 D 是由圆周 $x^2 + y^2 = 1, x^2 + y^2 = 9$ 及 x 轴与直线 $y = x$ 所围成的第一象限内的闭区域.

解 如图 8-21 在极坐标系中，积分区域 D 可表示为

$$\{(x,y) \mid 0 \leqslant \theta \leqslant \frac{\pi}{4}, 1 \leqslant r \leqslant 3\},$$

于是由（6）得

$$\iint\limits_D \arctan \frac{y}{x} \mathrm{d}x \mathrm{d}y = \iint\limits_D \theta r \mathrm{d}r \mathrm{d}\theta$$

$$= \int_0^{\frac{\pi}{4}} \theta \mathrm{d}\theta \int_1^3 r \mathrm{d}r$$

$$= \frac{\theta^2}{2} \bigg|_0^{\frac{\pi}{4}} \cdot \frac{r^2}{2} \bigg|_1^3 = \frac{\pi^2}{8}$$

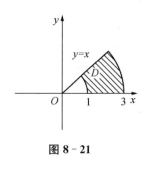

图 8-21

例 8 计算二重积分 $\iint\limits_D e^{-x^2 - y^2} \mathrm{d}x \mathrm{d}y$，其中 D 是由 x 轴、y 轴及圆周 $x^2 + y^2 = a^2$ 在第一象限围成的闭区域.

解 在极坐标中，D 可表示为

$$\left\{(x,y) \,\middle|\, 0 \leqslant \theta \leqslant \frac{\pi}{2}, 0 \leqslant r \leqslant a\right\}.$$

于是由（7）

$$\iint\limits_{D} e^{-x^2-y^2}\,dxdy = \iint\limits_{D} e^{-r^2}\,rdrd\theta = \int_0^{\frac{\pi}{2}} d\theta \int_0^a e^{-r^2}\,rdr$$

$$= \frac{\pi}{2}\left[-\frac{1}{2}e^{-r^2}\right]_0^a = \frac{\pi}{4}(1-e^{-a^2}).$$

注意本例如果用直角坐标计算,由于积分 $\int e^{-x^2}\,dx$ 不能用初等函数表示,因此算不出来.下面我们利用此例的结果来计算概率统计中常用的广义积分 $P = \int_{-\infty}^{+\infty} e^{-x^2}\,dx$(泊松积分).

先设

$$I = \iint\limits_{D} e^{-x^2-y^2}\,dxdy,$$

其中区域 D 是第一象限,

$$I = \iint\limits_{D} e^{-x^2-y^2}\,dxdy$$
$$= \int_0^{+\infty} dx \int_0^{+\infty} e^{-x^2-y^2}\,dy,$$

由直角坐标系中二重积分计算方法得,

$$I = \int_0^{+\infty} e^{-x^2}\,dx \int_0^{+\infty} e^{-y^2}\,dy$$
$$= \left(\int_0^{+\infty} e^{-x^2}\,dx\right)^2$$
$$= \left(\frac{P}{2}\right)^2 = \frac{P^2}{4},$$

从而
$$P = 2\sqrt{I}.$$

在极坐标中,D 可表示为

$$\left\{(x,y)\,\middle|\,0 \leqslant \theta \leqslant \frac{\pi}{2}, 0 \leqslant r < +\infty\right\}.$$

利用上例计算 I 可得

$$I = \int_0^{\frac{\pi}{2}} d\theta \int_0^{+\infty} e^{-r^2}\,rdr$$
$$= \lim_{a \to +\infty} \frac{\pi}{4}(1-e^{-a^2}) = \frac{\pi}{4}.$$

于是,

$$P = \int_{-\infty}^{+\infty} e^{-x^2}\,dx = \sqrt{\pi}.$$

例9 求由曲面 $x^2+y^2=z$ 与 $z=2-\sqrt{x^2+y^2}$ 所围成立体的体积.

解 由 $\begin{cases} x^2+y^2=z, \\ z=2-\sqrt{x^2+y^2} \end{cases}$ 消去 z,得投影柱面 $x^2+y^2=1$,则该立

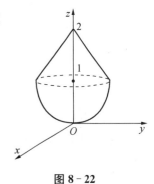

体在 xOy 面上的投影区域 $D:x^2+y^2\leqslant 1$.

该立体(图 8-22)体积为

$$V=\iint\limits_{D}\left[2-\sqrt{x^2+y^2}-(x^2+y^2)\right]\mathrm{d}x\mathrm{d}y$$

$$=\int_0^{2\pi}\mathrm{d}\theta\int_0^1(2-r-r^2)r\mathrm{d}r$$

$$=2\pi\left[r^2-\frac{1}{3}r^3-\frac{r^4}{4}\right]_0^1=\frac{5}{6}\pi.$$

图 8-22

习题 8-2

1. 化二重积分为二次积分(写出两种积分次序),其中积分区域 D 是:

(1) 由直线 $y=x$ 及抛物线 $y=4-x^2$ 所围成的区域;

(2) 由 $x+y=1,x-y=1$ 及 $x=0$ 所围成的区域;

(3) 由 $y=x^3,y=4x$ 所围成的区域;

(4) 由椭圆 $\dfrac{x^2}{4}+y^2=1$ 所围成的区域.

2. 计算下列二重积分:

(1) $\iint\limits_{D}(x+2y)\mathrm{d}\sigma$,其中 D 是由 x 轴、y 轴及直线 $x+y=2$ 所围成的闭区域.

(2) $\iint\limits_{D}(2x-y)\mathrm{d}\sigma$,其中 D 是矩形闭区域: $\{(x,y)\mid |x|\leqslant 1,|y|\leqslant 1\}$.

(3) $\iint\limits_{D}x\cos(x+y)\mathrm{d}\sigma$,其中 D 是顶点分别为 $(0,0)$,$(\pi,0)$,及 (π,π) 的三角形闭区域.

(4) $\iint\limits_{D}x\mathrm{e}^{xy}\mathrm{d}\sigma$,其中 D 是 $x=2,y=2,xy=1$ 所围成的闭区域.

(5) $\iint\limits_{D}\dfrac{y}{x}\mathrm{d}\sigma$,其中 D 是由直线 $y=x,y=2x,x=1$ 及 $x=2$ 所围成的闭区域.

(6) $\iint\limits_{D}\dfrac{\sin x}{x}\mathrm{d}\sigma$,其中 D 是由 $y=x$ 及 $y=x^2$ 所围成的闭区域.

3. 改换二次积分的积分次序:

(1) $\int_0^1\mathrm{d}y\int_y^{\sqrt{y}}f(x,y)\mathrm{d}x$;

(2) $\int_0^2\mathrm{d}y\int_x^{2x}f(x,y)\mathrm{d}x$;

(3) $\int_{-1}^{0} dx \int_{\sqrt{-x}}^{1} f(x,y)dy + \int_{0}^{1} dx \int_{\sqrt{x}}^{1} f(x,y)dy$;

(4) $\int_{0}^{1} dy \int_{0}^{y} f(x,y)dx + \int_{1}^{2} dy \int_{0}^{2-y} f(x,y)dx$.

4. 化二重积分 $I = \iint_{D} f(x,y)d\sigma$ 为极坐标下的二次积分,其中:

(1) $D: \{(x,y) \mid 4 \leqslant x^2 + y^2 \leqslant 9\}$;

(2) $D: \{(x,y) \mid x^2 + y^2 \leqslant 2x\}$.

5. 利用极坐标计算下列二重积分:

(1) $\iint_{D} \sqrt{1-x^2-y^2}\, dx dy$,其中 D 是圆域 $\{(x,y) \mid x^2 + y^2 \leqslant x\}$;

(2) $\iint_{D} e^{2(x^2+y^2)}d\sigma$,其中 D 是圆域: $\{(x,y) \mid x^2 + y^2 \leqslant R^2\}$;

(3) $\iint_{D} \sin\sqrt{x^2+y^2}\,d\sigma$,其中 D 是圆环形闭区域: $\{(x,y) \mid \pi^2 \leqslant x^2 + y^2 \leqslant 4\pi^2\}$;

(4) $\iint_{D} \dfrac{1-x^2-y^2}{1+x^2+y^2}d\sigma$,其中 D 是圆 $x^2+y^2=1$ 及圆 $x^2+y^2=4$ 所围成的闭区域.

6. 利用二重积分计算下列曲面所围成立体的体积:

(1) $x=0, y=0, z=0$ 及 $z=6, z=x+y$ 所围成的立体;

(2) 由曲面 $z=x^2+y^2$ 与平面 $z=4$ 所围成的立体;

(3) 由曲面 $x^2+y^2=2z$ 与平面 $z=4-\sqrt{x^2+y^2}$ 所围成的立体.

复习题八

1. 填空题.

(1) 设二重积分的积分区域 D 是 $\{(x,y) \mid 1 \leqslant x^2+y^2 \leqslant 4\}$,则 $\iint_{D} dx dy =$ _____.

(2) $\int_{0}^{1} dx \int_{1}^{1} f(x,y)dy$ 化为极坐标形式为 _____.

(3) $\iint_{D} (3x+2y)dx dy =$ _____,其中 D 是由两坐标轴及直线 $x+y=2$ 所围成的闭区域.

(4) $\iint_{D} \sqrt{x^2+y^2}\,d\sigma =$ _____,其中 D 是圆域 $\{(x,y) = x^2+y^2 \leqslant 2x\}$.

2. 选择题.

(1) 交换积分次序 $\int_{0}^{1} dy \int_{e^y}^{e} f(x,y)dx = ($).

(A) $\int_0^1 \mathrm{d}y \int_{e^y}^e f(x,y)\mathrm{d}x$ (B) $\int_1^e \mathrm{d}y \int_0^{\ln x} f(x,y)\mathrm{d}x$

(C) $\int_1^e \mathrm{d}x \int_0^1 f(x,y)\mathrm{d}y$ (D) $\int_1^e \mathrm{d}x \int_0^{\ln x} f(x,y)\mathrm{d}y$

(2) 设 $D = \{(x,y) \mid x^2 + y^2 \leqslant \alpha^2\}$，当 $\alpha = ($ $)$ 时，$\iint\limits_D \sqrt{\alpha^2 - x^2 - y^2}\,\mathrm{d}x\mathrm{d}y = \pi$.

(A) 1   (B) $\sqrt[3]{\dfrac{3}{4}}$ (C) $\sqrt[3]{\dfrac{3}{2}}$ (D) $\sqrt[3]{\dfrac{1}{2}}$

(3) 设 $I_1 = \iint\limits_D \cos(x+y)^2\,\mathrm{d}x\mathrm{d}y,\ I_2 = \iint\limits_D \cos(x+y)\,\mathrm{d}x\mathrm{d}y,\ I_3 = \iint\limits_D \cos\sqrt{x+y}\,\mathrm{d}x\mathrm{d}y$，其中 $D = \{(x,y) \mid 0 \leqslant x+y \leqslant 1\}$，则（   ）.

(A) $I_3 > I_2 > I_1$ (B) $I_1 > I_2 > I_3$

(C) $I_2 > I_1 > I_3$ (D) $I_3 > I_1 > I_2$

3. 计算二重积分.

(1) $\iint\limits_D (x+y)^2\,\mathrm{d}x\mathrm{d}y$，其中 $D = \{(x,y) \mid |x| + |y| \leqslant 1\}$；

(2) $\iint\limits_D xy^2\,\mathrm{d}x\mathrm{d}y$，其中 $D = \{(x,y) \mid x^2 + y^2 \leqslant 2x\}$.

4. 证明：

$$\int_0^a \mathrm{d}y \int_0^y e^{m(a-x)} f(x)\mathrm{d}x = \int_0^a (a-x)e^{m(a-x)} f(x)\mathrm{d}x.$$

*5. 计算

$$I = \int_{-\infty}^{+\infty} \mathrm{d}y \int_{-\infty}^{+\infty} \min\{x,y\} e^{-x^2-y^2}\,\mathrm{d}x.$$

第九章 微分方程简介

在科学研究和生产实际中,往往需要寻求与实际问题有关的变量之间的函数关系,但在大量的实际问题中,却很难找到变量之间的直接联系,而只能得到含有未知函数的导数或微分的关系式,即通常所说的微分方程,再通过解微分方程得到所要求的函数关系. 本章主要介绍几种常见的微分方程的解法.

第一节 微分方程的基本概念

在前面我们学习不定积分时,已经遇到过最简单的微分方程问题,如下面两个例子.

例 1 求过点 $(0,1)$ 且各点处切线斜率均为 $2x$ 的曲线方程.

解 设曲线方程为 $y=y(x)$,由题设条件函数应满足下面的关系:

$$\begin{cases} \dfrac{\mathrm{d}y}{\mathrm{d}x} = 2x, & (1) \\ y\Big|_{x=0} = 1, & (2) \end{cases}$$

将(1)式转化为 $\mathrm{d}y=2x\mathrm{d}x$,然后两边积分,显然可得

$$y = x^2 + C \ (C \text{ 为任意常数}).$$

这是一簇曲线,且簇中每一条曲线在各点处切线斜率均为 $2x$,再将已知条件(2)式代入上式,可求出 $C=1$,即

$$y = x^2 + 1.$$

就是所求过点 $(0,1)$ 且各点处切线斜率均为 $2x$ 的曲线方程.

例 2 以初速度 v_0 垂直下抛一物体,设该物体只受重力影响,试求物体下落距离 s 与时间 t 的函数关系.

解 设物体质量为 m,由于下抛后只受重力作用,根据牛顿第二定律有

$$ma = mg \left(\text{其中 } a \text{ 为加速度且 } a = \dfrac{\mathrm{d}^2 s}{\mathrm{d}t^2} \right)$$

即有

$$\frac{\mathrm{d}^2 s}{\mathrm{d}t^2} = g. \tag{3}$$

现在由(3)式来求 s 与 t 的函数关系,两边积分得

$$\frac{\mathrm{d}s}{\mathrm{d}t} = gt + C_1,$$

对上式再两边积分得

$$s = \frac{1}{2}gt^2 + C_1 t + C_2, \tag{4}$$

这里 C_1, C_2 都是任意常数.

由题意可知 $t=0$ 时,$s=0$,$v=\dfrac{\mathrm{d}s}{\mathrm{d}t}=v_0$,代入(4)式,得 $C_1 = v_0$,$C_2 = 0$. 所以 $s = \dfrac{1}{2}gt^2 + v_0 t$ 为所求的函数关系.

定义 1　含有未知函数的导数或微分的方程,称为微分方程.

由定义 1 可知,(1)式、(3)式都是微分方程,例如 $y' + xy^2 = 0$,$x\mathrm{d}y + y\mathrm{d}x = 0$ 等等都是微分方程.

未知函数为一元函数的微分方程,称为常微分方程,本书只讨论一些常微分方程的解法.

微分方程中出现的未知函数各阶导数的最高阶数称为微分方程的**阶**. 如 $y' = x^3$,$y' + xy^2 = 0$,$x\mathrm{d}y + y\mathrm{d}x = 0$ 都是一阶微分方程;$y'' + 2y' + y = 0$,$y'' = y$ 都是二阶微分方程. 二阶及二阶以上的微分方程称为**高阶微分方程**.

定义 2　如果某函数代入微分方程,能使该方程成为恒等式,那么称这个函数为微分方程的**解**.

例如,$y = x^2 + C$,$y = x^2 + 1$ 都是 $y' = 2x$ 的解,而 $s = \dfrac{1}{2}gt^2 + C_1 t + C_2$,$s = \dfrac{1}{2}gt^2 + v_0 t$ 都是 $\dfrac{\mathrm{d}^2 s}{\mathrm{d}t^2} = g$ 的解.

若微分方程中所含独立的任意常数的个数等于微分方程的阶数,则此解称为微分方程的**通解**. 在通解中给予任意常数以确定的值而得到的解,称为**特解**. 定出通解中任意常数的附加条件称为**初始条件**(如例 1 中的(2)式).

例如,$y = x^2 + C$(C 为任意常数)是 $y' = 2x$ 的通解,而 $y = x^2 + 1$,$y = x^2 + 3$ 都是 $y' = 2x$ 的特解.

例 3　验证 $y = C_1 \mathrm{e}^{-x} + C_2 \mathrm{e}^x$ 是微分方程 $y'' - y = 0$ 的通解,并求满足初始条件 $y(0) = 2$,$y'(0) = 0$ 的特解.

解　因为 $y = C_1 \mathrm{e}^{-x} + C_2 \mathrm{e}^x$,所以 $y' = -C_1 \mathrm{e}^{-x} + C_2 \mathrm{e}^x$,$y'' = C_1 \mathrm{e}^{-x} + C_2 \mathrm{e}^x$,代入微分方程的左端得

$$y'' - y = (C_1 e^{-x} + C_2 e^x) - (C_1 e^{-x} + C_2 e^x) \equiv 0,$$

则 $y = C_1 e^{-x} + C_2 e^x$ 是微分方程 $y'' - y = 0$ 的解,又 $y = C_1 e^{-x} + C_2 e^x$ 中有两个任意常数,方程 $y'' - y = 0$ 是二阶的,所以 $y = C_1 e^{-x} + C_2 e^x$ 是微分方程 $y'' - y = 0$ 的通解.

由 $y(0) = 2, y'(0) = 0$,得 $C_1 = C_2 = 1$,所以特解为 $y = e^x - e^{-x}$.

习题 9-1

1. 指出下列各微分方程的阶数:

(1) $y' + y^2 x^3 = 0$;

(2) $(y')^2 = y' + x$;

(3) $y''' + y'' - x = 0$;

(4) $y'' y' - x^2 + (y')^3 = 1$.

2. 验证下列各题中所给的函数是否为所给微分方程的解:

(1) $\dfrac{dy}{dx} = \dfrac{y}{x}$;
  $y = Cx$;

(2) $y'' + 2y' + y = 0$;
  $y = x^2 e^x$;

(3) $y'' = y^2 \cos x$;
  $y = -\dfrac{1}{\sin x + C}$;

(4) $y'' - 7y' + 12y = 0$;
  $y = e^{3x} + e^{2x}$.

3. 验证 $y = C_1 \sin x + C_2 \cos x$ 是微分方程 $y'' + y = 0$ 的通解,并求满足初始条件 $y\big|_{x=0} = 1$, $y'\big|_{x=0} = 2$ 的特解.

4. 一曲线通过原点,且它在任一点切线的斜率等于 $3x + 2y$,写出此曲线所满足的微分方程及其应满足的初始条件.

第二节 一阶微分方程

一阶微分方程的一般形式是

$$F(x, y, y') = 0. \tag{1}$$

下面介绍几种常见的一阶微分方程的基本类型及其解法.

一、可分离变量的一阶微分方程

如果一阶微分方程可以化为形如

$$g(y)dy = f(x)dx \tag{2}$$

的形式,称(2)为**可分离变量的微分方程**.

这类方程的特点是:方程经过适当变形,可以将含有同一变量的函数与微分分离到等式的同一端.设 $y=\varphi(x)$ 是方程(2)的解,则有恒等式:

$$g(\varphi(x))\varphi'(x)\mathrm{d}x = f(x)\mathrm{d}x.$$

两边积分,得 $\int g(y)\mathrm{d}y = \int f(x)\mathrm{d}x$,则有 $G(y) = F(x)+C$,其中 $G(y),F(x)$ 分别是 $g(y)$, $f(x)$ 的一个原函数.

注　左边为换元公式,令 $y=\varphi(x)$.

当 $G(y)$ 与 $F(x)$ 均可微且 $G'(y)=g(y)\neq 0$ 时,上述过程可逆,说明由 $G(y)=F(x)+C$ 确定的隐函数 $y=\varphi(x)$ 是方程(2)的通解,我们称之为隐式通解.

例 1　求微分方程 $y'=2y$ 的通解.

解　将方程分离变量,得

$$\frac{1}{y}\mathrm{d}y = 2\mathrm{d}x,$$

两边积分:

$$\int \frac{1}{y}\mathrm{d}y = \int 2\mathrm{d}x,$$

得

$$\ln|y| = 2x+C_1,$$

即

$$|y| = \mathrm{e}^{2x+C_1} = \mathrm{e}^{C_1}\mathrm{e}^{2x},\ y=\pm \mathrm{e}^{C_1}\mathrm{e}^{2x},$$

因 $\pm \mathrm{e}^{C_1}$ 仍是任意常数,把它记作 C,便得方程的通解:

$$y = C\mathrm{e}^{2x}.$$

例 2　求微分方程 $xy'-y\ln y=0$ 的通解.

解　将方程分离变量,得

$$\frac{1}{y\ln y}\mathrm{d}y = \frac{1}{x}\mathrm{d}x,$$

两边积分:

$$\int \frac{1}{y\ln y}\mathrm{d}y = \int \frac{1}{x}\mathrm{d}x,$$

得

$$\ln|\ln y| = \ln|x|+C_1,$$

即

$$\ln y =\pm \mathrm{e}^{C_1}x,\ y = \mathrm{e}^{Cx}\ (C =\pm \mathrm{e}^{\mathrm{e}^{C_1}}),$$

所以方程的通解为 $y=\mathrm{e}^{Cx}$(C 为任意常数).

例 3　一曲线通过点 $(3,3)$,它在两坐标轴间的任一切线线段被切点平分,求此曲线方程.

解　设曲线方程为 $y=y(x)$,则任一点 (x,y) 处的切线方程为

$$\frac{Y-y}{X-x} = y',$$

由题意可知,当 $Y=0$ 时,有 $X=2x$,即曲线满足微分方程

$$\frac{\mathrm{d}y}{\mathrm{d}x} = -\frac{y}{x}, \quad y(3) = 3,$$

将方程分离变量,得

$$\frac{\mathrm{d}y}{y} = -\frac{\mathrm{d}x}{x},$$

两边积分:

$$\int \frac{1}{y}\mathrm{d}y = \int -\frac{1}{x}\mathrm{d}x \Rightarrow \ln|y| = -\ln|x| + C_1,$$

显化后得

$$xy = C.$$

由初始条件 $y\Big|_{x=3} = 3$,得 $C=9$,

故所求曲线为 $xy=9$.

二、齐次微分方程

有的微分方程不是可分离变量的,但经过适当的变换,关于新变量是可分离变量的方程,然后用可分离变量的方法求解这些方程.

形如

$$\frac{\mathrm{d}y}{\mathrm{d}x} = f\left(\frac{y}{x}\right) \tag{3}$$

的微分方程称为**齐次方程**. 例如

$$(xy - y^2)\mathrm{d}x - (x^2 - 2xy)\mathrm{d}y = 0$$

是齐次方程,因为它可以化为

$$\frac{\mathrm{d}y}{\mathrm{d}x} = \frac{xy - y^2}{x^2 - 2xy} = \frac{\dfrac{y}{x} - \left(\dfrac{y}{x}\right)^2}{1 - 2\left(\dfrac{y}{x}\right)}.$$

齐次方程(3)中的变量 x 与 y 一般是不能分离的. 如果我们引进新的变量

$$u = \frac{y}{x}, \tag{4}$$

就可以将(3)化为可分离变量的方程. 因为由(4)有

$$y = xu, \frac{\mathrm{d}y}{\mathrm{d}x} = u + x\frac{\mathrm{d}u}{\mathrm{d}x},$$

代入方程(3),便得

$$u + x\frac{\mathrm{d}u}{\mathrm{d}x} = f(u),$$

即

$$x\frac{\mathrm{d}u}{\mathrm{d}x} = f(u) - u.$$

这是可分离变量的微分方程,分离变量后得

$$\frac{\mathrm{d}u}{f(u) - u} = \frac{\mathrm{d}x}{x},$$

两端积分,得

$$\int \frac{\mathrm{d}u}{f(u) - u} = \int \frac{\mathrm{d}x}{x}.$$

求出积分后,再用 $\frac{y}{x}$ 代替 u,便得所给齐次方程的通解.

例 4　求解方程: $y^2 + x^2\dfrac{\mathrm{d}y}{\mathrm{d}x} = xy\dfrac{\mathrm{d}y}{\mathrm{d}x}$.

解　原方程可写成

$$\frac{\mathrm{d}y}{\mathrm{d}x} = \frac{y^2}{xy - x^2} = \frac{\left(\dfrac{y}{x}\right)^2}{\dfrac{y}{x} - 1},$$

这是齐次方程,令 $u = \dfrac{y}{x}$,则 $y = xu, \dfrac{\mathrm{d}y}{\mathrm{d}x} = u + x\dfrac{\mathrm{d}u}{\mathrm{d}x}$,

代入上面的方程,得

$$u + x\frac{\mathrm{d}u}{\mathrm{d}x} = \frac{u^2}{u - 1},$$

即

$$x\frac{\mathrm{d}u}{\mathrm{d}x} = \frac{u^2}{u - 1} - u = \frac{u}{u - 1},$$

分离变量,得

$$\left(1 - \frac{1}{u}\right)\mathrm{d}u = \frac{1}{x}\mathrm{d}x,$$

两边积分,得

$$u - \ln|u| = \ln|x| + C_1,$$

即

$$\ln|xu| = u - C_1,$$

将 $u = \dfrac{y}{x}$ 代入,得

$$\ln|y| = \frac{y}{x} - C_1,$$

即方程的通解为 $y = Ce^{\frac{y}{x}}\ (C = \pm e^{-C_1})$.

三、一阶线性微分方程

形如

$$\frac{\mathrm{d}y}{\mathrm{d}x} + p(x)y = q(x) \tag{5}$$

的微分方程称为**一阶线性微分方程**,其中 $p(x),q(x)$ 为已知函数. 所谓线性微分方程是指方程中出现的未知函数及未知函数的导数都是一次的有理整式. 例如 $\frac{\mathrm{d}y}{\mathrm{d}x} + xy = e^x$ 是一阶线性微分方程,而 $y\frac{\mathrm{d}y}{\mathrm{d}x} + x^2 y = \cos x$ 不是一阶线性微分方程. 若 $q(x) \equiv 0$,则(5)变为

$$\frac{\mathrm{d}y}{\mathrm{d}x} + p(x)y = 0, \tag{6}$$

称为一阶线性齐次方程;而 $q(x) \neq 0$ 时,(5)称为**一阶线性非齐次方程**.

1. 一阶线性齐次方程的通解

将(6)分离变量后得

$$\frac{\mathrm{d}y}{y} = -p(x)\mathrm{d}x,$$

积分得

$$\ln|y| = -\int p(x)\mathrm{d}x + C_1,$$

即 $$y = Ce^{-\int p(x)\mathrm{d}x}\ (c = \pm e^{C_1})$$

为方程(6)的通解.

2. 一阶线性非齐次方程的通解

非齐次方程(5)的通解我们可以用"**常数变易法**"求得,也就是将(5)对应的齐次方程(6)的通解中的任意常数 C 换成 x 的未知函数 $u(x)$,即设

$$y = u(x)e^{-\int p(x)\mathrm{d}x}. \tag{7}$$

若(7)式是(5)的解,则有

$$\frac{\mathrm{d}y}{\mathrm{d}x} = \frac{\mathrm{d}u}{\mathrm{d}x}e^{-\int p(x)\mathrm{d}x} - u(x)p(x)e^{-\int p(x)\mathrm{d}x},$$

代入(5)式得

$$\frac{\mathrm{d}u}{\mathrm{d}x}\mathrm{e}^{-\int p(x)\mathrm{d}x} - u(x)p(x)\mathrm{e}^{-\int p(x)\mathrm{d}x} + p(x)u(x)\mathrm{e}^{-\int p(x)\mathrm{d}x} = q(x),$$

即

$$\frac{\mathrm{d}u}{\mathrm{d}x} = q(x)\mathrm{e}^{\int p(x)\mathrm{d}x},$$

积分,得

$$u(x) = \int q(x)\mathrm{e}^{\int p(x)\mathrm{d}x}\mathrm{d}x + C,$$

从而有

$$y = \mathrm{e}^{-\int p(x)\mathrm{d}x}\left(\int q(x)\mathrm{e}^{\int p(x)\mathrm{d}x}\mathrm{d}x + C\right), \tag{8}$$

易验证(8)是方程(5)的通解.

将(8)式改写成两项之和

$$y = C\mathrm{e}^{-\int p(x)\mathrm{d}x} + \mathrm{e}^{-\int p(x)\mathrm{d}x}\int q(x)\mathrm{e}^{\int p(x)\mathrm{d}x}\mathrm{d}x.$$

不难看出,上式右端第一项是(5)对应的齐次方程(6)的通解,第二项是(5)的一个特解(在(8)中取 $C=0$ 便得到这个特解).

由此可见,一阶线性非齐次方程的通解等于对应的线性齐次方程的通解与非齐次方程的一个特解之和,这是一阶线性非齐次方程通解的结构.

概括起来,一阶线性非齐次方程(5)的求解步骤如下:

(1)求方程(5)对应的齐次方程(6)的通解 $y = C\mathrm{e}^{-\int p(x)\mathrm{d}x}$;

(2) 利用常数变易法,设 $y = u(x)\mathrm{e}^{-\int p(x)\mathrm{d}x}$,并求出 y';

(3) 将(2)中的 y 及 y' 代入(5),解出

$$u(x) = \int q(x)\mathrm{e}^{\int p(x)\mathrm{d}x}\mathrm{d}x + C;$$

(4) 将(3)中求出的 $u(x)$ 代入(2)中 y 的表达式,得

$$y = \mathrm{e}^{-\int p(x)\mathrm{d}x}\left(\int q(x)\mathrm{e}^{\int p(x)\mathrm{d}x}\mathrm{d}x + c\right),$$

即为所求方程(5)的通解.

例 5 求解微分方程:

$$\frac{\mathrm{d}y}{\mathrm{d}x} - \frac{2y}{x+1} = (x+1)^{\frac{5}{2}}.$$

解 (1) 原非齐次线性方程所对应的齐次方程为 $\dfrac{\mathrm{d}y}{\mathrm{d}x} - \dfrac{2y}{x+1} = 0$，分离变量得 $\dfrac{\mathrm{d}y}{y} = \dfrac{2}{x+1}\mathrm{d}x$，积分后得 $\ln|y| = 2\ln|x+1| + C_1$，即 $y = C(x+1)^2 (C = \mathrm{e}^{\pm C_1})$；

(2) 利用常数变易法，设 $y = u(x)(x+1)^2$，则

$$\frac{\mathrm{d}y}{\mathrm{d}x} = \frac{\mathrm{d}u}{\mathrm{d}x}(x+1)^2 + 2u(x)(x+1);$$

(3) 将(2)中的 y 及 y' 代入原方程后得

$$\frac{\mathrm{d}u}{\mathrm{d}x} = (x+1)^{\frac{1}{2}},$$

积分得 $\qquad\qquad u(x) = \dfrac{2}{3}(x+1)^{\frac{3}{2}} + C(C \text{ 为任意常数})$

(4) 将 $u(x)$ 的代入(2)中 y 的表达式，得出原方程的通解

$$y = (x+1)^2\left[\frac{2}{3}(x+1)^{\frac{3}{2}} + C\right]$$

$$= C(x+1)^2 + \frac{2}{3}(x+1)^{\frac{7}{2}}.$$

例 6 一曲线通过原点，且它在任一点切线的斜率等于 $2x+y$，求此曲线方程.

解 曲线方程为 $y = y(x)$，则曲线满足微分方程：

$$\frac{\mathrm{d}y}{\mathrm{d}x} = 2x + y, \quad y(0) = 0,$$

即 $y' - y = 2x$，通解为

$$y = \mathrm{e}^{-\int -1\mathrm{d}x}\left(\int 2x\mathrm{e}^{\int -1\mathrm{d}x}\mathrm{d}x + C\right)$$

$$= \mathrm{e}^x\left(\int 2x\mathrm{e}^{-x}\mathrm{d}x + C\right) = C\mathrm{e}^x - 2(x+1).$$

又 $y(0) = 0$，则 $C = 2$，即所求曲线方程为

$$y = 2\mathrm{e}^x - 2(x+1).$$

注 对于微分方程的求解，主要是熟悉各类微分方程的特点，对所给方程首先作出类型的判断，最后以不定积分(一定只能在变量分离之后)作为工具求出最后的解.

例 7 求解微分方程：$\dfrac{\mathrm{d}y}{\mathrm{d}x} = \dfrac{1}{x+y}$.

解 分析：如直接求解，所给一阶微分方程并不是上述三种类型.

(1) $\dfrac{\mathrm{d}x}{\mathrm{d}y}=x+y$,此方程转化为 x 关于 y 的一阶线性微分方程,

其标准形式为 $$\frac{\mathrm{d}x}{\mathrm{d}y}-x=y,$$

所以 $$x=\mathrm{e}^{-\int(-1)\mathrm{d}y}\left(\int y\mathrm{e}^{\int(-1)\mathrm{d}y}\mathrm{d}y+C\right)=\mathrm{e}^{y}\left[-(y+1)\mathrm{e}^{-y}+C\right],$$

即方程通解为 $$x=C\mathrm{e}^{y}-(y+1);$$

(2) 根据方程右端特点,可作变换 $u=x+y$,则

$$y=u-x,\frac{\mathrm{d}y}{\mathrm{d}x}=\frac{\mathrm{d}u}{\mathrm{d}x}-1,$$

代入原方程有 $$\frac{\mathrm{d}u}{\mathrm{d}x}-1=\frac{1}{u}\Rightarrow\frac{\mathrm{d}u}{\mathrm{d}x}=\frac{u+1}{u},$$

分离变量后: $$\frac{u}{u+1}\mathrm{d}u=\mathrm{d}x\Rightarrow\int\left(1-\frac{1}{u+1}\right)\mathrm{d}u=\int\mathrm{d}x,$$

积分并化简可得方程通解为 $$x=C\mathrm{e}^{y}-(y+1).$$

习题 9－2

1. 求下列微分方程的通解:

(1) $\sqrt{1-x^{2}}\,y'=\arcsin x$;　　　　　(2) $2x^{2}-5x-5y'=0$;

(3) $\dfrac{\mathrm{d}y}{\mathrm{d}x}=10^{x+y}$;　　　　　(4) $(1+y^{2})\mathrm{d}x-(1+x^{2})\mathrm{d}y=0$;

(5) $y'=\dfrac{y}{x}+\tan\dfrac{y}{x}$;　　　　　(6) $x\dfrac{\mathrm{d}y}{\mathrm{d}x}=y\ln\dfrac{y}{x}$;

(7) $(x^{2}+y^{2})\mathrm{d}x-xy\mathrm{d}y=0$;　　　　　(8) $y^{2}\mathrm{d}x+(x^{2}-xy)\mathrm{d}y=0$.

2. 求满足下列初始条件的微分方程的特解:

(1) $\dfrac{\mathrm{d}x}{y}+\dfrac{\mathrm{d}y}{x}=0,y\Big|_{x=3}=4$;

(2) $y'=\mathrm{e}^{2x-y},y\Big|_{x=0}=0$;

(3) $(1+\mathrm{e}^{x})yy'=\mathrm{e}^{x},y\Big|_{x=0}=1$;

(4) $y'=\dfrac{y}{y-x},y\Big|_{x=0}=-1$;

(5) $(y^{2}-3x^{2})\mathrm{d}y-2xy\mathrm{d}x=0,y\Big|_{x=0}=1$.

3. 求下列一阶线性微分方程的通解或特解：

(1) $\dfrac{\mathrm{d}y}{\mathrm{d}x}+y=\mathrm{e}^{-x}$；

(2) $y'-\dfrac{2y}{x}=x^2\cos x$；

(3) $y'+y\cos x=\mathrm{e}^{-\sin x}$；

(4) $xy'+y=\mathrm{e}^x$；

(5) $(x^2+1)y'+2xy=4x^2$；

(6) $(t+1)\dfrac{\mathrm{d}x}{\mathrm{d}t}+x=2\mathrm{e}^{-t},x\Big|_{t=1}=0$.

4. 求下列微分方程满足初始条件的特解：

(1) $2y'+y=3,y\Big|_{x=0}=10$；

(2) $y'+\dfrac{y}{x}=\dfrac{\sin x}{x},y\Big|_{x=\pi}=1$；

(3) $y'+y\cot x=\mathrm{e}^{\cos x},y\Big|_{x=\frac{\pi}{2}}=1$；

(4) $\dfrac{\mathrm{d}y}{\mathrm{d}x}=\dfrac{y}{x+y^3},y\Big|_{x=1}=1$.

5. 设函数 $f(x)$ 可微且满足关系式 $\displaystyle\int_0^x[2f(t)-1]\mathrm{d}t=f(x)-2$，求 $f(x)$.

第三节　可降阶的二阶微分方程

二阶微分方程的一般形式为

$$F(x,y,y',y'')=0.$$

在本节里介绍三种容易降阶的二阶微分方程的解法.

一、最简单的二阶微分方程

形如

$$y''=f(x) \tag{1}$$

的微分方程,是最简单的二阶微分方程. 它的右端只含有自变量 x,这种方程的通解可经过两次积分而求得. 对(1)式积分一次得

$$y'=\int f(x)\mathrm{d}x+C_1,$$

再对上式积分一次,得

$$y=\int\left(\int f(x)\mathrm{d}x\right)\mathrm{d}x+C_1x+C_2,$$

其中 C_1,C_2 为任意常数.

注　每作一次不定积分,均会产生一个任意常数,不能丢!

例1　解微分方程:$y''=\mathrm{e}^{2x}+\sin 3x$.

解　积分一次得

$$y' = \int (\mathrm{e}^{2x}+\sin 3x)\mathrm{d}x = \frac{\mathrm{e}^{2x}}{2}-\frac{\cos 3x}{3}+C_1,$$

再对上式积分一次,得

$$y = \frac{\mathrm{e}^{2x}}{4}-\frac{\sin 3x}{9}+C_1 x+C_2.$$

二、$y''=f(x,y')$ 型的微分方程

微分方程

$$y'' = f(x,y') \tag{2}$$

的特点是不显含未知函数 y 的二阶方程,其解法是:

令 $y'=p(x)$,则 $y''=\dfrac{\mathrm{d}p}{\mathrm{d}x}$,代入(2)得到一个关于变量 x 与 p 的一阶微分方程

$$\frac{\mathrm{d}p}{\mathrm{d}x}=f(x,p). \tag{3}$$

设(3)的通解为

$$p(x)=\varphi(x,C_1),$$

即

$$\frac{\mathrm{d}y}{\mathrm{d}x}=\varphi(x,C_1).$$

两边积分得(2)的通解

$$y=\int \varphi(x,C_1)\mathrm{d}x+C_2.$$

例2　解微分方程:

$$(1+x^2)y''=2xy'.$$

解　所给方程是 $y''=f(x,y')$ 型的,可设 $y'=p(x)$,代入方程分离变量后,得

$$\frac{\mathrm{d}p}{p(x)}=\frac{2x}{x^2+1}\mathrm{d}x,$$

两边积分得

$$\ln |p| = \ln(1+x^2) + C,$$

即
$$y' = p(x) = \pm e^C(1+x^2)$$

两边再积分,便得方程的通解为

$$y = C_1(3x + x^3) + C_2 \left(C_1 = \pm \frac{e^C}{3} \right).$$

三、$y'' = f(y, y')$ 型的微分方程

微分方程

$$y'' = f(y, y') \tag{4}$$

的特点是不明显含有自变量 x 的二阶方程,其解法是:

令 $y' = p(y)$,利用复合函数的求导法有

$$y'' = \frac{\mathrm{d}p}{\mathrm{d}x} = \frac{\mathrm{d}p}{\mathrm{d}y} \frac{\mathrm{d}y}{\mathrm{d}x} = p(y) \frac{\mathrm{d}p}{\mathrm{d}y},$$

这样方程(4)就变为

$$p(y) \frac{\mathrm{d}p}{\mathrm{d}y} = f(y, p). \tag{5}$$

(5)是一个关于变量 y, p 的一阶微分方程,设它的通解为

$$y' = p(y) = \varphi(y, C_1),$$

分离变量并积分,可得

$$\int \frac{\mathrm{d}y}{\varphi(y, C_1)} = x + C_2.$$

例 3 解微分方程 $y'' = 3\sqrt{y}$ 满足初始条件 $y\Big|_{x=0} = 1, y'\Big|_{x=0} = 2$ 的特解.

解 令 $y' = p(y)$,将 $y'' = p(y)\frac{\mathrm{d}p}{\mathrm{d}y}$ 代入原方程中得

$$p(y) \frac{\mathrm{d}p}{\mathrm{d}y} = 3\sqrt{y},$$

分离变量并积分得

$$p^2 = 4y^{\frac{3}{2}} + C_1.$$

由初始条件 $y\Big|_{x=0} = 1, y'\Big|_{x=0} = 2$,得 $C_1 = 0$,所以

$$p^2 = 4y^{\frac{3}{2}},$$

则　　　　　　　　　$p(y) = 2y^{\frac{3}{4}} \quad \left(\text{因 } y'\Big|_{x=0} = 2,\text{所以取正号}\right),$

即　　　　　　　　　　$\dfrac{\mathrm{d}y}{\mathrm{d}x} = 2y^{\frac{3}{4}},$

分离变量并积分得

$$y^{\frac{1}{4}} = \frac{x}{2} + C_2,$$

再由初始条件 $y\Big|_{x=0} = 1$，得 $C_2 = 1$，所以方程满足初始条件的特解为

$$y = \left(\frac{x}{2} + 1\right)^4.$$

习题 9 - 3

1. 求下列微分方程的通解：

(1) $y'' = x^2 - \cos x$；

(2) $y'' = \mathrm{e}^{3x} + \dfrac{1}{x^2}$；

(3) $xy'' + y' = 0$；

(4) $y'' + y'\tan x = \sin 2x$；

(5) $8y'' + y' = 0$；

(6) $yy'' - (y')^2 - y' = 0$.

2. 求满足下列初始条件的微分方程的特解：

(1) $y'' = \cos 2x, y\Big|_{x=0} = \dfrac{3}{4}, y'\Big|_{x=0} = 1$；

(2) $y'' = 2y^3, y\Big|_{x=2} = 1, y'\Big|_{x=2} = 1$；

(3) $y'' - \mathrm{e}^{2y}y' = 0, y\Big|_{x=0} = 0, y'\Big|_{x=0} = \dfrac{1}{2}$；

(4) $(1 - x^2)y'' - xy' = 0, y\Big|_{x=0} = 0, y'\Big|_{x=0} = 1$；

3. 试求 $xy'' = y' + x^2$ 经过点 $M(0,0)$ 且在此点处的切线与直线 $y = x - 2$ 相平行的积分曲线.

第四节　二阶常系数线性微分方程

形如

$$y'' + py' + qy = f(x) \tag{1}$$

的方程,称为二阶常系数线性微分方程,其中 p,q 均为实数, $f(x)$ 是 x 的已知函数. 当 $f(x)\equiv 0$ 时,即

$$y'' + py' + qy = 0, \tag{2}$$

称(1)为二阶常系数齐次线性微分方程;当 $f(x)$ 不恒为零时,称(1)为二阶常系数非齐次线性微分方程.

下面对方程(1)和(2)的解法分别进行讨论.

一、二阶常系数齐次线性微分方程

定理 1 若 $y_1(x)$ 与 $y_2(x)$ 是(2)的两个特解,且 $\dfrac{y_1(x)}{y_2(x)}$ 不等于常数,则

$$y = C_1 y_1(x) + C_2 y_2(x) \tag{3}$$

是(2)的通解,其中 C_1,C_2 为任意常数.

证明 因 $y_1(x)$ 与 $y_2(x)$ 是(2)的解,所以有

$$y_1''(x) + py_1''(x) + qy_1(x) = 0,$$

$$y_2''(x) + py_2''(x) + qy_2(x) = 0.$$

将 $y=C_1 y_1(x)+C_2 y_2(x)$ 代入方程(2)的左端得

$$
\begin{aligned}
& y'' + py' + qy \\
&= (C_1 y_1 + C_2 y_2)'' + p(C_1 y_1 + C_2 y_2)' + q(C_1 y_1 + C_2 y_2) \\
&= C_1(y_1'' + py_1' + qy_1) + C_2(y_2'' + py_2' + qy_2) = 0.
\end{aligned}
$$

显然可知 $y=C_1 y_1(x)+C_2 y_2(x)$ 是(2)的解. 在 $\dfrac{y_1(x)}{y_2(x)}$ 不等于常数的条件下,可以证明(3)式中有两个独立的任意常数,所以 $y=C_1 y_1(x)+C_2 y_2(x)$ 是方程(2)的通解.

由定理 1 可知为求方程(2)的通解,关键问题在于找到它的两个不成比例的特解 y_1 与 y_2. 又根据方程(2)的特点,若 y 是它的解,则 $y''+py'+qy=0$,即是说 y 及 y', y'' 之间相差的是常数倍. 什么样的函数会具有这样的特点呢?我们很自然地会想到函数 $y=e^{\lambda x}$(λ 为常数),但要选择适当的 λ,使得 $y=e^{\lambda x}$ 成为方程(2)的解.

于是,我们设方程有特解 $y=e^{\lambda x}$(其中 λ 为待定系数),则

$$y' = \lambda e^{\lambda x}, \quad y'' = \lambda^2 e^{\lambda x},$$

代入方程(2)得

$$\lambda^2 e^{\lambda x} + p\lambda e^{\lambda x} + qe^{\lambda x} = 0,$$

由于 $e^{\lambda x} \neq 0$，所以有

$$\lambda^2 + p\lambda + q = 0. \tag{4}$$

这是一个关于 λ 的一元二次方程，称（4）为方程（2）的**特征方程**，它的根称为方程（2）的特征根. 显然，$y = e^{\lambda x}$ 是方程（2）的解的充要条件是：常数 λ 是特征方程（4）的根. 因此，针对特征根的不同情形，我们可以进行分别讨论：

（1）相异实根（即当 $p^2 - 4q > 0$ 时）

这时特征方程（4）有两相异实根

$$\lambda_1 = \frac{-p + \sqrt{p^2 - 4q}}{2}, \lambda_2 = \frac{-p - \sqrt{p^2 - 4q}}{2},$$

所以微分方程（2）有两个特解：

$$y_1 = e^{\lambda_1 x}, y_2 = e^{\lambda_2 x}.$$

显然 $\dfrac{y_1}{y_2} = e^{(\lambda_1 - \lambda_2)x}$ 不等于常数，所以方程（2）的通解为

$$y = C_1 e^{\lambda_1 x} + C_2 e^{\lambda_2 x}(C_1, C_2 \text{ 为任意常数}).$$

例 1　求微分方程 $y'' - y' - 2y = 0$ 满足初始条件 $y(0) = 2, y'(0) = 1$ 的特解.

解　特征方程 $\lambda^2 - \lambda - 2 = 0$ 的根为 $\lambda_1 = -1, \lambda_2 = 2$.

所以原方程的通解是 $y = C_1 e^{-x} + C_2 e^{2x}$，由 $y(0) = 2, y'(0) = 1$，可知 $C_1 = C_2 = 1$，则所求特解为 $y = e^{-x} + e^{2x}$.

（2）重根（即当 $p^2 - 4q = 0$ 时）

这时特征方程（4）有两相等实根 $\lambda_{1,2} = -\dfrac{p}{2}$，

我们得到（2）的一个特解 $y_1 = e^{\lambda_1 x}$，可以证明 $y_2 = xe^{\lambda_1 x}$ 是（2）的另一个与 y_1 线性无关的特解. 所以，（2）的通解是

$$y = C_1 e^{\lambda_1 x} + C_2 xe^{\lambda_1 x} = e^{\lambda_1 x}(C_1 + C_2 x).$$

例 2　求方程 $y'' - 8y' + 16y = 0$ 的通解.

解　特征方程 $\lambda^2 - 8\lambda + 16 = 0$ 有两相等实根 $\lambda_{1,2} = 4$.

所以，原方程的通解是 $y = (C_1 + C_2 x)e^{4x}$.

（3）一对共轭复根（即当 $p^2 - 4q < 0$ 时）

这时特征方程（4）有一对共轭复根 $\lambda_{1,2} = \alpha \pm \beta i = -\dfrac{p}{2} \pm \dfrac{\sqrt{4q - p^2}}{2} i$，

结合欧拉公式 $e^{i\theta} = \cos\theta + i\sin\theta$ 与线性方程解的性质可以证明 $y_1 = e^{\alpha x}\cos\beta x, y_2 = e^{\alpha x}\sin\beta x$ 是微分方程（2）的两个线性无关的特解. 所以，（2）的通解是 $y = e^{\alpha x}(C_1\cos\beta x + C_2\sin\beta x)$.

例3　求方程 $y''+2y'+5y=0$ 的通解.

解　特征方程 $\lambda^2+2\lambda+5=0$ 的共轭复根为 $\lambda_{1,2}=-1\pm2i$,

所以,原方程的通解是 $y=\mathrm{e}^{-x}(C_1\cos2x+C_2\sin2x)$.

综上所述,可将二阶常系数齐次线性微分方程列表如下:

表 9 - 1　二阶常系数齐次线性微分方程

特征方程 $\lambda^2+p\lambda+q=0$ 根的判别式	特征方程 $\lambda^2+p\lambda+q=0$ 的根	微分方程 $y''+py'+qy=0$ 的通解
$p^2-4q>0$	$\lambda_{1,2}=\dfrac{-p\pm\sqrt{p^2-4q}}{2}$ （相异实根）	$y=C_1\mathrm{e}^{\lambda_1 x}+C_2\mathrm{e}^{\lambda_2 x}$
$p^2-4q=0$	$\lambda_{1,2}=-\dfrac{p}{2}$ （重根）	$y=\mathrm{e}^{\lambda_1 x}(C_1+C_2x)$
$p^2-4q<0$	$\lambda_{1,2}=\alpha\pm\beta i$ $=-\dfrac{p}{2}\pm\dfrac{\sqrt{4q-p^2}}{2}i$ （一对共轭复根）	$y=\mathrm{e}^{\alpha x}(C_1\cos\beta x+C_2\sin\beta x)$

注　二阶常系数齐次线性微分方程的特征方程一定不能对应错. 如方程: $y''+y'=0$, $y''+y=0$ 的特征方程分别为 $\lambda^2+\lambda=0$, $\lambda^2+1=0$.

二、二阶常系数非齐次线性微分方程

定理2　**若 $\tilde{y}$ 是非齐次方程(1)的一个特解,而 y^* 是对应的齐次方程(2)的通解,则 $y=y^*+\tilde{y}$ 是(1)的通解.**

证明　因 $\tilde{y}$ 是非齐次方程(1)的一个特解,所以

$$\tilde{y}''+p\tilde{y}'+q\tilde{y}=f(x).$$

又 y^* 是对应的齐次方程(2)的通解,所以

$$(y^*)''+p(y^*)'+qy^*=0.$$

于是,对于 $y=y^*+\tilde{y}$ 有

$$\begin{aligned}
y''+py'+qy&=(\tilde{y}+y^*)''+p(\tilde{y}+y^*)'+q(\tilde{y}+y^*)\\
&=(\tilde{y})''+p(\tilde{y})'+q\tilde{y}+(y^*)''+p(y^*)'+qy^*\\
&=f(x)+0=f(x).
\end{aligned}$$

所以,$y=y^*+\tilde{y}$ 是(1)的解,又 y^* 中含有两个独立的任意常数,从而 $y=y^*+\tilde{y}$ 中也含有两个独立的任意常数,所以 $y=y^*+\tilde{y}$ 是(1)的通解.

由定理 2 可知,要求非齐次方程(1)的通解,只需要求出相应的线性齐次方程的通解,以及线性非齐次方程的一个特解.求齐次方程的通解,我们在前面已经讲过.现在的问题,是如何求出线性非齐次方程的一个特解.

在这里,我们只讨论线性非齐次方程(1)的非齐次项 $f(x)$ 取两种常见形式时特解 $\tilde{y}$ 的求法.

(1) $f(x)=P_m(x)\mathrm{e}^{\lambda x}$ 型

其中 λ 是常数,$P_m(x)$ 是 x 的一个 m 次多项式

$$P_m(x) = a_0 x^m + a_1 x^{m-1} + \cdots + a_{m-1}x + a_m.$$

对于这种类型的非齐次项,相应的非齐次方程的特解可设为

$$\tilde{y} = x^k Q_m(x)\mathrm{e}^{\lambda x}, k = 0,1,2.$$

其中 $Q_m(x)$ 是与 $P_m(x)$ 同次(m 次)的待定多项式,而 k 按 λ 不是特征方程的根、是特征方程的单根、是特征方程的二重根分别取 $0,1,2$,$Q_m(x)$ 的系数可以将所设特解 $\tilde{y}=x^k Q_m(x)\mathrm{e}^{\lambda x}$ 代入到方程(1)中确定.

这种求特解的方法我们称为**待定系数法**.

例 4 找出下列微分方程的一个特解形式(不需求出):

(1) $y''-y'=\mathrm{e}^{2x}(x^2+2x)$;

(2) $y''+2y'+y=x\mathrm{e}^{-x}$;

(3) $y''-3y'+2y=\mathrm{e}^x(x+1)$.

解 (1) 微分方程的特征方程为 $\lambda^2-\lambda=0$,有特征根 $\lambda_1=0,\lambda_2=1$,而非齐次项中 $\lambda=2$ 不是特征根,所以 $k=0$,所求特解可设为

$$\tilde{y} = \mathrm{e}^{2x}(a_0 x^2 + a_1 x + a_2);$$

(2) 微分方程的特征方程为 $\lambda^2+2\lambda+1=0$,有特征根 $\lambda_{1,2}=-1$,而非齐次项中 $\lambda=-1$ 是二重特征根,所以 $k=2$,所求特解可设为

$$\tilde{y} = x^2(a_0 x + a_1)\mathrm{e}^{-x};$$

(3) 微分方程的特征方程为 $\lambda^2-3\lambda+2=0$,有特征根 $\lambda_1=2,\lambda_2=1$,而非齐次项中 $\lambda=1$ 是特征单根,所以 $k=1$,所求特解可设为

$$\tilde{y} = x(a_0 x + a_1)\mathrm{e}^x.$$

例 5 求方程 $y''-y=x^2+1$ 的通解.

解 该方程对应的齐次方程为

$$y''-y'=0,$$

特征方程为 $\lambda^2-1=0$,有特征根 $\lambda_1=1,\lambda_2=-1$,

所以齐次方程的通解为

$$y^* = C_1\mathrm{e}^x + C_2\mathrm{e}^{-x}.$$

下面来确定非齐次方程的一个特解,非齐次项 $f(x)=x^2+1$,即 $P_m(x)=x^2+1,\lambda=0$ 不是特征根,因而可设

$$\widetilde{y} = a_0x^2 + a_1x + a_2,$$

则

$$\widetilde{y}' = 2a_0x + a_1, \widetilde{y}'' = 2a_0,$$

代入原方程有

$$\widetilde{y}'' - \widetilde{y} = 2a_0 - (a_0x^2 + a_1x + a_2) = x^2 + 1.$$

比较两边同次幂的系数,得

$$\begin{cases} -a_0 = 1, \\ -a_1 = 0, \\ 2a_0 - a_2 = 1, \end{cases}$$

解得 $a_0=-1,a_1=0,a_2=-3$,于是,非齐次方程的一个特解为

$$\widetilde{y} = -x^2 - 3,$$

则非齐次方程的通解为

$$y = C_1\mathrm{e}^x + C_2\mathrm{e}^{-x} - x^2 - 3.$$

例 6 求方程 $y''-5y'+6y=x\mathrm{e}^{2x}$ 的通解.

解 所给方程也是二阶常系数非齐次线性微分方程,且非齐次项为 $P_m(x)\mathrm{e}^{\lambda x}$ 型(其中 $P_m(x)=x,\lambda=2$).

所给方程对应的齐次方程为

$$y'' - 5y' + 6y = 0,$$

它的特征方程为 $\lambda^2-5\lambda+6=0$,有特征根 $\lambda_1=2,\lambda_2=3$,所以齐次方程的通解为

$$y^* = C_1\mathrm{e}^{2x} + C_2\mathrm{e}^{3x}.$$

由于 $\lambda=2$ 是特征方程的单根,所以应设

$$\widetilde{y} = x(a_0x + a_1)\mathrm{e}^{2x},$$

$$\widetilde{y}' = \mathrm{e}^{2x}[2a_0x^2 + (2a_0 + 2a_1)x + a_1],$$

$$\widetilde{y}'' = \mathrm{e}^{2x}[4a_0x^2 + (8a_0 + 4a_1)x + 2a_0 + 4a_1],$$

把它们代入所给方程,得 $-2a_0x+2a_0-a_1=x.$

比较等式两端同次幂的系数,得

$$\begin{cases} -2a_0=1, \\ 2a_0-a_1=0, \end{cases}$$

解得 $a_0=-\dfrac{1}{2}$,$a_1=-1$,因此求得一个特解为

$$\widetilde{y}=x\left(-\frac{1}{2}x-1\right)e^{2x}.$$

从而所求的通解为

$$y=C_1e^{2x}+C_2e^{3x}-\frac{1}{2}(x^2+2x)e^{2x}.$$

(2) $f(x)=e^{\mu x}[P_l(x)\cos\omega x+P_n(x)\sin\omega x]$ 型

其中 μ,ω 为常数,$P_l(x),P_n(x)$ 分别是 l 次、n 次多项式. 对于这种类型的非齐次项,相应的非齐次方程的特解可设为

$$\widetilde{y}=x^ke^{\mu x}[R_m^{(1)}(x)\cos\omega x+R_m^{(2)}(x)\sin\omega x],k=0,1,$$

其中 $m=\max\{l,n\}$,$R_m^{(1)}(x),R_m^{(2)}(x)$ 分别是两个 m 次多项式,按 $\mu\pm\omega i$ 不是特征根、$\mu\pm\omega i$ 是特征根时 k 分别取 0 或 1.

例 7　求方程 $y''-2y'+5y=e^x\sin x$ 的通解.

解　该方程对应的齐次方程为

$$y''-2y'+5y=0.$$

特征方程为 $\lambda^2-2\lambda+5\lambda=0$,有特征根 $\lambda_{1,2}=1\pm2i$,

所以齐次方程的通解为

$$y^*=e^x(C_1\cos2x+C_2\sin2x).$$

下面来确定非齐次的一个特解,非齐次项 $f(x)=e^x\sin x$,属于我们介绍的第二种类型,其中 $\mu=1,\omega=1,l=0,n=0$,因 $\mu\pm\omega i=1\pm i$ 不是特征方程的根,则 k 取 0,可设非齐次的一个特解为

$$\widetilde{y}=e^x(a_0\cos x+b_0\sin x)$$

则　　　　　　　$\widetilde{y}'=e^x[(a_0+b_0)\cos x+(b_0-a_0)\sin x],$

$$\widetilde{y}''=2e^x(b_0\cos x-a_0\sin x).$$

代入原方程整理得

$$y''-2y'+5y$$

$$= 3(a_0 \cos x + b_0 \sin x)$$
$$= \sin x,$$

所以有 $a_0 = 0, b_0 = \dfrac{1}{3}$，于是，非齐次方程的一个特解为

$$\tilde{y} = \frac{1}{3} e^x \sin x.$$

则非齐次方程的通解为

$$y = e^x (C_1 \cos 2x + C_2 \sin 2x) + \frac{1}{3} e^x \sin x.$$

习题 9 - 4

1. 求下列微分方程的通解：

(1) $y'' - 5y' - 6y = 0$；

(2) $y'' - 5y = 0$；

(3) $4y'' - 4y' + y = 0$；

(4) $4 \dfrac{\mathrm{d}^2 \rho}{\mathrm{d}\theta^2} - 20 \dfrac{\mathrm{d}\rho}{\mathrm{d}\theta} + 25\rho = 0$；

(5) $y'' + 6y' + 10y = 0$；

(6) $y'' + y = 0$；

(7) $y'' + 3y' + 2y = 3x^2 + 1$；

(8) $y'' + y = \cos x$.

2. 写出下列微分方程的特解形式：

(1) $2y'' + 5y' = 5x^2 - 2x - 1$；

(2) $y'' + 5y' + 4y = 3 - 2x$；

(3) $y'' + 3y' + 2y = 3x \mathrm{e}^{-x}$；

(4) $y'' - 2y' + 5y = \mathrm{e}^x \sin 2x$.

3. 求满足下列初始条件的微分方程的特解：

(1) $y'' - 4y' + 3y = 0, y\big|_{x=0} = 2, y'\big|_{x=0} = 4$；

(2) $y'' - 2y' + 1 = 0, y\big|_{x=0} = 2, y'\big|_{x=0} = 3$；

(3) $y'' + 4y' + 5y = 0, y\big|_{x=0} = 1, y'\big|_{x=0} = 0$；

(4) $y'' - 5y' + 6y = 2\mathrm{e}^x, y\big|_{x=0} = 1, y'\big|_{x=0} = 1$；

(5) $y'' + y = \cos x, y\big|_{x=0} = 1, y'\big|_{x=0} = 2$.

4. 一个单位质量的质点在数轴上运动，开始时质点在原点处且速度为 $3\,\mathrm{m/s}$. 在运动过程中，它受到一个力的作用，这个力的大小与质点到原点的距离成正比（比例系数 $k_1 = 2$）而方向与初速度一致. 又介质的阻力与速度成正比（比例系数 $k_2 = 1$）. 求此质点的运动规律.

复习题九

1. 齐次微分方程 $\dfrac{\mathrm{d}y}{\mathrm{d}x}=f\left(\dfrac{y}{x}\right)$ 的通解为（   ）.

(A) $x=\mathrm{e}^{\int \frac{\mathrm{d}u}{f(u)-u}}+C$

(B) $x=C\mathrm{e}^{\int \frac{\mathrm{d}u}{f(u)-u}}$

(C) $x=\mathrm{e}^{C\int \frac{\mathrm{d}u}{f(u)-u}}$

(D) $x=\mathrm{e}^{\int \frac{\mathrm{d}u}{f(u)-u}+C}\left(\text{其中 } u=\dfrac{y}{x}, C \text{ 为任意常数}\right)$

2. 一阶线性非齐次微分方程 $y'=p(x)y+q(x)$ 的通解为（   ）.

(A) $y=\mathrm{e}^{-\int p(x)\mathrm{d}x}\left[\int q(x)\mathrm{e}^{\int p(x)\mathrm{d}x}\mathrm{d}x+C\right]$

(B) $y=\mathrm{e}^{-\int p(x)\mathrm{d}x}\int q(x)\mathrm{e}^{\int p(x)\mathrm{d}x}\mathrm{d}x$

(C) $y=\mathrm{e}^{\int p(x)\mathrm{d}x}\left[\int q(x)\mathrm{e}^{-\int p(x)\mathrm{d}x}\mathrm{d}x+C\right]$

(D) $y=\mathrm{e}^{\int p(x)\mathrm{d}x}\left[\int q(x)\mathrm{e}^{\int p(x)\mathrm{d}x}\mathrm{d}x+C\right]$（$C$ 为任意常数）

3. 微分方程 $y''+2y'+y=\mathrm{e}^x$ 是（   ）.

(A) 齐次的   (B) 线性的   (C) 常系数的   (D) 二阶的

4. 微分方程 $y'''=\sin x$ 的通解为（   ）.

(A) $y=2\sin 2x$

(B) $y=\cos x+C$

(C) $y=\sin x+\dfrac{1}{2}C_1x^2+C_2x+C_3$

(D) $y=\cos x+\dfrac{1}{2}C_1x^2+C_2x+C_3$

5. 求方程 $yy'-(y')^2=0$ 的通解时，可令（   ）.

(A) $y'=p(x)$，则 $y''=p'$；

(B) $y'=p(x)$，则 $y''=p(x)\dfrac{\mathrm{d}p}{\mathrm{d}y}$；

(C) $y'=p(x)$，则 $y''=p(x)\dfrac{\mathrm{d}p}{\mathrm{d}x}$；

(D) $y'=p(x)$，则 $y''=p'\dfrac{\mathrm{d}p}{\mathrm{d}y}$.

6. 方程 $y''-3y'+2y=\mathrm{e}^x\cos 2x$ 的一个特解形式为（   ）.

(A) $y=a_1\mathrm{e}^x\cos 2x$

(B) $y=a_1x\mathrm{e}^x\cos 2x+b_1x\mathrm{e}^x\sin 2x$

(C) $y=a_1\mathrm{e}^x\cos 2x+b_1\mathrm{e}^x\sin 2x$

(D) $y=a_1x^2\mathrm{e}^x\cos 2x+b_1x^2\mathrm{e}^x\sin 2x$

7. 验证下列各函数是相应微分方程的解：

(1) $y=\dfrac{\sin x}{x}$，$xy'+y=\cos x$；

(2) $y=2+C\sqrt{1-x^2}$，$(1-x^2)y'+xy=2x$（C 是任意常数）；

(3) $y=Ce^x, y''-2y'+y=0$（C 是任意常数）；

(4) $y=e^x, y'e^{-x}+y^2-2ye^x=1-e^{2x}$；

(5) $y=\sin x, y'+y^2-2y\sin x+\sin^2 x-\cos x=0$；

(6) $y=C_1 e^{3x}+C_2 e^{5x}, y''-8y'+15y=0$.

8. 求下列各微分方程的通解或在给定初始条件下的特解：

(1) $\dfrac{\mathrm{d}y}{\mathrm{d}x}=2xy, y\Big|_{x=0}=2$；　　　　(2) $y^2\mathrm{d}x+(x+1)\mathrm{d}y=0$；

(3) $\dfrac{\mathrm{d}y}{\mathrm{d}x}=\dfrac{1+y^2}{xy+x^3 y}$；　　　　(4) $(1+x)y\mathrm{d}x+(1-y)x\mathrm{d}y=0, y\Big|_{x=1}=1$；

(5) $\dfrac{\mathrm{d}y}{\mathrm{d}x}+\dfrac{e^{y^2+3x}}{y}=0$；　　　　(6) $\dfrac{\mathrm{d}y}{\mathrm{d}x}=e^{x-y}, y\Big|_{x=0}=0$.

9. 求下列各微分方程的通解或在给定初始条件下的特解：

(1) $y'=\dfrac{y}{y+x}$；　　　　(2) $xy'=y(1+\ln y-\ln x), y\Big|_{x=1}=e$；

(3) $y'=e^{\frac{x}{x}}+\dfrac{y}{x}$；　　　　(4) $y'=\dfrac{x}{y}+\dfrac{y}{x}, y\Big|_{x=1}=2$.

10. 求下列各微分方程的通解或在给定初始条件下的特解：

(1) $\dfrac{\mathrm{d}y}{\mathrm{d}x}=y+\sin x$；　　　　(2) $\dfrac{\mathrm{d}x}{\mathrm{d}t}+3x=e^{2t}$；

(3) $\dfrac{\mathrm{d}y}{\mathrm{d}x}-\dfrac{n}{x}y=e^x x^n, n$ 为常数；　　　　(4) $x\dfrac{\mathrm{d}y}{\mathrm{d}x}=2y+x^3 e^x, y\Big|_{x=1}=0$；

(5) $x\dfrac{\mathrm{d}y}{\mathrm{d}x}+y=3, y\Big|_{x=1}=0$；　　　　(6) $\dfrac{\mathrm{d}y}{\mathrm{d}x}=\dfrac{1}{x-y}$.

11. 求下列各微分方程的通解或在给定初始条件下的特解：

(1) $y''=x+\cos x, y\Big|_{x=0}=0, y'\Big|_{x=0}=1$；　(2) $y''=e^{2x}-\cos 3x$；

(3) $y''-y'=x$；　　　　(4) $y''=\dfrac{3}{2}y^2, y\Big|_{x=1}=1, y'\Big|_{x=1}=1$；

(5) $y''(1+e^x)+y'=0$.

12. 求一曲线使其在点 (x,y) 处切线的斜率等于该点横坐标的平方.

13. 镭的衰变有如下的规律：镭的衰变速度与它的现存量 R 成正比. 由经验材料得知，镭经过 1 600 年后，只余原始量 R_0 的一半，试求镭的量 R 与时间 t 的函数关系.

14. 某商品的需求量 Q 对价格的弹性为 $P\ln 3$，已知该商品的最大需求量为 1 200（即当 $P=0$ 时，$Q=1\,200$），求需求量 Q 对价格 P 的函数关系.

15. 某林区现有木材 10 万立方米，如果在每一瞬时木材的变化率与当时木材数成正比，假设 10 年内这林区能有木材 20 万立方米，试确定木材数 P 与时间 t 的关系.

16. 求下列各微分方程的通解或在给定初始条件下的特解：

(1) $y'' + 3y' - 4y = 0$；

(2) $y'' + 6y' + 5y = 0$；

(3) $y'' - 2y' + y = 0$；

(4) $y'' + 6y' + 9y = 0$；

(5) $y'' + 5y' = 0$；

(6) $\dfrac{d^2 y}{dt^2} + 4\dfrac{dy}{dt} + 4y = 0$；

(7) $y'' + 2y' - 3y = 0,\ y(0) = 1, y'(0) = 5$；

(8) $y'' - 6y' - 7y = 0, y(0) = 5, y'(0) = 3$；

(9) $y'' - 6y' + 9y = 0, y(0) = 2, y'(0) = 1$；

(10) $y'' - 6y' + 13y = 0,\ y(0) = -1, y'(0) = 1$.

17. 求下列各微分方程的通解或在给定初始条件下的特解：

(1) $y'' - 6y' = x - 1$；

(2) $y'' + 3y' = 2x + 2$；

(3) $y'' + 6y' + 5y = 2e^{3x}$；

(4) $y'' + 3y' - 4y = 5e^{7x}$；

(5) $y'' + 4y' = \cos 2x$；

(6) $y'' - 4y' = 5,\ y\big|_{x=0} = 1, y'\big|_{x=0} = 0$；

(7) $y'' - 3y' + 2y = 5,\ y\big|_{x=0} = 1, y'\big|_{x=0} = 2$；

(8) $y'' - 10y' + 9y = e^{2x},\ y\big|_{x=0} = \dfrac{6}{7}, y'\big|_{x=0} = \dfrac{33}{7}$.

第十章　无穷级数

无穷级数是数与函数的一种重要表达形式,它在表达函数、研究函数的性质、计算数值等方面有着重要的应用.本章先讨论常数项级数,介绍级数的一些基本知识,然后讨论函数项级数,主要是幂级数的收敛域及如何将函数展开成幂级数的问题.

第一节　无穷级数的概念及基本性质

引例　用圆内接正多边形逼近圆面积

依次用圆内接正 $3 \times 2^n (n=0,1,2\cdots)$ 边形,设 a_0 表示内接正三边形面积,a_k 表示边数增加时增加的面积,则圆内接正 3×2^n 边形面积为

$$a_0 + a_1 + a_2 + \cdots + a_n$$

当 $n \rightarrow \infty$ 时,这个和逼近于圆面积 S.即

$$S = a_0 + a_1 + a_2 + \cdots + a_n + \cdots$$

一、无穷级数的概念

定义 1　设给定一数列 $\{u_n\}$:

$$u_1, u_2, u_3, \cdots, u_n, \cdots$$

我们将形如

$$u_1 + u_2 + u_3 + \cdots + u_n + \cdots \tag{1}$$

的表达式称为**常数项级数**,简称**数项级数**,简记为 $\sum\limits_{n=1}^{\infty} u_n$,其中第 n 项 u_n 称为级数的**一般项**(或**通项**).

级数(1)的前 n 项和

$$S_n = u_1 + u_2 + u_3 + \cdots + u_n = \sum_{i=1}^{n} u_i$$

称为级数(1)的前 n 项部分和. 当 n 依次取 $1,2,3,\cdots$ 时, 它们构成一个新的数列

$$S_1 = u_1, S_2 = u_1 + u_2, \cdots, S_n = \sum_{i=1}^{n} u_i, \cdots$$

定义 2　如果级数 $\sum_{n=1}^{\infty} u_n$ 的部分和数列 $\{S_n\}$ 有极限 s, 即 $\lim\limits_{n\to\infty} S_n = s$, 则称级数 $\sum_{n=1}^{\infty} u_n$ **收敛**,

极限 s 称为级数 $\sum_{n=1}^{\infty} u_n$ 的**和**; 如果部分和数列 $\{S_n\}$ 没有极限, 那么称级数 $\sum_{n=1}^{\infty} u_n$ **发散**.

当级数收敛时, 其和 s 与前 n 项部分和 S_n 之差记作 r_n, 即

$$r_n = s - S_n = u_{n+1} + u_{n+2} + \cdots$$

称为级数(1)的**余项**. 用级数的部分和 S_n 近似表示和 s 产生的误差为 $|r_n|$.

下面我们直接根据定义 2 来判定级数的敛散性.

例 1　无穷级数

$$\sum_{n=1}^{\infty} aq^{n-1} = a + aq + aq^2 + \cdots + aq^{n-1} + \cdots$$

称为几何级数(或等比级数), 其中 $a \neq 0$, q 称为级数的公比, 试讨论该级数的敛散性.

解　(1) 若 $|q| \neq 1$, 则部分和

$$S_n = a + aq + aq^2 + \cdots + aq^{n-1} = \frac{a - aq^n}{1 - q} = \frac{a}{1 - q} - \frac{aq^n}{1 - q}.$$

所以当 $|q| < 1$ 时, $\lim\limits_{n\to\infty} q^n = 0$, 从而 $\lim\limits_{n\to\infty} S_n = \dfrac{a}{1-q}$, 即此时级数收敛, 且其和为 $\dfrac{a}{1-q}$; 当 $|q| > 1$ 时, $\lim\limits_{n\to\infty} q^n = \infty$, 从而 $\lim\limits_{n\to\infty} S_n = \infty$, 即此时级数发散, 它没有和.

(2) 如果 $|q| = 1$, 这时 $q = 1$ 或 $q = -1$.

当 $q = 1$ 时, $S_n = na \to \infty$, 所以级数发散;

当 $q = -1$ 时, 级数成为

$$a - a + a - a + \cdots + a - a + \cdots$$

由于 $S_n = \begin{cases} 0, & \text{当 } n \text{ 为偶数}, \\ a, & \text{当 } n \text{ 为奇数}, \end{cases}$ 所以 $\lim\limits_{n\to\infty} S_n$ 不存在, 即级数发散.

综合(1)、(2)可得几何级数的敛散性:

当 $|q| < 1$ 时, 级数收敛, 其和为 $\dfrac{a}{1-q}$; 当 $|q| \geq 1$ 时, 级数发散.

例 2　判定级数

$$\sum_{n=1}^{\infty} \frac{1}{n(n+1)} = \frac{1}{1 \times 2} + \frac{1}{2 \times 3} + \cdots + \frac{1}{n(n+1)} + \cdots$$

的敛散性.

解　由于 $u_n = \dfrac{1}{n(n+1)} = \dfrac{1}{n} - \dfrac{1}{n+1}$,

所以部分和

$$
\begin{aligned}
S_n &= \frac{1}{1 \times 2} + \frac{1}{2 \times 3} + \cdots + \frac{1}{n(n+1)} \\
&= \left(1 - \frac{1}{2}\right) + \left(\frac{1}{2} - \frac{1}{3}\right) + \cdots + \left(\frac{1}{n} - \frac{1}{n+1}\right) \\
&= 1 - \frac{1}{n+1},
\end{aligned}
$$

因此
$$
\lim_{n \to \infty} S_n = \lim_{n \to \infty}\left(1 - \frac{1}{n+1}\right) = 1,
$$

即级数收敛,其和为 1.

注　例 2 中这种求级数部分和的方法称为"拆项相消".

二、无穷级数的基本性质

利用求级数收敛和发散的概念,我们先讨论级数的基本性质.

性质 1　若级数 $\displaystyle\sum_{n=1}^{\infty} u_n$ 收敛,其和为 s,则级数 $\displaystyle\sum_{n=1}^{\infty} k u_n$ 也收敛,且和为 ks,即

$$
\sum_{n=1}^{\infty} k u_n = k \sum_{n=1}^{\infty} u_n.
$$

注　级数各项乘以非零常数后其敛散性不变.

性质 2　设 $\displaystyle\sum_{n=1}^{\infty} u_n = s, \sum_{n=1}^{\infty} v_n = \sigma$,则级数 $\displaystyle\sum_{n=1}^{\infty}(u_n \pm v_n)$ 收敛,其和为 $s \pm \sigma$,即

$$
\sum_{n=1}^{\infty}(u_n \pm v_n) = \sum_{n=1}^{\infty} u_n \pm \sum_{n=1}^{\infty} v_n. \tag{2}
$$

注　(1) 性质 2 表明收敛级数可逐项相加减;

(2) 若两级数中一个收敛、一个发散,则 $\displaystyle\sum_{n=1}^{\infty}(u_n \pm v_n)$ 必发散(可反证);

(3) 若两级数都发散,则 $\displaystyle\sum_{n=1}^{\infty}(u_n \pm v_n)$ 不一定发散,由例 2 可知,

$$
\sum_{n=1}^{\infty} \frac{1}{n(n+1)} = \sum_{n=1}^{\infty}\left(\frac{1}{n} - \frac{1}{n+1}\right) = 1,
$$

但级数 $\displaystyle\sum_{n=1}^{\infty} \frac{1}{n}$ 及 $\displaystyle\sum_{n=1}^{\infty} \frac{1}{n+1}$ 都是发散的(见第二节例 1),因此

$$\sum_{n=1}^{\infty}\left(\frac{1}{n}-\frac{1}{n+1}\right)\neq\sum_{n=1}^{\infty}\frac{1}{n}-\sum_{n=1}^{\infty}\frac{1}{n+1},$$

这时,等号的左端表示收敛于 1 的级数,而右端是发散的级数.

性质 3 一个级数增加或减少有限项,其敛散性不变.

即,级数 $\sum_{n=1}^{\infty}u_n$ 与 $\sum_{n=k}^{\infty}u_n$ 有相同的敛散性,但对于收敛的级数其和可能发生改变.

性质 4 如果一个级数收敛,加括号后的级数也收敛,且与原级数有相同的和.

注 由性质 4 可得:若加括号后所成的级数发散,则原级数也必发散;但发散级数加括号后有可能收敛,即加括号后级数收敛,原级数未必收敛.

例如 发散级数

$$a-a+a-a+\cdots+a-a+\cdots$$

相邻两项加括号,得

$$(a-a)+(a-a)+\cdots+(a-a)+\cdots=0$$

收敛.

性质 5(级数收敛的必要条件) 设级数

$$u_1+u_2+u_3+\cdots+u_n+\cdots$$

收敛,则必有

$$\lim_{n\to\infty}u_n=0.$$

证明 由于 $u_n=S_{n+1}-S_n$,又该级数收敛,设其和为 s,则有

$$\lim_{n\to\infty}u_n=\lim_{n\to\infty}(S_{n+1}-S_n)=\lim_{n\to\infty}S_{n+1}-\lim_{n\to\infty}S_n$$
$$=s-s=0.$$

由性质 5 可知,收敛级数的一般项必趋于零;反过来说,如果一个级数的一般项不趋于零,则它必然发散.这也是判定级数发散的一种很有效的方法.例如级数

$$\sum_{n=1}^{\infty}(-1)^{n-1}\sqrt{n}=1-\sqrt{2}+\sqrt{3}-\sqrt{4}+\cdots+(-1)^{n-1}\sqrt{n}+\cdots$$

由于它的一般项 $u_n=(-1)^{n-1}\sqrt{n}$ 不趋于零,因此该级数发散.

注 级数的一般项趋于零并不是级数收敛的充分条件,即一般项趋于零的级数不一定收敛.例如调和级数 $\sum_{n=1}^{\infty}\frac{1}{n}$ 的一般项 $u_n=\frac{1}{n}\to 0(n\to\infty)$,但该级数是发散的(见第二节例 1).

例 3 判定级数 $\sum_{n=1}^{\infty}\left(\frac{1}{3^n}+\frac{n}{n+1}\right)$ 的敛散性.

解 易知 $\sum\limits_{n=1}^{\infty}\dfrac{1}{3^n}$ 为 $q=\dfrac{1}{3}$ 的等比级数,故收敛;而 $\sum\limits_{n=1}^{\infty}\dfrac{n}{n+1}$ 中 $\lim\limits_{n\to\infty}\dfrac{n}{n+1}=1\neq 0$,则发散;

由性质 2 可知 $\sum\limits_{n=1}^{\infty}\left(\dfrac{1}{3^n}+\dfrac{n}{n+1}\right)$ 为发散级数.

习题 10 - 1

1. 写出下列级数的前五项:

(1) $\sum\limits_{n=1}^{\infty}\dfrac{3+n}{2+n^2}$;

(2) $\sum\limits_{n=1}^{\infty}(-1)^{n-1}\dfrac{1}{3^n}$;

(3) $\sum\limits_{n=2}^{\infty}\dfrac{1}{n\ln n}$;

(4) $\sum\limits_{n=1}^{\infty}\cos\dfrac{n\pi}{2}$.

2. 根据定义判定下列级数的敛散性:

(1) $\sum\limits_{n=1}^{\infty}\dfrac{1}{\sqrt{n+1}+\sqrt{n}}$;

(2) $\sum\limits_{n=1}^{\infty}\ln\dfrac{n+1}{n}$.

3. 设级数 $\sum\limits_{n=1}^{\infty}u_n$ 前 n 项和 $S_n=\dfrac{n}{n+2}$,求级数的一般项 u_n 并判断其敛散性.

4. 判定下列级数的敛散性:

(1) $1+\dfrac{2}{3}+\dfrac{3}{5}+\cdots+\dfrac{n}{2n-1}+\cdots$;

(2) $1+\sqrt{2}+\sqrt[3]{3}+\cdots+\sqrt[n]{n}+\cdots$;

(3) $\sum\limits_{n=1}^{\infty}\dfrac{(-1)^n}{3^n}$;

(4) $\sum\limits_{n=1}^{\infty}\left(\dfrac{n}{n+1}\right)^n$;

(5) $\sum\limits_{n=1}^{\infty}\dfrac{1}{n(n+2)}$;

(6) $\left(\dfrac{1}{2}+\dfrac{1}{3}\right)+\left(\dfrac{1}{2^2}-\dfrac{1}{3^2}\right)+\left(\dfrac{1}{2^3}+\dfrac{1}{3^3}\right)+\cdots+\left[\dfrac{1}{2^n}+\dfrac{(-1)^{n-1}}{3^n}\right]+\cdots$.

5. 若已知级数 $\sum\limits_{n=1}^{\infty}\dfrac{2^n n!}{n^n}$ 收敛,求 $\lim\limits_{n\to\infty}\dfrac{2^n n!}{n^n}$.

第二节   数项级数的审敛法

我们研究级数时,首要问题是判定它的敛散性.但是,直接根据定义判断级数是否收敛,一般是比较困难的,如级数 $\sum\limits_{n=1}^{\infty}\dfrac{2^n}{n!}$. 因此需要建立判断级数敛散性比较方便的审敛法.下面我们先讨论正项级数的审敛法,在此基础上,再进一步讨论一般的数项级数的审敛法.

一、正项级数及其审敛法

定义 1 若级数 $\sum\limits_{n=1}^{\infty} u_n$ 满足 $u_n \geqslant 0 (n \in \mathbf{N}^+)$，则称级数 $\sum\limits_{n=1}^{\infty} u_n$ 为正项级数.

正项级数是一类很特殊又很重要的级数，很多级数的敛散性问题可以归结到正项级数敛散性的讨论.

显然，正项级数的部分和数列 $\{S_n\}$ 是单调增加的数列，即

$$S_1 \leqslant S_2 \leqslant \cdots \leqslant S_n \leqslant \cdots$$

根据单调有界数列必有极限的准则，若数列 $\{S_n\}$ 有上界，则它收敛；又若级数收敛，则部分和数列 $\{S_n\}$ 存在极限，必然有界. 因此，我们可以得到正项级数收敛的充要条件：

定理 1 **正项级数收敛的充要条件是：它的部分和数列 $\{S_n\}$ 有界.**

根据定理 1 可知，正项级数任意加括号后形成的新的级数其部分和有界性不会改变，因此其敛散性不变.

注 部分和数列 $\{S_n\}$ 有界是一般级数收敛的必要条件而不是充分条件，例如级数 $\sum\limits_{n=1}^{\infty} (-1)^{n-1}$ 部分和数列有界，但该级数发散.

下面我们根据定理 1，可以建立判定正项级数敛散性常用的比较判别法.

定理 2（比较判别法） **设有正项级数 $\sum\limits_{n=1}^{\infty} u_n$ 与 $\sum\limits_{n=1}^{\infty} v_n$，且从某项起恒有 $u_n \leqslant v_n$，则**

(1) **若 $\sum\limits_{n=1}^{\infty} v_n$ 收敛，则 $\sum\limits_{n=1}^{\infty} u_n$ 也收敛；**

(2) **若 $\sum\limits_{n=1}^{\infty} u_n$ 发散，则 $\sum\limits_{n=1}^{\infty} v_n$ 也发散.**

证明 (1) 设正项级数 $\sum\limits_{n=1}^{\infty} u_n$ 与 $\sum\limits_{n=1}^{\infty} v_n$ 的部分和分别为 S_n, W_n，若 $\sum\limits_{n=1}^{\infty} v_n$ 收敛，则由定理 1 可知 $\{W_n\}$ 有界，不妨设 $W_n \leqslant M$；又 $u_n \leqslant v_n$，则 $S_n \leqslant W_n \leqslant M$，可知 $\sum\limits_{n=1}^{\infty} u_n$ 也收敛.

(2) 反证即可，若 $\sum\limits_{n=1}^{\infty} v_n$ 收敛，则由(1)的结论可知 $\sum\limits_{n=1}^{\infty} u_n$ 必收敛(矛盾)，所以 $\sum\limits_{n=1}^{\infty} v_n$ 发散.

例 1 判定调和级数

$$\sum_{n=1}^{\infty} \frac{1}{n} = 1 + \frac{1}{2} + \frac{1}{3} + \cdots + \frac{1}{n} + \cdots$$

的敛散性.

解 因为函数 $y = \dfrac{1}{x}$ 在区间 $(k, k+1]$ 上，其中 $k > 0$，有 $\dfrac{1}{k} > \dfrac{1}{x}$，

对于不等式两边在区间$(k,k+1]$上求定积分,有

$$\frac{1}{k} = \int_k^{k+1} \frac{1}{k}\mathrm{d}x > \int_k^{k+1} \frac{\mathrm{d}x}{x},$$

故

$$S_n = \sum_{k=1}^n \frac{1}{k} > \sum_k^n \int_k^{k+1} \frac{\mathrm{d}x}{x} = \int_1^{n+1} \frac{\mathrm{d}x}{x} = \ln(n+1).$$

因此,调和级数部分和数列极限不存在,即

$$\sum_{n=1}^{\infty} \frac{1}{n} = 1 + \frac{1}{2} + \frac{1}{3} + \cdots + \frac{1}{n} + \cdots$$

发散.

例 2 级数

$$\sum_{n=1}^{\infty} \frac{1}{n^p} = 1 + \frac{1}{2^p} + \frac{1}{3^p} + \cdots + \frac{1}{n^p} + \cdots$$

(其中 p 为常数)称为 p 级数,试判定其敛散性.

解 当 $p \leqslant 1$ 时,$\frac{1}{n^p} \geqslant \frac{1}{n}$,又调和级数 $\sum_{n=1}^{\infty} \frac{1}{n}$ 是发散的,根据比较判别法可知级数 $\sum_{n=1}^{\infty} \frac{1}{n^p}$ 也是发散的;

当 $p > 1$ 时,在区间 $[k-1,k)$ 上,其中 $k \geqslant 2$,有 $\frac{1}{k^p} < \frac{1}{x^p}$,对不等式的两边在 $[k-1,k]$ 上求定积分,有

$$\frac{1}{k^p} = \int_{k-1}^k \frac{1}{k^p}\mathrm{d}x < \int_{k-1}^k \frac{\mathrm{d}x}{x^p},$$

故

$$S_n = 1 + \sum_{k=2}^n \frac{1}{x^k} < 1 + \sum_{k=2}^n \int_{k-1}^k \frac{\mathrm{d}x}{x^p} = 1 + \int_1^n \frac{\mathrm{d}x}{x^p}$$

$$= 1 + \frac{1}{1-p}x^{1-p}\Big|_1^n = 1 + \frac{1}{p-1}\Big(1 - \frac{1}{n^{p-1}}\Big) < 1 + \frac{1}{p-1}.$$

即数列 $\{S_n\}$ 有界,所以当 $p > 1$ 时,级数 $\sum_{n=1}^{\infty} \frac{1}{n^p}$ 收敛.

于是,当 $p \leqslant 1$ 时,p 级数 $\sum_{n=1}^{\infty} \frac{1}{n^p}$ 发散;

当 $p > 1$ 时,p 级数 $\sum_{n=1}^{\infty} \frac{1}{n^p}$ 收敛.

下面给出比较审敛法的极限形式,它在应用时更广泛方便些.

推论　设正项级数 $\sum\limits_{n=1}^{\infty} u_n$ 与 $\sum\limits_{n=1}^{\infty} v_n$ 满足

$$\lim_{n\to\infty} \frac{u_n}{v_n} = l \quad (0 \leqslant l < \infty, v_n \neq 0),$$

则:(1) 当 $0 < l < +\infty$ 时,级数 $\sum\limits_{n=1}^{\infty} u_n$ 与 $\sum\limits_{n=1}^{\infty} v_n$ 的敛散性相同;

(2) 当 $l = 0$ 时,如果级数 $\sum\limits_{n=1}^{\infty} v_n$ 收敛,级数 $\sum\limits_{n=1}^{\infty} u_n$ 也收敛;

(3) 当 $l = \infty$ 时,如果级数 $\sum\limits_{n=1}^{\infty} v_n$ 发散,级数 $\sum\limits_{n=1}^{\infty} u_n$ 也发散.

例 3　判别下列级数的敛散性:

(1) $\sum\limits_{n=1}^{\infty} \dfrac{2n+3}{n^2+1}$;　　　　　(2) $\sum\limits_{n=1}^{\infty} \sin\dfrac{1}{n^2}$;　　　　　(3) $\sum\limits_{n=1}^{\infty} \ln\left(1 + \dfrac{1}{2^n}\right)$.

解　(1) $\lim\limits_{n\to\infty} \dfrac{2n+3}{n^2+1} \bigg/ \dfrac{1}{n} = 2$,又 $\sum\limits_{n=1}^{\infty} \dfrac{1}{n}$ 发散,由比较审敛法可知,原级数也发散;

(2) 因为 $\lim\limits_{n\to\infty}\left(\sin\dfrac{1}{n^2} \bigg/ \dfrac{1}{n^2}\right) = 1$,而级数 $\sum\limits_{n=1}^{\infty} \dfrac{1}{n^2}$ 为 $p = 2 > 1$ 的 p 级数,所以收敛,由比较审

敛法可知,级数 $\sum\limits_{n=1}^{\infty} \sin\dfrac{1}{n^2}$ 也收敛;

(3) 因为 $\lim\limits_{n\to\infty}\left[\ln\left(1 + \dfrac{1}{2^n}\right) \bigg/ \dfrac{1}{2^n}\right] = 1$,而级数 $\sum\limits_{n=1}^{\infty} \dfrac{1}{2^n}$ 为 $q = \dfrac{1}{2}$ 的等比级数,故收敛,由比较审

敛法可知,级数 $\sum\limits_{n=1}^{\infty} \ln\left(1 + \dfrac{1}{2^n}\right)$ 也收敛.

注　比较审敛法是借助已知级数的敛散性来判别级数的敛散性,其使用主要是选择合适的比较级数,而等比级数与 p 级数是两种常见的比较级数.

下面介绍直接利用级数自身的通项判别其敛散性,即比值审敛法. 它对于判断某些正项级数的敛散性是很方便的.

定理 3(比值判别法)　设有正项级数 $\sum\limits_{n=1}^{\infty} u_n$,若极限

$$\lim_{n\to\infty} \frac{u_{n+1}}{u_n} = l$$

存在,则

(1) 当 $l < 1$ 时,级数收敛;

(2) 当 $l > 1$ 或 $l = +\infty$ 时,级数发散;

(3) 当 $l = 1$ 时,级数可能收敛可能发散,不能用此审敛法判断.

定理 3 可用比较判别法,以几何级数为比较级数进行证明.

注意当 $l=1$ 时,比值审敛法不能判断级数的敛散性,如 p 级数用比值法都得到 $l=1$,可能收敛也可能发散,这时需用其他方法进行判断.

例 4　判别级数 $\sum\limits_{n=1}^{\infty} \dfrac{2n+1}{3^n}$ 的敛散性.

解　因为 $\lim\limits_{n\to\infty} \dfrac{u_{n+1}}{u_n} = \lim\limits_{n\to\infty} \dfrac{2(n+1)+1}{3^{n+1}} \Big/ \dfrac{2n+1}{3^n} = \dfrac{1}{3}\lim\limits_{n\to\infty} \dfrac{2n+3}{2n+1} = \dfrac{1}{3} < 1$,

所以由比值审敛法知,该级数收敛.

例 5　判别级数 $\sum\limits_{n=1}^{\infty} \dfrac{4^n}{n!}$ 的敛散性.

解　因为 $\lim\limits_{n\to\infty} \dfrac{u_{n+1}}{u_n} = \lim\limits_{n\to\infty}\left[\dfrac{4^{n+1}}{(n+1)!} \Big/ \dfrac{4^n}{n!}\right] = 4\lim\limits_{n\to\infty} \dfrac{1}{n+1} = 0 < 1$,

所以由比值审敛法知,该级数收敛.

例 6　判别级数 $\sum\limits_{n=1}^{\infty} \dfrac{x^n}{n}\ (x>0)$ 的敛散性.

解　因为 $\lim\limits_{n\to\infty} \dfrac{u_{n+1}}{u_n} = \lim\limits_{n\to\infty}\left[\dfrac{x^{n+1}}{n+1} \Big/ \dfrac{x^n}{n}\right] = x\lim\limits_{n\to\infty} \dfrac{n}{n+1} = x$,

则当 $0<x<1$ 时,该级数收敛;当 $x>1$ 时,该级数发散;

当 $x=1$ 时,该级数为 $\sum\limits_{n=1}^{\infty} \dfrac{1}{n}$ 发散.

注　比值审敛法适合 u_n 与 u_{n+1} 有公因式且 $\lim\limits_{n\to\infty} \dfrac{u_{n+1}}{u_n}$ 易于求出或等于 $+\infty$ 的情形.

定理 4(根值判别法)　设有正项级数 $\sum\limits_{n=1}^{\infty} u_n$,若极限

$$\lim_{n\to\infty} \sqrt[n]{u_n} = l$$

存在,则

(1) 当 $l<1$ 时,级数收敛;

(2) 当 $l>1$ 或 $l=+\infty$ 时,级数发散;

(3) 当 $l=1$ 时,级数可能收敛可能发散,不能用此审敛法判断.

例 7　判别级数 $\sum\limits_{n=1}^{\infty} \dfrac{3^n}{2+\mathrm{e}^n}$ 的敛散性.

解　因为 $\lim\limits_{n\to\infty} \sqrt[n]{u_n} = \lim\limits_{n\to\infty} \sqrt[n]{\dfrac{3^n}{2+\mathrm{e}^n}} = \dfrac{3}{\mathrm{e}} > 1$,

所以该级数发散.

二、交错级数及其审敛法

定义 2　形如

$$\sum_{n=1}^{\infty}\left[(-1)^{n-1}u_n\right]=u_1-u_2+u_3-u_4+\cdots+(-1)^{n-1}u_n+\cdots$$

或

$$\sum_{n=1}^{\infty}\left[(-1)^n u_n\right]=-u_1+u_2-u_3+u_4-\cdots+(-1)^n u_n+\cdots$$

（其中 $u_n>0,n\in\mathbf{N}^+$）的级数称为交错级数，交错级数即正、负项相间的级数.

由于级数 $\sum_{n=1}^{\infty}(-1)^{n-1}u_n$ 与 $\sum_{n=1}^{\infty}(-1)^n u_n$ 的敛散性相同，不失一般性，我们只讨论 $\sum_{n=1}^{\infty}(-1)^{n-1}u_n$ 的情形.

定理 5（莱布尼茨审敛法）　若交错级数 $\sum_{n=1}^{\infty}(-1)^{n-1}u_n(u_n>0)$ 满足

(1) $u_n\geqslant u_{n+1}(n\in\mathbf{N}^+)$；

(2) $\lim\limits_{n\to\infty}u_n=0.$

则交错级数 $\sum_{n=1}^{\infty}(-1)^{n-1}u_n$ 收敛，且其和 $s\leqslant u_1$，其余项的绝对值 $|r_n|\leqslant u_{n+1}$.

证明　由于

$$S_{2k}=(u_1-u_2)+(u_3-u_4)+\cdots+(u_{2k-1}-u_{2k}),\qquad(1)$$

及

$$S_{2k}=u_1-(u_2-u_3)-(u_4-u_5)-\cdots-(u_{2k-2}-u_{2k-1})-u_{2k}.\qquad(2)$$

由于(1)式中括号中每项都是非负的，所以 S_{2k} 随着 k 的增大而增大；而由(2)式可知 $S_{2k}\leqslant u_1$，则数列 S_{2k} 单调递增且有上界，所以 $\lim\limits_{k\to\infty}S_{2k}$ 存在，即有

$$\lim_{k\to\infty}S_{2k}=s\leqslant u_1；$$

又 $S_{2k+1}=S_{2k}+u_{2k+1}$ 及条件(2) $\lim\limits_{n\to\infty}u_n=0$ 可知

$$\lim_{k\to\infty}S_{2k+1}=\lim_{k\to\infty}(S_{2k}+u_{2k+1})=s+0=s；$$

由 $\lim\limits_{k\to\infty}S_{2k}=\lim\limits_{k\to\infty}S_{2k+1}=s$，可得 $\lim\limits_{n\to\infty}S_n=s$，即此时交错级数收敛，且其和 $s\leqslant u_1$；

又 $|r_n|=u_{n+1}-u_{n+2}+\cdots$，右端同样是一与 $\sum_{n=1}^{\infty}\left[(-1)^{n-1}u_n\right]$ 同一类型的交错级数，且满足收敛的两个条件，所以有 $|r_n|\leqslant u_{n+1}$.

注　定理 5 的适用对象为交错级数,不是交错级数不能使用,如级数 $\sum\limits_{n=1}^{\infty} \dfrac{1}{n}$ 虽然满足定理的两个条件,但却是发散的.

例 8　判别下列交错级数的敛散性:

(1) $\sum\limits_{n=1}^{\infty} (-1)^{n-1} \dfrac{1}{n}$　　　　　　　　(2) $\sum\limits_{n=1}^{\infty} (-1)^{n-1} \dfrac{1}{n!}$.

解　(1) 因为该交错级数满足

(i) $u_n = \dfrac{1}{n} > \dfrac{1}{n+1} = u_{n+1}$;　　　(ii) $\lim\limits_{n \to \infty} u_n = \lim\limits_{n \to \infty} \dfrac{1}{n} = 0$;

所以该级数收敛;

(2) 因为该交错级数满足

(i) $u_n = \dfrac{1}{n!} > \dfrac{1}{(n+1)!} = u_{n+1}$;　　　(ii) $\lim\limits_{n \to \infty} u_n = \lim\limits_{n \to \infty} \dfrac{1}{n!} = 0$;

所以该级数收敛.

思考　上述两级数各项取绝对值后所成的级数是否收敛? 明显 $\sum\limits_{n=1}^{\infty} \dfrac{1}{n}$ 发散,而 $\sum\limits_{n=1}^{\infty} \dfrac{1}{n!}$ 收敛,由这种相异性下面我们给出任意项级数绝对收敛与条件收敛的概念.

三、绝对收敛与条件收敛

定义 3　设有级数

$$\sum\limits_{n=1}^{\infty} u_n = u_1 + u_2 + u_3 + \cdots + u_n + \cdots \tag{3}$$

其中 $u_n (n \in \mathbf{N})$ 为任意实数,这样的级数称为任意项级数.

前面我们讨论的正项级数与交错级数都是比较特殊的级数,下面我们可以根据它们的审敛法则来讨论一般形式的数项级数的审敛法,取级数(3)各项的绝对值组成正项级数

$$\sum\limits_{n=1}^{\infty} |u_n| = |u_1| + |u_2| + \cdots + |u_n| + \cdots \tag{4}$$

下面的定理说明了级数(3)和级数(4)的收敛性之间的关系.

定理 6　若级数 $\sum\limits_{n=1}^{\infty} |u_n|$ 收敛,则级数 $\sum\limits_{n=1}^{\infty} u_n$ 也收敛.

证明　取

$$v_n = \frac{1}{2} (|u_n| + u_n); w_n = \frac{1}{2} (|u_n| - u_n) \ (n \in \mathbf{N}),$$

则有

$$0 \leqslant v_n \leqslant |u_n|; 0 \leqslant w_n \leqslant |u_n|.$$

又级数 $\sum\limits_{n=1}^{\infty} |u_n|$ 收敛,根据比较审敛法可知级数 $\sum\limits_{n=1}^{\infty} v_n$ 与 $\sum\limits_{n=1}^{\infty} w_n$ 都收敛.

所以级数 $\sum\limits_{n=1}^{\infty} u_n = \sum\limits_{n=1}^{\infty} (v_n - w_n) = \sum\limits_{n=1}^{\infty} v_n - \sum\limits_{n=1}^{\infty} w_n$ 也是收敛的.

定义 4 若由任意项级数 $\sum\limits_{n=1}^{\infty} u_n$ 的各项的绝对值所组成的正项级数 $\sum\limits_{n=1}^{\infty} |u_n|$ 收敛,则称级数 $\sum\limits_{n=1}^{\infty} u_n$ 绝对收敛;若 $\sum\limits_{n=1}^{\infty} |u_n|$ 发散,而 $\sum\limits_{n=1}^{\infty} u_n$ 收敛,则称级数 $\sum\limits_{n=1}^{\infty} u_n$ 条件收敛.

由定义 4 可知级数 $\sum\limits_{n=1}^{\infty} (-1)^{n-1} \dfrac{1}{n}$ 条件收敛,而级数 $\sum\limits_{n=1}^{\infty} (-1)^{n-1} \dfrac{1}{n!}$ 绝对收敛.

注 对于任意项级数 $\sum\limits_{n=1}^{\infty} u_n$,如果 $\sum\limits_{n=1}^{\infty} |u_n|$ 收敛,那么 $\sum\limits_{n=1}^{\infty} u_n$ 绝对收敛,即 $\sum\limits_{n=1}^{\infty} u_n$ 也是收敛的;但如果 $\sum\limits_{n=1}^{\infty} |u_n|$ 发散,我们只能确定 $\sum\limits_{n=1}^{\infty} |u_n|$ 非绝对收敛,而不能判定 $\sum\limits_{n=1}^{\infty} u_n$ 必发散.

定理 7 若任意项级数 $\sum\limits_{n=1}^{\infty} u_n$ 满足

$$\lim_{n \to \infty} \left| \frac{u_{n+1}}{u_n} \right| = l,$$

(1) 当 $l < 1$ 时,级数 $\sum\limits_{n=1}^{\infty} u_n$ 绝对收敛;

(2) 当 $l > 1$(或 $l = +\infty$) 时,级数 $\sum\limits_{n=1}^{\infty} u_n$ 发散;

(3) 当 $l = 1$ 时,级数 $\sum\limits_{n=1}^{\infty} u_n$ 可能绝对收敛,可能条件收敛,也可能发散,不能直接用此定理判定.

例 9 判定下列级数的敛散性,如果收敛,指是绝对收敛还是条件收敛.

(1) $\sum\limits_{n=1}^{\infty} \dfrac{\sin n}{n^2}$;　(2) $\sum\limits_{n=2}^{\infty} (-1)^{n-1} \dfrac{1}{\ln n}$;　(3) $\sum\limits_{n=1}^{\infty} (-1)^{n-1} \dfrac{n+2}{2n+1}$.

解 (1) 因为 $\left| \dfrac{\sin n}{n^2} \right| = \dfrac{|\sin n|}{n^2} \leqslant \dfrac{1}{n^2}$,

因为级数 $\sum\limits_{n=1}^{\infty} \dfrac{1}{n^2}$ 收敛,由正项级数的比较审敛法可知 $\sum\limits_{n=1}^{\infty} \left| \dfrac{\sin n}{n^2} \right|$ 收敛,所以由定理 7 可知,级数 $\sum\limits_{n=1}^{\infty} \dfrac{\sin n}{n^2}$ 绝对收敛;

(2) 因为 $\lim\limits_{n \to \infty} \left| \dfrac{u_{n+1}}{u_n} \right| = \lim\limits_{n \to \infty} \dfrac{\ln n}{\ln(n+1)} = 1$,所以不能直接由定理 7 来判定;

又 $\dfrac{1}{\ln n} > \dfrac{1}{n}$ $(n > 1)$,而调和级数 $\sum\limits_{n=1}^{\infty} \dfrac{1}{n}$ 是发散的,所以由比较审敛法知级数 $\sum\limits_{n=2}^{\infty} \dfrac{1}{\ln n}$ 是发散的;

且交错级数 $\sum\limits_{n=2}^{\infty}(-1)^{n-1}\dfrac{1}{\ln n}$ 满足定理7的两个条件,则级数 $\sum\limits_{n=2}^{\infty}(-1)^{n-1}\dfrac{1}{\ln n}$ 是收敛的. 所以级数 $\sum\limits_{n=2}^{\infty}(-1)^{n-1}\dfrac{1}{\ln n}$ 是条件收敛的;

(3) 因为 $\lim\limits_{n\to\infty}\dfrac{n+2}{2n+1}=\dfrac{1}{2}$,则 $\lim\limits_{n\to\infty}(-1)^{n-1}\dfrac{n+2}{2n+1}$ 不存在,不满足级数收敛的必要条件,所以原级数发散.

习题 10-2

1. 用比较审敛法或其极限形式判定下列级数的敛散性:

(1) $\sum\limits_{n=1}^{\infty}\dfrac{1}{n\sqrt{2n+1}}$;

(2) $\sum\limits_{n=1}^{\infty}\dfrac{2+n}{5+n^3}$;

(3) $\sum\limits_{n=1}^{\infty}\dfrac{1}{1+a^n}(a>0)$;

(4) $\sum\limits_{n=1}^{\infty}\left(\dfrac{n}{2n+1}\right)^n$.

2. 用比值审敛法判定下列级数的敛散性:

(1) $\sum\limits_{n=1}^{\infty}\dfrac{1}{n!}$;

(2) $\dfrac{3}{1\times 2}+\dfrac{3^2}{2\times 2^2}+\dfrac{3^3}{3\times 2^3}+\cdots$;

(3) $\sum\limits_{n=1}^{\infty}\dfrac{n!}{n^n}$;

(4) $\sum\limits_{n=1}^{\infty}n\tan\dfrac{\pi}{3^n}$;

(5) $\sum\limits_{n=1}^{\infty}3^n\sin\dfrac{\pi}{2^n}$;

(6) $\sum\limits_{n=1}^{\infty}\dfrac{(n!)^2}{(2n)!}$.

3. 用适当的方法判定下列级数的敛散性:

(1) $\sum\limits_{n=1}^{\infty}\dfrac{2^n}{n\times 3^n}$;

(2) $\sum\limits_{n=1}^{\infty}\dfrac{3n+2}{4n-1}$;

(3) $\sum\limits_{n=1}^{\infty}\dfrac{n+1}{3n^2+2}$;

(4) $\sum\limits_{n=1}^{\infty}\sqrt{\dfrac{2n-1}{n^4+1}}$;

(5) $\sum\limits_{n=1}^{\infty}\ln\left(1+\dfrac{1}{n^2}\right)$;

(6) $\sum\limits_{n=1}^{\infty}\dfrac{1}{n+a^n}(a>0)$.

4. 判断下列级数的敛散性,如果收敛,指出是绝对收敛还是条件收敛:

(1) $\sum\limits_{n=1}^{\infty}(-1)^{n-1}\dfrac{1}{4^n}$;

(2) $\sum\limits_{n=1}^{\infty}(-1)^{n-1}\dfrac{2n+1}{3n+2}$;

(3) $\sum\limits_{n=1}^{\infty}(-1)^{n-1}\dfrac{1}{2n+3}$;

(4) $\sum\limits_{n=1}^{\infty}\dfrac{\sin n}{(n+1)^2}$;

(5) $\sum\limits_{n=1}^{\infty}\dfrac{\cos n\pi}{\sqrt{n}}$.

5. 讨论级数 $\sum\limits_{n=1}^{\infty}(-1)^{n-1}\dfrac{1}{n^p}$(其中 $p>0$) 的敛散性.

第三节　幂级数

一、幂级数和幂级数的收敛区间

定义　形如

$$a_0 + a_1(x - x_0) + a_2(x - x_0)^2 + \cdots + a_n(x - x_0)^n + \cdots \tag{1}$$

的级数,称为$(x - x_0)$的幂级数,简记为$\sum_{n=0}^{\infty} a_n(x - x_0)^n$,其中$a_0, a_1, a_2, \cdots, a_n, \cdots$称为幂级数的系数.

当$x_0 = 0$时,(1)式变为

$$a_0 + a_1 x + a_2 x^2 + \cdots + a_n x^n + \cdots \tag{2}$$

称为x的幂级数,记为$\sum_{n=0}^{\infty} (a_n x^n)$.

若作变换$t = x - x_0$,则级数(1)就变为级数(2)的形式,下面我们主要讨论形式(2)的幂级数.

当$x = x_0$时,幂级数(2)成为数项级数$\sum_{n=0}^{\infty} a_n x_0^n$,若该数项级数收敛,则称$x_0$为幂级数的**收敛点**;反之,若该数项级数发散,则称x_0为幂级数的**发散点**.幂级数所有收敛点的全体称为幂级数的**收敛域**.

对于幂级数收敛域内的任一实数x,幂级数均成为一收敛的数项级数,因此在收敛域内,幂级数的和是x的函数$S(x)$,我们称$S(x)$为幂级数的**和函数**,即

$$S(x) = \sum_{n=0}^{\infty} a_n x^n = a_0 + a_1 x + a_2 x^2 + \cdots + a_n x^n + \cdots \quad (x \text{ 属于收敛域})$$

例如级数$\sum_{n=0}^{\infty} x^n$的收敛域为$x \in (-1, 1)$,其和函数为$S(x) = \dfrac{1}{1 - x}$.

下面讨论一般幂级数的收敛域,将幂级数(2)的各项取绝对值,得正项级数

$$\sum_{n=0}^{\infty} |a_n x^n| = |a_0| + |a_1 x| + |a_2 x^2| + \cdots + |a_n x^n| + \cdots \tag{3}$$

设 $\lim\limits_{n \to \infty} \left| \dfrac{a_{n+1}}{a_n} \right| = l$,则 $\lim\limits_{n \to \infty} \left| \dfrac{u_{n+1}}{u_n} \right| = \lim\limits_{n \to \infty} \left| \dfrac{a_{n+1} x^{n+1}}{a_n x^n} \right| = l|x|$,

于是由比值判别法可知:

(1) 若 $l|x|<1(l\neq 0)$，即 $|x|<\dfrac{1}{l}=R$，则级数(2)绝对收敛；

(2) 若 $l|x|>1$，即 $|x|>\dfrac{1}{l}=R$，则级数(2)发散；

(3) 若 $l|x|=1$，即 $|x|=\dfrac{1}{l}=R$，则比值判别法无效，需另得判定；

(4) 若 $l=0$，即 $l|x|=0<1$，则级数(2)对任何 x 都收敛.

由以上分析可知，幂级数(2)的收敛域是一个以原点为中心从 $-R$ 到 R 的区间，这个区间叫作幂级数(2)的收敛区间，其中 $R=\dfrac{1}{l}$ 称为幂级数的**收敛半径**. 当 $0<R<+\infty$ 时，要对区间端点 $x=\pm R$ 的敛散情况专门讨论，以决定收敛区间是开区间、还是闭区间或半开半闭区间，即共有四种可能情况：$[-R,R]$，$(-R,R]$，$[-R,R)$，$(-R,R)$；当 $R=0$ 时，幂级数(2)除点 $x=0$ 外对一切 x 都发散；当 $R=+\infty$ 时，则幂级数(2)对任何 x 都收敛.

综上所述可得求幂级数(2)的收敛半径的定理：

定理　若幂级数

$$\sum_{n=0}^{\infty}a_nx^n=a_0+a_1x+a_2x^2+\cdots+a_nx^n+\cdots$$

的系数满足 $\lim\limits_{n\to\infty}\left|\dfrac{a_{n+1}}{a_n}\right|=l$，

则(1) 当 $0<l<+\infty$ **时**，$R=\dfrac{1}{l}$；

(2) 当 $l=0$ **时**，$R=+\infty$；

(3) 当 $l=+\infty$ **时**，$R=0$.

必须指出，利用上述定理求幂级数的收敛半径只适用于级数中 $a_n\neq 0$ 的情形.

例 1　求幂级数 $\sum\limits_{n=1}^{\infty}\dfrac{x^n}{n\times 3^n}$ 的收敛域.

解　因为 $\lim\limits_{n\to\infty}\left|\dfrac{a_{n+1}}{a_n}\right|=\lim\limits_{n\to\infty}\dfrac{1}{(n+1)3^{n+1}}\bigg/\dfrac{1}{n\times 3^n}=\lim\limits_{n\to\infty}\dfrac{n}{3(n+1)}=\dfrac{1}{3}$，

所以 $R=3$.

又当 $x=3$ 时，所给级数成为调和级数 $\sum\limits_{n=1}^{\infty}\dfrac{1}{n}$ 是发散的；

当 $x=-3$ 时，所给级数成为 $\sum\limits_{n=1}^{\infty}(-1)^n\dfrac{1}{n}$，此交错级数显然满足莱布尼兹审敛法的两个收敛条件，即此时级数收敛；

由以上可知，所给级数的收敛域为 $[-3,3)$.

例 2　求下列幂级数的收敛域：

(1) $\sum\limits_{n=0}^{\infty} \dfrac{x^n}{n!}$ 　　　　(2) $\sum\limits_{n=0}^{\infty} n! x^n$.

解　(1) 因为 $\lim\limits_{n\to\infty}\left|\dfrac{a_{n+1}}{a_n}\right| = \lim\limits_{n\to\infty}\dfrac{n!}{(n+1)!} = \lim\limits_{n\to\infty}\dfrac{1}{n+1} = 0$，所以 $R = +\infty$，即所给幂级数的收敛域为 $(-\infty, +\infty)$；

(2) 因为 $\lim\limits_{n\to\infty}\left|\dfrac{a_{n+1}}{a_n}\right| = \lim\limits_{n\to\infty}\dfrac{(n+1)!}{n!} = \lim\limits_{n\to\infty}(n+1) = +\infty$，所以 $R = 0$，即所给级数仅在 $x = 0$ 处收敛.

例 3　求幂级数 $\sum\limits_{n=1}^{\infty}\dfrac{1}{4^n}x^{2n+1}$ 的收敛域.

解　所给幂级数偶次幂项的系数全部为零，所以不能由定理来求它的收敛半径，这时可将 x 看作取定的实数用比值审敛法来确定收敛半径，所以有

$$\lim_{n\to\infty}\left|\dfrac{u_{n+1}}{u_n}\right| = \lim_{n\to\infty}\left|\dfrac{x^{2(n+1)+1}}{4^{n+1}}\bigg/\dfrac{x^{2n+1}}{4^n}\right| = \dfrac{x^2}{4}.$$

当 $\dfrac{x^2}{4} < 1$，即 $|x| < 2$ 时，所给级数绝对收敛；

当 $\dfrac{x^2}{4} > 1$，即 $|x| > 2$ 时，所给级数发散.

可得级数收敛半径 $R = 2$.

当 $x = 2$ 时，原级数成为 $\sum\limits_{n=1}^{\infty} 2$ 是发散的；

当 $x = -2$ 时，原级数成为 $\sum\limits_{n=1}^{\infty}(-2)$ 也是发散的.

所以所给级数的收敛域为 $(-2, 2)$.

例 4　求幂级数 $\sum\limits_{n=1}^{\infty}\dfrac{3^n}{n}(x-2)^n$ 的收敛域.

解　这是一个 $x-2$ 的幂级数，可令 $t = x-2$，则原级数就化为 $\sum\limits_{n=1}^{\infty}\dfrac{3^n}{n}t^n$，由于

$$\lim_{n\to\infty}\left|\dfrac{a_{n+1}}{a_n}\right| = \lim_{n\to\infty}\dfrac{3^{n+1}}{n+1}\bigg/\dfrac{3^n}{n} = 3,$$

因此 $R = \dfrac{1}{3}$，当 $|t| = |x-2| < \dfrac{1}{3}$，也就是 $\dfrac{5}{3} < x < \dfrac{7}{3}$ 时，原级数绝对收敛；

又当 $x = \dfrac{5}{3}$ 时，原级数成为 $\sum\limits_{n=1}^{\infty}(-1)^n\dfrac{1}{n}$，是收敛的交错级数；

当 $x = \dfrac{7}{3}$ 时，原级数成为调和级数 $\sum\limits_{n=1}^{\infty}\dfrac{1}{n}$，是发散的；

所以原级数的收敛域为 $\left[\dfrac{5}{3}, \dfrac{7}{3}\right)$.

二、幂级数的性质

下面我们给出幂级数运算的几个性质：

（1）若幂级数 $S_1(x) = \sum\limits_{n=0}^{\infty} a_n x^n$ 和 $S_2(x) = \sum\limits_{n=0}^{\infty} b_n x^n$ 的收敛半径分别为 $R_1 > 0$ 和 $R_2 > 0$，则

$$\sum_{n=0}^{\infty} a_n x^n \pm \sum_{n=0}^{\infty} b_n x^n = \sum_{n=0}^{\infty} (a_n \pm b_n) x^n = S_1(x) + S_2(x)$$

的收敛半径 R 大于或等于 R_1 与 R_2 中较小的一个；

（2）幂级数 $\sum\limits_{n=0}^{\infty} a_n x^n$ 的和函数 $S(x)$ 在其收敛区间上连续；

（3）幂级数 $\sum\limits_{n=0}^{\infty} a_n x^n$ 的和函数 $S(x)$ 在其收敛区间 $(-R, R)$ 内是可导的，且在 $(-R, R)$ 内有

$$S'(x) = \Big(\sum_{n=0}^{\infty} a_n x^n \Big)' = \sum_{n=0}^{\infty} (a_n x^n)' = \sum_{n=0}^{\infty} n a_n x^{n-1},$$

即幂级数在其收敛区间内可逐项求导，且求导后所得的幂级数的收敛半径与原级数的收敛半径相同；

（4）在幂级数 $\sum\limits_{n=0}^{\infty} (a_n x^n)$ 的收敛区间 $(-R, R)$ 内任一点 x，有

$$\int_0^x \Big(\sum_{n=0}^{\infty} a_n x^n \Big) \mathrm{d}x = \sum_{n=0}^{\infty} \int_0^x a_n x^n \mathrm{d}x = \sum_{n=0}^{\infty} \frac{a_{n+1}}{n+1} x^{n+1},$$

即幂级数在其收敛区间内可逐项积分，且积分后所得的幂级数的收敛半径与原级数的收敛半径相同.

例 5　求幂级数 $\sum\limits_{n=0}^{\infty} (n+1) x^n$ 的收敛域内的和函数，并求级数 $\sum\limits_{n=0}^{\infty} \dfrac{n+1}{2^{n+1}}$ 的和.

解　由于

$$\lim_{n \to \infty} \left| \frac{a_{n+1}}{a_n} \right| = \lim_{n \to \infty} \frac{n+2}{n+1} = 1,$$

所以收敛半径 $R = 1$.

又当 $x = 1$ 时，原级数成为 $\sum\limits_{n=0}^{\infty} (n+1)$，一般项不趋于 0，是发散的；同理当 $x = -1$ 时，原级数成为 $\sum\limits_{n=0}^{\infty} (-1)^n (n+1)$，也是发散的，所以收敛区间为 $(-1, 1)$.

当 $x \in (-1, 1)$ 时, 则和函数为

$$S(x) = \sum_{n=0}^{\infty} (n+1)x^n = \sum_{n=0}^{\infty} (x^{n+1})' = \left(\sum_{n=0}^{\infty} x^{n+1} \right)'$$

$$= \left(\frac{x}{1-x} \right)' = \frac{1}{(1-x)^2},$$

则　　$\displaystyle\sum_{n=0}^{\infty} \frac{n+1}{2^{n+1}} = \frac{1}{2} \times \sum_{n=0}^{\infty} (n+1)\left(\frac{1}{2} \right)^n = \frac{1}{2} S\left(\frac{1}{2} \right) = 2.$

习题 10 - 3

1. 求下列级数的收敛半径和收敛域:

(1) $x + 2x^2 + 3x^3 + \cdots$;

(2) $\dfrac{x}{1 \times 2} + \dfrac{x^2}{2 \times 2^2} + \dfrac{x^3}{3 \times 2^3} + \dfrac{x^4}{4 \times 2^4} + \cdots$;

(3) $\displaystyle\sum_{n=1}^{\infty} \frac{x^n}{3n+2}$;

(4) $\displaystyle\sum_{n=1}^{\infty} \frac{(x-1)^n}{n^2}$;

(5) $\displaystyle\sum_{n=1}^{\infty} \frac{2n-1}{2^n} x^{2n-2}$;

(6) $\displaystyle\sum_{n=1}^{\infty} (-1)^{n-1} \frac{(2x-1)^n}{2n+1}$

2. 利用逐项求导或逐项积分, 求下列各级数在收敛域内的和函数:

(1) $\displaystyle\sum_{n=1}^{\infty} nx^{n-1} (|x| < 1)$;

(2) $\displaystyle\sum_{n=1}^{\infty} \frac{x^{2n-1}}{2n-1} (|x| < 1)$, 并求级数 $\displaystyle\sum_{n=1}^{\infty} \frac{1}{(2n-1)2^n}$ 的和.

第四节　函数展开成幂级数

一、泰勒公式

用微分作近似计算, 在 $f'(x) \neq 0$ 且 $|x - x_0|$ 很小时, 有

$$f(x) \approx f(x_0) + f'(x_0)(x - x_0). \tag{1}$$

从几何直观上看, 是曲线 $y = f(x)$ 在点 x_0 的附近用切线的一段近似代替曲线弧, 这个近

似公式是略掉了一个关于 $x-x_0$ 的高阶无穷小量($x \to x_0$),即

$$f(x) = f(x_0) + f'(x_0)(x-x_0) + o(x-x_0).$$

当 $|x-x_0|$ 很小且实际要求的精确度不是很高时,可以用(1)式进行近似计算,其误差为

$$R(x) = f(x) - f(x_0) - f'(x_0)(x-x_0),$$

可求得

$$R(x) = \frac{f''(\xi)}{2}(x-x_0)^2, \xi 在 x_0 与 x 之间.$$

如果要求更高的精确度,可将 $x-x_0$ 的高阶无穷小量分离成两部分

$$o(x-x_0) = a_2(x-x_0)^2 + o((x-x_0)^2) \quad (x \to x_0 \text{ 时}),$$

保留与 $(x-x_0)^2$ 同阶的无穷小量,略掉 $(x-x_0)^2$ 的高阶无穷小量,这时有

$$f(x) \approx f(x_0) + f'(x_0)(x-x_0) + a_2(x-x_0)^2.$$

依此类推,为了达到一定的精确度的要求,可考虑用 n 次多项式 $P(x)$ 近似表示 $f(x)$,即当 $|x-x_0|$ 很小时,有

$$P(x) = a_0 + a_1(x-x_0) + a_2(x-x_0)^2 + \cdots + a_n(x-x_0)^n, \tag{2}$$

其中 $a_0, a_1, a_2, \cdots, a_n$ 是待定系数.

我们对(2)式两边逐次求一阶到 n 阶导数,并令 $x=x_0$,可得

$$P(x_0) = a_0, P'(x_0) = a_1, P''(x_0) = 2!a_2, \cdots, P^{(n)}(x_0) = n!a_n.$$

则(2)式可表示成

$$P(x) = P(x_0) + P'(x_0)(x-x_0) + \frac{P''(x_0)}{2!}(x-x_0)^2 + \cdots + \frac{P^{(n)}(x_0)}{n!}(x-x_0)^n.$$

若一个函数 $f(x)$ 在 $x=x_0$ 处的一阶到 n 阶导数均存在,则可以构造一个多项式

$$P_n(x) = f(x_0) + f'(x_0)(x-x_0) + \frac{f''(x_0)}{2!}(x-x_0)^2 + \cdots + \frac{f^{(n)}(x_0)}{n!}(x-x_0)^n,$$

$P_n(x)$ 不一定等于 $f(x)$,但它可以近似地表示 $f(x)$,它的近似程度可由误差 $|R_n(x)| = |f(x) - P_n(x)|$ 来确定.

定理(泰勒中值定理)　若函数 $f(x)$ 在含有点 x_0 的区间 (a, b) 内具有 $n+1$ 阶导数,则当 x 取区间内任何值时,有

$$f(x) = f(x_0) + f'(x_0)(x-x_0) + \frac{f''(x_0)}{2!}(x-x_0)^2 + \cdots + \frac{f^{(n)}(x_0)}{n!}(x-x_0)^n + R_n(x),$$

$$\tag{3}$$

其中

$$R_n(x) = \frac{f^{(n+1)}(\xi)}{(n+1)!}(x-x_0)^{n+1}(\xi \, 在 \, x_0 \, 与 \, x \, 之间). \tag{4}$$

公式(3)称为函数 $f(x)$ 的泰勒公式,公式(4)称为泰勒公式的拉格朗日余项.

特别地,当 $x_0=0$ 时,公式(3)为

$$f(x) = f(0) + f'(0)x + \frac{f''(0)}{2!}x^2 + \frac{f'''(0)}{3!}x^3 + \cdots + R_n(x), \tag{5}$$

其中 $R_n(x) = \dfrac{f^{(n+1)}(\xi)}{(n+1)!}x^{n+1}$,或令 $\xi = \theta x \ (0 < \theta < 1)$,则 $R_n(x) = \dfrac{f^{(n+1)}(\theta x)}{(n+1)!}x^{n+1}$,公式(3)称为

函数 $f(x)$ 的麦克劳林公式.

二、泰勒级数

若函数 $f(x)$ 在区间 (a,b) 内各阶导数都存在,则对于任意的正整数 n,泰勒公式(3)都成立. 当 $n \to \infty$ 时,若 $R_n(x) \to 0$,则

$$f(x) = \lim_{n \to \infty}\left[f(x_0) + f'(x_0)(x-x_0) + \frac{f''(x_0)}{2!}(x-x_0)^2 + \cdots + \frac{f^{(n)}(x_0)}{n!}(x-x_0)^n\right].$$

由于上式右端方括号内的式子是级数 $\displaystyle\sum_{n=0}^{\infty}\frac{f^{(n)}(x_0)}{n!}(x-x_0)^n$ 的前 $(n+1)$ 项组成的部分和

式,所以此级数收敛,且以 $f(x)$ 为其和. 因此,函数 $f(x)$ 可以写成

$$f(x) = \sum_{n=0}^{\infty}\frac{f^{(n)}(x_0)}{n!}(x-x_0)^n, \tag{6}$$

(6)式叫作函数 $f(x)$ 的泰勒级数.

特别地,当 $x_0=0$ 时,公式(6)为

$$f(x) = \sum_{n=0}^{\infty}\frac{f^{(n)}(0)}{n!}x^n, \tag{7}$$

(7)式称为函数 $f(x)$ 的麦克劳林级数.

三、某些初等函数的幂级数展开式

把函数 $f(x)$ 展开成幂级数有直接展开法和间接展开法.

1. 直接展开法

利用泰勒公式或麦克劳林公式,将函数 $f(x)$ 展开成幂级数的步骤如下:

(1) 求出 $f(x)$ 在 $x=0$ 处的各阶导数值 $f^{(n)}(0)$,若函数 $f(x)$ 在 $x=0$ 处的某阶导数不存

在,则 $f(x)$ 不能展开成幂级数;

(2) 写出 $f(x)$ 的麦克劳林级数:

$$f(0)+f'(0)x+\frac{f''(0)}{2!}x^2+\cdots+\frac{f^{(n)}(0)}{n!}x^n+\cdots,$$

并求出其收敛半径 R;

(3) 在区间 $(-R,R)$ 内,验证 $R_n(x)\to 0\ (n\to\infty)$.

例 1 将函数 $f(x)=e^x$ 展开成 x 的幂级数.

解 因为 $f^{(n)}(x)=e^x (n\in\mathbf{N})$,所以 $f^{(n)}(0)=1\ (n\in\mathbf{N})$;

又 $f(0)=1$,于是函数 e^x 的麦克劳林级数为

$$1+x+\frac{x^2}{2!}+\cdots+\frac{x^n}{n!}+\cdots,$$

显然其收敛区间为 $(-\infty,+\infty)$.

对于任意的 x,余项的绝对值

$$|R_n(x)|=\left|\frac{f^{(n+1)}(\xi)}{(n+1)!}x^{n+1}\right|=\left|\frac{e^\xi}{(n+1)!}x^{n+1}\right|\leqslant e^{|x|}\frac{|x|^{n+1}}{(n+1)!}\quad(\text{其中 }\xi\text{ 在 }0\text{ 与 }x\text{ 之间}).$$

因 $e^{|x|}$ 有限,而 $\frac{|x|^{n+1}}{(n+1)!}$ 是收敛级数 $\sum\limits_{n=0}^{\infty}\frac{|x|^{n+1}}{(n+1)!}$ 的一般项,所以当 $n\to\infty$ 时,

$e^{|x|}\frac{|x|^{n+1}}{(n+1)!}\to 0$,从而 $\lim\limits_{n\to\infty}R_n(x)=0$,因此 e^x 的幂级数展开式为

$$e^x=1+x+\frac{x^2}{2!}+\cdots+\frac{x^n}{n!}+\cdots\ (-\infty<x<+\infty). \tag{8}$$

例 2 将函数 $f(x)=\sin x$ 展开成 x 的幂级数.

解 因为 $f^{(n)}(x)=\sin\left(x+\frac{n\pi}{2}\right)$,所以有

$$f(0)=0,f'(0)=1,f''(0)=0,f'''(0)=-1,\cdots,$$

于是 $\sin x$ 的麦克劳林级数为

$$x-\frac{x^3}{3!}+\frac{x^5}{5!}-\cdots+\frac{(-1)^n}{(2n+1)!}x^{2n+1}+\cdots\quad(-\infty<x<+\infty).$$

对于任意的 x,余项的绝对值

$$|R_n(x)|=\left|\frac{f^{(n+1)}(\xi)}{(n+1)!}x^{n+1}\right|=\left|\sin\left(\xi+\frac{n+1}{2}\pi\right)\frac{x^{n+1}}{(n+1)!}\right|\leqslant\frac{|x|^{n+1}}{(n+1)!}\to 0$$

$(n\to\infty)$(其中 ξ 在 0 与 x 之间).

于是 $\sin x$ 的展开式为

$$\sin x = x - \frac{x^3}{3!} + \frac{x^5}{5!} - \cdots + \frac{(-1)^n}{(2n+1)!}x^{2n+1} + \cdots \quad (-\infty < x < +\infty). \tag{9}$$

运用上述方法还可以得到函数 $(1+x)^\alpha$ 的二项展开式

$$(1+x)^\alpha = 1 + \alpha x + \frac{\alpha(\alpha-1)}{2!}x^2 + \cdots + \frac{\alpha(\alpha-1)\cdots(\alpha-n+1)}{n!}x^n + \cdots (-1 < x < 1). \tag{10}$$

当 $\alpha = n (n \in \mathbf{N})$ 时，二项展开式即二项式定理

$$(1+x)^n = 1 + nx + \frac{n(n-1)}{2!}x^2 + \cdots + nx^{n-1} + x^n. \tag{11}$$

当 $\alpha = -1$ 时，由(10)式可得

$$(1+x)^{-1} = \frac{1}{1+x} = 1 - x + x^2 - \cdots + (-1)^n x^n + \cdots (-1 < x < 1). \tag{12}$$

2. 间接展开法

一般来说，在直接展开法中求 $f(x)$ 的任意阶导数 $f^{(n)}(x)$ 是比较麻烦的，而研究余项 $R_n(x)$ 在某个区间内当 $n \to \infty$ 时是否趋于零更是困难，因此在可能的情况下，通常采用间接法.

间接展开法是以一些已知的函数幂级数展开式((8)至(12))为基础，利用幂级数的运算性质以及变量替换等方法，求函数的幂级数展开式.

例3 将函数 $f(x) = \cos x$ 展开成 x 的幂级数.

解 因为 $(\sin x)' = \cos x$，又由例2可知

$$\sin x = x - \frac{x^3}{3!} + \frac{x^5}{5!} - \cdots + \frac{(-1)^n}{(2n+1)!}x^{2n+1} + \cdots \quad (-\infty < x < +\infty)$$

利用幂级数可逐项求导的性质，得到函数 $\cos x$ 的幂级数展开式：

$$\cos x = 1 - \frac{x^2}{2!} + \frac{x^4}{4!} - \cdots + \frac{(-1)^n}{(2n)!}x^{2n} + \cdots \quad (-\infty < x < +\infty). \tag{13}$$

例4 将函数 $f(x) = \sin^2 x$ 展开成 x 的幂级数.

解 因为 $\sin^2 x = \frac{1}{2}(1 - \cos 2x)$，于是由(13)式，将其中的 x 换成 $2x$，得到

$$\cos 2x = 1 - \frac{(2x)^2}{2!} + \frac{(2x)^4}{4!} - \cdots + \frac{(-1)^n}{(2n)!}(2x)^{2n} + \cdots,$$

于是

$$\sin^2 x = \frac{1}{2}(1 - \cos 2x)$$

$$= \frac{1}{2}\left[1-1+\frac{(2x)^2}{2!}-\frac{(2x)^4}{4!}+\cdots+(-1)^{n-1}\frac{(2x)^{2n}}{(2n)!}+\cdots\right]$$

$$= \sum_{n=1}^{\infty}(-1)^{n-1}\frac{4^n}{2\times(2n)!}x^{2n} \quad (-\infty<x<+\infty).$$

例 5 将函数 $f(x)=\arctan x$ 展开成 x 的幂级数.

解 因为 $(\arctan x)'=\frac{1}{1+x^2}$，而函数 $\frac{1}{1+x^2}$ 的展开式可利用 $\frac{1}{1+x}$ 的幂级数展开式(12)，只要将(12)式中的 x 换成 x^2 而得到

$$\frac{1}{1+x^2}=1-x^2+x^4-\cdots+(-1)^n x^{2n}+\cdots \quad (-1<x<1),$$

将上式两端积分得到

$$\arctan x=x-\frac{1}{3}x^3+\frac{1}{5}x^5-\cdots+(-1)^n\frac{x^{2n+1}}{2n+1}+\cdots \quad (-1\leqslant x\leqslant 1).$$

注 上式 $x=\pm1$ 时，右式分别得数项级数

$$1-\frac{1}{3}+\frac{1}{5}-\cdots+(-1)^n\frac{1}{2n+1}+\cdots=\arctan 1=\frac{\pi}{4},$$

$$-1+\frac{1}{3}-\frac{1}{5}+\cdots+(-1)^{n+1}\frac{1}{2n+1}+\cdots=\arctan(-1)=-\frac{\pi}{4}$$

都是收敛的，所以收敛域为 $-1\leqslant x\leqslant 1$.

例 6 将函数 $f(x)=\frac{1}{x^2+4x+3}$ 展开成 x 的幂级数.

解
$$f(x)=\frac{1}{x^2+4x+3}=\frac{1}{(x+1)(x+3)}$$

$$=\frac{1}{2}\left(\frac{1}{x+1}-\frac{1}{x+3}\right)$$

$$=\frac{1}{2}\left[\frac{1}{1+x}-\frac{1}{3}\frac{1}{1+\frac{x}{3}}\right].$$

由(12)式可知

$$\frac{1}{1+\frac{x}{3}}=\sum_{n=0}^{\infty}(-1)^n\left(\frac{x}{3}\right)^n(-3<x<3),\quad \frac{1}{1+x}=\sum_{n=0}^{\infty}(-1)^n x^n(-1<x<1),$$

所以有

$$f(x)=\frac{1}{2}\left[\sum_{n=0}^{\infty}(-1)^n x^n-\frac{1}{3}\sum_{n=0}^{\infty}\frac{(-1)^n x^n}{3^n}\right]$$

$$= \frac{1}{2} \sum_{n=0}^{\infty} \left[1 - \frac{1}{3^{n+1}} \right] (-1)^n x^n \quad (-1 < x < 1).$$

例 7　将函数 $\dfrac{1}{4-x}$ 展开成 $x-1$ 的幂级数.

解　前面几个例子都将函数展开成 x 的幂级数,对于展成 $x-1$ 的幂级数,可作变换 $t=x-1$,则 $x=t+1$,

$$\frac{1}{4-x} = \frac{1}{3-t} = \frac{1}{3} \frac{1}{1-\frac{t}{3}} = \frac{1}{3} \left[1 + \frac{t}{3} + \left(\frac{t}{3} \right)^2 + \cdots + \left(\frac{t}{3} \right)^n + \cdots \right] \left(-1 < \frac{t}{3} < 1 \right).$$

用 $t=x-1$ 代回,有

$$\frac{1}{4-x} = \frac{1}{3} \left[1 + \frac{x-1}{3} + \left(\frac{x-1}{3} \right)^2 + \cdots + \left(\frac{x-1}{3} \right)^n + \cdots \right]$$

$$= \frac{1}{3} + \frac{1}{3^2} (x-1) + \frac{1}{3^3} (x-1)^2 + \cdots + \frac{1}{3^{n+1}} (x-1)^n + \cdots.$$

由 $-1 < \dfrac{t}{3} < 1$,得 $-1 < \dfrac{x-1}{3} < 1$,即函数可展开成幂级数的区间为 $(-2, 4)$.

由上述几个例子,我们可以得到一些常见的函数的幂级数展开式:

(1) $e^x = 1 + x + \dfrac{x^2}{2!} + \cdots + \dfrac{x^n}{n!} + \cdots \quad (-\infty < x < +\infty)$;

(2) $\sin x = x - \dfrac{x^3}{3!} + \dfrac{x^5}{5!} - \cdots + \dfrac{(-1)^n}{(2n+1)!} x^{2n+1} + \cdots \quad (-\infty < x < +\infty)$;

(3) $\cos x = 1 - \dfrac{x^2}{2!} + \dfrac{x^4}{4!} - \cdots + \dfrac{(-1)^n}{(2n)!} x^{2n} + \cdots \quad (-\infty < x < +\infty)$;

(4) $\ln(1+x) = x - \dfrac{x^2}{2} + \cdots + (-1)^n \dfrac{x^{n+1}}{(n+1)!} + \cdots \quad (-1 < x \leqslant 1)$;

(5) $(1+x)^a = 1 + ax + \dfrac{a(a-1)}{2!} x^2 + \cdots + \dfrac{a(a-1)\cdots(a-n+1)}{n!} x^n + \cdots \quad (-1 < x < 1)$;

(6) $\dfrac{1}{1+x} = 1 - x + x^2 - \cdots + (-1)^n x^n + \cdots \quad (-1 < x < 1)$.

最后简要介绍应用函数幂级数展开式来进行近似计算,下面举例说明.

例 8　计算 e 的近似值.

解　函数 e^x 的幂级数展开式为

$$e^x = 1 + x + \frac{x^2}{2!} + \cdots + \frac{x^n}{n!} + \cdots \quad (-\infty < x < +\infty),$$

取 $x=1$,得

$$e = 1 + 1 + \frac{1}{2!} + \cdots + \frac{1}{n!} + \cdots.$$

取前$(n+1)$项作 e 的近似值

$$e \approx 1 + 1 + \frac{1}{2!} + \cdots + \frac{1}{n!},$$

若取 $n=7$，即级数前 $7+1=8$(项)作近似计算得 $e \approx 2.718\,26$.

例 9　计算积分 $\int_0^1 \frac{\sin x}{x} dx$ 的近似值.

解　因为 $\lim\limits_{x \to 0} \frac{\sin x}{x} = 1$，所以原积分为常义积分.

利用 $\sin x$ 的幂级数展开式得

$$\frac{\sin x}{x} = 1 - \frac{x^2}{3!} + \frac{x^4}{5!} - \frac{x^6}{7!} + \cdots \quad (-\infty < x < +\infty),$$

两端在区间$[0,1]$上积分，右端并用幂级数可逐项积分的的性质，得

$$\int_0^1 \frac{\sin x}{x} dx = 1 - \frac{1}{3 \times 3!} + \frac{1}{5 \times 5!} - \frac{1}{7 \times 7!} + \cdots.$$

若取前 3 项和作为积分的近似值，有

$$\int_0^1 \frac{\sin x}{x} dx \approx 1 - \frac{1}{3 \times 3!} + \frac{1}{5 \times 5!} = 0.946\,1.$$

习题 10 - 4

1. 利用间接展开法将下列函数在所给区间内展开成 x 的幂级数：

(1) $y = 3^x (x \in \mathbf{R})$；

(2) $y = x\sin 2x (x \in \mathbf{R})$；

(3) $y = \frac{1}{5-x} (|x| < 5)$；

(4) $y = \frac{1}{(1-x)^2} (|x| < 1)$；

(5) $y = \ln(2+x) (|x| < 2)$；

(6) $y = \frac{x}{x^2 - x - 2} (|x| < 1)$.

2. 将下列函数展开成 $x-2$ 的幂级数，并求展开式成立的区间：

(1) $f(x) = \frac{1}{4-x}$；

(2) $f(x) = \ln(x-1)$.

3. 计算下列各式的近似值(计算前三项)：

(1) $\sqrt[5]{240}$；

(2) $\sqrt{e}$；

(3) $\cos 2°$.

4. 计算下列积分的近似值(计算前三项)：

(1) $\int_0^{0.2} e^{-x^2} dx$；

(2) $\int_0^{0.5} \frac{1}{1+x^4} dx$.

复习题十

1. 当(　　)时,级数 $\sum\limits_{n=1}^{\infty} aq^n$ 收敛;当(　　)时,级数 $\sum\limits_{n=1}^{\infty} \dfrac{a}{q^n}$ 发散(a 为常数).

(A) $q<1$ 　　　　　(B) $q<-1$ 　　　　(C) $|q|<1$ 　　　　(D) $|q|>1$

2. 当(　　)时,级数 $\sum\limits_{n=1}^{\infty} \dfrac{1}{n^p}$ 收敛.

(A) $p<1$ 　　　　　(B) $p>1$ 　　　　(C) $|p|<1$ 　　　　(D) $|p|>1$

3. 下列说法正确的是(　　).

(A) 若 $u_n \to 0 \ (n \to \infty)$,则 $\sum\limits_{n=1}^{\infty} u_n$ 必收敛

(B) 若 $\sum\limits_{n=1}^{\infty} u_n$ 收敛,则 $u_n \to 0 \ (n \to \infty)$

(C) 若 $\sum\limits_{n=1}^{\infty} u_n$ 收敛,则 $\sum\limits_{n=1}^{\infty} |u_n|$ 必收敛

(D) 若 $\sum\limits_{n=1}^{\infty} |u_n|$ 收敛,则 $\sum\limits_{n=1}^{\infty} u_n$ 必收敛

4. 若级数 $\sum\limits_{n=1}^{\infty} u_n$ 与 $\sum\limits_{n=1}^{\infty} v_n$ 满足 $u_n \leqslant v_n \ (n=1,2,\cdots)$,则(　　).

(A) $\sum\limits_{n=1}^{\infty} v_n$ 收敛时, $\sum\limits_{n=1}^{\infty} u_n$ 也收敛 　　　　(B) $\sum\limits_{n=1}^{\infty} u_n$ 发散时, $\sum\limits_{n=1}^{\infty} v_n$ 也发散

(C) $\sum\limits_{n=1}^{\infty} v_n$ 收敛时, $\sum\limits_{n=1}^{\infty} u_n$ 未必收敛 　　　　(D) $\sum\limits_{n=1}^{\infty} u_n$ 发散时, $\sum\limits_{n=1}^{\infty} v_n$ 未必发散

5. 若级数 $\sum\limits_{n=1}^{\infty} (u_{2n-1} + u_{2n})$ 收敛,则(　　).

(A) $\sum\limits_{n=1}^{\infty} u_n$ 必收敛 　　　　　　(B) $\sum\limits_{n=1}^{\infty} u_n$ 未必收敛

(C) $u_n \to 0 \ (n \to \infty)$ 　　　　　　(D) $\sum\limits_{n=1}^{\infty} u_n$ 发散

6. 级数 $\sum\limits_{n=1}^{\infty} u_n$ 收敛,则必有(　　).

(A) $\sum\limits_{n=1}^{\infty} (u_{2n-1} + u_{2n})$ 收敛 　　　　(B) $\sum\limits_{n=1}^{\infty} ku_n$ 收敛($k \neq 0$)

(C) $u_n \to 0 \ (n \to \infty)$ 　　　　　　(D) $\sum\limits_{n=1}^{\infty} |u_n|$ 收敛

7. 级数 $\sum\limits_{n=1}^{\infty} \dfrac{(-1)^{n-1}}{2^n}$ 是(　　).

(A) 等比级数　　　(B) 交错级数　　　(C) 条件收敛　　　(D) 绝对收敛

8. 下列级数条件收敛的是(　　).

(A) $\sum\limits_{n=1}^{\infty}(-1)^{n-1}\left(\dfrac{4}{3}\right)^{n}$

(B) $\sum\limits_{n=1}^{\infty}(-1)^{n-1}\dfrac{n+2}{\sqrt{3n^{2}-1}}$

(C) $\sum\limits_{n=1}^{\infty}(-1)^{n-1}\dfrac{1}{\ln(n+1)}$

(D) $\sum\limits_{n=1}^{\infty}(-1)^{n-1}\tan\dfrac{1}{n^{2}}$

9. 下列级数绝对收敛的是(　　).

(A) $\sum\limits_{n=1}^{\infty}(-1)^{n-1}\dfrac{1}{\sqrt[3]{n^{2}}}$

(B) $\sum\limits_{n=1}^{\infty}(-1)^{n-1}\dfrac{3n-1}{5n+2}$

(C) $\sum\limits_{n=1}^{\infty}(-1)^{n-1}\dfrac{1}{3^{n}}$

(D) $\sum\limits_{n=1}^{\infty}(-1)^{n-1}\sin\dfrac{\pi}{n^{2}}$

10. 下列级数发散的是(　　).

(A) $\sum\limits_{n=1}^{\infty}(-1)^{n-1}\dfrac{1}{n}$

(B) $\sum\limits_{n=1}^{\infty}(-1)^{n-1}\dfrac{2n+1}{3n-2}$

(C) $\sum\limits_{n=1}^{\infty}(-1)^{n-1}\dfrac{1}{3^{n}}$

(D) $\sum\limits_{n=1}^{\infty}(-1)^{n-1}\tan\dfrac{\pi}{n}$

11. 幂级数 $\sum\limits_{n=1}^{\infty}\dfrac{(x-3)^{n}}{\sqrt{n}}$ 的收敛域为(　　).

(A) $(2,4)$　　　　(B) $(2,4]$　　　　(C) $[2,4)$　　　　(D) $[2,4]$

12. 函数 $f(x)=\mathrm{e}^{-x^{2}}$ 展开成 x 的幂级数为(　　).

(A) $1+x^{2}+\dfrac{x^{4}}{2!}+\dfrac{x^{6}}{3!}+\cdots$

(B) $1-x^{2}+\dfrac{x^{4}}{2!}-\dfrac{x^{6}}{3!}+\cdots$

(C) $1-x^{2}+\dfrac{x^{4}}{2}-\dfrac{x^{6}}{3}+\cdots$

(D) $-1+x^{2}-\dfrac{x^{4}}{2!}+\dfrac{x^{6}}{3!}-\cdots$

13. 判断下列级数的敛散性:

(1) $0.2+\sqrt{0.2}+\sqrt[3]{0.2}+\cdots+\sqrt[n]{0.2}+\cdots$;

(2) $\dfrac{3}{2}-\dfrac{3^{2}}{2^{2}}+\dfrac{3^{3}}{2^{3}}+\cdots+(-1)^{n-1}\dfrac{3^{n}}{2^{n}}+\cdots$;

(3) $\dfrac{1}{3}+\dfrac{2}{5}+\dfrac{3}{7}+\dfrac{4}{9}+\cdots$;

(4) $\sin1+\sin2+\sin3+\cdots+\sin n+\cdots$;

(5) $\dfrac{1}{4}+\dfrac{3}{7}+\dfrac{5}{10}+\dfrac{7}{13}+\cdots$;

(6) $\left(\dfrac{1}{2}-\dfrac{1}{3}\right)+\left(\dfrac{1}{2^{2}}+\dfrac{1}{3^{2}}\right)+\cdots+\left[\dfrac{1}{2^{n}}+(-1)^{n}\dfrac{1}{3^{n}}\right]+\cdots$.

14. 利用比较判别法确定下列级数的敛散性:

(1) $\dfrac{\ln2}{2}+\dfrac{\ln3}{3}+\dfrac{\ln4}{4}+\cdots$;

(2) $\dfrac{1}{2}+\dfrac{1+2}{2+2^2}+\dfrac{1+3}{2+3^2}+\cdots+\dfrac{1+n}{2+n^2}+\cdots$;

(3) $\dfrac{1}{2}+\dfrac{1}{5}+\dfrac{1}{10}+\cdots+\dfrac{1}{n^2+1}+\cdots$;

(4) $\displaystyle\sum_{n=1}^{\infty}\dfrac{1}{\ln(n+1)}$;

(5) $\displaystyle\sum_{n=1}^{\infty}\dfrac{3n+4}{n^3+2n+1}$;

(6) $\displaystyle\sum_{n=1}^{\infty}\left(\dfrac{n}{3n-2}\right)^n$.

15. 用比值判别法判断下列级数的敛散性:

(1) $1+\dfrac{1}{2!}+\dfrac{1}{3!}+\dfrac{1}{4!}+\cdots$;

(2) $\displaystyle\sum_{n=1}^{\infty}\dfrac{x^n}{n!}$;

(3) $\displaystyle\sum_{n=1}^{\infty}n\left(\dfrac{3}{5}\right)^n$;

(4) $\displaystyle\sum_{n=1}^{\infty}\dfrac{2^n}{(n+1)!}$;

(5) $\displaystyle\sum_{n=1}^{\infty}\tan\dfrac{\pi}{\sqrt{n^2+3n}}$;

(6) $\displaystyle\sum_{n=1}^{\infty}\dfrac{n!}{2^n+1}$.

16. 讨论下列级数的敛散性,如收敛,是绝对收敛还是条件收敛:

(1) $\displaystyle\sum_{n=1}^{\infty}(-1)^{n-1}\dfrac{1}{2^{n-1}}$;

(2) $1-\dfrac{1}{\sqrt{2}}+\dfrac{1}{\sqrt{3}}-\dfrac{1}{\sqrt{4}}+\cdots$;

(3) $\displaystyle\sum_{n=1}^{\infty}\dfrac{\cos n\pi}{n}$;

(4) $\displaystyle\sum_{n=1}^{\infty}\dfrac{\sin n}{(n+1)^2}$;

(5) $\displaystyle\sum_{n=1}^{\infty}(-1)^n\dfrac{1}{\ln(n+2)}$;

(6) $\displaystyle\sum_{n=1}^{\infty}(-1)^n n\sin\dfrac{1}{n}$.

17. 求下列幂级数的收敛域:

(1) $x+\dfrac{x^2}{2}+\dfrac{x^3}{3}+\dfrac{x^4}{4}+\cdots$;

(2) $1-\dfrac{x}{2!}+\dfrac{x^2}{4!}-\dfrac{x^3}{6!}+\cdots$;

(3) $\displaystyle\sum_{n=0}^{\infty}\dfrac{4^n}{n!}x^n$;

(4) $1-\dfrac{x}{4\sqrt{2}}+\dfrac{x^2}{4^2\sqrt{3}}-\dfrac{x^3}{4^3\sqrt{4}}+\cdots$;

(5) $\displaystyle\sum_{n=1}^{\infty}\left(2^n+\dfrac{1}{4^n}\right)x^n$;

(6) $\displaystyle\sum_{n=1}^{\infty}n!x^n$;

(7) $\displaystyle\sum_{n=1}^{\infty}\dfrac{(x-3)^2}{n^2}$;

(8) $\displaystyle\sum_{n=1}^{\infty}4^n(x+2)^{2n}$.

18. 求下列级数的收敛域,并求和函数:

(1) $\dfrac{x^2}{2}-\dfrac{x^4}{4}+\dfrac{x^6}{6}-\dfrac{x^8}{8}+\cdots$;

(2) $2x+4x^3+6x^5+8x^7+\cdots$;

(3) $\sum\limits_{n=1}^{\infty} n(n+1)x^n$.

19. 将下列函数展开为 x 的幂级数,并确定收敛域:

(1) $y=\ln(4+x)$;

(2) $y=\sin x-\cos x$;

(3) $y=\dfrac{1}{\sqrt{1-x^2}}$;

(4) $y=x\mathrm{e}^{-3x}$;

(5) $y=\dfrac{x}{1-x-2x^2}$;

(6) $y=\dfrac{x}{x^2-2x-8}$.

20. 利用已知展开式将下列函数展开成 $x+3$ 的幂级数,并求收敛域:

(1) $f(x)=\ln(9+x)$;

(2) $f(x)=\dfrac{1}{x^2+3x+2}$.

21. 求下列各式的近似值(计算前三项):

(1) $\sqrt[5]{1.2}$;

(2) $\sin 18°$;

(3) $\sqrt[3]{\mathrm{e}\ln 3}$.

22. 计算下列积分的近似值(计算前三项):

(1) $\displaystyle\int_{0.1}^{1} \dfrac{\mathrm{e}^x}{x}\mathrm{d}x$;

(2) $\displaystyle\int_{0}^{\frac{1}{2}} \mathrm{e}^{x^2}\mathrm{d}x$;

(3) $\displaystyle\int_{0}^{1} \dfrac{\sin x}{x}\mathrm{d}x$.

23. 利用级数收敛的必要条件证明: $\lim\limits_{n\to\infty}\dfrac{2^n n!}{n^n}=0$.

24. 若正项级数 $\sum\limits_{n=0}^{\infty} u_n$, $\sum\limits_{n=0}^{\infty} v_n$ 均收敛,证明:

(1) $\sum\limits_{n=0}^{\infty} u_n^2$ 收敛;

(2) $\sum\limits_{n=0}^{\infty} \sqrt{u_n v_n}$ 收敛;

(3) $\sum\limits_{n=0}^{\infty} \dfrac{\sqrt{v_n}}{n}$ 收敛.